반려동물 행동지도사

필기 한권 완전정복

김병부 · 김현주 · 변성수 · 송영한 · 이진홍 편저

박영story

반려견은 인간의 소중한 동반자로, 그들의 복지와 행동지도는 우리에게 큰 책임으로 부각되고 있습니다. 이에 따라 반려동물행동지도사는 전문적인 지식과 기술을 통해 반려견의 행동을 케어하고 지도하며, 나아가 반려견과 양육인이 함께 행복을 누릴 수 있도록 돕는 중요한 역할을 맡고 있습니다.

이 책은 국가 자격인 '반려동물행동지도사' 자격증을 준비하는 수험생들이 학습 방향과 범위를 올바르게 설정하고, 효율적으로 공부할 수 있도록 돕기 위해 집필되었습니다. 농림축산식품부에서 공시한 반려동물행동지도사 출제기준에 맞춰 체계적으로 구성된 이 책은 여러분이 필요로 하는 모든 내용을 담고 있습니다.

첫 번째 파트에서는 반려동물의 행동학적 특성을 다룹니다. 이는 반려견의 행동을 이해하는 데 필수적인 지식입니다. 두 번째 파트에서는 반려견의 복지를 위한 관리 지식에 대해 설명합니다. 세 번째 파트는 반려견을 지도하는 원리와 이론을 실제 상황에 적용하는 방법에 관한 내용입니다. 네 번째 파트에서는 행동지도사가 알아야 할 동물보호법을 비롯한 관련 법령을 소개합니다. 다섯 번째 파트에는 반려견 양육인을 상담하고 교육하는 방법에 대해 기술되어 있습니다. 마지막 부록으로는 수험생들이 학습 수준을 점검하고 자격시험에 대비할 수 있도록 실전 모의고사를 마련했습니다.

이 책을 공부하는 수험생들은 행동지도사로서 필요한 소양을 쌓고, 다양한 상황에서 반려견의 행동에 대한 적절한 해결책을 제시할 수 있는 능력을 키울 수 있습니다. 또한 반려견 양육인과의 커뮤니케이션 기술을 익혀, 양육자와 반려견 모두에게 만족을 줄 수 있는 훌륭한 행동지도사가 되는 데 필요한 지식을 배우게 될 것입니다.

행동지도사는 끊임없이 공부하고 연구해야 합니다. 반려견에 관한 새로운 학술정보와 방법들이 지속적으로 개발되고 있으므로 최신 지식을 습득해야 합니다. 이 책을 통해 지식을 습득한 후에도 꾸준히 학습하고, 현장에서의 경험을 더하여 자신의 역량을 발전시켜야 합니다.

반려견과 양육인의 상리공생을 위한 여러분의 노력이 큰 결실을 거두기를 바라며, 훌륭한 행동지도사의 꿈이 이루어지도록 응원을 보냅니다. 마지막으로, 이 책이 여러분의 학습과 자격증 취득에 많은 도움이 되기를 바랍니다.

2024년 6월

김병우 · 김현주 · 변성수 · 송영한 · 이진홍

1 반려동물행동지도사란?

1) 정의

동물보호법 제31조(반려동물행동지도사 자격시험)에 따라 반려동물의 행동분석·평가 및 훈련 등에 전문지식과 기술을 가진 사람으로서 자격시험에 합격한 사람

2) 등급 구분

1급	「동물보호법」에서 요구하는 반려동물에 대한 행동지도, 행동분석 및 평가, 소유자 등에 대한 교육 등을 수행할 수 있는 **전문적인 지식**과 능력을 갖춘 사람
2급	「동물보호법」에서 요구하는 반려동물에 대한 행동지도, 행동분석 및 평가, 소유자 등에 대한 교육 등을 수행할 수 있는 **기본적인 지식**과 능력을 갖춘 사람

3) 업무

- 반려동물에 대한 행동분석 및 평가
- 반려동물에 대한 훈련
- 반려동물 소유자등에 대한 교육
- 기질평가위원
- 그 밖에 반려동물행동지도에 필요한 사항으로 농림축산식품부령으로 정하는 업무

2 시험 개요

- 관련부처: 농림축산식품부
- 접수(인터넷 접수): https://apms.epis.or.kr/pet
- 시험절차 안내

필기 시험	⇨	실기 시험	⇨	최종 합격

3 응시 자격

1급	① 2급 반려동물행동지도사를 취득 후 반려동물 관련 분야 3년 이상 실무경력이 있는 자 ② 반려동물 관련 분야 10년 이상 실무경력이 있는 만 18세 이상인 자
2급	만 18세 이상인 자

※ 자격기준은 1차 시험 응시접수 마감일 기준

4 시험 과목

등급	구분	과목
1급	1차 필기 시험 (5과목)	① 반려동물 행동학 ② 반려동물 관리학 ③ 반려동물 훈련학 ④ 직업윤리 및 법률 ⑤ 보호자 교육 및 상담
	2차 실기 시험 (1개 과정)	반려동물 전문 지도능력
2급	1차 필기 시험 (5과목, 총 100문항)	① 반려동물 행동학(20문항) ② 반려동물 관리학(20문항) ③ 반려동물 훈련학(20문항) ④ 직업윤리 및 법률(20문항) ⑤ 보호자 교육 및 상담(20문항)
	2차 실기 시험 (총 1개 과정, 10개 항목)	반려동물 기본 지도능력

※ '법률' 과목은 해당 시험시행일 기준으로 시행 중인 법률·규정·기준 등을 적용하여 정답 처리

5 시험 방법

1급	필기	기준 마련 예정
	실기	기준 마련 예정
2급	필기	• 총 5개 과목(100문항), 객관식(4지 선택형) • 시험시간: 120분
	실기	• 총 1개 과목(10개 항목), 작업형 • 시험시간: 15분 ① 견줄 하고 동행하기(상보·속보·완보) ② 동행중 앉기 ③ 동행중 엎드리기 ④ 동행중 서기 ⑤ 부르기(와) ⑥ 가져오기 　* 덤벨, 장난감, 공, 인형 등 개인 지참이 가능하나, 지참물건에 먹이· 　 간식 등을 넣어 평가의 공정성을 해하는 경우 부정행위로 간주 　* 미지참 시 시험장에 비치된 공용 '물건' 사용 ⑦ 악수하기 ⑧ 짖기 ⑨ 지정장소로 보내기(하우스) 　* 컨넬 등 개인 지참이 가능하나, 지참물건에 먹이·간식 등을 넣어 평 　 가의 공정성을 해하는 경우 부정행위로 간주 　* 미지참 시 시험장에 비치된 공용 '상판' 사용 ⑩ 기다리기(대기) 　* 견줄 없이 3분 기다리기

6 합격 기준

구분	1급	2급
필기	전과목 평균 60점 이상, 각 과목 40점 이상	전과목 평균 60점 이상, 각 과목 40점 이상
실기	60점 이상	60점 이상

※1차 시험(필기)에 합격한 사람에 대해서는 합격한 날부터 2년간 해당 자격시험의 1차 시험(필기)을 면제

7 2차(실기) 시험 도식

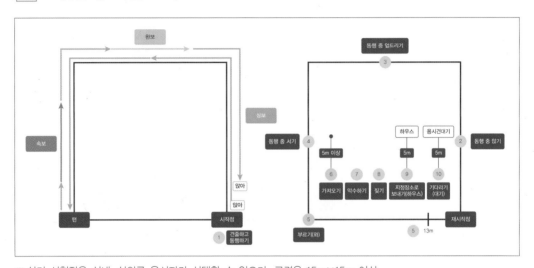

※ 실기 시험장은 실내·실외를 응시자가 선택할 수 있으며, 규격은 15m×15m 이상

8 실기 시험 공통 규정

구분	내용
응시견 등록 확인 및 응시경력 확인	• 실기시험에 응시하는 응시견은 동물등록이 필수 　* 내장형 고유식별번호 장치 부착 必 • 응시하는 견의 견주는 응시자이거나 응시자의 직계가족만 가능 • 동일 등급 2차 시험에 합격한 이력이 있는 반려견은 응시 불가
응시견 유형	• '소형견'은 체고 40cm 이하 & 체중 12kg 이하이며, 소형견 기준 이상은 '중대형'으로 함 • '맹견'은 실기시험장 사고 예방을 위해 '맹견사육허가서'를 반드시 첨부해야 하고, 공통적으로 2급 응시견은 6개월령 이상 모든 견종(크기 무관)으로 함 　* 견간 물림사고 방지를 위해 실기시험 일정은 견종별(소형, 중대형, 맹견)로 구분하여 실시 　* 응시견은 1차 시험 응시접수 마감일을 기준으로 동물등록번호를 부여 받은 반려견에 한함(6개월령 이상, 모든 견종, 크기 무관)

허용·지참 가능 물건	• '가져오기' 항목 평가를 위해 덤벨, 장난감, 공, 인형 등 물건 지참 가능 * 덤벨, 장난감, 공, 인형 등 개인 지참이 가능하나, 지참물건에 먹이·간식 등을 넣어 평가의 공정성을 해하는 경우 부정행위로 간주 * 미지참 시 시험장에 비치된 공용 '물건' 사용 • '하우스'는 컨넬 등 지참 가능 * 컨넬 등 개인 지참이 가능하나, 지참물건에 먹이·간식 등을 넣어 평가의 공정성을 해하는 경우 부정행위로 간주 * 미지참 시 시험장에 비치된 공용 '상판' 사용
시험장 규격	실내·외 시험장 규격은 15m×15m 이상(사방 3m 이내), 'ㅁ자' 도식
사용 가능한 목줄	• 버튼, 걸쇠 형태의 목줄만 허용 * 고리간격 3~4cm의 목줄로 조여지지 않는 상태로 착용 • 초크체인, 프롱칼라(핀치칼라), 쇠줄은 사용 금지 • 그 외 견에게 고통을 줄 수 있는 모든 도구는 사용할 수 없음

※ 위 내용은 변동될 수 있으므로 반드시 시행처(https://apms.epis.or.kr/pet)의 최종 공고를 확인하시기 바랍니다.

memo

STRUCTURE & FEATURE

구성과 특징

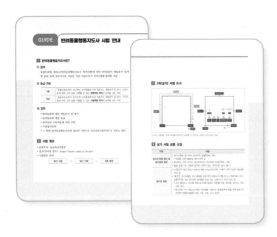

01 시험 가이드 제공

- 제1회 반려동물행동지도사 2급 수험생들을 위한 시험 가이드를 담았습니다.
- 최신 업데이트된 상세한 정보로 시험을 잘 알고 준비할 수 있습니다.
- 실제 실기시험 도식을 통해 미리 시험을 파악할 수 있습니다.

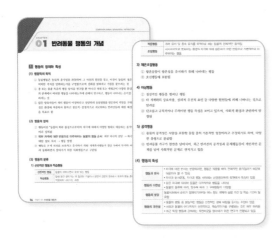

02 필기 한권 완전정복

- 2024년 제1회 시험 대비 최신 출제기준을 완벽 반영하였습니다.
- 실제 현장에서 교육하는 각 분야의 전문가 저자진이 직접 집필하였습니다.
- 이론과 문제가 합쳐진 구성으로 필기 한권 완전정복이 가능합니다.

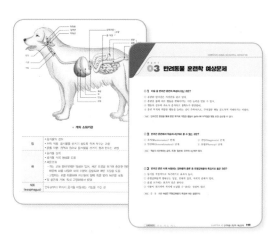

03 반려동물 훈련학 예상문제

03 고퀄리티 핵심 이론

- 풀컬러 인쇄된 풍부한 그림과 상세한 설명으로 쉽게 학습할 수 있습니다.
- 실제 시험에 도움이 되는 핵심 TIP을 함께 담았습니다.
- 파트별 예상문제로 복습하면서 학습 이해도를 높일 수 있습니다.

04 실전 대비 모의고사

- 단기합격을 위한 실전 모의고사로 최종 마무리가 가능합니다.
- 시험에 꼭 필요한 전문가 PICK 문제만을 엄선하였습니다.
- 친절한 해설을 통해 혼자서도 꼼꼼하게 학습할 수 있습니다.

CONTENTS 차례

PART 01

반려동물 행동학

CHAPTER
01 반려동물 행동의 개념

1 행동의 정의와 특성

(1) 행동학의 목적

① 동물행동은 동물의 움직임을 관찰하여 그 사실의 원인을 찾고, 이것이 동물의 생존에 어떠한 가치를 발휘하는가를 구명함으로써 진화를 밝혀내고 기원을 찾으려는 것

② 종 또는 품종 특유의 행동 양식을 연구할 뿐 아니라 개체 또는 개체군이 다양한 환경과의 관계에서 어떠한 행동을 나타내는가에 관해서 연구하고, 행동이 나타나는 순서를 밝히려는 것

③ 많은 양육자들이 개의 행동이 이상하다고 상담하러 동물병원을 방문하여 처방을 구하는 것은 환경에 적응하지 못하고 정신적·감정적으로 괴로워하는 반려견들에 대한 해결책을 목표로 함

(2) 행동의 정의

① 행동이란 "동물이 외부 환경으로부터의 자극에 대해서 다양한 형태로 대응하는 움직임"이라 정의됨

② 외부 자극에 대한 반응으로 이루어지는 동물의 행동 순서: 외부 자극의 전달 → 자극에 대한 정보 처리 → 행동 발현

③ 행동은 크게 자신을 보호하고 유지하기 위한 개체유지행동과 집단 속에서 무리와 어울려 동화하면서 살아가기 위한 사회행동으로 구분됨

(3) 행동의 분류

1) 선천적인 행동과 학습행동

선천적인 행동	동물이 태어나면서 갖게 되는 행동
학습행동	일생 동안 살아가는 데 필요한 기술이나 방법이 경험의 결과로서 개개의 행동 중에 적응되어 나타나는 과정

2) 적응행동과 조정행동

적응행동	개체 유지 및 종속 유지를 목적으로 하는 동물의 전체적인 움직임
조정행동	시시각각으로 변화하는 환경의 자극에 대해 생존하기 위한 반응으로 가변적으로 이루어지는 행동

3) 체온조절행동

① 항온동물이 항온성을 유지하기 위해 나타내는 행동
② 호신행동에 포함됨

4) 이상행동

① 정상적인 행동을 벗어난 행동
② 타 개체와의 상호작용, 심리적 유전적 요인 등 다양한 원인들에 의해 나타나는 것으로 알려짐
③ 단조롭고 규칙적이나 무의미한 행동 특성을 보이고 있으며, 사회적 환경과 관련하여 발생됨

5) 공격행동

① 동물의 공격성은 사람을 포함한 동물 종의 기본적인 성질이라고 추정되기도 하며, 다양한 유형으로 분류함
② 반려동물 가구가 천만을 넘어서며, 최근 반려견의 공격성과 문제행동들이 개인적인 문제를 넘어 사회적인 문제로 번져가고 있음

(4) 행동의 특성

행동과 반사	• 자극에 대한 반사는 반응이지만, 행동은 작용할 때의 전체적인 움직임이기 때문에 대응이라 할 수 있음 • 자극과 반사운동, 자극과 행동 사이에는 신경생리학의 측면에서 특징이 있음
행동의 다면성	• 같은 자극에 대하여 동물은 다각적으로 행동을 나타냄 • 동물의 종류에 따라, 암수에 따라 그 구애행동이 다양함
행동의 발달	동물사회에서 순위가 정해지기까지는 어느 정도 개체의 성장 기간 및 학습 기간이 필요함
행동의 유전성	• 동물의 행동 중 본능적인 행동은 선천적인 것에 바탕을 둔다는 주장이 있음 • 사람과 동물이 어디까지가 선천적이고, 학습적인가를 구별하는 것은 매우 어려움 • 최근 특정 행동에 관여하는 유전자군을 알아내기 위한 연구가 진행되고 있음

행동의 진화	• 행동이 작은 진화를 통해 종의 발전으로 이어지는 과정을 밝히려는 것은 장차 중요한 연구 과제가 될 것이며, 반려견에 있어서 종의 차이 및 품종 간의 차이를 밝히려는 시도가 있음 • 동물의 행동형이 진화 과정에서 수정되어 사회생활에 도움이 되게 적응한 것을 '행동의 의식화'라 함 　예 반려동물의 투쟁행동에서 처음에 공격을 하려다 나중에 도망하는 모호한 행동을 되풀이하는 경우
각인	동물들이 출생 이후 처음 경험하는 것에 사회행동의 일부를 학습하는 현상

2 반려견의 분류

(1) 개요

① 개는 사람에 의해 개량된 종으로, 변종이나 아종이 아닌 품종임
② 개의 품종은 공인된 나라마다 다르지만 400~500여 종이 넘으며, 인간의 최소한 개입으로 자연스럽게 혈통이 굳어진 품종이나 인위적으로 만들어진 품종 등이 있음
③ 인위적으로 만들어진 품종들은 돌이킬 수 없는 난치병이 발생하기도 함
④ 비슷한 목적을 가지거나 습관이 유사한 품종끼리 그룹을 나누어 분류할 수 있음

(2) 반려견의 분류

1) 목양견

① 가축을 관리하기 위해 길러지던 견종으로, 지능이 높고 충성심이 강함
② 체력이 좋고 야생동물로부터 가축과 사람을 지키며, 가축을 몰아 방목장으로 이동시키며 무리에서 이탈하지 않도록 관리함
③ 대표 견종: 보더·러프콜리, 셰틀랜드·올드 잉글리쉬·오스트레일리안 쉽독, 저먼 셰퍼드, 캉갈 등

2) 조렵견

① 후각, 청각, 시각 등의 감각 발달이 월등한 견종으로, 사냥감 중 날아다니는 동물을 주로 사냥하던 품종
② 조렵견은 리트리버·스파니엘·포인터·세터의 총 4가지 역할로 분류할 수 있으며, 사냥꾼의 사냥을 보조하고 총에 맞은 새를 회수하는 역할을 수행함
③ 사냥견 중 새 사냥에 특화된 종으로, 털이 빼곡하고 잘 젖지 않게 방수 기능이 있음

④ 대표 견종

역할	대표 견종
추적	잉글리쉬 포인터, 저먼 쇼트 헤어드 포인터 등
몰이	서섹스 스파니엘, 아이리시 워터 스파니엘, 잉글리쉬 코카 스파니엘, 아메리칸 코카 스파니엘 등
회수	골든 리트리버, 라브라도 리트리버
모든 역할 수행	잉글리쉬 세터, 아이리쉬 세터, 고든 세터 등

3) 수렵견

① 수렵견은 오랜 시간 사람과 함께 해온 개들의 그룹 중 최초의 개의 그룹이라고 생각되는 견종
② 개의 사냥 본능을 활용한 품종으로 빠른 달리기 실력과 뛰어난 시각, 후각을 사용하며 우리나라의 풍산개와 진돗개도 수렵견에 포함됨
③ 동물(포유류) 사냥에 이용되어 주로 동물을 탐지·추적하며 필요시 공격하기도 함
④ '하운드'가 대표적인 수렵견에 속함
⑤ 대표 견종

역할	대표 품종
시각 하운드	아프간 하운드, 그레이 하운드, 휘핏, 보르조이, 아이리시 울프하운드 등
후각 하운드	비글, 닥스훈트, 블러드 하운드, 잉글리쉬 폭스 하운드, 바셋 하운드 등

4) 특수목적견

① 일을 하는 견종들의 그룹으로, 인간에게 헌신하는 타입이며 구조와 쓰임에 따라 다양한 견종이 존재함
② 어떠한 목적을 가지고 활동하는 견종
③ 대표 견종

역할	대표 품종
군견·경찰견	로트와일러, 저먼 셰퍼드, 도베르만 핀셔 등
산악	세인트 버나드 등
수상 구조견	뉴펀들랜드 등
마약 탐지견	리트리버, 비글 등
수색견	셰퍼드, 리트리버, 비글 등
시각장애우 도우미견	라브라도 리트리버, 푸들, 저먼 셰퍼드, 복서, 세인트 버나드 등

5) 경비견, 호위견

① 특정 장소를 지키거나 인간을 호위하는 역할을 하는 품종으로, 타고난 보호 본능과 충성심을 가지고 있음

② 경비견의 자질은 모든 견종이 기본적으로 가지고 있으며, 맹견으로 분류되는 품종도 포함됨

③ 특정 장소를 지키거나 인간을 호위함

④ 성격이 호전적이고 사나운 개들이 많아(맹견) 적절한 사회화와 훈련, 운동이 필요함

⑤ **대표 견종**: 로트와일러, 핏불테리어, 복서, 셰퍼드, 진돗개, 도베르만 핀셔, 불마스티프 등

6) 반려견

① 보호자와의 정서적 교류를 위해 함께 생활하는 개로, 앞에 열거한 모든 그룹이 반려견 그룹에 포함될 수 있음

② 특수한 목적 없이 인간의 정서에 도움을 주는 개들을 통칭하며, 오랜 시간 사람에게 사랑을 받아온 견종이 많음

③ **대표 견종**: 말티즈, 퍼그, 미니어처 핀셔, 시추, 치와와, 포메라니언, 요크셔테리어, 브뤼셀 그리폰 등

7) 테리어

① '땅'이라는 뜻을 가진 라틴어 '테라(Terra)'에서 유래된 테리어 그룹은 땅과 관련된 그룹을 뜻함

② 테리어는 땅 속, 굴 속을 사냥하는 특성을 가진 그룹으로, 용감하고 쾌활한 기질을 가지고 있음

③ 오늘날에는 반려견으로 많이 키우고 있으나 사냥 본능을 가진 개들도 존재하기 때문에 주의해야 함

④ 원래 오소리를 굴 속에서 몰아내거나 쥐를 잡는 역할이었으나, 사회의 흐름에 따라 현재는 반려견 역할을 하고 있음

⑤ 싸움을 좋아하는 성격을 가진 강아지가 종종 있을 수 있으므로 항상 주의해야 함

⑥ **대표 견종**: 폭스테리어, 불테리어, 스코티쉬 테리어, 화이트 테리어, 잭러셀 테리어, 미니어처 슈나우저 등

CHAPTER
02 반려동물의 행동발달

1 성장단계별 행동발달 과정 이해

(1) 개요

① 강아지의 발달 과정은 보편적으로 신생아기, 과도기, 사회화 시기, 이유 이후 등 4가지 단계로 나누어 볼 수 있음

② 4가지 단계에서 성장에 영향을 미치는 유전, 환경, 신체 상태, 품종, 지역 분포 요인을 유의하여 성장 과정을 잘 거친다면 정신적·육체적·감정적 성장으로 훌륭한 반려견의 행동발달을 이룰 수 있음

③ 환경에 잘 적응하고 사회적인 강아지가 되기 위해서는 각 발달 단계마다 요구를 충족시켜 주어야 하며, 기반을 구축하기 위해 적절한 지침과 훈련이 동반되어야 함

(2) 뇌의 구조와 발달

1) 구조

① 개의 뇌는 약 10억 개의 세포로 이루어져 있으며, 각각의 세포는 다른 세포와의 연결을 갖기 위해 1만 5천 개의 신경섬유를 지님

② 각각의 세포는 생리학적으로 매우 복잡한 움직임을 조직적으로 할 수 있도록 발육해야만 함

2) 발달

- 태아나 신생기의 뇌 세포는 증식을 반복하므로 두개골은 세포로 가득 차게 됨
- 조직적이거나 기능적이지 않고, 교차로의 모습으로 발달됨

⇩

- 성숙하지 못하는 세포는 사멸됨
- 5~7주령의 강아지 뇌는 한편으로는 세포를 증식시키고, 동시에 다른 세포를 소멸시키는 상반된 작업을 함

⇩

- 12~16주령에 반 수의 세포와 그 전달기능이 파괴됨
- 두개의 세포를 연결하는 기능이 활동하면 화학물질을 방출하고 활성화되며, 성숙된 세포는 뇌세포 재편을 위해 방출되는 독성물질에 대해 저항성을 갖게 됨

⇩

- 성숙한 세포는 살아남음
- 대다수의 세포는 외부에서의 정보, 즉 환경으로부터 받게 되는 자극에 따라 활동함
- 모든 감각기관이 이 뇌세포의 활성화에 관여함

⇩

- 강아지의 눈은 생후 10~20일경까지 감겨져 있는 상태이나, 그 이후 생후 3개월령까지 어둠 속에 두게 되면 시각에 관여하는 뇌세포가 감소하게 됨
- 완전히 소멸되지 않아도 기능이 저하되어 눈이 멀게 됨

⇩

- 외부로부터의 시각적인 자극이야말로 뇌 시각세포를 만드는 것
- 강아지는 태어나는 순간부터 후각, 미각과 촉각의 일부가 기능하므로 다른 개들, 인간, 다른 동물 등과의 접촉을 통해 정보를 해독함으로써 나름대로 개념을 갖는 데 필요한 뇌세포가 발육함

⇩

- 강아지가 성장함에 따라 뇌의 프로그램이 만들어지고, 그 결과 세포, 전달기능이 조직되어 기억, 반사와 관련된 제어 피드백회로가 만들어짐
- 기본적인 형태는 생후 3개월령에 체계를 갖추게 됨

(3) 뇌 정보의 축적과 행동변화

① 컴퓨터는 기계와 프로그램의 쌍방에서 정보(데이터)를 주지 않으면 움직이지 않지만, 좋은 구조를 가진 뇌는 많은 정보를 축적하고 그것을 빼내어 결합시킴으로써 이익을 가져다 줌

② 강아지가 성장하며 유치가 나오게 되면 어미는 포유 시에 유방에 통증을 느끼게 되므로 강아지로부터 멀어지려 하기 때문에 강아지끼리 애착이 생기게 됨

③ 어미에 대한 강아지의 애착은 특별하게 지속되나, 사춘기에 접어들면 어미는 자기의 경쟁 상대가 되는 어린 개를 내쫓음으로써 어미에 대한 특별한 사랑은 어미 쪽에서 파괴하게 됨

④ 강아지에 있어서 어미에 대한 애착은 심리적인 안정감을 갖게 하지만, 어미와 떨어지지 않는 한 큰 개가 될 수 없음

⑤ '큰 개가 된다'는 것은 호르몬을 분비하며 자신의 생활을 하는 것이 아닌, 강아지가 애착의 대상을 어미에서 자신의 군으로 전환하여 계급사회에 들어서면서 진정한 성견이 된다는 것

2 단계별 행동특성과 적절한 교육

(1) 행동발달 시기별 특징

시기	특징
신생아기 (Neonatal Period: 0~2주령)	• 출생부터 2주까지를 일컬음 • 일생에서 가장 연약한 시기로 보호가 필요한 시기 • 미각과 촉각만을 가지고 있음 • 어미를 통해 초유를 공급받아 질병 저항력을 수동적으로 습득해야 함 • 대부분의 시간을 먹고 자며 보내기 때문에 어미의 집중 케어가 각별함
과도기 (Transitional Period: 2~3주령)	• 청각과 후각의 감각 발달이 진행되는 시기 • 치아가 나오고 눈을 뜨기 시작하며 걸음마를 시작함 • 성격의 발달도 시작되는 시기로, 일정 기간 어미 없이도 어느 정도 지낼 수 있을 정도로 성장함 • 어미는 강아지에게 사회 행동양식을 가르쳐 동료견들과의 상호작용에 무리가 없도록 함 • 3주령부터 모유 외에 어미의 사료를 먹으려는 행위를 보일 수 있음
사회화기 (Socialization Period: 3~14주령)	• 3주령부터 주변 환경 인식, 4~5주령에 이유 시작, 6주령에 환경변화에 적응함 • 모든 감각을 완전히 활용하며 호기심이 왕성해짐 • 가능한 많은 종류의 물건, 환경, 주변 인물을 적응시키되, 다치거나 두려워하거나 질병에 노출되는 상황이 없도록 통제해야 함 • 환경 노출이 부족하면 결핍된 사회화 능력으로 이어짐 • 본격적인 배변 훈련을 시작할 수 있음
이유 이후 (8주령~)	• 8주령부터 새로운 환경에 가장 적응을 잘 하는 시기 • 새로운 보호자 맞이에 좋은 시기이나, 바뀐 환경 적응에 어려움을 겪을 수 있으므로 관심을 기울여 관리해야 함 • 새로운 환경에 놓인 강아지는 외로움에 자주 짖을 수 있고, 이때 보호자가 반응하면 의사소통 오류로 잘못된 버릇이 생길 수 있으므로 주의가 필요함 • 8주령 이후 강아지에게 어느 정도 훈육이 필요 • 강아지와 사람이 함께 하기 위해 기본적인 교육을 진행해야 하며, 꾸중보다는 칭찬으로 훈련시켜야 함

강아지의 공포 기간

- 강아지는 '공포 기간'을 조심하여야 하며, 대략 평균 8~10주, 4~6개월, 9개월, 14~18개월 등 4번의 공포 기간을 경험한다. 공포 기간은 강아지의 발달에 매우 중요한 부분이며 잘못 다룰 경우 공격성 문제가 발생할 수 있다.
- 강아지가 공포 기간에 들어가면 이전에는 괜찮았거나 무시했던 것에 대해 갑자기 두려워하게 된다. 몸을 움츠리거나, 흔들거나, 물러서거나, 숨거나, 도망가거나 복종적으로 소변을 보일 수 있다. 혹은 반대로 소리치고 짖거나, 등을 세우거나, 이빨을 드러낼 수 있다.
- 따라서 위 4차례의 공포 기간에 이러한 행동을 보이면 새로운 환경이나 새로운 것에 노출되지 않도록 일주일 정도 피해주어야 한다.

(2) 자기인식

1) 자기인식의 필요성

① 태어나면서 개는 자신이 개라는 인식을 하지 못하고, 그 사실을 배우지 않으면 안 됨
② 자신이 개라는 종속에 속한다는 것을 학습할 필요가 있음
③ 개는 종속으로 존속하기 위해, 암수가 서로 인식하고 이해하며 교미할 필요가 있음
④ 또 큰 개는 자신의 강아지란 인식으로 죽이면 안 되기 때문에 다른 개를 자신과 같은 속이라고 인식할 필요가 있음
⑤ 그렇지 않은 경우 육식동물과 같이 다른 개를 사냥감으로 보아 잡아먹거나 공포를 느껴 도망가게 됨
⑥ 다른 개과 동물을 같은 종속이라 생각하는 경우도 있어, 늑대가 개에게 말을 건네며 접근하는 경우도 있음

2) 자기인식의 시기

① 6주령 이전의 강아지는 자기인식을 완전하게 획득하지 못하고, 14~16주령 이후가 되면 이 인식의 획득이 불가능해짐
② 6주령 이전에 다른 개에서 격리된 개는 성장해가며 다른 개와의 의사소통을 명확히 하지 못하는 경우가 있음
③ 격리된 강아지의 경우에도 12주령 이전에 다른 동료견들을 두거나, 16주령 이전에 다른 개와 놀게 되면 인식이 회복됨

(3) 종에 의한 시험

① 12~16주령까지의 사이에 다른 개를 인식하지 못하고 시기가 지난 강아지는 자신의 몸 가까이에서 사회적 접촉을 갖는 것이 가능한 다른 동물에 각인됨

② 인공포유로 길러진 강아지나 3~5주령의 아주 어린 시기에 입양한 강아지의 경우 인간의 개념이 각인됨

③ 사회적·성적 행동은 인간을 대상으로 하게 되며, 다른 개를 보아도 자신이 포식자라고 생각해 공격하거나 또는 도망가거나, 공포로 인한 공격행동으로 이어짐

④ 잘못된 각인을 받은 수컷은 발정난 암컷의 냄새에 의해 흥분하나 교미를 거부함

⑤ 암캐의 경우도 같은 것으로 나타나며, 인공수정을 하면 분만 시에 강아지를 돌보지 않거나 살해까지 하게 됨

3 사회화 교육의 중요성 및 방법

(1) 개의 계급제도

1) 계급제도의 이해

① 어떤 개가 계급제도의 구성에 편입되지 않는 것은 없으며, 인간은 지배성과 불복종, 지배성과 공격성, 공포와 복종을 혼동하는 경향이 있음

② 개는 사회생활을 하는 포유동물이기 때문에 그 군은 규칙에 따라 통제되며, 각 구성원의 지위와 권리는 규칙에 따라 정해지는 것

③ 구성원이 당연한 지위에 대해서는 투쟁이 줄어들고 협력관계가 생김

④ 개의 선조는 1마리로 있는 경우에는 작은 먹이를, 집단의 경우에는 큰 동물을 수렵해 오기 위해서 상호이해와 의사소통이 긴요했으며, 그 결과 각각의 개에는 집단과 구성원에 대한 강한 애착이 생김

2) 계급제도는 각각의 권리와 의무를 명확히 함

① 사회생물학상의 모델을 하나 들면, 구성원은 몇 개의 공통적인 유전자를 가지고 있는 것을 알 수 있음
- 지배자는 가장 먼저 먹이를 먹고 번식의 권리가 있는데, 종속자도 공복일 경우 먹이를 먹지 않으면 안 됨
- 기근의 시기에는 지배자에 우선권이 주어져서 종속자가 희생될 수도 있지만, 이로 인해 군 전체로서는 생명연장, 가장 힘이 있는 구성원에 따라 유전자의 풀이 존재하는 것이 가능함
- 집단에는 지배자와 종속자만으로 구성되지 않고, 중간적인 존재도 있고, 더욱이 약한 개, 암캐를 존중하는 관습이 있기 때문임

② 종속자가 제대로 서서 돌면, 여러 가지 달래는 의식을 이용해 보다 좋은 고기조각을 얻게 되는 경우도 있음

- 이와 같은 방법으로 먹이를 얻거나 주의를 끄는 것이 가능한데, 이때 자신의 지위에 상응하는 방법을 가지고 있어야 함
- 종속자가 고기조각에 접근하려 할 때는 자세를 낮추고, 얼굴은 평판으로, 귀는 젖히고, 눈은 반을 감고 있지 않으면 안 됨
- 만약 어깨를 으쓱하고 지배자와 같이 행동하려고 하면 용서없이 처벌되며, 정해진 순서를 밟지 않으면 안 되기 때문에 이러한 부분에서 커뮤니케이션의 수단이 중요함
- 계급제도 안에서 생을 연장하는 것은 확실히 틀림없는 커뮤니케이션이 필요함

3) 계급제도가 성립되는 전제조건

① 개의 무리 혹은 인간과 함께하는 가족 무리 중의 복잡한 계급제도로 생을 연장하기 위해 개는 매우 영리한 동물일 필요가 있음

② 계급제도는 개 동료와의 싸움의 결과로 생기는 것으로 생각되어져 왔음

> **예** 어느 무리 중에 개가 5마리 있으면 적어도 10회의 투쟁이 일어나게 되며, 그날의 힘의 관계, 기분에 따라 좌우되면서 싸움은 반복되나 계급제도 중에 상황은 변화하고, 싸움은 줄어들게 됨

4) 계급과 훈련

① 개가 사람을 지배자라고 인정하면 그 복종을 얻기 쉬우며, 종속되는 개는 복종하게 되는 것이 계급제도의 의무이기 때문이며 주인은 개와 계급제도 중으로 지낼 필요가 있음

② 가정이라는 무리 중에 자신의 지위가 위에 있다는 이유로 개를 복종시키는 것이 가능한 것은 개가 익숙해진 지배적인 가족, 특히 남성의 경우 해당되는 것으로, 개와 그다지 친하지 않은 외부 지도사에게는 적합하지 않음

③ 지도사는 다음과 같은 방법으로 개에 대해 지배자의 위치를 획득하게 됨

> 개에게 여러 번 훈련을 반복시키면 개는 친근감을 기억함 → 지도사는 개와의 싸움에서 힘으로 승리를 취함 → 지배적인 태도를 보여, 개와의 싸움에서 승리자가 된다는 확신을 지도사가 가지고 있을 깃 → 그렇게 되면 지도사의 메시시는 의노가 있건 없건 간에 지배자의 메시지가 됨 → 개에 대해 항상 지배자상을 심어주면, 그것에 상응하는 태도를 보임

5) 계급이 가능한 연령

① 생후 3, 4개월령의 강아지가 형제자매와 싸워 요령을 얻었다고 하면, 뼈가 발달될 때 다른 강아지에게 방해받지 않게 받아들여지는 특권을 획득하게 되므로 정확히 말하면 이 강아지는 그 형제자매에 대해 지배자가 됨

② 강아지에 있어서 계급제도의 확립은 연령, 견종에 따라 다르나 대부분 5주령에 25%, 11주령에 50% 확립됨

③ 그러나 지배성이 강한 큰 개에 길러져 3, 4개월령에 성장한 강아지는 셀프서비스 먹이를 위해 서열을 만들지 않으면 안 되고, 따라서 학습하게 됨

④ 먹이를 둘러싼 계급제도의 확립은 이유 직후에 시작해 5개월령에 종료되며, 사춘기가 되면 모든 면에서 계급제도가 확립됨

⑤ 계급제도의 확립은 2단계로 구분됨

먹이에 관한 제도	이유와 사춘기의 사이에 제도가 이루어짐
완전한 제도	사춘기 이후에 이루어짐

6) 강아지 간 계급제도의 시작

① 강아지 사이의 경쟁에 있어서 계급제도 확립이 중요한 요소이나, 어떤 한배의 강아지가 투쟁적이라면 계급제도에 있어서 어느 정도 상하관계가 확실해지기 시작함

② 만약 강아지들이 사람에 대해 충분한 사회화가 이루어지면 사람이 강아지의 거처에 들어갔을 때 모든 강아지가 다가오게 됨

(2) 사회화 교육의 중요성

① 여러 가지 종류의 다양한 자극에 대한 태도가 수용적이게 됨

② 새로운 것(예 다른 개나 사람, 환경, 자극)과 만났을 때 두려움 같은 부정적인 감정들로 무작정 흥분하거나 공격적으로 반응하는 것을 예방할 수 있음

③ 스트레스 관리 및 자기 조절 능력이 발달함

④ 개의 사회적 기술을 향상시킬 수 있음

⑤ 인지력과 사고력이 향상되고 두뇌가 발달됨

⑥ 반려인과의 유대감을 강화하고, 개의 심리적인 행복을 증진시킬 수 있음

⑦ 반려견의 사회화 교육은 사회에서 공통적으로 요구하는 행동양식, 규범 등을 습득하며 동물이 그 사회에서 유연하게 살아갈 수 있도록 돕기 때문에 매우 중요함

(3) 사회화 교육의 방법

1) 교육의 시기

① 반려견의 사회화 훈련은 생후 3주부터가 적절함

② 강아지는 생후 16주령까지 낯선 물건이나 사람에게 아무 두려움 없이 다가가기 때문에 이 시기에 사회화를 잘 시켜주어야 큰 개가 되어서도 새로운 자극에 무리 없이 적응할 수 있음

2) 교육의 분류

집단(개)에 대한 사회화 교육(적응)	• 어릴 때 부모 혹은 형제자매 개와의 접촉을 통해 소통 기술을 습득함 • 어릴 때부터 부모 개나 형제자매들과 떨어져 홀로 사람과 함께 자라게 된 개는 같은 종의 개를 만날 기회가 적기 때문에 의도적으로 개와의 만남을 만들어주어야 함 • 사회화기에 다른 개를 만나지 못하면 낯선 개의 접근을 거부하거나 공격적인 행동(예 짖음, 으르렁댐)을 보이는 경우가 있음 • 충분한 사회화 시기를 거치기 위해서는 부모 또는 형제자매 개와 생후 7~8주령까지는 함께 하게 하는 것이 중요하며, 그 이후에도 가능한 많은 개들에게 노출될 수 있는 환경을 만들어 줌
낯선 사람이나 타 동물에 대한 사회화 교육(적응)	• 개가 사람과 함께 살아가기 위해서는 여러 가지 경험을 통해 낯설지 않도록 적응하는 것이 중요함 • 사회화 시기의 강아지는 부모, 형제 혹은 다른 개들과 소통기술을 배우고 관계를 쌓는 것뿐만 아니라 사람과도 유대관계를 쌓음 • 이 시기에 접촉하는 사람이 없거나 경험이 적으면, 큰 개가 되었을 때 사람에게 두려운 감정을 느낄 가능성이 큼
다양한 자극 (낯선 환경, 물건 등)에 대한 사회화 교육(적응)	• 사회화 시기의 강아지는 인물(예 사람, 개, 타 동물)뿐만 아니라 환경에도 무리 없이 적응할 수 있는 시기임 • 성격과 자아를 형성하는 시기로, 다양한 상황과 환경에 노출될 수 있도록 하여 사람과 함께 지낼 때의 소음이나 새로운 환경에 잘 적응할 수 있도록 해야 함 • 다양한 자극에 대한 경험을 얻을 수 있는 가장 좋은 방법은 산책으로, 예방접종이 끝나 면역력이 생기는 단계의 산책은 강아지에게 다양한 사람·환경에 접촉할 수 있도록 하며 그 사이에 즐거운 경험을 쌓을 수 있게 해 줌 • 다양한 소리에 익숙해질 수 있도록 하는 것이 중요함 　예 자동차, 오토바이, 벨소리 등 다양한 소음에 노출시킴 • 일상적인 자극에 익숙해지게 함 예 자동차 시승, 산책, 병원 방문 등 • 자주 다니게 될 환경에 간식이나 긍정적인 반응을 통해 즐거운 경험을 하게 함

CHAPTER 03 반려동물의 정상행동

1 개체유지행동

(1) 섭취·음수행동

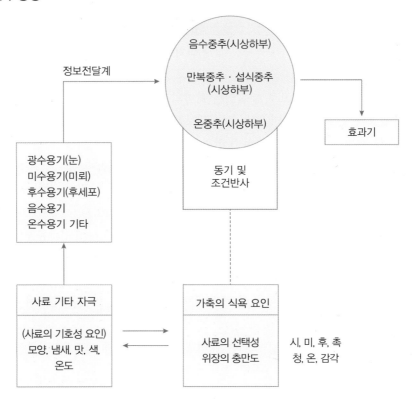

1) 미각

① 개는 식육목에 속하면서 동족이나 너구리의 생육은 먹지 않음

② 생선도 먹지 않으나 조리하면 먹고, 소·돼지·양의 생육은 좋아함

③ 부패한 고기를 즐기는 것으로 보아 후각과 밀접한 관계가 있음을 알 수 있음

④ 일반적으로 단맛을 좋아하나, 산도가 증가하면 먹지 않거나 쓴맛을 가장 싫어함

⑤ 강아지 때부터의 섭취 학습에 따라 달라짐

2) 포유

▲ 강아지의 포유

① 강아지는 처음에는 옆으로 누워있는 어미의 젖을 먹는데, 나중에는 서서 포유하는 어미의 유방을 앞발로 누르며 젖이 분비되도록 자극하며 포유함
② 포유할 때의 기쁨과 그 당시의 동작과의 연결이 지속되어, "손" 하면 개가 앞발을 내밀거나 사람의 다리에 양쪽 앞발로 매달리는 동작의 기초가 됨
③ 3주령 정도가 되면 모유를 간헐적으로 마시게 되는데, 유량이 적어 공복이 되면 다른 강아지의 몸을 빨거나 어미의 남은 음식을 먹기도 함
④ 사회화기에 들어서면 물거나 핥는 탐색행동이 시작되며 물, 우유, 유동식 및 반고형식을 먹기 시작하므로 어미 또는 사람의 얼굴을 핥으며 먹이를 구함
　• 이때 어미도 먹은 것을 토해주거나 먹이를 제공하는 전형적인 돌보기 행동을 보임
　• 사람의 얼굴을 핥는 동작은 큰 개가 되어도 나타나나, 이것은 사람에 대하여 친밀함을 갖는 것을 보여줌
⑤ 5주령이 되면 어미는 성난 소리를 내며 강아지를 피하게 되고, 강아지도 어미로부터 멀어진다는 것을 깨달으며 7주령 정도에 비유가 멈춤

3) 사료·물의 섭취

① 식육동물의 습관이 있어 거의 저작하지 않은 채 먹이를 섭취하는데 이것은 큰 식도를 가지고 있고 수액 분비가 많은 것에 기인함
② 대량의 먹이를 한 번에 섭취 가능하며, 대형견은 체중의 10% 정도의 캔 음식을 먹기도 함
③ 개는 혀를 길게 뻗어서 액체를 마실 때 그 끝을 굽혀서 혀를 입속으로 당겨 마심
④ 고형 사료를 먹을 때 큰 것은 송곳니로 부수고, 어금니로 씹어서 삼킴
⑤ 섭취행동의 특징 중 작은 것은 바로 먹는 것과 달리 큰 고형물은 다소 떨어진 장소로 옮겨서 보이지 않게 해서 먹는 행동이 있는데, 이것은 야생일 때부터 생긴 것이라 판단됨

- 사회적 촉진
  - 강아지가 군으로 길러질 때 먹이 횟수가 적은 경우, 섭취량의 사회적 촉진이 보여 강아지 1마리를 양육할 때보다 40~50% 정도 증가하는 것으로 나타남
  - 이것은 단기간에 많이 보이고 장기적으로는 크게 차이가 나지 않으며, 먹이를 자유롭게 섭취할 경우에는 거의 나타나지 않음
- 강아지의 고른 음식 섭취를 위해서는 먹이통이 하나일 경우 순위에 영향을 받아 영양이 부족한 개체가 발생할 가능성이 있으므로 관리에 신경을 써야 함

(2) 휴식과 운동

1) 수면행동의 발달

① 갓 태어난 강아지는 하루 96%의 시간을 같은 배에서 태어난 강아지와 겹쳐 자거나, 렘수면(얕은 잠)을 취함
② 성장함에 따라 하루 렘 수면은 7일령에 85%, 35일령에 7%로 현저히 감소하며, 깨어 있는 시간이 35일령에 62%로 늘면서 서파수면(깊은 잠)도 하루 30% 정도 됨
③ 3주령에는 작은 무리별로 몸의 한쪽을 대고 자고, 5주령에는 단독으로 자게 되는데 벽에 기대서 자는 모습은 큰 개가 되어서 주인에게 달라붙거나 다리 위에서 자는 행동으로 이어짐
④ 늙은 개의 경우 하루 종일 자기도 하며 배분, 배뇨 또한 자는 채로 하게 됨

2) 수면·휴식

뇌파의 종류	주파수 대역	뇌파의 형태	뇌의 상태
Delta δ	0.5~3.99Hz		숙면 상태
Theta θ	4~7.99Hz		졸리는 상태, 산만함 상태
Alpha α	8~12.99Hz		편안한 상태에서 외부 집중력이 느슨한 상태
SMR (Sensory Motor Rhythm)	13~15Hz		움직이지 않는 상태에서 집중력 유지
Beta β	13~18Hz		사고를 하며, 활동적인 상태에서 집중력 유지
High Beta	18~30Hz		긴장, 불안

① 개의 수면시간
- 큰 개의 수면시간은 14~15시간으로 알려짐
- 선조가 야행성이었음에도 불구하고 야간에 활동하지 않는 것이 일반적이나, 실내에서 기르는 반려견의 경우 주인의 생활 양식에 따라 밤에 행동하는지가 좌우됨
- 개집에서 기르는 경우 낮의 반 정도의 시간을 자면서 지내고(80%가 서파수면), 1/4을 서 있고, 기타 시간은 앉거나 옆으로 앉아있음
② 휴식은 배를 바닥에 대고 앉아 눈을 뜨거나 꾸벅꾸벅 졸다가 앞발 사이로 머리를 떨구고, 이어서 옆으로 누워 웅크리고 뒷다리를 뻗어 머리를 돌린 채 잠을 잠
③ 실내견의 경우 위를 향해 앞발을 굽혀 뒷발로 몸을 일으키는 자세로 잠
④ 웅크리는 자세는 피곤할 때나 굴복할 때, 말하는 내용이 이해되지 않을 때, 곤란한 것을 나타낼 때 잠자는 자세로 이어짐
⑤ 잠자리가 정해져 있음에도 그 주변을 빙빙 돌고, 구덩이를 파는 동작을 하거나 다리로 밟는 행위를 하고 나서 옆으로 누움
⑥ 렘 수면을 할 때 얼굴 근육이나 다리를 떨거나 중얼중얼 소리를 내거나 심장박동 소리가 격하거나 거의 멈추기도 하는데, 이러한 때에 갑자기 깨어난 개는 성내거나 물 수도 있으므로 깨워야 할 때는 조용히 부르는 듯이 깨워야 함
⑦ 실내견의 경우 기후에 따라 방의 한쪽을 잠자리로 하는데, 복지의 차원에서는 실내·외를 불문하고 안심감이 들도록 집을 마련해 주는 것이 바람직함

3) 운동

① 갓 태어난 강아지의 운동능력은 발달되지 못해 주로 앞발로 움직여 천천히 기어가며, 이행기가 되면 걷기 시작함
② 사회화기에 들어서는 7주령부터 빨리 가게 되며, 12주령 정도에는 뛰는 모습을 보이고 넓은 곳에서 길러지는 경우 더 활발한 모습을 보임
③ 6개월령에는 빠르게 달리기도 하나, 육체적으로 완전한 발달은 약 2년이 필요함
④ 좁은 견사에 살거나 줄에 매서 기르는 개의 경우 하루 2회, 1회당 20~30분 정도는 운동을 시켜야 하는데 이것은 주인과의 교류에 있어서도 매우 유용함
⑤ 데리고 걷는 것뿐만 아니라 넓은 곳에 풀어놓아 자유롭게 뛰고 달리게 하는 것은 개의 운동과 심리에 좋은 영향을 줌
⑥ 운동시간은 계절에 따라 고려되어야 하며, 식전에 하는 것이 좋음

2 사회행동

(1) 음성에 의한 정보전달

① 개의 가청주파수는 사람보다 훨씬 광범위함

② 작은 소리에 눈을 뜨고 경계하거나 멀리서도 주인의 발소리를 식별할 수 있는데, 이 능력은 직립 귀를 가진 종이 늘어진 귀를 가진 종보다 우수함

③ 종류

화난 소리(왕왕)	• 개 특유의 소리로, 보통은 자기구역의 침입에 대한 경고로 사용함 • 주인에 대해 부르는 소리로도 쓰고, 기쁘거나 불안한 때에도 나타남
콧소리(킁킁)	• 강아지 시기에 따뜻함이나 모유를 찾는 것에서 시작된 소리 • 성견에서는 먹이 또는 외출을 요구하거나, 복종하며 주인의 얼굴을 보며 내는 소리임
원성(우)	어린 강아지부터 시작되어 위협하는 소리로, 특징적인 표정을 동시에 보임
높은 울음(낑낑)	고통을 나타내는 소리
멀리 외침(워우)	멀리 있는 동료를 부르는 소리로, 주로 사냥개 종에서 많이 보임

(2) 동작이나 표정에 의한 정보전달

▲ 개의 동작, 표정

① 개의 감정 표현은 얼굴 표정이나 귀, 꼬리, 몸의 움직임, 어깨나 엉덩이의 털 상태, 다리의 위치와 자세 등 전신의 바디랭귀지에 의해서도 이루어짐

② 종류

우위를 보이려 할 때	• 경직된 고자세로, 눈은 반짝반짝 빛나고 꼬리를 올리며 털은 거꾸로 세움 • 코에 주름을 짓고 어금니를 내며, 측면에서 양쪽 앞발을 어깨에 걸치고 제압을 보이기 위해 등에 오르는 자세를 취함
복종을 나타낼 때	낮고 유연한 자세로 눈은 약하게, 귀는 눕히고 꼬리는 내린 채 하늘을 향한 자세를 취함
기쁨을 나타낼 때	• 몸을 유연하게 비벼대고 눈은 반짝반짝 빛나며, 귀는 낮게, 꼬리를 흔듦 • 기쁨이 넘칠 때는 선 채로 앞발을 배에 대고 오르려고 하거나, 주위를 빙빙 돌거나 또는 콧소리를 내거나 가볍게 물거나 오줌을 지리는 경우도 있음
외로울 경우	등을 둥글게 하여 앉거나, 눈은 허탈한 자세로 모든 행동이 멈춤

(3) 후각에 의한 정보전달

① 수컷 특유의 배뇨 자세에 의한 마킹에 따라 페로몬을 통해 자기의 경계에 있는 것을 과시하고, 다른 지역에 트집을 잡고, 정보전달의 목적을 이루고, 암컷에 발정을 알림
② 개의 항문 양측에 있는 항문선에서 개체 특유의 냄새나는 물질을 분비하므로, '정보를 전달한다'라는 의미는 주로 개 동료 간에 항문 부근의 냄새를 빈번하게 맡는 것으로 알려짐
③ 셰퍼드 같은 큰 개에서 우수하며 사람의 10,000배 이상의 후각을 가짐

3 행동형태

(1) 개요

① 반려견의 행동형태는 사전행동, 목표행동, 종료행동의 3단계로 구성됨
② 가장 기본적인 먹이섭취 행동의 경우 공복을 느끼고, 섭취하고, 만복감을 갖게 되는 단계로 이어짐
  • 만복감은 먹이의 소화의 도움으로 이루어짐
  • 만약 만복감이 없으면 먹이 섭취가 지속되므로 위가 꽉 차거나 과식증에 걸리게 됨
③ 계급투쟁에 기한 공격성의 경우 위협, 공격, 달래기의 3단계가 보임
  • 달래기가 없으면 투쟁은 예상치 못하게 계속되어, 동료의 심한 부상이나 죽음으로 이르게 됨
  • 달래기 의식을 통해 패자는 복종하고 승자는 공격을 그치며 우위를 획득함
④ 체내에서는 이러한 종류의 제어에 관한 구성이 10종류 정도 존재하며 혈중호르몬 또는 화학물질의 비율, 뇌의 특정장소, 신경계통에서의 화학물질 등에 관계됨

(2) 충동 제어

1) 뛰기 제어

① 5주령의 개는 뒤쫓기를 하면서 여러 방향으로 돌진하거나, 뛰어다니거나, 마구 소리치며 이것은 때로는 기분이 좋아보임

② 이때 어미는 한 마리의 강아지를 선택하여 쫓아가거나 공격하는 모습을 보임

③ 어미가 강아지의 머리 전체 혹은 일부를 입에 넣고 물거나 귀 또는 머리를 낚아채면 강아지는 큰 소리로 '깨갱' 울고, 이어서 움직이지 못함

- 강아지가 놀이를 중단하고 억제하는 복종 자세를 하도록 하기 위해 30초에서 1분 정도 계속 교육함
- 이러한 교육이 3~4개월령까지 계속되면 강아지는 운동기능 억제 방법을 배우게 됨
- 강아지를 무리 없이 정지시켜 얼굴, 목, 머리를 물어서 복종하는 자세를 시킴
- 자신의 아래에 강아지가 조용하게 있고, 소리가 나지 않을 때까지 누른 후 자유롭게 해 줌

2) 물기 제어

① 태어나면서 물기의 강약은 개에 따라 다름

② 물기 시작할 때 고통의 소리를 지르면 강아지는 발을 이용해 물거나 무는 것을 보류하게 됨

③ 이 억제는 영구치가 나오기 전이고 큰 개의 계급조직에 편입되기 전, 즉 4개월령에 학습됨

- 이 시기에는 놀이투쟁은 소멸되기 시작하고, 계급투쟁에 의한 싸움으로 바뀜
- 만일 놀이투쟁이 자연적으로 해결되지 않는 경우 어미가 개입함

④ 인간의 피부는 개보다 훨씬 민감하기 때문에 강아지가 물었을 때 크게 소리치며 역으로 비명을 지를 때까지 귀를 붙잡아서 주의를 주지 않는다면, 이 개는 큰 개가 되었을 때 누구든 봐주지 않고 주인을 물 수도 있음

3) 중추 제어

① 놀이, 투쟁, 도약, 물기 등의 활동은 중추에 의해 제어되지 않으면 안 됨

② 하루 10시간씩을 물고 있거나, 새벽에 정원에서 놀거나, 집중력을 높이는 훈련을 하다가도 집중하지 못하거나, 조금이라도 편의를 제공하면 즉각 배변하게 됨

③ 중추신경의 결격이 있는 경우 훈련만으로는 어렵고, 약제의 작용으로 보강해줄 필요가 있음

④ 4개월령에서 사춘기까지 이 치료를 올바르게 하면 치료가 가능함

(3) 자제와 학습

① **자제**: 행동을 멈추게 하거나 억제하는 것이 아니라, 사회에 적응하기 위한 열쇠가 되는 것
② 반복되는 자극에 익숙해지는 것은 억제작용의 움직임이며, 억제가 있기 때문에 환경에 약간의 변화가 있어도 반응을 보이지 않고 끝나는 것임
③ 자제심이 없는 개는 동시에 감수성이 지나치게 높기 때문에 주위에 움직이는 물체가 없고, 소리도 들리지 않는 상태가 아니면 진정되지 않음
④ 자극이 적은 아파트에서는 조용해지더라도, 한번 집 밖으로 나가면 흥분이 멈추지 않게 됨

CHAPTER
04 반려동물의 의사소통

1 의사소통

① 사회가 유지될 수 있었던 이유 중 하나인 의사소통은 같은 종의 구성뿐만 아니라 서로 다른 종 사이에서도 나타남

② 대표적인 예시 중 하나가 '개와 사람의 관계'로, 가장 기본적인 소통수단은 언어이지만 사람과 반려견은 소통 언어가 다르기 때문에 몸짓이나 표정 등을 통해 서로의 뜻을 전달하여야 함

③ 개는 시각적·청각적·후각적인 감각신경을 통해 소통하기 때문에 반려견과 함께 살아가기 위해서는 소통수단을 배우고, 이해함으로써 소통의 오류를 방지할 필요성이 있음

2 개 동료 간의 의사소통

(1) 접촉에 의한 전달

① 갓 태어난 신생개와 어미의 접촉이 우선적으로 시작되며, 큰 개의 경우 접촉에 따른 커뮤니케이션은 이차적인 것이 됨

② 개들끼리 혹은 주인에 신체를 접촉하는 행위는 촉각이라는 화학물질의 전달에 의미가 있음

③ 접촉하는 것은 애정 표현의 수단으로, 개는 주인의 신체 일부에 딱 붙어서 휴식을 취하거나 함

④ 개가 애무를 요구하거나 쓰다듬기를 좋아하는 경우 그 의미를 그때그때 분석할 필요가 있음

　예 주인이 식사를 하는 중에 목을 숙이며 앞발을 내미는 행위와 문 후에 주인의 무릎에 앞발을 걸치는 행위는 완전히 이질적인 것

⑤ 무는 행위는 그 자체도 촉각에 의한 의사전달이나, 이것에 대해서는 그 의미를 잘 이해하지 않으면 안 됨

⑥ 핥는 행위는 보다 복잡한 의미를 가지기 때문에 의식이라고도 함

　예 싸움 후에 보이는 것으로, 하위 개가 상위 개의 입술을 핥는 경우와 귀, 성기 주변의 페로몬을 맡으려고 핥는 경우로 구분됨

(2) 페로몬에 의한 전달

① 페로몬: 체외로 발산되는 커뮤니케이션의 역할을 하는 화학물질로 성적인 혹은 사회의 틀 안에서 엄밀한 의미를 가진 전달방법
② 개의 소변 마킹에 관해서는 많이 알려져 있는데, 뇨 중에 마치 명함처럼 개의 계급을 나타내는 페로몬이 포함되어 있어 개 상호 간의 지위를 알게 됨
  • 동료의 면전에서 빈번히 일어나며, 동시에 허리를 흔드는 행동을 하거나 신체 전체의 자세, 성기를 노출시키는 것도 커뮤니케이션의 수단임
  • 하위의 개는 허리를 숙이고 낮은 위치에 배뇨하고, 상위의 개는 당당한 자세로 가능한 높게 배설함
  • 단, 상대가 없거나 다른 개의 마킹 냄새가 없으면 수캐는 배뇨를 위해 곁눈질을 하기도 함
  • 침입자로부터 지역을 지키려 할 때 개는 뒷다리로 지면을 당기거나 그곳에 마킹을 함
③ 성적 페로몬은 번식을 위해 이성을 부르는 역할을 함
  • 이 움직임에 따라 어느 군에 있어서는 암캐의 발정 사이클이 같게 됨
  • 상위의 암캐의 페로몬은 하위의 암캐의 발정을 억제하는 효과도 있음
  • 어린 개의 페로몬은 큰 개의 기분에 작용하고 초조함을 주어, 결과적으로 어린 개를 군의 주변에 두게 되는 결과가 됨

(3) 청각에 의한 전달

① 개의 발성에 대해서 3종류가 있다고 알려짐
② 강아지소리(예 낑낑대거나 콧소리를 냄), 큰 개소리(예 짖는 소리, 으르렁대는 소리, 포효, 강아지가 캉캉 짖는 소리 등), 그리고 소리 이외(예 이를 가는 소리, 거친 숨소리)로 분류됨
③ 우는 소리는 기분이 좋고 나쁨에 관계없이 흥분한 때에 내는 것이 보통이나, 위협 혹은 지역방위의 결속을 위한 것도 있으며 이 경우는 그에 상응하는 신체접촉을 보임
④ 멀리서 짖는 소리는 늑대가 지역방어를 위해 사용하는 것이지만 집개의 경우도 유사하며, 이 습성은 극한지대의 개에서 더 현저하게 볼 수 있어 군 내에서 한 마리가 울기 시작하면 다른 개들도 동조함
⑤ 견종에 따라서 소리를 잘 내거나 혹은 너무 내지 않으면 도태되기도 하며, 이 경향은 훈련에 따라서 강화되거나 약화되기도 함
⑥ 개에게 고함치는 것은 더 큰소리로 짖거나, 짖게 되는 사례를 나타내게 됨

(4) 시각에 의한 전달

① 개의 눈은 희미한 빛에서도 움직이는 물체를 보기에 적합하며, 색의 식별은 가능하나 적색에는 그다지 예민하지 않음

② 시야는 100°에 이르며 좌우가 잘 보임

③ 시각에 의한 정보전달은 형태적인 것, 털 색의 차이, 서거나 늘어진 귀, 꼬리의 유무, 얼굴 모색 등이 있음

④ 늑대나 극한지대에 사는 개의 얼굴은 날카롭고 쫑긋한 귀, 그리고 항문 부분의 두드러진 줄무늬 등이 있는데, 이 모양은 직립하여 꼬리를 들었을 때 그 자세를 유난히 특징적으로 보이게 함

⑤ 도태 또는 외과수술 등으로 어떠한 형태적 특징이 변해버리면 커뮤니케이션 수단의 일부를 잃게 됨

> 예 불테리어의 무표정한 얼굴, 각종 견종의 단미 등

⑥ 개의 감정의 움직임은 몸 흔들기로 나타남: 지배권 투쟁 시에 직립된 자세로 귀를 낮게 하고 동작이 과해지거나, 꼬리를 완전히 직립하는 것을 주저하는 몸짓이 동반되면 머뭇거림을 보이게 되어 역으로 상대에게 지배의 기회를 부여하게 됨

⑦ 무의식 중에 일어나는 감정의 표명: 목 부위 털을 거꾸로 세우기, 동공의 확장, 위와 꼬리의 움직임, 떨기, 뛰어 달아남, 수면 중 부동자세, 부드럽게 움직이지 못하는 상태, 근육의 긴장, 질름질름하는 전진, 실금, 항문 분비선액의 방출 등

⑧ 의식해서 행하는 감정의 표명
- 꼬리 흔들기, 의식 등이 있음
- 몇 가지의 몸 흔들기가 보이면, 모든 것이 지배와 복종의 어느 것인가를 표명하는 것임

⑨ 복잡한 형식의 의사표시로는 장소의 점유(잠자리), 다른 개의 협조관계, 특별한 것 혹은 개체로 접근하는 권리 등이 있음

(5) 태도와 몸 흔들기에 의한 전달

① 몸 흔들기가 갖는 의미를 이해하기 위해서는 다양한 각도에서 신체의 높이, 귀와 꼬리의 위치, 시선, 두부, 동체를 어떻게 움직이는가를 정확히 분석하지 않으면 안 됨

② 개의 자세는 개의 감정과 연결되어 있어, 그 강약에 반응함

높이 굳어진 자세	• 신의 상실을 의미함 • 4개의 다리를 구부려 목을 움츠려 어깨 사이에 넣고, 귀는 뒤로 젖히고, 꼬리는 낮게 뒷다리 사이에 넣게 됨 • 낮은 자세에는 복종의 의식이 나타남
눈의 시선	• 개가 확실히 상대를 보려고 하는 경우에는 망막의 중심부에 화상이 맺어지지 않으면 안 되므로 정면에서 주시하게 됨 • 따라서 움직임을 보는 것은 망막의 주변부가 민감하기 때문에 눈빛은 돌리게 됨
정면에서 보는 것	• 위협하는 것으로 등이나 머리 근육을 응시하는 것은 지배적인 행위임 • 측면을 보거나, 눈을 작게 응시하는 것은 공포, 복종을 보임
몸을 흔드는 것	신체의 자세를 보다 강조하는 전달 수단

3 사람과 개 사이의 의사전달

(1) 개요

① 개는 개의 방식으로 말하고, 사람은 사람의 방식으로 말하며 몸 흔들기와 같은 복잡한 움직임을 이용함

② 개는 절대로 사람 방식으로는 할 수 없기 때문에 사람은 적어도 개의 언어를 이해하고, 개에게 자신을 알게끔 노력하지 않으면 안 됨

③ 개의 가르침에 있어서는 개의 방식에 따라 말을 거는 것이 매우 중요함

④ 1만 5천년에 이르는 공존의 역사가 그것을 증명하고 있으며, 개와 인간이 상호 이해하기 위한 커뮤니케이션 수단을 다시 보고, 분석해 보는 것이 필요함

(2) 접촉에 의한 전달

1) 목적

① 영장류나 인간에게 끌어안는다는 것은 쓰다듬는 것과 같이 인사의 의미를 가짐

② 극도로 공포에 떠는 경우에는 큰 수컷 침팬지도 어린 것을 껴안음으로써 평정심을 찾게 되기 때문에, 인간이 자신을 위로하기 위해 동물을 껴안는 행동은 놀라운 일이 아님

③ 접촉하는 것을 좋아하게 되는 개에 있어서 그것은 같은 효과를 갖게 되며, 만지고 쓰다듬고 사랑하는 대상과 함께 자는 것은 평안한 행위가 됨

④ 인간의 경우 문화에 따라 차이가 크기 때문에, 잘 융합하는 민족도 있지만 그것을 그다지 하지 않는 민족도 있음

2) 의미

① 개가 높이 일어서서 멈춘 자세로 애무를 구하는 것은 지배적인 태도이고, 높은 자세로 꼬리를 흔드는 것은 환영의 표시임

② 뒤로 젖히거나 애무를 구하는 경우는 지배성을 나타내는 경우도 있고, 말하는 것을 고개를 들고 하면 복종한 것이 됨
- 개의 귀가 세워지고 신체가 고정된 채로 지그시 보기도 하는데, 만일 신체가 고정되거나 우는 소리가 없어도 접촉을 그만두고 싶다는 말을 하는 것임
- 이때 그대로 쓰다듬기를 계속하면 물릴 위험이 있으며, 이러한 태도는 개와 주인 사이의 의식이 되기도 함

③ 높게, 고정된 자세로 앞발을 무릎에 올리는 것은 지배의 표명

④ 꼬리를 수평으로 움직이거나 몸을 굽혀 앞발을 무릎에 얹는 것은 무언가 젖혀져 있는 것으로, 지배 혹은 종속성의 표명과 관계없음

⑤ 손을 핥는 의미는 그 상황에서의 전체적인 몸가짐을 보고 판단하지 않으면 안 되며 지배적 혹은 종속적, 달래기, 환영 등 여러 가지의 경우가 고려됨

⑥ 주인이 귀가할 때 개가 올라서서 얼굴과 얼굴을 맞대는 것은 개가 좋아하는 것으로, 환영의 의미가 있음

⑦ 주인에게 달려들기, 동반하거나 잡아떼는 것은 위협이나 지배의 표명

⑧ 개가 무엇을 전하려는 것인지를 이해하기 위해서는 메시지의 전체상을 파악하는 것이 긴요하다고 여겨짐

⑨ 개는 일련의 정보를 전달하려는 것이므로 자세의 고저, 눈의 주시, 몸 흔들기, 일부러 하는 행위의 동작을 하는 것인지, 진심인지 등을 고려하지 않으면 안 됨

3) 시각적인 카밍시그널 이해

카밍시그널 종류	행동	이유
우호적일 때	보호자의 발 밑에 눕기	보호자에게 신뢰, 안정감을 표현
	배 보이기	• 다른 개나 인간에 대한 위협이 없고, 상대가 자신보다 세다는 것을 인정하는 행위 • 신뢰, 복종을 표현
	기지개 자세	엉덩이를 위로 하고 다리를 뻗는 행위는 낯선 개와의 만남에서 탐색이 끝난 뒤 경계심이 풀렸다는 의미
	마주 앉기	상호 간의 신뢰, 안정을 표현
	주인을 따라다니기	안전한 환경에서의 행동으로, 주인과의 유대감과 안정감 표현

	코 핥기	자기 자신을 진정시키기 위한 행위
긴장했을 때	하품	반려견이 긴장감을 느끼거나, 복잡한 주변상황에 스트레스를 받을 때 하는 행동
	다리 들기	• 앞다리 중 한쪽 다리를 들어올리는 행위 • 흔히 야단칠 때 자주 보임
	움직이지 않기	• 강아지가 긴장해 제자리에 멈춰서 있는 행위 • 낯선 개가 다가와 냄새를 맡거나 외부에서 갑자기 큰 소리가 났을 때 등의 상황에서 보임
	몸을 꼿꼿이 세우고 혀를 내밀기	긴장을 푸는 시그널
	마킹(소변)	• 반려견이 지정된 배변 장소가 아닌 곳에서 갑자기 소변을 보는 행위 • 낯선 사람을 만났을 때나 거친 놀이를 할 때 갑작스럽게 소변을 봄
회피하고 싶을 때	곡선으로 걷기	• 직선으로 걷다가 갑자기 커브를 틀어 곡선 형태로 걷는 행위 • 산책 중 전방에 낯선 개나 사람이 가까이 다가오거나 혹은 가까이 다가갈 때 하는 행동
	냄새 맡기	실내·외의 바닥에 냄새를 맡거나 코를 대고 한동안 그 자리에 머무르는 행위
	고개 돌리기	• 머리를 옆 또는 뒤로 돌리거나 한쪽 방향을 바라보듯이 고개를 돌리는 행위 • 낯선 개나 사람이 자신에게 다가올 때, 사람들이 자신을 만지려고 할 때, 빤히 얼굴을 계속 쳐다볼 때 이런 행동을 보일 수 있음
	돌아서기	• 몸을 약간 옆으로 틀어 서거나 아예 돌아서 버리는 경우 • 낯선 개나 사람이 너무 빨리 자신에게 다가올 때, 주인이 강하게 리드줄을 잡아당길 때, 다른 개가 자신에게 으르렁댈 때 보이는 행동

(3) 페로몬에 의한 전달

1) 개의 페로몬

① 개는 외적인 것과 관계없이 인간의 남성, 여성을 구분하고, 사춘기 이전의 아이들과 성인의 다름을 이해하며, 개의 편에서 부모보다 먼저 딸의 생리를 감지하여 이후 생리사이클을 알게 됨

② 인간도 개와 마찬가지로 화학물질인 페로몬을 배출하는데 대부분의 경우 개는 그 의미를 이해하나, 인간은 후각이 둔감해져 그다지 신경을 쓰지 않음

③ 현재까지는 개가 어디까지 알고 있는지에 관해 정확한 답을 얻지 못하고 있으나, 지배적인 수캐가 주인의 소파 위에서 자거나 슬리퍼, 바지 등에 마킹을 하는 것은 페로몬의 영향이라고 판단됨

2) 후각적인 의사소통

① 후각은 성별, 건강 상태, 임신 여부 등 무리의 여러 가지 정보를 얻을 수 있는 소통기관
② 인간과 인간 사이의 의사소통에서 후각의 역할은 시·청각에 비해 미미하고, 강아지에 비해 후각적 민감성이 낮기 때문에 인간 사이에서는 후각적 의사소통이 잘 사용되지 않음
③ 강아지는 인간보다 10,000~100,000배 높은 후각으로 사회적·맥락적 정보에 접근할 수 있음
④ 개의 후각적 의사소통

후각적 의사소통의 장점	• 체취에는 다른 개체와 소통하도록 특별히 진화한 화학적 신호가 포함되어 있음 • 개체가 물리적으로 가까이 있을 때도 이용할 수 있지만, 직접적인 상호작용 없이도 신호 제공자의 정보를 습득할 수 있음
후각적 의사소통 방법	• 개는 분비물을 통해 의도적으로 냄새를 표시함 • 방법으로는 직접적인 상호작용과 간접적인 냄새 표시가 있음
냄새 표시	• 냄새 표시는 다른 개체의 첫 번째 흔적 조사 단계와 기존 표시에 개인의 냄새를 더하는 단계로 구성됨 • 냄새 표시 행동에는 후각 요소뿐만 아니라 시·청각 요소가 모두 포함됨 • 냄새 표시는 개의 생식 행동에 중요한 역할을 함 • 암컷은 소변 자국과 질 분비물을 통해 생식 상태를 알리며, 구애의 신호로 암컷의 소변 위 또는 근처에 자신의 소변을 쌓는 수컷에게 특정 반응을 유도함
후각을 통한 의사전달	• 개는 동종 냄새의 감정을 인식할 수 있으며, 제공자의 행동 및 생리적 효과를 유도함 　예 낯선 환경에 남겨져 부정적인 감정을 가졌던 개의 항문 주위, 타액 분비물을 채취한 냄새를 동종의 개에게 맡게 하자 오른쪽 콧구멍의 사용이 늘고 냄새를 맡는 개체의 심박수와 스트레스 행동이 증가되는 것을 보임 • 개는 인체의 특정 부위, 특히 얼굴과 팔의 냄새를 맡는 것을 선호함 • 해부학적인 부분에서 생성되는 인간의 냄새가 다른 특정 후각 단서를 제공할 수 있음을 말하며, 화학 신호가 문맥 관련 정보를 전달하여 개와 인간의 의사소통에서 특정 역할을 뒷받침한다는 것을 알 수 있음

(4) 청각에 의한 전달

1) 개의 청각

① 인간의 말하는 언어의 풍부함은 개의 이해도를 훨씬 넘어섬
  • 인간만이 자신들의 발명한 언어를 말하고 이해하기 위한 충분한 두뇌작용을 가지며, 소리로 구성된 언어가 구를 만들고, 그것 자체가 언어임

- 개는 언어와 관련상황에서부터 훈련을 받으면 언어와 명령을 연결하는 것이 가능하지만, 교육을 받지 않는다면 언어는 개에게 있어서 어떠한 의미도 갖지 못함
- 개는 소리를 듣고 그 상징적인 소리를 이해하는데, 자기 자신이 소리를 내는 것, 즉 인간과 같이는 절대 말할 수 없음
② 개는 20여개에서 100여개의 단어를 이해하고 비슷한 음성을 구분하는 것도 가능하며, 어떤 대화 중에 알고 있는 특정 단어를 선택하여 그것에 반응을 보이는 경우도 있음
    > 예 테니스공 혹은 그물을 가져오라고 하면 개는 틀리지 않고 올바르게 가져옴 → 개가 말과 그 물체의 개념을 연관 짓기 때문이며, 신체 움직임과 관계되는 '아쉬(앉아)', '이쉬(이리와)' 또한 마찬가지의 경우
③ 부르는 명령에 있어서 '이리와', '이리로', '이리', '이리와 주렴' 등으로 얘기하는 경우
- 이러한 여러 가지 언어가 같은 명령을 뜻하는 것이지만, 이해하는 특정 개를 제외하고는 이해하지 못하기 때문에 같은 명령에는 동일한 언어를 이용해야 함
- 사람이 개에 대해 쓰는 언어는 명령, 단정, 질문 등으로 언어를 짧게 하고, 발음을 명료하게 한마디로 해야 함
- 이 짧고도 음성이 풍부한 언어가 유아 혹은 개의 반응을 일으키게 됨
④ 만약 개가 명료하게 사물을 알지 못하는 경우라면 언제나 몸을 흔들며 시각정보가 우선되는 것이며, 초조해하거나 혹은 분개하면서 '이리와' 하고 불러도 개가 알아듣지 못하는 이유가 여기에 있음

2) 청각적인 의사소통

① 강아지는 상황에 따라 다른 음역대나 주파수로 다른 울음소리를 냄
    > 예 요구, 분리불안, 공격, 즐거움, 반가움, 경계 등
② 다양한 음성 신호 중 짖는 소리는 개의 가장 전형적인 발성이며, 짖는 소리의 특징에 따라 의사표현이 달라지는 것을 알 수 있음
- 짖는 소리는 짧고 폭발적이며 반복적인 신호로, 매우 가변적인 음향 구조(160~2630Hz)를 가지며 품종, 개체마다 다름
- 일반적으로 단거리 상호작용, 인사, 경고, 주의, 놀이 등 여러 행동 맥락에서 사용되며, 동종(개-개) 사이의 미러링과 자극을 주는 활동이기도 함
③ 인간과 개의 관계에서도 짖는 울음소리를 통해 의미를 전달할 수 있음
- 인간은 저주파, 낮은 음조, 빠르게 짖는 소리를 공격적인 소리로 분류하며, 더 많은 음조, 고음, 느리게 짖는 소리는 행복하거나 절망적인 소리로 분류함
- 인간은 개의 발성과 동종(인간-인간) 발성의 정서적 내용 및 맥락을 평가하기 위해 동일한 음향 규칙에 의존하고 있으며, 이것은 발성 신호를 통해 감정을 표현하고 발성을 들음으로써 다른 개인의 내부 상태를 암호화하기 위해 동일한 규칙을 적용하는, 동물의 더 넓은 공통 메커니즘이 존재함을 시사함

- 전반적으로 개의 발성을 분류하는 인간의 능력은 개의 음성 신호가 인간과 의사소통 관련성이 있으며, 개와 인간의 의사소통을 위한 효과적인 수단임을 나타낸다고 할 수 있음

(5) 시각에 의한 전달

개와 인간의 시각에 의한 커뮤니케이션은 다음과 같음

1) 외견에 의한 것

① 옷에 따라 외견이 강조되거나 혹은 페로몬이 약해지거나 하지만 피부의 색을 완전히 숨기는 것은 불가능하며, 이것은 개에 있어서 매우 의미가 있음
② 다른 관찰 또는 의류가 특별한 생각을 내포하는 경우가 있기 때문에 개는 주인이 출근을 위해 외출하는지, 운동을 하는지 한눈에 파악하게 됨
③ 따라서 외견을 보는 것만으로도 개가 좋아하는 때인지, 혼자 외롭게 스트레스가 쌓이는 때인지를 알 수 있음

2) 내면의 감정이 나타나는 경우

① 개에게도, 인간에게도 공통적으로 나타나는 현상
② 어깨 털이 세워져 새털처럼 되는 경우가 있으며, 동공이 확대되고 눈이 크게 뜨이거나 감게 됨
③ 눈썹이 놀라서 불안, 화냄, 기쁨에 따라 변화하거나, 얼굴이 빨개지며 신체가 굳어지거나, 혹은 긴장이 풀리거나 땀을 흘림
④ 기가 강한 사람의 자세는 상대에 눌리는 기세이나, 약한 사람이나 불안감을 느끼는 사람은 한발 아래 서는 기미를 보임

3) 일부러 몸을 흔들기, 자세 등

① 높거나 낮은 자세가 갖는 의미는 인간과 개에게 공통이며, 의사를 명확하게 나타내기 위해서 서로 눈과 눈으로 직시하여 봄
② 특히 어떤 것을 주장하는 경우도 마찬가지로, 시선을 허공을 보지 않고 똑바로 쳐다보는 것은 인간의 경우 위협하는 의미도 있음
③ 개의 경우는 엉덩이를 주시하는 경우가 지배의 표명이며, 공포를 느끼는 경우 인간의 시선은 무서운 것에 집중하는 경향이 있음
④ 인간이 개를 무서워하여 시선을 집중하게 되면 공포를 가졌다는 것이 개에 전달되기 때문에 개가 공격할 가능성이 있음
- 이러한 경우는 시선을 돌리고, 개를 회피하는 것이 좋음

- 옆으로 돌아서는 것 또한 불안으로 이어져 받아들이게 되기 때문에 시선을 분석하는 것이 권장됨
⑤ 인간의 얼굴 대면은 매우 표정이 풍부하기 때문에 개도 그것을 통해 놀람, 불안, 화냄, 즐거운 감정을 읽게 됨
⑥ 실제의 움직임은 2가지 형태로 나뉨
- 하나는 감정으로 연결되는 경우도 있고, 빠른 속도로 개에 가까이 가는 것은 공격의 인상으로 받아들일
- 빠르지도, 늦지도 않게 일정한 속도로 접근하면 지배적이라도 종속적이지 않거나 혹은 지배적으로 취함

(6) 의식에 의한 전달

① 인간이 행하는 의식 중에는 인간동료에 대한 것과 개에 대한 것이 있는데, 개에게 있어서 전자는 이해하고 싶은 것임
② 가족이 껴안거나 하는 것은 개의 이해를 넘어선 것이지만, 앞다리를 내는 것은 의식의 한 가지로서 이해되는 것
③ 또한 어떤 물건을 손가락으로 가리키더라도 개는 무엇인지 알지 못하며, 지시한 물건을 보지 못해도 손의 움직임에 주목할 뿐임
④ 개는 특정 가족과 함께 사는 것이 행복하고, 다른 가족과 함께 있을 때 불안함을 보이며, 상호 소통에 문제가 나타남

> **Q.** 어느 가정에서 오른쪽 앞발을 내면 과자를 받도록 배운 개가 다른 가정에 가서는 냄새도 맡지 못하고, '행실이 나쁘다'면서 머리를 두드리며 혼내면 어떻게 될까? 또 어느 가정에는 개의 멀리 짖기가 주인을 웃음 짓게 하고, 다른 가정에서는 같은 소리가 주인을 화내게 한다면, 그 개는 이것을 어떻게 해석해야 하는가?

(7) 개와 사람과의 상호작용(소통) 강화법

① 개의 의사소통인 카밍시그널을 이해해야 함
② 카밍시그널을 바탕으로 개와 소통하며, 일정한 규칙과 교육을 제공함
③ 긍정적인 강화법을 사용함 예 칭찬과 간식, 놀이 등 보상 교육
④ 충분한 운동을 통해 에너지를 소진시킴
⑤ 사회화 훈련을 진행함
⑥ 주기적인 건강검진과 예방접종, 영양가 있는 사료를 제공하여 반려견의 건강을 관리함
⑦ 긍정적인 반려견과 보호자의 관계에 영향을 끼침
⑧ 반려견의 문제 행동을 수정하는 데 큰 도움이 됨
⑨ 반려견의 의사 표현을 이해하는 데 도움이 됨

CHAPTER 05 반려동물의 문제행동

1 문제행동의 정의

① 문제행동(이상행동)이란 행동의 양식, 빈도와 강도가 정상적인 수준에서 벗어나는 행동을 뜻함
② 단조롭고 규칙적이나 무의미한 행동 특성을 보이며, 사회적 환경과 관련하여 발생할 수 있음
③ 이상행동과 정상행동은 서로를 명확하게 구분하는 것이 쉽지 않은 경우도 존재함
  • 즉 이상행동이 나타나는 개체 수의 많고 적음, 발현 빈도의 높고 낮음만으로는 단순히 판단할 수 없으며, 관례나 상식적인 내용을 포함해서 결정해야 함
  • 외상, 질병에 의해 달라진 행동은 이상행동이라 하지 않고, 후유증 혹은 증상이라는 명칭이 더 적절할 것임

2 문제행동의 분류

> **TIP**
>
> **문제행동**
>
> 정형행동, 분리불안 → 부적절한 배변, 과잉행동, 적대적 공격행동 등

(1) 정형행동

1) 개의 정형행동

① 항상 사람과 함께 지내는 것이 익숙한 개나 보호자와 떨어졌을 때 편안히 있는 방법을 배운 적 없는 개, 원하는 것은 언제든지 얻으며 지낸 개들은 갑자기 혼자 남게 될 때 절망하게 됨
② 이러한 강아지들의 이상행동은 개체마다 조금씩 차이가 있을 수 있지만 대표적으로 공격성, 이식증, 인지 장애, 배변 문제, 정형행동, 강박행동 등이 있음

2) 원인

① 보호자의 일시적인 부재에 극도로 불안감을 느끼는 '분리불안'은 초조한 마음을 달래기 위해 물건을 입이 닿는대로 씹거나, 아무데서나 배변을 하고 현관문을 긁거나 찢고, 자해를 시도하는 행동을 보임

② 불안한 상태에서 코디솔(Cortisol), 노르아드레날린(Noradrenalin) 수치가 지속적으로 높아지면 내분비계, 자율신경계, 면역계 등이 교란되어 신체 항상성이 깨지고 심한 육체적 질병으로도 이어지게 됨

③ 반려동물과 살아가면서 자연스럽게 발생되는 상호 유대 관계의 형성에 있어 방해가 되는 요인으로 작용하기도 하며, 결국 사회적 문제인 유기동물의 발생이 더욱 증가하는 결과로 이어질 수 있음

3) 대처 및 관리

① 하루에 한 번씩은 반드시 산책을 시켜주도록 함

② 보호자의 외출 암시를 무디게 하거나, 보호자가 집에 없을 때만 먹을 수 있는 간식과 특별한 장난감을 제공해야 함

③ 어려서부터 사회화 교육과 함께 혼자 있어도 편안하게 느끼도록 교육해야 함

④ 문제행동의 교정치료는 장기적으로 꾸준하게 시행해야 하므로 행동 전문가의 처방을 받는 것이 좋음

⑤ 고령 반려견의 경우는 정형행동을 보일 때 스트레스를 원인으로 보기 보다는 노화에 따른 신체변화의 발생을 확인해야 함

(2) 분리불안

1) 개의 분리불안

① 동물 행동치료 학자에게 많이 의뢰되는 분야 중 하나

② 개는 사회적 동물이기 때문에 보호자나 다른 개와 유대관계를 형성함으로써 나타날 수 있는 증상 중 하나가 분리불안

③ 분리불안의 실태
- 현재 분리불안을 겪고 있는 반려동물은 대략 20~40%로 추정되고 있지만, 실제로는 더 많은 반려동물들이 분리불안을 겪고 있을 것으로 추정됨
- 그 이유는 많은 보호자가 분리불안에 대해 정확하게 이해하고 있지 못해 반려동물의 분리불안 증세를 알아보지 못하거나, 분리불안이 아닌 행동을 착각하는 경우가 많기 때문

④ 분리불안을 가지고 있는 개는 불안감을 느낄 때 사람이 공황장애를 일으킬 때와 같은 수준의 불안을 느낀다고 알려져 있음

⑤ 개는 말을 할 수 없기 때문에 보호자가 집중적으로 관찰하지 않으면 개의 분리불안을 알아챌 수 없음

⑥ 분리불안의 특징

발성의 유형	분리불안
정황	자신이 사는 집 또는 친밀한 장소
목표물	주인
자극을 유발하는 일	주인과 떨어짐
목적, 동기	주인과 떨어짐에 대한 불안 표출과 이를 해소하기 위함
자세, 행동	• 주인과 떨어진 후 5~30분 이내에 주로 발생하나, 계속적으로 짖을 수 있음 • 침 흘림, 파괴행동, 대소변 아무 곳에나 누기 등과 병행될 수 있음

2) 원인

새로운 보호자를 만나기 전 유기됐던 경험이 있거나, 이사 등으로 인한 낯선 환경, 주인·어미·동료견들과 떨어지게 될 경우, 갑자기 변화된 생활패턴 등이 있음

3) 대처 및 관리

① 분리불안을 치료하기 위해서는 원인을 파악하는 것이 가장 중요함
② 분리불안의 증상은 다양하나 가장 많이 발생하는 증상으로는 과도한 짖음, 침 흘림, 파괴행동, 공격성, 배변·배뇨 실수 등이 있음
③ 분리불안을 치료하기 위해서는 분리불안이 맞는지를 정확하게 확인해야 함
④ 분리불안과 고립장애

분리불안	특정 대상(예 보호자, 강아지 등)과 분리되면 누군가 곁에 있어도 증상이 나타나게 되는 것
고립장애	특정 대상이 아닌, 혼자 남겨져 있는 것을 불안해하는 것

• 고립장애의 치료방법은 산책을 자주 시켜주거나 보호자가 외출할 때에도 혼자 남은 반려견이 지루하지 않게 해주는 것이 중요함
• 반면에 분리불안은 특정 대상(보호자)이 사라졌을 때 느끼는 불안감이기 때문에 고립장애보다 더 많은 시간과 노력이 필요하며, 이 둘을 잘 구분해서 치료해야 함
⑤ 동료 반려견을 입양하거나 보호자에 대한 강한 의존도를 낮추기 위한 시도, 보호자가 다시 돌아올 것이라는 믿음을 주는 것도 중요함
⑥ 그 외에도 반려동물의 중성화 전후 행동 변화, 환경요인, 학습요인, 유전적 요인 등에 따라 문제행동이 발생할 수 있음

3 신체적 불편과 행동문제 사이의 관계 파악, 수의학적 치료의 중요성

(1) 개요

행동 문제와 신체적 불편은 상호작용하며 함께 나타날 수 있기 때문에 통합적으로 고려하여 치료 계획을 세우는 것이 중요함

(2) 신체적 불편으로 인한 행동 문제

① 신체적 불편은 통증, 건강문제(질환)로 나타날 수 있음
② 동물이 통증을 경험할 때 그 통증을 완화하기 위해 다양한 문제행동을 보일 수 있음
  예 바닥에 엉덩이를 질질 끌며 다니는 행동은 빈려견의 힝문닝이 가득 차서 항문에 불변함을 느껴 이상 행동을 보이고 있음을 의심해볼 수 있음
③ 통증과 불편으로 인해 스트레스가 일정 수준 이상 올라가면 물리적인 활동을 피하거나 공격적인 행동을 보일 수 있음
④ 신체적 불편으로 인한 행동 문제는 종종 주인에게 불편을 초래하고, 동물의 삶을 저하시킬 수 있음

(3) 행동 문제로 인한 신체적 불편

① 행동 문제로 인해 개의 스트레스가 증가하여 신체적 불편이 발생할 수 있음
② 과도하게 스트레스를 받게 되면 소화에 문제가 생겨 섭취가 불량해지거나 심장 질환과 같은 신체적 문제를 겪을 수 있음
③ 과도한 스트레스에 지속적으로 노출되면 동물의 면역 체계가 깨지고 신체적인 부상이나 질병 발생 가능성을 높일 수 있음
④ 행동 문제가 동물의 건강에 직·간접적으로 영향을 줄 수 있음을 뜻함

(4) 수의학적 치료의 중요성

① 수의학적 치료는 이러한 신체적 불편과 행동 문제를 진단하고 치료하는 데 있어 매우 중요한 역할을 함
② 수의사들은 반려견을 진단·치료하고 예방하여 동물의 통증을 완화하고, 불편을 최소화 시킴
③ 수의학적 치료를 통해 동물의 행동 문제를 개선할 수 있고, 인간과 동물 삶의 질을 향상 시킬 수 있음

4 긍정적 강화훈련 및 문제행동 수정기술

(1) 긍정적 강화훈련

1) 정의

① 긍정적 강화훈련: 원하는 행동이 나타났을 때 긍정적인 보상을 제공해서 그 행동을 증가시키는 학습방법
② 강압적이지 않고 동물의 신체나 심리에 부정적인 자극을 주는 것이 아닌, 보상이라는 긍정적인 방법을 통해 문제행동을 교정하기 때문에 개의 행동을 긍정적으로 형성하거나 변화시키는 데 강력한 도구 중 하나

2) 타이밍의 중요성

① 긍정적 강화훈련은 타이밍이 중요함
② 보상은 원하는 행동이 발생한 즉시 주어져야 하며, 타이밍을 놓친다면 반려동물이 적절한 행동과 연결시키지 못할 수 있음

> 예 개에게 "앉아"라고 교육했지만 실질적으로 일어서 있을 때 보상을 준다면, 개들은 일어서 있는 행위가 보상을 받을 수 있는 방법이라고 이해하게 됨

3) 단순하고 일관된 명령어

① 개는 훈련을 문장으로 이해하는 것이 아니라 우리의 몸짓으로 배움
② 그렇기 때문에 먼저 "앉아"와 같은 단어로 개에게 훈련하기 전에, 앉는 행동을 유도하는 것부터 시작해야 함
③ 개가 좋아하는 장난감이나 간식을 들어 개가 앉도록 유도하고, 완전히 앉으면 보상을 곧바로 제공함
④ 개가 행동을 완벽히 할 수 있게 되면, 침착한 목소리로 "앉아"라는 단어를 외치며 개에게 인식시킴
⑤ 훈련에서 가장 중요한 것은 '일관성'임을 알아야 함
  • 구성원 모두가 같은 신호를 사용해야 하며, 개에게 혼란을 야기하지 않아야 함
  • 목소리의 높낮이가 달라 어렵다면 '클리커'를 사용해 훈련시킬 수 있음

4) 연속적인 보상

① 처음에는 원하는 행동을 보일 때마다 보상을 주고, 점차 간격을 늘려가며 간헐적으로 보상을 줌
② 개가 특정 행동을 배우는 데는 시간이 걸릴 수 있기 때문에 개가 간식을 받기 전 원하는 반응과 비슷한 행동을 강화하게 하고, 개에게 그 행동을 완벽히 형성시켜야 할 것

③ 보상의 종류: 간식, 칭찬, 쓰다듬기, 장난감, 게임 등이 될 수 있으며, 대개 간식의 형태로 많이 지급됨

(2) 문제행동 수정기술

1) 정의

① 문제행동은 반려견의 훈련에서 흔히 발생할 수 있는 문제로, 주인과 반려견 사이의 관계를 방해할 수 있고 서로의 스트레스를 발생시킬 수 있으므로 문제행동을 수정하는 기술은 훈련에서 굉장히 중요한 부분 중 하나라고 할 수 있음

② 반려견을 잘 통제하고 원만한 유대감을 유지하기 위해서는 문제행동 수정기술을 알아둘 필요성이 있음

③ 다양한 동기부여 방법을 통해 원하지 않는 행동을 개선하거나 원하는 행동을 장려하는 기술로, 동물에게나 사람에게도 사용될 수 있음

④ 문제행동을 수정하기 위해서는 먼저 해당 행동의 원인을 파악하는 것이 중요하며, 그 행동에 맞는 수정 방법을 사용해야 함

⑤ 행동 수정기술은 고전적 조건화, 역조건화, 조작적 조건화, 강화, 처벌 등의 방식으로 행동을 수정할 수 있음

2) 고전적 조건화(Classical Conditioning)

① 고전적 조건화: 자극과 반응 간의 연결을 형성하는 과정으로, 조건 자극과 조건 반응 사이의 연관성을 강화시킴

② 개가 침을 흘리는 반사에 대한 파블로프의 연구에서 정의된 방법

③ 중립적인 자극이 조건화되지 않은 자극과 한 쌍이 되면 그것이 결합되어 두 자극이 같이 반응을 야기하는 동일한 능력을 발전시킬 수 있다는 것을 뜻함

예시	(조건 반응) 침대에서 잠에 듦으로써 이후 침대를 보면 졸린 느낌을 받음 → 수면에 대한 반사적인 반응과 침대를 연결하여 침대에 대한 조건화된 반응을 형성한 것이 고전적 조건화
응용	• 반려견과 산책 갈 때마다 리드줄을 하면, 리드줄을 보자마자 산책 가는 것을 깨달음 • 간식을 줄 때마다 "간식"이라는 단어를 외치거나 바스락거리는 소리가 난다면, 이후 봉투 소리를 듣거나 주인에게서 "간식"이라는 단어를 들었을 때 신난 반응을 보임

④ 고전적 조건화는 무조건 자극, 중립 자극, 조건 자극 등 3가지의 자극으로 나누어 볼 수 있으며, 이 3가지 자극을 이용해 파블로프의 개 연구를 설명할 수 있음

조건 형성 전	개에게 고기를 주면 침을 흘리지만, 종소리는 개에게 아무 의미 없는 자극이므로 아무런 반응을 하지 않음
조건 형성 중	• 종소리를 들려주고 고기를 주면, 개는 고기 때문에 침을 흘림 • 아직까지 종소리는 개에게 중립 자극이기 때문에 단독으로 타액 반응을 유도하지는 않음 • 이 과정을 반복 훈련함
조건 형성 후	• 종소리만 들려주어도 개는 침을 흘림 • 종소리는 고기와 연합되어 조건 자극이 된 것

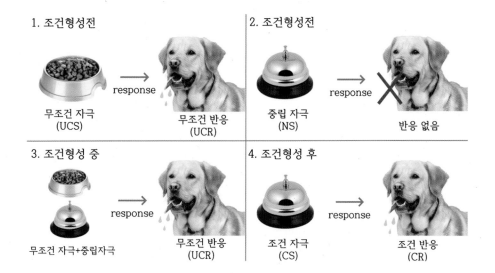

3) 역 조건화

① **역 조건화**: 고전적 조건화의 변형된 모습으로, 고전적 조건화의 반대 과정으로 학습이 이루어지는 방법

② '조건적 자극'이 먼저 제시되고, 그 후에 '무조건적 자극'이 제시됨

③ **조작적 조건화의 특징**: 이미 형성되어 있는 행동반응을 더 강한 자극과 연결시킴으로써 이전의 반응을 제거하고 새로운 반응을 조건 형성시킴

④ 역 조건화는 고전적 조건화와 함께 사용하면 더욱 효과적

⑤ 역 조건화는 적절한 보상과 강화를 반복하여 미용도구에 대한 기억을 긍정적으로 인지시킬 수 있음

4) 조작적 조건화

① **조작적 조건화**: 자극에 따른 어떤 행동에 대해 선택적으로 보상함으로써 그 행동이 일어날 확률을 증가시키거나 감소시키는 방법

② 고전적 조건화는 무조건 자극과 조건 자극을 결합시켜 무조건 반응을 일으키는 방식이 지만, 조작적 조건화는 어떤 행동을 했을 때 강화를 받는다면 그 행동의 빈도는 증가하게 되고, 다른 행동을 했을 때 강화를 받지 못하면 그 행동의 빈도가 감소하는 모습을 보인다는 차이점이 있음

③ **강화**

긍정 강화	사람이 원했던 행동을 동물이 했을 때 보상이나 긍정적인 자극을 제공해 그 행동의 빈도를 증가시키는 학습 방법
부정 강화	사람이 원하는 행동을 동물이 했을 때 동물이 싫어하는 것(예 불쾌함, 벌 등)을 제거하여 그 행동의 빈도를 증가시키는 학습 방법

④ **처벌**
- 처벌: 어떠한 행동이 더 이상 일어나지 않게 하는 부정적인 자극으로, 동물이 타고난 기질과 처한 상황에 따라 다르게 이해될 수 있음
- 장단점

장점	문제행동을 통제·감소·중단시킬 수 있음
단점	• 일시적인 중단일 수 있음 • 다른 문제행동이 야기될 수 있음 • 관계가 약화되고, 감정이 악화될 수 있음 • 개가 스트레스를 받을 수 있음 • 학습 저하와 혼동이 발생될 수 있음

- 정적 처벌과 부적 처벌

정적 처벌	사람이 원치 않는 행동을 동물이 했을 때 동물이 싫어하는 것을 제공해서 그 행동의 빈도를 감소시키는 방법
부적 처벌	사람이 원치 않는 행동을 동물이 했을 때 동물이 좋아하는 것을 제거해서 그 행동의 빈도를 감소시키는 방법

⑤ 조작적 조건화에서 강화와 처벌의 특징은 모두 '긍정적인 결과를 가져온다'는 것
⑥ 그러나 처벌은 내성이 생길 수 있고, 불신을 형성하여 목표한 바에 달성하기 어려워질 수 있기 때문에 행동 교정 기술로 권장되지는 않음
⑦ 만약 처벌을 사용하고자 한다면 아래의 조건들을 필수적으로 지켜야 함
- 적절한 타이밍
- 적절한 강도
- 일관성
- 감정 조절 및 절제

(3) 긍정 강화 트레이닝 사례

1) 긍정 강화 트레이닝

① 긍정 강화 트레이닝: 조작적 조건화를 사용한 트레이닝
② 사람들은 이 '긍정 강화 트레이닝(문제행동 수정기술)'이라는 방법을 통해 반려견의 원하는 행동을 강화하고, 잘못된 행동을 방지해야 함

2) 트레이닝 예시

① 초인종 소리에 짖으면서 뛰어가는 것을 방지하고 싶을 때

트레이닝 전	초인종 소리가 들렸을 때 짖으면서 뛰쳐나감
트레이닝 후	• 짖으면서 달려나가는 행동 자체를 없애기 위해, 달려나가기 전 '간식'이라는 보상을 줌 • 지속적인 훈련 후 개는 달려나가지 않고 인간 옆에 머무르는 행동이 강화됨

② 새가 손 위에 올라왔을 때

트레이닝 전	먹이 없이 손을 뻗었을 때 겁이 나서 손 위에 올라오지 않음
트레이닝 후	• 손 위에 먹이를 둠으로써 손에 올라왔을 때 좋아하는 간식 '보상'을 먹을 수 있다는 긍정적 결과를 제공함 • 먹이가 없어도 손에 손쉽게 올라오게 됨

③ 분리불안 증세를 막고 싶을 때

트레이닝 전	• 보호자가 사라짐에 따라 반려견의 불안도가 증가함 • 침을 흘리거나 배변 실수를 하고 자기 학대를 함
트레이닝 후	• 외출할 때마다 잠깐씩 들어왔다 나갔다를 반복, 습관화시키며 그때마다 장난감이나 간식 같은 보상을 제공 • 외출 시 오래 먹을 수 있는 간식을 줌 • 분리불안이 소거됨

5 스트레스, 두려움, 공격성의 신호를 인식하는 방법

(1) 공격행동

① 동물의 공격성은 사람을 포함한 동물 종의 기본적인 성질이라고 추정되고 있으나, 이에 관한 반론도 있음
② 공격행동은 복잡하여 다양한 유형으로 분류함

종류	내용
순위 결정을 위한 공격	사회적 순위를 결정할 때의 공격
영역 확보를 위한 공격	개, 고양이에서 보이는, 지역 확보를 위한 공격
공포에 의한 공격	다치거나 그러한 위험이 있을 때의 공격
초조함에 따른 공격	공복 시 초조해져서 일어나는 행동
어미로서의 공격	주로 새끼를 지키기 위한 공격
성적 투쟁행동	교미 시 혹은 이성을 갖기 위한 공격
섭취 시의 공격	일반적인 공격행동과는 조금 다름

(2) 공격행동의 원인

① 반려동물 가구가 천만을 넘어서며, 최근 반려견의 공격성과 문제행동들이 개인적인 문제를 넘어서 사회적인 문제로까지 번져가고 있음

② 개의 공격성과 신경전달 물질의 상관관계를 보면, 폭력성과 공격성에 대한 연구가 진행되어 신경전달물질인 세로토닌과 관련이 있다는 연구 결과가 있는데, 이 세로토닌은 행동의 억제와 관련됨

③ 즉 생물학적인 이유로 신경전달물질도 개의 공격성과 밀접한 관련이 있을 수 있다는 것

④ 이외에도 호르몬 영향이나 영양성분의 과잉 섭취 같은 영양적인 요인, 다양한 환경 자극에 의한 경험과 같은 요인, 그리고 부모에게서 물려받은 유전자나 본능 등이 있음

(3) 공격행동의 종류

1) 지배하기 위한 공격성

① 사회적으로 많이 발달된 동물인 개들 사이의 서열을 정할 때 가장 중요한 사회적인 행동

② 자신이 다른 개체보다 우위에 서려고 하거나 우위에 있을 때 보이는 공격성으로, 환경적인 요인보다 유전적 요인의 영향을 더 크게 받음

③ 개의 품종도 이런 지배를 위한 공격성과 연관이 있으며, 상대 개체를 제압하거나 상호작용을 하기 위해 위협적인 행동을 표시할 때도 나타남

④ 개가 자신의 먹이나 장난감 등을 지키려고 할 때, 휴식이나 잠을 방해 받을 때, 자신이 혼나거나 벌을 받는다고 느낄 때, 싫어하는 부위가 만져질 때도 나타남

⑤ 귀가 쫑긋하게 서고, 눈을 정확하게 맞추며, 털 세우기와 꼬리를 빳빳이 세우는 등의 움직임을 보임

2) 영역을 지키기 위한 공격성

① 개들에게서 자주 보이는 공격행동의 유형으로, 외부인이나 다른 개체 등의 침입자로부터 자신의 영역을 보호하기 위해 나타남

② 자신의 공격성을 표출함으로써 침입자들이 다가오지 않거나 물러나는 것을 '보상'으로 여기기도 함

③ 털이 곤두서고, 쫑긋 세우며, 꼬리를 빳빳하게 세우거나 또는 경고의 의미로 으르렁거리며, 짖거나 달려들고 무는 등의 행동을 보임

④ 이러한 행동들은 지배하기 위한 공격성에서 나타나는 행동과 거의 비슷함

3) 두려움으로 인해 나타나는 공격성

① 유전적인 문제로 인해 발생되기도 하는데 품종과 관련이 있기도 하고, 모견의 유전적 특성을 닮아서 나타나는 개체도 있음

② 유전적으로 겁이 많은 개체가 아니었음에도 두려웠던 경험을 겪고 난 후 자신을 스스로 보호하고자 하는 의도로 나타나기도 함

③ 훨씬 소극적으로 보이며, 적극적인 공격성의 표출 방법인 상대의 눈을 똑바로 바라보는 것을 하지 못하고, 갑작스러운 공격행동이 나타나 예측하기 어려움

④ 공격하기 전의 자세 또한 자신을 보호하기 위해 아주 낮은 자세를 취하며 대부분 경험을 통해 발현됨

> **예** 동물병원에 가서 치료를 받았을 때 안 좋았던 경험이 있었다면 수의사에게 공격적 모습을 보일 수 있으며, 큰 개가 되기 전 사회적인 경험을 많이 하지 못해 사회화가 부족하였을 경우에도 많이 나타날 수 있음

⑤ 유전적인 문제 말고도 외부로부터의 자극이나 환경에 의해서 발생되는 경우가 대부분이며, 이러한 공격성이 나타나기 전에는 공격적인 행동을 최대한 피하려고 하지만 상황을 피할 수 없는 경우에 공격성이 나타남

⑥ 많은 개들에게서 나타나는 공격성이며, 지배하기 위한 공격성과는 많은 차이점을 보임

⑦ '개가 느끼는 두려움'이란 스스로 위험하다고 느껴질 수 있는 상황에서 나타나는 지극히 정상적인 반응으로, 개는 사람과 달리 스스로 두려움을 이겨내는 것이 쉽지 않기 때문에 개가 느끼는 두려움은 스스로가 겪은 경험에 의해서 기인되며, 계속된 두려운 경험의 습관화를 이용해 두려움을 제어할 수 있게 됨

⑧ 경험에 의해서 나타나는 두려움에 의한 공격성은 새끼 때 어미의 행동과도 밀접한 관련이 있음
  - 개는 태어난 후 4개월이 되기 전까지는 두려움에 대한 반응을 거의 보이지 않음
  - 두려움을 느끼는 것은 4개월 이후인데, 4개월이 되기 전 어미 개와 붙어있을 때 어미 개가 짖거나 흥분하는 등 어미 개가 보여준 행동에 의해 큰 영향을 받음

⑨ 치료하기 위한 방법은 개가 두려움을 느끼는 환경이나 상황, 대상에 자주 노출시켜 자극에 대해 둔감해지도록 하는 방법이 있음.

⑩ 이외에도 어미가 새끼를 지키기 위해 나타나는 공격성, 수컷 간의 공격성, 같은 성에 관련된 공격성은 일정한 시기가 되었을 때 호르몬의 영향을 받아 나타남

4) 포식적인 공격성

① 다른 공격성과 조금 상이한, 본능에 의한 공격성이며 사냥의 본능에서 기인한 것
② 사냥을 위해 사냥감을 쫓거나, 잡고 물거나, 죽이는 등의 공격성을 말함
③ 개의 품종이나 유전적인 차이에 따라 포식적인 공격성이 나타나지 않기도 함
④ 포식적 공격성이 위험한 이유는 다른 개체의 개를 사냥감으로 여겨 공격하거나 심지어 는 어린아이에게까지도 공격성을 보이기 때문에 대단한 주의가 요구됨
⑤ 포식적인 공격성이 심각하게 표출되는 개체는 전문가의 도움을 받아 행동의 교정을 받 는 과정이 필요함
⑥ 이러한 개의 공격성에서 기인한 문제들을 해결하기 위해서는 반려동물로서 개를 선택할 때 충분한 지식을 공부하고, 자신의 목적과 맞는 품종의 개를 선택함으로써 더 나은 반 려동물 문화를 만들어 낼 수 있을 것임

(4) 공격성의 공통점과 차이점

지배하기 위한 공격성	• 귀를 쫑긋 세움 • 눈을 정확하게 맞춤 • 으르렁거림 • 이를 드러냄 • 적극적이고 아주 위협적으로 정방향으로 무는 형태의 행동을 보임 • 털을 세움 • 꼬리를 빳빳이 세움
영역을 지키기 위한 공격성	• 귀를 쫑긋 세움 • 털을 세움 • 꼬리를 빳빳이 세움 • 짖거나 달려듦 • 경고의 의미로 으르렁거림 • 물기
두려움에 의한 공격성	• 상대의 눈을 바라보지 못함 • 갑작스러운 공격행동이 나타날 수 있음 • 예측하기 어려움 • 공격하기 전의 자세는 자신을 보호하기 위한 아주 낮은 자세임 • 지배하기 위한 공격성과 비교했을 때 소극적인 모습 • 대부분 경험을 통해 발현됨
포식적인 공격성	• 다른 공격성과 다르게 본능에 의한 공격성 • 다른 개체의 개나 어린 아이들을 사냥감으로 여겨 공격성을 보임 • 심할 경우 전문가의 도움을 받아야 함

COMPANION ANIMAL BEHAVIORAL INSTRUCTOR

PART 01 반려동물 행동학 예상문제

01 다음 중 반려동물 행동의 분류로 옳지 <u>않은</u> 것은?

① 체온조절행동
② 후천적인 행동과 학습행동
③ 공격행동
④ 이상행동

해설 동물은 태어나면서 갖게 되는 선천적인 행동을 가진다. 따라서 선천적인 행동과 학습행동이 옳은 분류이다.

02 다음 〈보기〉의 수렵견 품종 중 시각 하운드의 역할을 가진 견종이 <u>아닌</u> 것은?

───〈 보기 〉───

| ㄱ. 블러드 하운드 | ㄴ. 아프간 하운드 |
| ㄷ. 보르조이 | ㄹ. 아이리시 울프하운드 |

① ㄱ
② ㄴ
③ ㄷ
④ ㄹ

해설 블러드 하운드는 후각 하운드의 역할에 해당된다. 나머지 품종들은 모두 시각 하운드의 역할을 한다.

ANSWER 01 ② 02 ①

PART 01 반려동물 행동학 예상문제 **59**

03 반려동물의 정상행동에서 일반적인 반려견 운동의 특징으로 옳은 것은?

① 운동시간은 계절에 따라 고려되어야 하며, 식후에 하는 것이 좋다.
② 넓은 곳에서 길러지는 경우 활발한 모습을 보인다.
③ 좁은 견사나 매서 기르는 개의 경우 하루 1회(회당 5분) 정도 운동을 시켜야 한다.
④ 6개월령에는 빠르게 달리기도 하나, 육체적으로 완전한 발달은 약 1년이 필요하다.

(해설) ① 운동은 식후보다 식전에 하는 것이 좋다.
③ 좁은 견사에서 기르는 개의 경우 하루 2회(회당 20~30분) 정도 운동을 시켜야 한다.
④ 반려견이 육체적으로 완전히 발달하는 데는 약 2년의 시간이 필요하다.

04 다음 중 개와 사람과의 상호작용(소통) 강화법으로 볼 수 <u>없는</u> 것은?

① 언성 높인 꾸짖음을 통한 교육
② 사회화 훈련
③ 칭찬과 간식, 놀이 등의 보상 교육
④ 주기적인 건강검진과 예방접종

(해설) 상호작용(소통)이 강화되기 위해서 반려견은 보호자와의 긍정적인 관계가 필수적이다.

05 반려견의 공격행동 중 두려움에 의한 공격성이 <u>아닌</u> 것은?

① 상대의 눈을 바라보지 못함
② 공격하기 전의 자세는 자신을 보호하기 위한 아주 낮은 자세임
③ 선천적 혹은 경험을 통해 발현됨
④ 다른 개체의 개나 어린 아이들에게 공격성을 보임

(해설) 다른 개체의 개나 어린 아이들을 사냥감으로 여겨 공격성을 보이는 것은 포식적인 공격성이다.

반려동물 관리학

CHAPTER

01 반려동물의 복지

1 동물복지(animal welfare)

(1) 정의

① 동물이 환경과 조화를 이루면서 육체저 · 정신저으로 완전히 건강한 상태
② 동물이 고통 없이 인간이 설정해 놓은 환경에 적응하는 상태
③ 관리하거나 다루는 데 있어서 동물들이 스트레스나 그와 유사한 증상이나 피로를 느끼지 않는 상태
④ 고통이 없는 상태로, 고통이 없는 것을 절망이나 기진맥진한 상태와는 다른 것으로 정의해야 함
⑤ 육체적인 건강만을 뜻하는 것이 아니라 심리적인 안정을 모두 포함하는 상태
⑥ 적절한 주거, 관리, 영양, 질병 예방 및 치료, 책임있는 보살핌, 인도적인 취급이 필요한 경우 인도적인 안락사를 포함하여 동물복지의 모든 측면을 포괄하는 인간의 책무
⑦ 복지는 특정 시간과 상황에 처한 개별 동물의 상태임
⑧ 과학적 관찰과 평가를 기반으로 동물의 상태를 정확하게 판단해야 함
⑨ 동물복지의 개념은 사회 · 문화적인 차이, 인간의 태도와 신념이 함께 포함됨

(2) 세계동물보건기구(World Organization for Animal Health, WOAH)

▲ 세계동물보건기구(World Organization for Animal Health, WOAH)

① 전 세계적으로 동물 건강을 개선하고 전 세계적으로 동물 질병과 싸우는 일을 담당하는 정부 간 기구로 1924년 설립

② 2003년 OIE(Office International des Épizooties)에서 WOAH(the World Organization for Animal Health)로 이름을 변경

③ 동물, 사람, 생태계 건강의 상호의존(원헬스, one health)의 중요성 강조

④ 과학적 근거를 바탕으로 전 세계 동물의 건강과 복지 문제에 대한 해결책을 제시하고, 지속 가능한 세상을 만드는 데 앞장서는 단체

⑤ 동물복지의 5대 원칙을 기반으로 활동

(3) 동물복지의 5대 원칙

① 배고픔과 갈증, 영양불량으로부터의 자유

② 불안과 스트레스로부터의 자유

③ 정상적 행동을 표현할 자유

④ 통증·상해·질병으로부터의 자유

⑤ 불편함으로부터의 자유

동물복지는 동물에게 고통이나 스트레스 등을 최소화하여 신체적인 건강과 심리적인 행복을 실현하는 것입니다.

▲ 동물의 5대 자유

(4) 대상

① 반려동물, 산업동물뿐만 아니라 생물학, 의학용 실험동물까지 포함함

② 비교생물학의 발달에 힘입어 사람뿐만 아니라 신경계가 발달한 동물도 아픔을 느낄 가능성이 있다는 것을 시사하였고, 또한 진화론은 사람만이 특별한 존재가 아니라는 의식을 높임으로써 동물보호에 공헌함

(5) 동물복지와 동물권리의 차이

동물복지(Animal Welfare)	동물권리
인간과 동물은 수직적인 관계	인간과 동물은 수평적인 측면
• 불필요한 고통 배제 • 동물 도축 전과 도중에 인도적으로 대우해야 함 • 동물의 소비에 반대하지는 않지만 송아지 상자에 송아지를 가두고, 임신 축사에 임신한 모돈을 가두어 놓거나 닭을 밀집사육하는 등 공장식 농업을 반대 • 인간이 동물을 일부 용도로 사용할 권리가 있지만 고통을 최소화, 인도적인 관리가 필요함 • 동물에 대해 보다 인간적인 조건을 추구 • 대상: 반려동물과 실험동물, 동물원(관상)동물 그리고 소나 돼지와 같은 산업(농장)동물	• 동물 이용, 사육 등의 행동 중지 • 인간이 동물을 먹을 권리가 없음 • 기본 원칙 중 하나는 인간이 음식, 의류, 엔터테인먼트 및 생체 기능을 포함하여 우리 자신의 목적을 위해 비인간 동물을 사용할 권리가 없다는 것 • 종의 거부와 동물이 정체성 있는 존재라는 지식에 기초

- 인간이 동물을 사용할 수 있는가에 대한 차이
- 인간중심적인 가치
- 이익에 대한 관심, 삶의 주체, 고통에 대한 자각 등의 기준이 인간을 바탕으로 함
- 해당 가치는 일부 포유류에 한정
- 대중적인 관점: 동물은 권리를 가지고 있으나, 동물사용은 필요하다.
- "동물 보호"와 "동물 옹호"는 보통 동물 권리와 동물 복지를 모두 포함

2 동물의 5대 자유

(1) 배경

① 1964년 루스 해리슨(Ruth Harrison)의 저서인 "동물 기계(Animal Machines)"에서 당시 집약적인 가축과 가금류 사육 방식인 공장식 축산방식과 동물학대에 대한 내용이 처음 다루어짐

② 이 책에 대한 영향으로 1965년 브람벨(Rogers Brambell)이 이끄는 위원회에 의해 세계 최초로 공식적인 동물복지 논의가 이루어짐

③ 1965년 Britain's Farm Animal Welfare Council(영국 농장 동물 복지 위원회)에 의해 '동물의 5대 자유(The Five Freedoms for Animals)'라는 복지 기준(standards)이 만들어짐

동물의 5대 자유(The Five Freedoms for Animals)
- 배고픔과 갈증, 영양불량으로부터의 자유: 동물에게 영양가 있는 음식과 신선한 물 제공
- 불안과 스트레스로부터의 자유: 정신적 고통을 피할 수 있는 환경 조성
- 정상적 행동을 표현할 자유: 충분한 공간과 풍부한 환경 제공
- 통증·상해·질병으로부터의 자유: 질병에 걸리지 않도록 예방 및 진단, 치료 제공
- 불편함으로부터의 자유: 동물에게 안락한 쉼터 마련

(2) 동물보호의 기본원칙으로 인정

① 열악한 동물복지 상태를 방지하기 위해 피해야 할 것들로 규정
② 산업동물뿐만 아니라 「동물보호법」에서 규정하는 모든 동물을 대상으로 함

(3) 동물보호의 기본 원칙

① 동물보호는 동물의 권익을 확대하고 동물을 보호하기 위한 활동
② 비건을 하거나 환경보호의 일환으로 동물을 보호하기도 하며, 서식지 보호를 위해 개발 사업을 반대하는 경우도 있음
③ 이론적 바탕은 동물권에 기초함
④ 동물에게도 인권에 준하는 권리와 인간의 복지와 유사한 혜택을 주자는 개념

3 국내 동물보호 현황

(1) 동물보호의 기본원칙

① 동물이 본래의 습성과 신체의 원형을 유지하면서 정상적으로 살 수 있도록 할 것
② 동물이 갈증 및 굶주림을 겪거나 영양이 결핍되지 않도록 할 것
③ 동물이 정상적인 행동을 표현할 수 있고 불편함을 겪지 않도록 할 것
④ 동물이 고통·상해 및 질병으로부터 자유롭도록 할 것
⑤ 동물이 공포와 스트레스를 받지 않도록 할 것

(2) 동물보호의 날 신설

① 동물의 생명보호 및 복지 증진의 가치를 널리 알리고 사람과 동물이 조화롭게 공존하는 문화를 조성하기 위하여 매년 10월 4일을 '동물보호의 날'로 지정하여 2025.1.3부터 시행
② 매년 10월 4일 세계 동물의 날(World Animal Day)은 동물 애호·동물 보호를 위한 세계 기념일로, 전 세계적으로 동물 애호와 복지 및 권리, 멸종 위기종에 빠진 동물들을 보호하기 위해 제정된 국제적인 기념일

③ 전 세계적으로 동물 애호·동물 보호를 위한 다양한 교육, 의식, 전시, 동물 보호소 개방과 반려동물 입양 등 동물들의 권리와 복지를 위한 여러 가지 행사가 진행

④ 전 세계의 동물 활동가들이 모여 동물 실험과 안락사 등 동물이 직면하고 있는 많은 문제점에 대해 해결 방안을 논의

⑤ 우리나라도 2024년 동물보호의 날을 신설하여 동물보호의 날 취지에 맞는 행사와 교육 및 홍보 진행

(3) 동물의 종류

① 고통을 느낄 수 있는 신경체계가 발달한 척추동물
② 포유류, 조류
③ 파충류·양서류·어류 중 대통령령으로 정하는 동물
④ **반려동물의 종류**: 개, 고양이, 토끼, 페럿, 기니피그, 햄스터

(4) 동물 보호를 위한 사육, 관리방법

① 동물에게 적합한 사료와 물을 공급하고, 운동·휴식 및 수면이 보장되도록 노력
② 동물이 질병에 걸리거나 부상당한 경우에는 신속하게 치료하거나 그 밖에 필요한 조치를 하도록 노력
③ 동물을 관리하거나 다른 장소로 옮긴 경우에는 그 동물이 새로운 환경에 적응하는 데에 필요한 조치를 하도록 노력
④ 재난 시 동물이 안전하게 대피할 수 있도록 노력
⑤ 동물의 사육, 관리방법을 구체적으로 정함
  • 최대한 동물 본래의 습성에 가깝게 사육·관리
  • 동물의 생명과 안전을 보호하며, 동물의 복지를 증진
  • 동물이 갈증·배고픔, 영양불량, 불편함, 통증·부상·질병, 두려움 및 정상적으로 행동할 수 없는 것으로 인하여 고통을 받지 않도록 노력
  • 동물의 특성을 고려하여 전염병 예방을 위한 예방접종을 정기적으로 실시
  • 동물의 사육환경 기준
    − 적절한 사육환경 제공
    − 동물의 종류, 크기, 특성, 건강상태, 사육목적 고려
    − 동물의 사육공간 및 사육시설은 동물이 자연스러운 자세로 일어나거나 눕고 움직이는 등의 일상적인 동작을 하는 데에 지장이 없는 크기
  • 개는 분기마다 1회 이상 구충
  • 구충제의 효능 지속기간이 있는 경우에는 구충제의 효능 지속기간이 끝나기 전에 주기적으로 구충

4 동물보호센터

(1) 역할 및 노력

① 유실·유기동물 구조 및 진단·치료·안락사
② 유실·유기동물 보호·관리 및 입양·분양
③ 동물보호 교육 및 홍보
④ 입소동물 수의 감소를 위한 노력
⑤ 구조보호 동물의 생존율 향상
⑥ 보호 동물의 건강상태 관리
⑦ 보호 동물의 행동학적 상태 관리
⑧ 동물관련 정책 및 공중보건 정책에 대한 자료 제공
⑨ 지역사회의 공중보건 관리
⑩ 동물 학대 방지

(2) 동물보호센터 동물보호공간 기준

① 동물이 자유롭게 움직일 수 있는 충분한 크기
② 가로 및 세로의 길이가 동물의 몸길이의 각각 2배 이상
③ 개와 고양이 최소 크기

소형견(5kg 미만)	50×70×60(cm)
중형견(5kg 이상 15kg 미만)	70×100×80(cm)
대형견(15kg 이상)	100×150×100(cm)
고양이	50×70×60(cm)

④ 평평한 바닥을 원칙
⑤ 철망 등으로 된 경우 철망의 간격이 동물의 발이 빠지지 않는 규격
⑥ 재질은 청소, 소독 및 건조가 쉽고 부식성이 없으며 쉽게 부서지거나 동물에게 상해를
입히지 않는 것
⑦ 2단 이상 쌓은 경우 충격에 의해 무너지지 않도록 설치
⑧ 분뇨 등 배설물을 처리할 수 있는 장치
⑨ 매일 1회 이상 청소하여 동물을 위생적으로 관리

5 동물 학대의 유형

(1) 동물 학대의 의미

동물을 대상으로 정당한 사유 없이 불필요하거나 피할 수 있는 신체적 고통과 스트레스를 주는 행위 및 굶주림·질병 등에 대하여 적절한 조치를 게을리하거나 방치하는 행위

(2) 동물 학대

① 목을 매다는 등의 잔인한 방법으로 죽음에 이르게 하는 행위
② 노상 등 공개된 장소에서 죽이거나 같은 종류의 다른 동물이 보는 앞에서 죽음에 이르게 하는 행위
③ 고의로 사료 또는 물을 주지 않아 동물을 죽음에 이르게 하는 행위
④ 수의학적 처치의 필요, 동물로 인한 사람의 생명·신체·재산의 피해 등 정당한 사유 없이 죽이는 행위
⑤ 도구·약물 등 물리적·화학적 방법을 사용하여 상해를 입히는 행위
⑥ 살아 있는 상태에서 동물의 신체를 손상하거나 체액을 채취하거나 체액을 채취하기 위한 장치를 설치하는 행위
⑦ 도박·광고·오락·유흥 등의 목적으로 동물에게 상해를 입히는 행위
⑧ 수의학적 처치의 필요, 동물로 인한 사람의 생명·신체·재산의 피해 등 농림축산식품부령으로 정하는 정당한 사유 없이 상해를 입히는 행위
⑨ 유실·유기동물 등 보호조치 대상동물을 포획하여 판매하거나 죽이는 행위, 판매하거나 죽일 목적으로 포획하는 행위, 유실·유기동물임을 알면서도 알선·구매하는 행위

CHAPTER

02 영양관리

1 영양

(1) 영양의 정의

① 반려동물은 살아가는 데 필요한 에너지와 몸을 구성하는 성분을 체외로부터 섭취
② 소화, 흡수 과정을 거쳐 생명의 유지와 성장, 그리고 낡거나 손상된 조직을 재생하고 불필요한 물질을 체외로 배설하는 일련의 과정을 의미

(2) 연령별 영양관리

1) 자견의 영양관리

어미 젖을 먹는 시기	• 어미젖을 충분히 먹고 있으면 별도의 영양관리가 필요하지 않고, 어미 반려견의 영양에 신경을 써주어야 함 • 젖이 부족하거나 먹을 수 없는 상황에 처할 경우에는 시중에 판매되는 대용유(milk replacer)를 급여 • 대용유는 모유의 영양소 함량과 가장 가깝게 만든 제품으로 일반 우유와는 성분함량이 매우 다름
젖을 떼고 이유하는 시기	• 젖 뗄 시기가 다가오는 3~4주부터 어미가 먹고 있는 사료에 대해 관심을 갖기 시작 • 이 시기 반려견도 사료를 조금씩 맛보고 쉽게 먹을 수 있도록 잘게 부수거나, 물에 불려서 주면 사료에 보다 쉽게 익숙해질 수 있음 • 보통 위와 같은 이유과정은 7~8주까지 이어짐
이유가 끝나고 성장하는 시기	• 이유를 마치고 사료에 완전히 적응할 무렵이면 성견이 될 때까지 급성장함 • 성견보다 더 많은 양의 영양소를 필요로 함 • 품종에 따라서는 영양소 요구량이 성견의 2배 가량이 되기도 함 • 요구량이 늘어났다고 해서 섭취량을 2배로 늘릴 수는 없기 때문에, 자견 사료는 영양소 농도가 높아 같은 양을 먹어도 영양소 요구량을 충분히 만족시키도록 설계됨

2) 노령견의 영양관리

① 반려견은 7~12살이 되면 겉으로 노화와 관련된 변화가 눈에 띄게 나타남
② 올바른 영양관리를 통해 노화에 따르는 여러 가지 질병 예방
③ 노화의 속도는 품종 간에 차이가 있는데, 보통 대형견이 소형견에 비하여 노화 속도가 빠름

품종	체중	노령견이 되는 나이
소형견	1~10kg	8살
중형견	11~25kg	7살
대형견	26~44kg	6살
초대형견	45kg 이상	5살

④ 노령견의 영양관리의 목표는 건강과 최적 체중을 유지하고, 만성질환의 진행을 늦추고, 이미 갖고 있는 질환의 증상을 완화하는 것

⑤ 노화로 인한 건강상의 문제
- 비만
- 치아 문제
- 피부 및 모발의 약화
- 근육량의 감소
- 빈번한 소화장애
- 관절염
- 감염에 대한 저항력 약화

⑥ 에너지 소비와 대사율의 감소의 원인으로 에너지 섭취량이 낮더라도 체지방이 증가

⑦ 체중이 불필요하게 증가하는 것을 예방하는 것이 최우선 목표

⑧ 장내 미생물에 부정적으로 작용하여 소화기관에 문제를 유발할 수 있음

⑨ 유산균과 같은 생균제(probiotics)나 기능성 다당류(prebiotics)를 첨가하여 장내 미생물의 균형 유지

⑩ 규칙적인 생활의 유지와 함께, 정기적인 검진을 통해 건강을 모니터링하는 것이 중요

(3) 품종별 영양 관리

반려견의 성숙이 완료되었을 때의 크기는 유전적으로 어느 정도 정해져 있음

소형견	• 9~12개월 사이에 성견 체중에 도달 • 보통 반려견이 스스로 섭취량을 조절할 수 있도록 자유급식으로 사료를 급여해도 됨 • 변의 상태를 확인하면서 묽으면 그 양을 제한해 주어야 함
중대형견	• 성장률의 조절을 위하여 제한급여를 하는 것이 좋음 • 과식으로 성장속도가 지나치게 빨라지면 뼈의 발육속도가 늦어 뼈와 체중의 균형이 무너짐 • 이런 경우 앞다리가 휘는 등의 골격의 이상 현상이 나타나기도 함: 칼슘부족이나 구루병으로 오진되기도 함 • 성장기의 대형견은 가급적 전용 사료를 이용하여 균형 잡힌 성장을 할 수 있도록 하는 것이 좋음

2 영양소

(1) 영양소의 정의

① 동물의 에너지 공급과 성장을 위해 사료를 통해 섭취하는 물질
② 반려견이 필요로 하는 영양소는 사람과 마찬가지로 6가지로 분류: 수분, 단백질, 지방, 탄수화물, 비타민, 미네랄
③ 반려동물이 살아가는 데 필요한 에너지와 몸을 구성하는 물질

(2) 영양소의 역할

1) 신체 구성물질 공급

① 근육, 골격, 기관, 혈액
② 수분, 단백질, 지방, 탄수화물, 비타민, 미네랄

2) 에너지 제공

① 근육 수축, 신경작용, 심장박동, 호흡, 체온 유지
② 탄수화물, 단백질, 지방

3) 생리기능 조절

① 체내 대사과정, 수분균형, 산·염기 평형, 혈액 응고
② 신체 조절기능의 보조 인자로 작용
③ 무기질, 비타민, 물, 단백질

(3) 영양소의 종류

1) 수분(Water)

① 생명유지에 가장 중요한 영양소
② 체중의 60~70%를 차지, 성견 체중의 대략 56%가 수분
③ 사료 자체에 포함되어 있는 수분(건식사료에는 약 10%, 습식사료에는 70~80%까지도 포함)도 필요량에 어느 정도 기여
④ 언제나 물을 필요한 만큼 마실 수 있어야 함
⑤ 반려견이 체수분의 10%를 상실하면 건강상의 이상이 발생, 15%를 잃게 되면 사망
⑥ 체액 조성 및 조직, 기관, 관절부에서의 윤활유 역할
⑦ 섭취 영양소의 희석에 의한 소화 촉진
⑧ 영양소의 가수 분해 및 흡수 촉진

⑨ 영양소와 대사 생성물의 운반

⑩ 불필요한 물질의 배설

⑪ 분산 용매로서 체내 대사 반응 촉진

⑫ 세포 내 반응으로 발생되는 열의 효과적인 흡수 및 분비

⑬ 호흡이나 피부 증발에 의한 체온 조절

⑭ 수분손실은 빠르게 탈수를 유발하여 죽음을 초래할 수 있음

⑮ 수분결핍은 다른 영양소의 결핍보다 빠르게 죽음을 초래하기 때문에 수분이 가장 중요한 영양소

2) 단백질(Protein)

① 1g당 4kcal의 에너지 제공

② 단백질은 아미노산(amino acid)으로 구성

③ 탄수화물이나 지방과 비교하여, 질소(N)를 포함

④ 육식동물인 반려견과 반려묘에 있어서 가장 중요한 영양소 중 하나

⑤ 세포, 조직, 기관, 효소, 호르몬 등을 만드는 데 쓰임

⑥ 성장, 유지, 번식 및 회복에 필수적

⑦ 동물성 단백질은 반려견에게 가장 이상적인 아미노산 조성을 갖고 있음

⑧ 야채, 곡류와 콩류 등에도 단백질이 포함되어 있지만 동물성 단백질의 아미노산 조성보다는 다소 떨어짐

⑨ 아미노산은 단백질의 구성단위로, 체내에서 합성 가능한지에 따라 필수 아미노산과 비필수 아미노산으로 구분

필수 아미노산	• 체내에서 충분히 합성될 수 없기 때문에 사료에 반드시 포함되어야 함 • 아르기닌, 메티오닌, 히스티딘, 페닐알라닌, 류신, 이소류신, 트레오닌, 트립토판, 라이신, 발린
비 필수 아미노산	체내에서 합성 가능한 아미노산으로 사료에 반드시 포함될 필요는 없지만, 없어서는 안 될 영양소

⑩ 생물체의 정상적인 성장, 유지 및 기능에 필수적인 질소화합물을 공급

⑪ **세포의 구성성분**: 노화조직의 대체나 새로운 근육 조직의 형성

⑫ 혈액 응고, 산소 수송, 면역작용에 작용

⑬ 뼈, 발굽, 뿔, 털, 근육, 손톱, 피부 등의 구성성분

⑭ 근육, 골격, 결합조직 등 신체조직을 구성

⑮ 유전 인자의 구성 성분

⑯ 효소, 호르몬, hemoglobin의 주성분

⑰ 체내 필수물질의 운반과 저장, 체액과 산-염기 균형 유지

⑱ 과잉으로 제공된 단백질은 저장되지 않지만 간에서 탈아미노화됨

⑲ 단백질 분해산물은 콩팥(신장)으로 배출

⑳ 급식은 건조물로 15~30%의 단백질을 함유하고 있어야 함

㉑ 식물성 단백질은 다소 불완전하게 구성되어 있음(토끼와 같은 채식성 실험동물은 동·식물성 단백질원을 혼합하여 사용해야 함)

3) 지방(Lipid)

① 1g당 9kcal의 에너지 제공

② 지방산(fatty acid)과 글리세롤로 구성

③ 지방은 중요한 에너지원이고 필수 지방산을 제공

④ 사료 내 지방은 가장 농축된 에너지 형태로 단백질과 탄수화물의 에너지 함량의 2배 이상을 함유하고 있음

⑤ 세포구조 유지에 필수적이며, 호르몬의 원료로도 이용

⑥ 지용성 비타민의 흡수와 이용에 필요

⑦ 외부환경으로부터 몸을 단열하거나 내부 장기를 충격으로부터 보호하는 기능

⑧ 필수 지방산
  • 체내에서 충분히 합성되지 않기 때문에 사료를 통해 공급해야만 함
  • 필수 지방산의 결핍은 성장 부진이나 피부문제를 일으킴
  • 반려견의 필수 지방산: 리놀레산(Linoleic Acid), 리놀렌산(Linolenic Acid)]

⑨ 리놀레산은 오메가-6와 오메가-3 지방산을 생산하는 데 사용됨

⑩ 오메가-6와 오메가-3 지방산은 염증치료에 중요한 지방산

⑪ 오메가-3 지방산 섭취비율을 높이면 피부염증(알레르기), 관절염, 염증성 장염 또는 신부전증과 같은 증상을 완화할 수 있음

⑫ 오메가-6 지방산과 오메가-3 지방산의 최적 비율은 5~10:1의 비율로 알려져 있음(반려견의 상태에 따라 많은 차이)

⑬ 동물성 지방질과 식물성 지방질로 분류

⑭ 뇌 및 신경계통 등의 조직세포 중에 존재

⑮ 체조직에서 심장, 간, 비장, 뇌 척수 등의 주요 신체기관을 둘러싸고 있어 충격으로부터 보호

⑯ 사료의 기호성 조절

⑰ 지용성 비타민(Vit A, D, E, K)의 중요한 운반체로 지용성 비타민의 흡수에 필수

⑱ 부신, 난자, 고환 등에서 생성되는 스테로이드 호르몬의 전구체 역할

⑲ 정상적인 피부와 피모의 상태를 유지하기 위해서는 이들 필수지방산을 적절하게 섭취해야 함

⑳ 급식은 적어도 건조물의 5%의 지방을 함유하고 있어야 하고, 리놀레산은 건조물로 1%의 지방을 함유하고 있어야 함

4) 탄수화물(Carbohydrates)

① 1g당 4kcal의 에너지 제공
② 육식인 반려견의 영양소로는 가볍게 평가되는 영양소지만, 탄수화물도 에너지 공급과 장 건강 및 번식기능에 중요한 역할
③ 탄수화물의 최소 요구수준이 따로 정해지지는 않았지만, 생명의 유지를 위해서는 일정 수준의 포도당을 계속 공급받아야만 함
④ 특히 뇌 기능을 유지하기 위한 에너지는 포도당으로만 공급이 가능
⑤ 탄수화물은 일반적으로 단당류(monosaccharides), 이당류(disaccharides), 올리고당(oligosaccharides), 다당류(polysaccharides)로 분류
⑥ 다당류로부터 가수분해를 통하여 단당류로 분해됨
⑦ 단당류는 더 이상 작은 단위로 분해될 수 없는 탄수화물의 가장 단순한 구조로, 대사의 가장 기본 에너지
⑧ 포도당(grape sugar) 또는 글루코오스(glucose), 덱스트로스(dextrose)는 중요한 단당류
⑨ 정상적인 상태에서, 신경조직과 적혈구는 단당류만을 에너지원으로 사용
⑩ 식이섬유소가 이와 같은 기능을 발휘하기 위해서는 식이섬유가 장내에서 빠르게 발효되기 보다는 적당한 속도로 발효가 이루어져야 함
⑪ 근육수축, 신경작용, 심장박동, 식품의 소화 및 흡수, 호흡, 조직 합성 역할
⑫ 많이 알려진 식이섬유도 탄수화물의 일종으로 장내 미생물의 균형을 유지하고, 만성적인 설사를 예방하는 역할

5) 비타민(Vitamin)

① 에너지원은 아니지만 건강유지에 필수적인 물질
② 체내의 효소작용을 돕는 기능
③ 소량 섭취만으로도 정상적인 기능을 발휘하는 데 전혀 문제가 없지만, 체내에서 합성이 되지 않기 때문에 사료에 반드시 첨가해야 함
④ 수용성 비타민과 지용성 비타민으로 분류

수용성 비타민	과량 섭취하여도 소변을 통하여 배출됨
지용성 비타민	체내에 축적되어 비타민 중독증을 유발하므로, 적절히 섭취할 것

⑤ 완전균형사료(complete balanced diet)를 급여하고 있다면 별도의 비타민 제제를 급여할 필요는 없음

⑥ 오히려 비타민을 너무 많이 급여하면 과잉증을 유발(현대에는 결핍보다는 과잉으로 인한 문제가 더 많이 발생함)

| 비타민 A 과잉 | • 뼈와 관절에 통증을 유발함
• 뼈가 부러지거나 피부를 건성으로 만듦 |
| 비타민 D 과잉 | 골밀도를 너무 높이고, 연조직과 관절을 딱딱하게 만듦 |

⑦ 비타민이 부족한 경우 결핍증 발생
⑧ 수용성 비타민의 종류와 기능

종류	기능
Vit B_2 (riboflavin)	• 동물은 스스로 합성 불가능 • 부족 시 면역질환
Vit B_{12} (cobalamine)	흡수에 내인성 인자를 필요로 함
Vit B_5 (Pantothenic acid)	근육 유지, 항에너지 생성에 도움
Vit B_9 (Folic acid)	시금치로부터 분리, 핵산 합성분해, 단백질 대사
Vit B_7 (Biotin)	포도당신생합성, 지방산 합성
Vitamin C	• 대부분의 동물에서 체내 합성 • 인간, 박쥐, 기니피그, 원숭이는 체내 합성되지 않음 • 세포 성장, 세포 사멸, 감염, 면역, 암, 노화, 천식, 당뇨, 심혈관계 질환 등의 예방 및 치료에 관여

⑨ 지용성 비타민의 종류와 기능

종류	기능
Vit A	시력 유지 도움, 항산화
Vit D	칼슘 흡수 도움
Vit E	근육 유지, 항산화
Vit K	혈액 응고

6) 무기질(미네랄)(Minerals)

① 에너지 공급원이 아님
② 체내에서 합성될 수 없기 때문에 반드시 사료로 공급하여야만 하는 무기화합물
③ 보통 미네랄은 뼈와 치아의 구성요소로서 중요한 역할
④ 체액균형과 많은 대사반응에 관여
⑤ 산, 염기의 균형

⑥ 신체의 필수성분

⑦ 물의 균형 조절

⑧ 촉매작용

⑨ 사료의 조성분에서 회분으로 존재

⑩ 영양소 대사과정에 필수적

⑪ 효소 및 호르몬의 필수 구성성분

⑫ 대량 미네랄(Ca, P, K, Mg, S)과 미량 미네랄로 구분

⑬ 뼈의 건강에 중요하고 급식에 적절한 비율로 유지되어야 함

⑭ 미네랄의 종류와 기능

종류	기능	
Ca, P	골격의 주성분	
Fe, K, P, S, Cl, I	• 연 조직의 구성 성분 • 근육, 분비선, 피부, 신경 조직 등 세포 조직의 구성	
Na, Cl	체액의 삼투압 조절	• 체액의 구성 • 생체 내에서 정상적인 물리·화학적 작용 유지 • 혈장 단백질의 용액 상태 유지
Ca, Mg	세포막의 선택적 투과성 조절	
Na, K, Ca, Mg	신경과 근육 간 자극 전달 작용	
P, Cl, S, I, F	체액의 산도 유지(pH 7.4)	체액의 산-염기 평형 상태 조절
	무기물(인산염, 탄산염)이나 단백질의 완충 작용	
	체액의 산도는 섭취하는 시료에 의해 좌우	
	곡류, 달걀, 고기, 생선	
Ca, Mg, Mn	에너지 대사 작용 관련 효소의 활성 촉진	에너지 대사 작용 관련 효소 활성 촉진
Fe	cytochrome oxidase 활성화	
Cu	tyrosinase 활성화	
Cl	위액의 분비	
I, Zn	thyroxine의 분비	
Zn, P, Fe, Cu, Se, Mo	세포 내 효소 활성에 관여	
Fe, Cu, Mb	체내에서의 물질 운반	

⑮ 고기에는 인이 높게 들어있고 칼슘은 낮게 들어있음

⑯ 건조물 중 무기질의 함량

칼슘	0.5~0.8%
인	0.4~0.6% * 신장질환의 진행을 가속화시킬 수도 있기 때문에 과량의 인을 공급하지 않도록 유의함

⑰ 적절히 인을 이용하기 위해서 칼슘과 인의 비율을 1:1과 2:1 사이로 유지해야 함

7) 식이섬유(Fiber)

① 탄수화물의 일종으로 식이섬유가 급식에 필요한지 논의 중
② 장내 미생물의 균형을 유지하고, 만성적인 설사를 예방하는 역할
③ 장 건강에 도움, 포만감
④ 건조물로 5% 미만의 식이섬유가 적절

3 반려동물의 급식

(1) 급식을 결정할 때 고려할 요인

견종의 크기와 체중, 활동 수준, 나이, 스트레스, 환경 등이 영양학적 요구량에 영향을 미칠 수 있음

품종, 크기 및 몸무게	• 반려견에게 이상적인 음식 섭취량을 계산할 때 기본적인 고려 대상 • 작은 개가 실제로 큰 개보다 비례적으로 더 많은 에너지를 사용
활동 수준	• 반려견의 음식 섭취량에 영향 • 장거리 산책이나 다른 활동을 하는 활동 수준이 높은 개의 경우 더 많은 칼로리가 필요 • 활동 수준과 품종 사이에도 연관성이 있음
나이	• 음식물의 열량은 사람의 활동량과 균형을 이루어야 함 • 나이가 들어감에 따라 음식의 종류와 섭취 횟수는 계속 변함 • 나이가 어린 개는 칼로리 함량이 높은 음식을 하루 4번 섭취해야 함 • 나이가 많은 개는 과체중이 될 확률이 높기 때문에 지방 함량이 훨씬 적은 소량의 음식을 섭취해야 함

(2) 에너지량 분류

더 적은 에너지를 필요로 하는 개	• 중성화된 개 • 활동이 적어 움직이지 않는 개 • 과체중인 개 • 노령견
더 많은 에너지를 필요로 하는 개	• 임신 중인 개 • 수유 중인 개 • 경주, 사냥, 지구력이 필요한 작업을 하는 개 • 성장기 개(영양학적 요구량이 성견의 영양학적 요구량과 다름) • 실외에서 생활하는 개 • 추운 환경에서 생활하는 개

(3) 다양한 급식의 필요성

① 다양한 급식은 건강에 필수적
② 대량영양소와 미량영양소

대량영양소	대량으로 필요함 예 물, 탄수화물, 단백질, 지질
미량영양소	매우 적은 양이 필요함 예 비타민, 무기질

4 소화기관

(1) 소화기관의 정의

동물의 체내에서 영양소를 소화, 흡수를 담당하는 기관

(2) 소화기관에서 일어나는 소화작용

기계적 소화	저작과 소화관의 근육수축 운동
화학적 소화	체내에서 분비되는 효소들에 의한 소화
분비적 소화	소화호르몬에 의해 이루어지는 소화

(3) 소화기의 구조와 기능

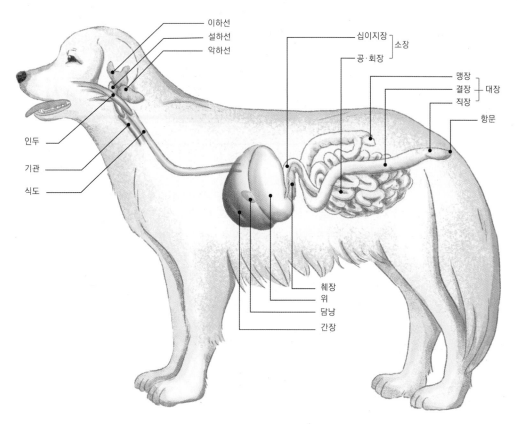

▲ 개의 소화기관

입	• 음식물의 섭취 • 저작 작용: 음식물을 삼키기 쉽도록 작게 부수는 과정 • 윤활 작용: 점액과 침으로 음식물을 삼키기 쉽게 만드는 과정

혀	• 음식물 섭취
	• 음식물 식괴 형성을 도움
	• 체온조절
	   – 개는 코와 발바닥에만 땀샘이 있어, 체온 조절을 하기에 충분한 땀이 나지 않기 때문에 혀를 내밀어 혀의 수분이 증발되며 체온 조절을 도움
	   – 고양이는 혀를 이용하여 자신들의 털에 침을 발라 체온을 낮춤
	• 털 정돈에 기여: 특히 고양이에서 발달

식도 (esophagus)	인두로부터 위까지 음식을 이동하는 기능을 가진 관

위 (stomach)	• 식도로부터 이동하여 음식물을 저장하고 혼합 • 음식물을 반죽하고 소화액과 혼합 • 단백질 소화과정 시작: 위산(HCl)과 단백질 분해효소인 펩시노겐(pepsinogen) 분비 • 위는 분문부, 위저부, 위체부, 유문부로 구성 • 위선	
	점액세포	• 알칼리성의 점액을 분비 • 산으로부터 위 점막을 보호
	주세포	펩시노겐(pepsinogen) 분비
	벽세포	염산 분비
	• 포유 중인 송아지나 돼지의 위액 내 존재하는 rennin은 유단백질을 응고시키는 역할을 함	
소장	• 샘창자(십이지장, duodenum), 빈창자(공장, jejunum), 돌창자(회장, ileum) • 십이지장액을 분비하는 주된 소화 및 흡수 장소 • 각종 소화효소 분비: 말타아제(maltase), 슈크라아제(sucrase), 락타아제(lactase), 엔테로키나아제(enterokinase), 리파아제(lipase) 분비 • 십이지장에서는 췌장관과 담낭관이 연결되어 췌액과 담즙 분비 • 십이지장액은 점액과 전해질을 함유하여 윤활제의 역할과 위산 중화 역할을 함 • 소화된 영양소의 흡수: 소장 점막 표면은 융모상피세포로 되어 있고, 융모상피세포의 표면은 미세융모(microvilli)로 덮여 있음 • 영양소의 흡수: 십이지장과 공장에서 가장 왕성하게 흡수됨 • 단백질과 중탄산염을 함유하여 장 내 약알칼리화 • 소량의 리파아제(lipase) 함유	
간	• 탄수화물 대사 • 단백질 대사 • 지방 대사 • 쓸개즙 생성 • 노화 적혈구 분해 • 태아의 새로운 적혈구 생성 • 철분 저장 • 독성물질의 해독	
담낭	• 쓸개즙(담즙) 분비 • 지방 유화: 지방분해효소(리파아제, lipase) 활성화, 지방 표면적을 넓게 해서 소화에 도움을 줌 • 담즙은 녹색의 알칼리성, 담즙산, 무기물, 콜레스테롤, 점액단백질, 담즙색소 함유 • Na, K와 결합하여 답즙산염 형성 → 소장의 pH를 알칼리성으로 유지 • lipase 활성화 • 지방을 유화시켜 지방의 가수분해와 흡수 도움	
췌장	• 탄수화물, 단백질, 지방 소화효소 분비 • 췌액은 pH 7.5~8.2로, 췌장의 외분비선에서 분비됨 • 비교적 다량의 $NaHCO_3$, 무기물 분비 • 단백질 분해효소인 트립신(trypsinogen), 키모트립신(chymotrypsonogen) 분비	

췌장	• 탄수화물 분해효소인 아밀라아제(α-amylase) 분비 • 지질 분해효소인 리파아제(lipase) 분비
대장	• 막창자(맹장, cecum), 잘록창자(결장, colon), 곧창자(직장, rectum) • 돌막창자판막(회맹장판막, ileocecal valve), 막창자꼬리(충수돌기, vermiform appendix) • 점막층에 융모가 없고 소화효소 분비샘이 없음 • 섬유소 분해 미생물의 작용 활발 • 점액 분비: 대변을 윤활하여 대장을 잘 통과하도록 도움 • 수분 흡수 기능 • 대장에서 생성된 휘발성 지방산, 수분, 전해질은 대장상피세포를 통하여 흡수 • 비타민 B복합체나 미생물 단백질이 합성되지만 흡수가 제한되어 영향학적 의미는 적음 • 단위동물 중 돼지는 비교적 긺 • 미생물 분해에 의한 많은 휘발성 지방산이 생성되어 에너지원으로 이용

5 성장과 번식 상태에서 요구사항

(1) 기관별 성분표 가이드라인

1) AAFCO(Association of American Feeding Control): 미국사료협회

① 사료의 영양 기준, 안전성 기준, 포장에 기재되는 표시 기준 등을 규정하는 미국 사료의 기준을 정하는 기관

② 미식품의약국(FDA)에서 AAFCO 가이드라인을 참고하는 등 가장 널리 통용되는 기준

③ 동물의 생애주기를 성장/임신수유기/성견 시기로 나눠 제시함

④ 사료에 들어가는 전성분을 표기해야 하는 의무가 있음

⑤ 민간기관이기 때문에 강제성을 가지진 않음

⑥ 기준치 충족 여부를 검사·관리하지 않음

⑦ 사료에 들어가는 동물성 재료가 휴먼그레이드가 아닐 수 있음

⑧ 전염병·재해로 폐사한 가축을 육분 원료로 사용할 수 있음

2) FEDIAF(European Pet Food Industry Federation): 유럽펫푸드연맹

① EU가 권장

② 동물의 생애주기를 활동성/생후 14주 기준으로 나눠 제시함
  • 95kcal/kg0.75＝활동성/대사량 낮은 성견
  • 110kcal/kg0.75＝활동성/대사량 높은 성견
  • Early growth(< 14 weeks) & reproduction＝14주 미만 퍼피 & 임신중 모견
  • Late growth(>=14 weeks)＝14주 이상 퍼피

③ 활동성에 따른 영양소 흡수율을 반영하기 때문에 AAFCO보다 기준이 촘촘함

④ 사료에 사용되는 모든 동물성 재료는 반드시 휴먼그레이드여야 한다는 규정이 있으나, 육분(meal)이 들어가도 '건조된(dried)' 또는 '탈수건조된(dehydrated)'라고 표기할 수 있음

⑤ 또한 첨가제의 법적최대치(legal maximum level)가 표에 명시되지 않은 경우, 사료 회사가 라벨에 첨가제 유무를 표기해야 하는 의무가 없음

3) NRC(The National Research Council, 미국국립연구회)

① 동물의 영양 성분 필수 기준을 제시하는 학술 연구단체

② AAFCO가 생기기 전까지 사료의 기준을 제시

(2) 6대 필수영양소

개의 생명과 기능을 유지하는 데 필요한 필수영양소 명시

① 물

② 탄수화물(섬유질 포함)

③ 비타민

④ 미네랄

⑤ 지방

⑥ 단백질

(3) 성장기 요구량

단백질	22.5% (특정 아미노산 요구량으로 더 세분화)
지방	8.5%
미네랄	칼슘, 인, 칼륨, 나트륨, 염화물, 마그네슘, 철, 구리, 망간, 아연, 요오드, 셀레늄
비타민	비타민 A, 비타민 D, 비타민 E, 티아민, 리보플라빈, 판토텐산, 니아신, 피리독신, 엽산, 비타민 B_{12}, 콜린

(4) 성견의 요구량

단백질	18% (특정 아미노산 요구량으로 더 세분화)
지방	5.5%
미네랄	칼슘, 인, 칼륨, 나트륨, 염화물, 마그네슘, 철, 구리, 망간, 아연, 요오드, 셀레늄
비타민	비타민 A, 비타민 D, 비타민 E, 티아민, 리보플라빈, 판토텐산, 니아신, 피리독신, 엽산, 비타민 B_{12}, 콜린

(5) 필수 아미노산

① 꼭 필요하지만 체내 합성이 되지 않아 음식을 통해 직접 먹어야만 하는 아미노산
② **고양이와 개의 공통 필수 아미노산**: 아르기닌, 메티오닌, 히스티딘, 페닐알라닌, 류신, 이소류신, 트레오닌, 트립토판, 라이신, 발린
③ **고양이에게만 추가되는 필수 아미노산**: 타우린
- 고양이는 타우린의 합성이 불가능하여 음식을 통해서 보충해야 함
- 야생 고양이의 경우 쥐나 새를 잡아먹으면서 보충 가능
- 사료 및 영양제를 통해 부족한 타우린을 보충해야 함
- 부족 시 심장, 신장, 신경 전달 체계에 이상
- 사람과 대부분의 개들은 체내에서 타우린 합성 가능(시스테인을 타우린으로 전환)
- 특정 품종의 개(예 골든 리트리버)는 타우린 결핍이 발생하기 쉬운 견종
- 타우린은 포유동물의 심장, 간, 뇌 등의 장기에 함유된 영양소

6 반려동물 사료

(1) 사료의 분류

크럼블(crumble) 사료	• 펠렛사료를 다시 거칠게 분쇄한 사료 • 기호성과 소화율이 개선되나 가격이 비쌈
익스트루젼(extrusion) 사료	• 가루사료를 곱게 분쇄함 • 고온고압증기를 가한 후 급속하게 공기 중으로 방출시켜 팽창시킨 사료 • 개, 고양이 등의 애완동물 사료
후레이크(flake) 사료	• 곡류의 알곡을 분쇄하는 대신 증기 처리하여 롤러로 압편 • 부원료는 펠렛팅(pelleting)하여 혼합한 사료
큐브(cube) 사료	• 목건초 분말과 당밀을 혼합하여 고온·고압 하에서 압착·성형한 사료 • 펠렛(pellet)사료보다 규격이 다소 큼(2.5*3~4cm)

(2) 기호성에 영향을 주는 요인

① 식품 자체에서 영향
② 냄새, 아로마, 온도, 맛, 형태, 원료, 제조과정, 보존상태
③ 반려동물 개체에서 영향: 섭식 습성, 과거 경험, 개체 차이
④ 환경

(3) 기호성을 증가시키는 방법

냄새 단계	• 식품의 선택을 위해서 아로마, 지방산으로 코팅을 통해서 기호성을 높임 • 기호성에 가장 중요한 부분은 냄새이므로, 우선 선택하는 데 중요한 영향을 미침
음식을 파악하는 단계	입이나 코끝의 접촉을 통한 크기, 모양, 질감을 향상시키기 위해 건조, 요리 등을 고려
씹는 단계	맛을 위해 재료의 질을 고려
소화 단계	생리학적 반응이 일어나는 단계
기호성을 높이기 위한 온도	40℃ 내외

(4) 방부제

① 반려동물 사료에는 품질, 기호성, 유통기한을 유지하기 위해 방부제가 첨가됨
② 인공 첨가물, 천연 첨가물을 사용할 수 있지만, 천연은 효과가 떨어지는 경향이 있기 때문에 제품의 유통기한을 늘리기 위해 인공 방부제를 주로 사용함

인공 방부제	Ethoxyquin, BHA, BHT
천연 방부제	Calcium propionate, Ascorbic acid(vitamin C), tocopherol(vitamin E의 한 종류)

(5) 사료 교체 방법

① 교체 시 체중이 10% 이상 감소하는 경우 기존 사료로 수 주간 급여
② 자율 급이보다는 배식이 나을 수 있음 **예** 하루에 2~3번, 1시간 정도 노출
③ 새로운 음식과 기존 음식을 동시에 노출(같은 형태의 밥그릇)
④ 며칠 후 새로운 음식을 먹기 시작하면 기존 음식은 점점 줄임(1~2주간)
⑤ 두 음식을 섞어 차츰 새로운 음식의 비중을 높임

CHAPTER 03 건강관리

1 개의 건강

동물의 건강상태와 질병진단에 의미

(1) 활력징후(TPR)

1) 체온(Temperature, T)

① 38.5℃(37.5~39℃)
② **소형견종**: 대체적으로 높은 경향
③ **노령견**: 대체적으로 낮은 경향
④ **측정 방법**: 동물의 체온 측정 방법은 직장 체온 측정을 사용

2) 맥박수(Pulse, Resting heart rate, P)

① 60~80회 / 분
② 1분간의 심장 박동수를 의미
③ 체구, 나이에 따라 차이가 있음
④ 스트레스, 긴장, 불안, 운동, 흥분 시 심박수 증가
⑤ 심장이나 혈액에 문제가 생긴 경우 심박수 증가
⑥ 소형견이거나 어린 경우 맥박수가 빠름

소형견종	100~140까지 정상
대형견종	60~100까지 정상
자견	• 생후 2주까지 160~200회 • 생후 2주 이후 220회 • 생후 1년까지 180회

⑦ **측정 방법**: 개가 편안한 상태에서 대퇴동맥(femoral artery) 부위에 손가락 3개를 대고 15초 동안의 맥박수를 센 후 4를 곱함

3) 호흡수(Respiratory rate, R)

① 10~30회 / 분

② 1분간의 호흡수를 의미

증가 시	빈혈, 폐질환, 심부전 의심
감소 시	중독증세, 쇼크 의심

③ **측정 방법**: 동물이 숨을 쉬고 있는 상태에서 배가 오르락(들숨, 흡기) 내리락(날숨, 호기) 하는 것을 1회로 계산

④ 개와 고양이의 정상 TPR

정상 범위	개(Canine)	고양이(Feline)
체온	37.5~39.2℃	38~39.2℃
심박수	80~200회 / 분	110~240회 / 분
호흡수	10~30회 / 분	20~30회 / 분

4) 혈압

① 최고혈압 100~160mmHg, 최저혈압 60~100mmHg, 평균혈압 80~120mmHg

② 체격, 견종에 따라 차이가 있음

③ **노령견**: 혈압이 높아짐

④ **증가 시**: 심장병, 신장질환, 부신피질기능항진증, 당뇨병, 갑상선기능항진증 등

⑤ **측정 방법**
   • 앞다리, 꼬리, 뒷다리에 커프를 감아 측정(오실로메트릭법)
   • 보통 4~5회 측정 후 평균치 산출

5) 모세혈관재충만시간(CRT)

① 평균 2~3초

② 잇몸을 손가락으로 가볍게 눌렀다 떼었을 때 하얗게 변했다 원래 색으로 돌아오는 시간(초)

③ 붉은색으로 돌아오는 시간이 오래 걸리는 경우 혈액응고 장애, 간 독성, 저체온증, 대사 이상

6) 신체 충실지수(Body Condition Scoring, BCS)

① 수의사와 보호자들이 반려동물이 저체중인지, 고체중인지 혹은 적절한 체중을 유지하고 있는지 눈으로 보아서 알 수 있는 차트

② 5단계로 나누는 시스템과 9단계로 나누는 방법이 있음

③ 개의 신체 충실지수(BCS) 5단계

마름		• 갈비뼈, 허리뼈, 골반뼈가 쉽게 보임 • 지방이 만져지지 않음 • 허리와 복부가 뚜렷하게 올라가 있음 • 골반뼈가 돌출
표준체중 이하		• 갈비뼈, 허리뼈, 골반뼈가 쉽게 만져짐 • 최소한의 지방이 덮여 있음 • 위에서 보았을 때 허리 확인 가능 • 복부가 올라간 모습을 명확히 확인 가능
이상 체중		• 갈비뼈가 만져지지만 보이지 않음 • 위에서 보았을 때 허리 확인 가능 • 옆에서 보았을 때 복부가 올라간 모습 확인 가능
과체중		• 갈비뼈가 만져지나 과도한 지방으로 덮여 있음 • 위에서 보았을 때 허리 인식할 수 있지만 두드러지지 않음 • 복부가 올라간 모습이 외관상 보임
비만		• 갈비뼈가 두꺼운 지방에 가려 만져지지 않음 • 허리 부분과 몸통에서 꼬리로 이어지는 부분에도 지방 확인 • 허리가 거의 보이지 않음 • 복부가 팽창되어 올라가 있지 않음

④ 개의 신체 충실지수(BCS) 9단계

1 (매우 저체중)		• 갈비뼈, 요추, 골반뼈 및 멀리서도 뚜렷한 모든 뼈의 돌출부 • 뚜렷한 체지방 없음 • 근육량의 명백한 손실
2		• 갈비뼈, 요추, 골반뼈가 쉽게 만져짐 • 만져지는 지방이 없음 • 다른 뼈의 돌출이 약간 보임 • 근육량 손실이 최소화됨

3		• 갈비뼈가 쉽게 만져지고 지방이 만져지지 않을 수 있음 • 요추의 윗부분이 보임 • 골반뼈가 두드러짐 • 허리와 복부가 움푹 들어간 것이 분명함
4 (이상적)		• 갈비뼈가 쉽게 만져짐 • 최소한의 지방으로 덮여 있음 • 위에서 봤을 때 허리가 쉽게 관찰됨 • 복부 턱이 분명함
5 (이상적)		• 과도한 지방을 덮지 않고 갈비뼈가 만져짐 • 위에서 보았을 때 허리가 관찰되고 갈비뼈가 시작됨 • 옆에서 보았을 때 복부가 들어가있음
6		• 갈비뼈가 만져지며 약간의 과도한 지방이 덮여 있음 • 허리는 위에서 보았을 때 식별 가능하지만 눈에 띄지 않음 • 복부가 움푹 들어간 것이 분명함
7		• 갈비뼈가 어렵게 만져짐 • 지방이 덮여 있음 • 요추 부위와 꼬리 밑에 눈에 띄는 지방 침착이 있음 • 허리가 없거나 거의 보이지 않음 • 복부 주름이 있을 수 있음
8		• 갈비뼈가 만져지지 않음 • 지방이 두껍게 덮여 있거나 상당한 압력을 가해야만 만져짐 • 요추 부위와 꼬리 밑 부분에 지방이 많이 쌓여 있음 • 허리가 없고 복부 팽만이 없음 • 명백한 복부 팽창이 있을 수 있음
9 (매우 과체중)		• 흉부, 척추 및 꼬리 밑 부분에 지방이 많이 축적됨 • 허리와 복부 턱이 없음 • 목과 팔다리에 지방이 축적됨 • 명백한 복부 팽창

2 비감염성 질병(대사성 질환)

비만이나 운동부족, 과잉영양 등 생활습관이 원인이 되는 병

(1) 당뇨병

원인	췌장 이상 또는 인슐린 호르몬 분비 문제로 생기는 질병
임상증상	소변에 단 냄새, 소변 혼탁, 구토, 쇠약, 체중 저하 증상
특징	• 소변검사나 혈액검사로 진단이 가능 • 처방식 사료를 급여해야 함 • 필요한 경우 인슐린 주사를 맞아야 함

(2) 갑상선 기능저하증

원인	선천적 또는 후천적으로 갑상선 기능이 떨어져서 발생
임상증상	갑상선 기능 저하에 따른 피부 탈모 증세가 나타날 수 있음
특징	• 대부분 3~6살 전후에 발생 • 세퍼드, 에어데일테리어, 코카스파니엘, 그레이트 댄, 미니어처 슈나우저, 올드 잉그리쉬 쉽독에서 잘 발생

(3) 부신피질기능항진증

원인	뇌하수체 문제, 부신종양, 스테로이드 과다 복용 등으로 부신 기능이 항진되어 발생
임상증상	다뇨, 다식, 탈모, 근육에 힘이 없고 호흡곤란
특징	비글이나 보스턴테리어에서 잘 발생

(4) 저혈당증

원인	• 에너지원으로 사용하는 혈액 속의 포도당(혈당, glucose) 농도 감소를 특징으로 하는 상태
	• 장시간 급식을 하지 못한 영양 결핍의 경우 발생
	  – 성견은 며칠 동안 급식을 하지 않아도 어느 정도의 시간은 혈당치를 유지할 수 있지만, 강아지는 혈당치 유지를 급식으로부터의 당분 흡수에 거의 의존하고 있기 때문에 급식을 하지 못하는 상태가 장시간 지속되면 혈당치 유지를 못하고 저혈당증이 발병함
	  – 어린 연령의 강아지는 비축된 당이 체내에 적은 사료를 한두 끼만 거르는 경우에도 저혈당증에 빠지기 쉬움
	• 추위, 스트레스, 기생충이나 바이러스성 장질환, 만성소모성 질환에 걸린 경우 등
	• 췌장, 간, 부신 등의 기능에 결함이나 지장이 생기면 혈당 조절 기능에 문제가 생겨 저혈당이 초래됨

임상증상	운동실조와 심한 경우에는 혼수상태로 발견
특징	식욕이 적은 말티스, 요크셔테리어, 치와와 등의 중소형견종의 어린 강아지는 각별한 관리가 필요

TIP

혈당을 조절하는 호르몬과 혈당에 대한 작용

장기 이름	분비호르몬	혈당치 작용
췌장	인슐린 분비	↓ 낮춤
	글루카곤 분비	↑ 올림
간	당 생성	↑ 올림
부신	코르티솔 분비	↑ 올림
	아드레날린 분비	↑ 올림

(5) 골절

원인	교통사고, 싸우다 물린 경우에 골절이 흔히 발생
특징	• 보호자가 개의 골절을 알지 못하고 지나가는 경우가 있음 • 이런 경우 보통 다리를 들고 다니며 골절된 부위가 붓기도 하지만, 골절된 처음 며칠은 증상이 나타나지 않음 • 처음 3일 내에 치료하지 못하면 교정이 어려워질 수 있어 주의가 필요함

(6) 고관절 이형성

원인	엉덩이 관절 형성이 잘되지 못한 상태를 말함
특징	• 고관절 이형상(형성이상)은 대부분 생후 2살 이전에 발생 • 대형견에서 주로 발생 • 정확한 진단을 위해서 방사선 사진에 의해 진단 • 교정은 체중 20kg 미만이라면 수술이 비교적 간단하지만, 아주 큰 대형견은 인공관절을 이식하는 복잡한 수술을 하여야 함 • 운동을 제한하며 관절약을 한동안 복약하여야 함

(7) 대퇴골두 괴사증

원인	골반뼈에 끼워지는 대퇴골의 머리 부분이 괴사되는 질병
임상증상	• 대부분 소형견에서 발생 • 통증을 보일 수도 있으며, 다리를 절거나 대퇴골두 괴사증이 있는 쪽 다리를 들고 다니게 됨
특징	• 방치하면 교정이 어려워질 수도 있음 • 조기에 발견하면 대부분 수술을 통해 완치될 수 있으며, 치료가 잘되는 편

(8) 슬개골 탈구

원인	무릎뼈가 빠지는 질병
임상증상	• 다리를 들고 다니거나 절게 되며, 오래 되면 관절 변형이 옴 • 침대나 높은 곳에서 뛰어내리면 갑자기 소리를 지르거나 갑자기 뒷다리를 절면서 의심증상이 나타나지 않고 진행되는 경우도 있음
특징	• 진행 정도에 따라 4단계로 구분 • 처음에는 무릎뼈만 빠지다가 심해지면 정강이뼈(경골)가 휘거나 골반에 이상이 올 수 있음

(9) 영양성 골절

원인	• 무기질과 영양소가 부족하여 뼈가 부러지는 것을 의미 • 사료를 먹지 않고 사람 밥만 먹었다거나, 성장기에 적절한 영양이 공급이 되지 않을 경우 뼈의 영양 상태가 나빠져 작은 충격에도 골절이 되는 경우가 있음
특징	뼈가 취약하여 수술도 힘들고 치료가 어려워짐

(10) 관절염

퇴행성 관절염	나이가 들면서 생기며 감염과 무관하게 생김
비감염성 관절염	좋지 못한 자세나 관절연골의 점진적인 기능 악화 또는 인대손상이 원인

(11) 구루병

원인	성장기 동물의 칼슘 결핍
특징	다리뼈가 구부러지고 등이 굽으며 뼈가 약해져 골절이 자주 발생하는 질병

(12) 산욕열 또는 유열

원인	임신과 출산 기간 칼슘의 부족
임상증상	호흡근육의 마비로 호흡이 어렵고, 의식불명으로 응급치료를 받지 못하면 사망에 이르게 됨
특징	성장기 강아지와 임신 및 출산 기간의 개는 칼슘 영양소 공급에 주의를 기울여야 함

(13) 인 부족

원인	칼슘과 더불어 뼈 형성에 관여하는 인이 부족한 현상
특징	인의 결핍은 구루병이나 골연화증, 이물질 섭취, 번식률 감소 등의 증상을 보임

3 감염성 질병

(1) 바이러스성 감염증

▼ 바이러스성 질병의 원인체와 증상

병명	병원체	증상
광견병	광견병 바이러스	• 전기: 침울, 불안 • 중기: 유연, 연하곤란, 공격적, 물을 무서워 함 • 말기: 전신마비
개 홍역	개 디스템퍼 바이러스	식욕부진, 발열, 눈꼽, 점액성, 농성 비즙, 구토, 설사, 발작, 경련
개 파보바이러스 감염증	개 파보 바이러스	• 구토, 심한 혈액성 설사, 탈수, 백혈구 감소 • 3~9주령의 자견에서는 심근염
개 코로나바이러스 감염증	개 코로나 바이러스	• 성견에서 무증상이 대부분 • 자견에서는 구토, 수양성 설사
개 전염성 간염	개 아데노 바이러스 Ⅰ형	발열, 복부의 압통, 식욕부진, 구토, 설사, 구강 내 점상출혈, 편도선 종창, 회복 후 각막의 혼탁
개 전염성 기관지염 (켄넬코프)	개 아데노 바이러스 Ⅱ형	발열, 비즙, 건성 기침, 폐렴
파라인플루엔자 (켄넬코프)	개 파라인플루엔자 바이러스	발열, 기침, 비즙, 편도선의 종창
허피스바이러스감염증	개 허피스바이러스	설사, 복부의 압통, 구토, 호흡곤란, 생식기 점막에 수포 형성

1) 광견병(Rabies)

원인	리사 바이러스(Lyssavirus) 속의 광견병 바이러스(rabies virus)		
특징	사람과 동물에게 전염되어 급성 뇌척수염을 일으키는 인수공통전염병(제1종 법정전염병)		
전파 경로	• 감염 동물의 타액을 통해 바이러스가 전파 • 오소리, 너구리, 여우, 박쥐, 코요테, 흰족제비 등 야생동물이 감염되어 개, 소 등의 동물을 물어 감염시키고, 사람은 주로 개에 물려 감염됨 • 전 세계적으로는 광견병을 전파시키는 데 가장 중요한 원인이 되는 동물은 집에서 기르는 개나 고양이 • 쥐, 다람쥐, 햄스터, 기니피그, 토끼 등의 설치류는 광견병 바이러스에 감염되지 않기 때문에 설치류에 의해서 사람에게 광견병이 전염되지는 않음 • 주로 휴전선 부근에서 발생하다가 2012년 경기도 화성, 수원 등에서 한번 발생한 후 현재까지 발생하지 않고 있음		
임상증상	감염된 개는 불안해지는 전구기 증상이 36시간 정도 진행		
	광조기	• 멀리 방랑하면서 다른 동물이나 개줄, 파이프 등과 같은 물건을 물어뜯는 등 점차 광폭한 상태가 됨 • 눈의 충혈과 침을 흘리며, 꼬리를 가랑이 사이로 밀어넣는 등의 증상을 나타냄	
	마비기	• 광조기 이후 후구부터 마비증상을 보이기 시작함 • 나중에는 인후두가 마비되어 쉰 소리를 내거나 먹이를 삼킬 수 없게 되어 물을 먹을 때 심한 통증이 있어 '공수병'이라고도 불림	
	말기	• 근육이 마비되어 입을 벌린 채 침을 흘리고 휘청거리다가 쓰러져 죽게 됨 • 대체적으로 발병일로부터 1주일이면 사망	
예방	• 국가에서는 매년 1회 광견병 예방접종을 의무적으로 실시 • 미접종 시에는 벌금의 조치를 받게 되는 매우 중요한 질병		
	사독백신	3~4개월령의 개에 1차 접종 후 3~4주 후 2차 보강접종하고, 매년 동일 방법으로 추가 접종	
	생독백신	3~4개월령의 개에 근육주사한 후 매년 1회씩 추가 접종	
사람에게 전파된 경우	• 광견병 바이러스에 노출된 후 증상이 나타나는 데 걸리는 시간은 여러 가지 요인에 영향을 받음 • 잠복기가 일주일에서 1년 이상으로 다양하며, 평균적으로는 바이러스에 노출된 후 1~2개월이 지나면 발병함 • 머리에 가까운 부위에 물릴수록, 상처의 정도가 심할수록 증상이 더 빨리 나타남 • 초기에는 1~4일간 일반적 증상인 발열, 두통, 무기력, 식욕 저하, 구역, 구토, 마른기침 등이 나타남 • 물린 부위에 저린 느낌이 들거나 저절로 씰룩거리는 증상이 나타나면 광견병을 의심할 수도 있음		

사람이 물린 경우 대처법

• 의심이 가는 개에게 물린 경우 물린 부위의 피를 짜내고 즉시 비눗물로 세척한 후 병원 방문
• 사람을 문 개가 광견병 예방백신을 접종했는지 확인
• 일정한 장소에 10일 동안 입원시켜 광견병 여부를 확인
• 광견병에 걸린 개는 대부분 1주일 이내에 죽게 되므로, 일반적으로 10일 동안 경과해도 개에게 아무런 이상증상이 없으면 광견병을 의심하지 않아도 됨

2) 개 홍역(Canine distemper virus infection, CDV)

원인	distemper virus		
특징	• 높은 이환율과 폐사율을 나타내는 급성 또는 아급성의 바이러스성 전염병 • 고열, 식욕감소, 결막염, 심한 눈곱, 누런 콧물, 호흡곤란 등의 증세와 신경증상을 나타내다가 사망		
감염동물	• 개과 동물인 개, 여우, 늑대 • 너구리과 동물인 너구리, 팬다 등 • 족제비과 동물인 족제비, 오소리, 스컹크, 흰족제비 등		
전파 경로	• 공기를 통한 기도감염(공기 전파) • 타액, 눈물, 요, 변 등의 배설물을 통한 접촉감염		
임상증상	• 호흡기, 소화기, 피부 및 신경계 단독 또는 복합적으로 나타남		
	호흡기증상	발열과 비루, 카달성안루, 인두염, 기관지염	
	소화기증상	구토, 설사	
	피부증상	콧등 또는 발바닥 패드의 각질화(hard pad disease)	
	신경증상	• 신경친화성 바이러스가 뇌에 침입한 경우 후구마비, 경련을 보임 • 마비, 껌을 씹는 것처럼 이빨의 부닥침, 보행실조, 의식을 잃고 누워서 자전거 페달을 밟듯이 허공에 발을 휘젓는 증상 등의 신경증상을 나타내다가 폐사	
	• 발열 증상 • 어린 깅아지의 경우 식욕부진, 원기상실, 발열, 누런 곳불과 눈곱, 눈의 중혈, 구토, 설사가 나타나며 병이 심해져 신경친화성 바이러스가 뇌에 침입하면 마비나 경련 등 신경증상을 보이며 폐사		
치료	• 급사하는 경우를 제외하면 사망률이 10% 정도 • 신경증상이 나타나는 경우 치료가 쉽지 않음 • 증상에 맞는 진통제, 해열제, 대사촉진제, 소화제 사용 • 2차 감염을 예방하는 항균제 사용 • 손실된 체액을 보충해주는 아미노산과 전해질 제제 사용 • 개 홍역 감염 시 동물 몸에 직접 분무가 가능한 소독제 희석액을 견사, 주위 토양, 동물 자체에 1일 1회 이상 충분히 살포		
예방	• 종합백신(DHPPL)의 접종이 권장됨 • 평상시 면역력을 높이기 위해 풍부한 단백질과 비타민, 미네랄을 제공하여 결핍이 없도록 관리		

3) 개 파보바이러스 감염증(parvovirus infection)

원인	parvovirus		
특징	심한 구토와 혈변을 나타내며 어린 강아지에게 심근 괴사 및 심장 마비로 급사를 일으킴		
전파 경로	변이나 경구감염 출혈성장염의 형태로 폐사율이 매우 높은 질병		
임상증상	장염형	• 8~12주령의 강아지에서 주로 발생 • 심한 구토와 혈변을 동반 • 악취 나는 회색 설사나 혈액성 설사를 하며 급속히 쇠약 • 탈수로 인하여 발병 24~48시간 만에 사망	
	심장형	• 3~8주령 강아지에서 많이 나타나며 심근 괴사 및 심장 마비로 급사 • 아주 건강하던 개가 별다른 증상 없이 갑자기 침울한 상태 • 급격히 폐사되는 것이 특징	
치료	• 수액, 면역촉진제, 수혈, 면역혈청 • 장염형 　－구토와 설사로 많은 체액이 손실되어 지속적인 체액공급이 필요 　－전해질 제제를 투여 　－세균에 의한 2차 감염을 예방하기 위하여 항균제를 투여 　－면역증강제를 투여 • 심장형: 급사하기 때문에 치료가 불가능		
예방	• 종합백신 DHPPL 예방백신을 접종 • 철저한 소독으로 바이러스에 효과가 있는 소독약으로 시설물을 정기적으로 소독 • 집단사육시설은 매일 소독 필요		

4) 개 코로나바이러스 감염증(Canine coronavirus infection)

원인	• Canine coronavirus(CCoV) • 사람이 감염되는 코로나 바이러스인 COVID-19와는 다른 바이러스	
특징	• 장, 호흡기의 2종류로 나눌 수 있음 • 건강한 성견은 감염되어도 무증상이거나 스스로 회복함	
감염동물	• 백신을 맞지 않은 어린 강아지 • 면역력이 약해진 강아지	
전파 경로	• 전염성이 매우 높음 • 반드시 격리하고 켄넬, 배변판 등의 모든 물품을 소독해야 함 • 공기를 통한 기도감염(공기 전파) • 대변 등의 배설물을 통한 접촉감염	
임상증상	소화기증상	구토, 설사(악취, 혈액변, 점액변), 식욕 감소, 무기력, 복통, 탈수, 발열, 발작
	호흡기증상	기침, 재채기, 호흡 곤란, 눈물, 콧물, 발열, 무기력, 식욕 감소
치료	• 건강한 성견은 감염되어도 무증상이거나 스스로 회복될 수도 있음 • 설사 및 구토가 지속되면 심한 탈수로 인해 사망에 이를 수 있음	
예방	종합백신(DHPPL) 접종	

5) 개 전염성 간염(Canine infectious hepatitis, ICH)

원인	• Canine adenovirus type 1(CAV−1) • 사람 코로나 바이러스(COVID−19)와는 달라 사람에게 감염되지 않음		
특징	간 병변을 유발하는 심한 전신성 증상		
감염동물	• 개, 여우, 코요테, 이리 같은 개과 동물에서 발생 • fox encephalitis로 알려져 있는데 개로 쉽게 전염		
전파 경로	• 소변으로 배출 → 전파원 → 경구감염 • 감염된 동물의 배출물(예 대·소변, 타액)이나 접촉에 의해 전염 • 회복된 개의 소변을 통해 6개월간 바이러스를 배설할 수 있음		
임상증상	• 잠복기 5~7일로, 질병의 경과는 대부분 5~7일 • 민성진행성 김염으로 진행되는 경우 간경화증 유발 • 회복 과정에서 1~3주만에 각막 백탁 유발		
	경증형	식욕 감퇴, 침울, 발열 후 회복	
	중증형	고열, 구토, 복통, 임파선종대, 황달, 설사, 복통	
	급성형	고열, 복통 후 12~24시간만에 폐사하거나 과급성으로 첫 임상증상 후 수 시간 사이에 빈사 상태(독극물 중독과 혼돈)	
	• 어린 강아지의 경우 간염, 안구 각막 혼탁 유발		
치료	• 건강한 성견은 감염되어도 무증상이거나 스스로 회복될 수도 있음 • 설사 및 구토가 지속되면 심한 탈수로 인해 사망에 이를 수도 있음		
예방	종합백신(DHPP) 접종		

6) 개 전염성 기관지염(켄넬코프)

원인	Canine adenovirus type Ⅱ(CAV−Ⅱ)
특징	밀집된 환경에서 전파가 일어나기 쉬운 호흡기 질병으로 '켄넬코프'라고 함
감염동물	면역력이 약해진 강아지
전파 경로	• 감염된 개의 기침을 통해 분비되는 분비물에 접촉하여 감염 • 분비물이 비말 형태로 떠다니다가 호흡기를 통해 감염 • 오염된 바이러스가 묻은 장난감, 식기 등에 접촉하여 감염
임상증상	• 식욕부진 • 기침, 재채기, 콧물, 눈곱 등 눈 분비물 • 기관지와 폐에 감염 • 호흡곤란 등 심한 호흡기 증상 유발
치료	기침 억제제, 수분 공급, 대증요법
예방	• 깨끗한 환경 조성 • 다른 개들과 밀집 사육 시 주의

7) 개 파라인플루엔자 감염증(켄넬코프)

원인	Canine parainfluenza virus
특징	마른기침, 재채기, 콧물, 발열
감염동물	면역력이 약해진 강아지
전파 경로	• 감염된 개의 기침을 통해 분비되는 분비물에 접촉하여 감염 • 분비물이 비말 형태로 떠다니다가 호흡기 통해 감염 • 오염된 바이러스가 묻은 장난감, 식기 등에 접촉하여 감염
임상증상	• 식욕부진 • 기침, 재채기, 콧물, 눈곱 등 눈 분비물 • 기관지와 폐에 감염 • 호흡곤란 등 심한 호흡기 증상 유발
치료	기침 억제제, 수분 공급, 대증요법
예방	• 깨끗한 환경 조성 • 다른 개들과 밀집 사육 시 주의

8) 개 허피스바이러스 감염증

원인	Canine herpes virus(CHV), 사람에게 감염되지 않음
특징	생후 3~5주 이상의 개에서는 뚜렷한 임상증상을 나타내지 않으며 잠복감염의 형태를 취하여 매개체(carrier)가 되거나 호흡기, 안과, 생식기 증상을 나타내며 치료되지 않고 영구적으로 감염된 보균자 상태로 남을 수 있는 질병
감염동물	• 개에만 감수성 있음 • 교배를 많이 하는 수컷의 경우 감염 확률 높음
전파 경로	• 감염된 개체와의 직접 접촉에 의해 감염 • 감염된 개의 구강, 비강, 질 분비물에 의해서 전파 • 다른 강아지를 핥는 그루밍, 냄새를 맡는 행동에 의해서 전염 • 교배 시에도 전염 • 임신한 개체의 경우 자궁을 통해 태아에 감염 • 잠복 감염이 가능하며 회복 후에도 다른 강아지에게 전파
임상증상	• 1~3주령 이하 신생자견에서는 치명적 전신성 감염증을 유발하며, 자궁 내 감염에 의해 사산을 일으켜 대부분 사망함 • 1개월령 강아지는 종종 사망하고 6개월령 이상의 경우 사망률 감소 • 임상증상이 나타나게 되면 하루 이틀 안에 급사 발생 위험 • 성견: 호흡기, 안과, 생식기 등 비특이적 임상증상 • 임신한 개: 감염되면 유산·사산할 수 있으며 불임 유발 • 무기력, 허약, 지속적인 울음, 호흡곤란, 기침, 콧물, 눈물, 결막염, 각막 궤양, 식욕부진, 설사, 발진, 피부의 빨간 점, 발작, 급사
치료	효과적인 치료방법 없음
예방	• 현재 강아지 허피스 바이러스 백신이 없음 • 4주령 이내의 새끼 강아지의 경우 다른 강아지와 최대한 격리

개의 감기

원인 바이러스	• 켄넬코프 • 코로나장염 • 전염성 후두기관염(개 아데노바이러스 II형)	• 리노바이러스 • 인플루엔자(독감)	• 파라인플루엔자 • 홍역바이러스(디스템퍼)
증세	• 코막힘 • 기침 • 눈물량 증가	• 콧물 • 식욕 저하 • 고열	• 재채기 • 활동량 감소 • 발작
예방	• 정기적인 예방접종(인플루엔자, 켄넬코프) • 적절한 온도와 습도 유지 • 청결한 환경 제공하기 • 건강한 급식 제공(영양소를 석설히 섭쥐) • 절대 안정 취하기(충분한 휴식 공간 제공) • 잦은 환기		

(2) 세균성 감염증

▼ 세균성 질병의 원인체와 증상

병명	병원체	증상
개 전염성 기관지염 (켄넬코프)	Bordetella bronchiseptica	기침, 눈곱, 식욕 저하, 눈물, 콧물, 발열, 무기력
렙토스피라증	Leptospira interrogans Leptospira biflexa	• 황달성 출혈형: 황달, 혈색소뇨, 설사, 구토, 구내염 • 카니콜라형: 발열, 치은의 출혈, 요독증
살모넬라증	Salmonella spp	• 어린 개에서 혈액성·점액성 설사, 발열, 구 토, 식욕부진 • 성견에서는 1~2일간 일과성으로 심한 설사
캠필로박터증	Campylobacter jejuni, Campylobacter C.coli	장염, 설사(연변~혈액성수양성변), 4개월 이 하의 어린 견에서 발생
여시니아증	Yersinia Enterocolitica	혈액성·점액성 설사
부르셀라증	Brucella canis	태반염, 유산
파상풍	Clostridium tetani	순막노출, 심한 강직성 경련, 관절의 굴신, 운 동불능, 호흡곤란, 불빛과 음향에 대한 과민증
포도상구균증	Staphylococcus aureus	발열, 농 형성, 구토, 식욕부진
라임병	Borrelia brugdoferi	관절염, 신경염, 발열
마이코플라즈마감염증	Mycoplasmacynos	경도의 폐렴

1) 개 전염성 기관지염(켄넬코프)

원인	Bordetella bronchiseptica
전파 경로	공기감염, 비말감염, 접촉감염, 오염된 물질, 공용식기 사용
임상증상	기침, 눈곱, 식욕 저하, 눈물, 콧물, 발열, 무기력
치료	기침 억제제, 수분 공급, 대증요법
예방	Bordetella 예방접종

2) 렙토스피라증(Canine Leptospirosis)

원인	렙토스피라 인테로간스(Leptospira interrogans), 렙토스피라 비플렉사 (Leptospira biflexa)
전파 경로	• 감염된 쥐의 소변에 의해 전파 • 상처 부위를 통하여 감염이 일어나는 창상감염
임상증상	수막염, 발진, 용혈성 빈혈, 피부나 점막의 출혈, 간부전, 황달, 신부전, 심근염, 의식 저하
치료	페니실린, 독시사이클린 등 항생제 치료
예방	• DHPPL 예방백신 • 오염된 개천, 강물에 들어가지 않음 • 야외에서 작업할 때는 직접 접촉하지 않도록 장화, 장갑, 앞치마 등 착용

렙토스피라균

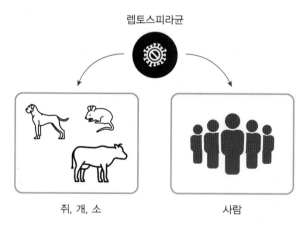

쥐, 개, 소   사람

▲ 개 렙토스피라증 감염

3) 개 부루셀라병(Canine Brucellosis)

원인	Brucella canis, B. abortus, B. suis, B. melitensis
전파 경로	유산 후 유산태아나 유산물질, 질 분비물로부터 부루셀라균의 흡식이나 섭식(경구감염)
임상증상	• 생식기관 및 태막의 염증과 유산, 불임 등을 유발하는 만성전염병 • 수캐에서는 전립선염, 고환염 등을 유발 • 암캐에서는 불임, 유산 등의 번식장애를 유발 • 사람에게는 파상열, 두통, 관절염, 오한
치료	페니실린, 독시사이클린 등 항생제 치료
예방	• 예방백신은 없음 • 의심동물과 접촉을 피하는 것이 최선책 • 오염된 개천, 강물에 들어가지 않음 • 야외에서 작업할 때는 직접 접촉하지 않도록 장화, 장갑, 앞치마 등 착용

(3) 내외부 기생충성 감염증

1) 개 심장사상충증(Canine Heartworm Disease, Dirofilariasis)

원인	심장사상충(Dirofilaria Immitis)
심장사상충 생활사	• 개의 우심실과 폐동맥에서 기생하는 사상충(암컷: 25~30cm, 수컷: 12~16cm) • 생활사를 완료하기 위해 중간 단계로 모기가 반드시 필요 • 모기 안에서 성장률은 온도에 의해 좌우되며, 27℃ 이상에서는 다음단계로 진행하는 데 약 2주간의 시간이 소요 • 기온이 14℃ 이하가 되면 성장이 멈추고, 생활사가 중지됨
전파 경로	심장사상충(Dirofilaria Immitis) 유충을 흡입한 모기에게 물림으로써 감염
임상증상	• 중증 전까지 무증상 • 심한 감염 시 실신, 복수, 체중 감소, 기침, 호흡곤란, 코피 등
치료	• 이버멕틴, milbemycin, selamectin • 매달 심장사상충 예방약을 적용하고 짧은 기간 스테로이드를 병용 • 심장사상충 성체 치료 주사제 • 미성숙 기생충 제거를 위한 약물치료 병행 • 수술을 통한 제거
예방	• 매월 1회씩 심상사상충과 구충제를 투여 • 이버멕틴(상품명 heartgard, iverhart 등) • milbemycin(상품명 interceptor, Sentinel) • moxidectin(상품명 Proheart)

2) 귀개선충증(Ear Mites)

원인	Otodectes cynotis
발병기전	• 표피층을 섭취하며 피부 표면에 기생 • 나이, 품종, 성별에 상관없이 발생하지만 어린 개와 고양이에서 흔히 발병
임상증상	• 귀 긁기, 머리 흔들기, 귀 통증, 소양감 • 귀의 화농성, 점액양 분비물, 귓밥이 많음 • 악취 • 피부의 가피, 딱지, 피부홍반, 염증, 발적
치료	Rotenone, Ivermectin, Amitraz, Pyethrin

3) 옴진드기, 옴(Scabies)

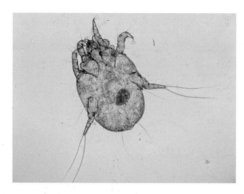

▲ Sarcoptic Mange Mites

원인	Sarcoptic Mange Mites(Acariasis, Sarcoptes Scabiei)
발병기전	• 개에서는 흔히 발병 • 피부에 누공을 형성 • 사람에게도 감염
임상증상	• 극심한 소양감으로 피가 나거나 딱지가 생기기도 함 • 감염된 부위에 탈모와 과각화증(피부가 두꺼워짐) • 심하게 귀, 가슴, 배 부위 긁음 • 관절, 눈 주위, 주둥이, 귀, 배쪽 흉곽, 꼬리 기저부에 발생 • 림프절 종대 • 피부 균열, 피부 농포, 피부 수포 • 귀 끝을 비볐을 때 아래의 오른쪽 그림처럼 뒷다리를 달달 떨며 긁으려는 행동
치료	• 셀라멕틴(Selamectin, 레볼루션®), 피프로닐(Fipronil, 프론트라인®), S-메토프렌(S-Methoprene, 리펠로®) • 매주 1회 피하주사로 개선충 치료제 투여 • 약 2주 정도 더 치료가 진행 • 보통 6주간 통원 치료(약의 종류에 따라 투약하는 횟수와 예상되는 치료기간 상이) • 약욕 샴푸로 목욕 • 주변 환경을 소독

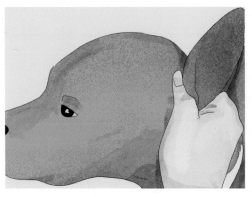
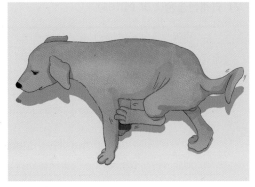

▲ 귀끝-페달 반사(Pinnal pedal reflex)

4) 모낭충(Demodicosis)

▲ Demodex canis

원인	Demodex canis, Demodex cati	
발병기전	• 어린강아지나 노령견에게 주로 발생 • 생후 며칠 내 모견으로부터 전염 • 면역억제제로 인해 발병 가능	
임상증상	국소형	얼굴, 머리, 발 주위 부분적 탈모, 피부 염증, 비듬, 과색소침착증, 여드름
	전신형	과각화증, 급성 화농성 염증, 2차 세균감염
치료	• 플루랄라너(Fluralaner, 브라벡토®), 밀베마이신(Milbemycin, 넥스가드®), 아폭솔라너(Afoxolaner), 목시덱틴(Moxidectin, 에드보킷®), 이미다클로프리드(Imidacloprid, 임팩트®) • 약 2주 정도 더. 치료가 진행 • 보통 6주간 통원 치료(약의 종류에 따라 투약하는 횟수와 예상되는 치료기간 상이) • 약욕 샴푸로 목욕 • 주변 환경을 소독	

5) 내부기생충

원인	회충(7~15cm, 흰 지렁이 형태), 편충(5~7cm), 구충(1~2cm), 조충(10~50cm)	
발병기전	회충	경구감염, 태반감염
	편충	경구감염
	구충	경구감염, 경피감염
	조충	벼룩을 매개로 감염(벼룩의 유충들이 조충의 알을 먹고, 이 알이 벼룩의 몸 속에서 유충으로 자라 반려견에게 경구감염)
임상증상	회충	복부 팽창, 끈적끈적한 점액변, 발육불량, 빈혈
	편충	심한 복통, 설사, 혈변, 빈혈
	구충	빈혈, 영양불량, 설사, 복부 통증
	조충	식욕부진, 영양불량, 설사, 항문이 가려워 바닥에 항문을 끔
치료	• 구충제 처방 • 피하에 주사 • 수액, 비타민제, 영양제 • 살충제로 주위 환경 소독	

6) 농피증(pyoderma)

원인	• 세균감염에 의해 발생하는 화농성 피부질환으로, 강아지에게 가장 많이 나타나는 피부질환 • 대부분 포도상구균(Staphylococcus)	
임상증상	표재성 농피증 (superficial pyoderma)	• 표피(epidermis), 진피(dermis), 피하조직(subcutaneous tissue) 감염 • 모낭을 중심으로 염증반응
	심부 농피증 (deep pyoderma)	• 표피뿐만 아니라 진피, 피하조직까지 확산 • 모낭이 파괴 • 피부 괴사, 궤양 toxin 분비되는 세균감염의 경우, 피부 구조 파괴
치료	• 항생제 처방(clindamycin, cephalexin, amo-cla, fluoroquinolones, fluoroquinolones) • 약욕 • benzoyl peroxide는 항생효과가 좋고 모낭 세정에도 효과적이지만, 건조하기 때문에 보습제를 같이 처방 • chlorhexidine, iodine, salicylic acid, sulfur	

7) 피부 사상균증(곰팡이성 피부질환, dermatophytosis)

원인	• 곰팡이(진균)로 분류되는 피부사상균에 감염 • 개소포자균(Microsporum canis): 대부분 • 석고상소포자균(Microsporum gypseum) • 트리코파이톤 멘타그로피테스(Trichophyton mentagrophytes): 사람
발병기전	• 개와 고양이의 피부, 특히 고양이의 털과 발톱 부분 감염 • 사람도 감염됨 • 감염 방법: 직·간접 접촉 • 건강한 강아지의 털에도 존재함 • 덥고 습한 환경은 곰팡이가 살기 좋은 환경이 되므로 과하게 목욕을 하거나 털을 많이 핥는 경우에 쉽게 발병 • 나이가 적거나 외출이 잦은 개체, 면역력이 떨어진 경우 호발 • 포자가 붙어서 균사체 형성되어 전염 • 국소 부위에 증상이 나타나지만, 어리거나 면역력이 떨어진 강아지 혹은 환경에 따라 광범위한 부위로 감염
임상증상	• 원형으로 탈모가 생기는 특징을 보여 링웜(Ringworm)이라고도 불림 • 가려움증이 있을 수도 있고 없을 수도 있음 • 염증이 동반될 수 있음 • 동그란 모양으로 발진 • 사람에게도 백선(링웜)의 형태로 전염 • 석고상소포자균(Microsporum gypseum)에 감염 시 볼록 튀어나오는 결절성 병변 동반
치료	• 항진균제(itraconazole)를 통해 치료 • 약욕(lime sulfer, miconazole, chlorhexidine) • 완치까지 치료기간이 6주 정도로 길게 소요됨

CHAPTER

04 환경관리

반려동물의 환경관리
반려동물을 효과적으로 양육하기 위해 고려하여야 할 사항

1 계절별 양육환경 관리

봄	• 봄은 생동하는 계절로써 야외활동이 많아지며 내·외부 기생충에 대한 주의가 필요해짐 • 털 관리 또한 여름털로 털갈이를 하는 시기이므로, 매일 빗질을 해주어 털 관리를 해야 함
여름	• 반려견은 땀을 배출할 수 있는 경로가 없으므로 주로 혀를 내밀어 호흡을 통해 열을 식힘 • 더운 날씨 탓에 털을 짧게 밀어주게 되면 뜨거운 직사광선에 피부가 직접 닿기 때문에 피부가 상하게 됨 • 산책 또한 햇빛이 강한 낮보다는 비교적 선선한 아침이나 저녁에 하는 것이 좋음 • 특히 여름철에는 반려견의 수분섭취에 신경을 써주어야 함 • 먹다 남긴 먹이는 상하기 쉽기 때문에 주의해야 함 • 장마철에는 특히 먹이 때문에 설사를 하는 강아지가 많기 때문에 평소보다 적은 양으로 횟수를 늘려 섭취하는 것이 좋음
가을	• 더위에서 벗어나 식욕이 되살아나는 계절로, 먹이를 자주 찾게 되는 계절 • 늦가을에는 겨울털이 돋아나는 털갈이 시기이므로 봄과 마찬가지로 매일 빗질을 해주어 털 관리를 해야 함
겨울	• 추운 겨울에는 강아지도 감기에 걸리는 계절 • 비교적 추위에 강한 동물이기는 하지만, 잘 때는 따뜻한 담요를 깔아주는 것이 감기를 예방하기에 좋은 방법 • 날씨가 추워져 전기담요, 난로와 같은 전자제품 사용이 잦게 되면 강아지의 감전이나 화상사고에 주의할 것

2 일반관리

(1) 영양 관리

① 반려동물에게 적절한 사료와 깨끗한 물을 제공
② 사료와 물을 주기 위한 설비와 휴식 공간을 청결하게 관리하여 분변과 오물을 제거

③ 8개월 이상 된 반려견은 1일 2~3회 정도 먹이를 급여하며, 성장함에 따라 점차 먹이를 늘려주는 것이 바람직함

④ 사료양이 많으면 변이 묽고, 사료양이 적으면 변이 딱딱해지므로 변 상태를 보고 먹이량을 조절

⑤ 자유급식을 하면 폭식을 하거나 먹는 시간이 일정하지 않아 장염, 위염이나 위궤양 같은 질병의 원인이 되는 경우도 있음

(2) 행동 관리

① 반려동물의 행동에 불편함이 없도록 털과 발톱을 적절하게 관리

② 목줄을 사용하여 동물을 사육하는 경우 목줄에 묶이거나 목이 조이는 등으로 인해 상해를 입지 않도록 주의

③ 실내에서 기르는 반려견의 경우는 용변은 반드시 일정한 장소에서 볼 수 있도록 처음부터 교육을 시키는 것이 중요

④ 반려견은 먹이를 주는 사람보다 함께 놀아주고 산책해주는 사람을 더 좋아하는 경향이 있으므로 함께 시간을 갖도록 해야 함
  • 장난감이나 공 등을 2m 정도의 줄에 묶어 반려견 앞에서 흔들어 줌
  • 그러면 움직이는 물체에 대해 추적본능이 발동하여 잡으려고 쫓아다님
  • 이런 활동이 반복되면 반려견에게는 장난감이 즐거운 놀이 대상으로 입력되어 장난감만 보면 가지려고 하는 소유욕이 발동하게 됨
  • 이러한 능력을 키워서 후에 본격적인 행동교정에 응용시켜 활용할 수 있음

(3) 털관리

① 젖은 수건을 이용하여 반려견의 몸에 묻은 먼지, 오염물질, 침, 분비물, 음식, 물을 먹은 후 입 주변, 치석, 눈곱, 귀지, 항문이나 생식기 주변의 분비물 등을 매일 닦아 몸을 청결하게 관리

② 빗질은 죽은 털을 제거하며 새로운 털이 잘 자라도록 도와주며, 털이 서로 엉기지 않고 가지런히 자라게 해 줌

③ 반려견을 빗질하기 편리하도록 테이블에 올려놓고 반려견이 가장 덜 민감해하는 등의 털부터 머리, 엉덩이, 배 밑, 겨드랑이, 다리, 꼬리 순으로 털이 난 방향으로 피부에 손상이 가지 않게 빗질

④ 처음에는 간격이 넓은 빗으로 시작해, 그 다음 중간빗, 좁은 빗 순으로 바꾸어가며 빗질

⑤ 손질할 때 반려견의 건강상의 이상 유무를 점검하며 반려인과 반려견과의 상호작용을 위해서는 정다운 음성으로 반려견과 대화를 해주는 것이 바람직

⑥ 매일 반려견의 털을 손질해줘야 하며 반려견과의 스킨쉽을 통해 반려견과 반려인의 친밀감을 높여줌

(4) 목욕 관리

① 빗을 이용하여 1차 빗질 후 귀를 탈지면으로 틀어막은 다음, 반려견을 욕조 안에 조심스럽게 내려놓음
② 반려견의 목과 머리 부분을 잡은 후 몸통에 미지근하거나 따뜻한 물을 충분히 뿌려줌
③ 반려견 전용의 자극성 없는 샴푸를 사용하여, 머리를 제외하고 몸 전체를 문질러 줌
④ 이때 반려견이 미끄러지거나 뛰쳐나가지 못하도록 잘 잡아야 함
⑤ 거품이 잘 나도록 몸의 구석구석을 잘 문질러 줌
⑥ 털의 방향과 반대쪽으로 피부를 문질러 줌
⑦ 넓은 수건으로 닦아주며, 귀에 끼웠던 탈지면을 빼고 귓속을 닦아줌
⑧ 헤어 드라이기를 이용하여 털을 건조
⑨ 환절기와 추운 겨울에는 충분히 건조
⑩ 반려견이 컨디션이 좋지 않거나 백신접종한 날에는 목욕을 하지 않는 것이 좋음

(5) 환경 조절

① 실내공간의 온도와 공기 질을 유지
② 반려동물은 실내에서 묶여서 오랫동안 혼자 두지 않도록 해야 함

(6) 법규 준수

① 반려동물 보호법을 준수하여 건전한 반려동물 양육 환경을 조성
② 동물보호법 '제9조(적정한 사육·관리)' 항목 준수
 • 동물에게 적합한 사료와 물을 공급하고, 운동·휴식 및 수면이 보장되도록 노력하여야 한다.
 • 동물이 질병에 걸리거나 부상당한 경우에는 신속하게 치료하거나 그 밖에 필요한 조치를 하도록 노력하여야 한다.
 • 동물을 관리하거나 다른 장소로 옮긴 경우에는 그 동물이 새로운 환경에 적응하는 데에 필요한 조치를 하도록 노력하여야 한다.
 • 재난 시 동물이 안전하게 대피할 수 있도록 노력하여야 한다.

3 입양 전 준비

① 생후 3개월 이상 된 경계심이 많은 자견은 입양 후 새로운 환경에 적응하는 데 1~2주 정도의 시간을 필요로 하는 경우가 있음

② 반려동물에 대한 정보를 숙지하며 함께 동거할 가족들에게 충분한 동의와 협조를 얻어야 함

③ 어린 자녀가 있는 경우 반려견이 귀여워 자주 끌어안고 놀면 자견이 충분한 수면을 취할 수 없어서 성장에 어려움이 있을 수 있음

④ 반려견이 실내를 활보하기 때문에 사고의 위험성이 있는 화분이나 각종 물건들을 사전에 치워야 함

⑤ 실외견의 경우 화분, 정원수 등이 상하지 않도록 사전에 예방조치

⑥ 반려견이 기거할 방석이나 반려견의 집을 준비하고 식기와 물그릇, 공이나 장난감, 껌이나 간식류 등을 준비

⑦ **분양 전에 먹이던 사료나 전용사료를 준비**: 아무 먹이나 주지 않으며, 잘 먹는다고 많이 주지 말고 평소 먹던 사료 양의 절반 정도가 적당

⑧ 목욕 용품(전용샴푸, 린스, 브러시, 타월, 귀 세정제, 드라이기 등), 가위 및 발톱깎기 등, 양치 용품(칫솔, 치약)을 준비

⑨ 실내견의 경우 배변 장소를 정하여 일정한 곳에서 배변할 수 있도록 입양 초기에 정하여 줌

CHAPTER
05 운동 및 행동관리

1 반려견의 연령별 행동 특징

(1) 신생아기

① 출생 후~14일

② 미각과 촉각만 보유: 미각과 촉각을 이용하여 모유를 먹음

③ 체온조절이 매우 중요: 동절기 출산 직후 사망률 높음

④ 어미견이 대소변을 처리해줌: 모견이 혀를 이용하여 대소변을 처리하여 먹음

⑤ 생후 5일 이내에 사망률 높음: 모견 출산 후 처리 및 포유미숙, 선천적 허약, 조산, 동사 등

(2) 변화기

① 생후 15~20일, 생후 3주

② 눈을 뜸: 생후 15일, 처음에는 시각이 약시, 열등으로 보온 시에 시각에 좋지 않음

③ 귀가 열림: 생후 20일, 소리에 반응을 보임

④ 대소변을 본인의 의지로 봄: 자견 스스로 구석진 곳에서 대소변을 봄

(3) 사회화기

• 생후 21~45일

• 사회성이 발달하는 시기

• 손길에 긍정적으로 반응하도록 해야 함

1) 생후 21~25일

① 네 발로 기어 다님

② 사람과 친숙해지려고 하는 시기로 떨어져 놀기 시작(반경이 좁음)

③ 어미 먹이에 탐을 내는 시기

④ 이유식하는 시기

2) 생후 30일

유치 중 앞니가 발달하기 시작

3) 생후 36~45일

① 모견과 격리하기에 최적기
② 자견용 사료를 건사료 형태로 모견과 분리하여 먹임
③ 자견들 사이에 서열싸움 시작
④ 반려견별 식기에 1일 3~4회 급여함

(4) 아동기

① 생후 46~80일
② 호기심이 많아지고 물체에 대한 관심이 생겨 행동반경이 넓어짐
③ 예방접종 시작시기
④ 복종훈련, 배변훈련 시작 가능
⑤ 유치 발달로 모견이 젖 주기를 거부
⑥ **감정표시 시작**: 두뇌와 감각기능이 발달하기 시작

(5) 유년기

① 생후 10주~6개월
② 3~4개월경에는 경계심이 심하여 반려인과 낯선 이를 구별하고, 낯선 이에게 쉽게 정을 주지 않음(진돗개, 삽살개 분양 시 고려사항)
③ 습성이 반복과 경험으로 굳혀지는 단계이기에 칭찬과 교정을 분명히 해야 함
④ 사람의 반응에 대하여 민감하게 반응하는 시기, 성품이 고정되어지는 시기
⑤ 호기심이 왕성하고 성장이 완성되어지는 시기

(6) 청소년기

① 생후 7~15개월
② 지적 호기심이 많고 환경 적응능력이 좋아 본격적인 행동교정에 최적기(생후 7~8개월경)
③ 사춘기로 성에 대한 관심이 많고 생식기능이 성립됨(생후 6~10개월경)
④ 암캐 생후 9~10개월경 첫 발정

(7) 성년기

① 생후 16개월 이후
② 가장 혈기왕성한 시기는 생후 2년부터 6년 사이임
③ 견종에 따라 차이가 있지만, 대형 견종의 경우는 중년의 연령은 7~8년으로 의욕과 운동력이 저하됨

(8) 노년기

① 생후 10년 이후
② 노령견은 각종 질환에 노출되며, 특히 비만과 치아질환, 백내장, 관절이상, 치매 등이 흔함
③ 마스티프 계열의 비만형 대형견종은 생후 8~9년부터 노령화되며 10년 이내에 사망하는 경우가 많음
④ 소형견일수록 수명이 길고 15~16세가 되면 노령견이 되며, 20년까지 장수하는 반려견도 있음

2 일반적인 강아지의 신체 언어

(1) 기쁨

① 꼬리를 수평으로 크게 흔듦
② 아주 기쁜 경우 춤을 추듯 엉덩이를 흔들기도 함

(2) 경계

① 꼬리를 수직으로 세우고 짧고 강하게 흔듦
② 수직으로 꼬리를 흔드는 것은 상대를 경계하는 표시
  • 꼬리를 흔든다고 무조건 호의적으로 해석하지 않도록 주의할 것
  • 꼬리가 짧은 개들은 호의의 표시인지 경계의 표시인지 구분이 잘 되지 않으므로 주의
③ 입을 다물고 있는 상태: 주변 사물에 공격을 가하거나 쫓아갈 수 있으므로 다른 곳으로 시선을 돌리도록 유도

(3) 공격

① 코에 주름이 생기면서 이빨을 드러내고 으르렁거림
② 등을 세우고 다리를 쭉 펴서 상대보다 커 보이려고 함

(4) 호의, 복종

① 귀를 뒤로 붙이면서 꼬리를 내림
② 앞발을 앞으로 내밀어 표시: 사람에게 호의와 복종을 동시에 표현하는 행동

(5) 항복

① 배를 보이면서 눕는 행동
② 자신의 약점을 상대방에게 보여주는 것이므로 항복의 표시

(6) 인사

① 개가 손이나 입 주변을 핥는 것은 인사의 의미
② 상대방의 입 주변을 핥는 것은 상대를 무척 좋아한다는 표시
③ 개들끼리 인사할 때는 상대의 생식기 냄새를 맡기도 함

(7) 두려움

① 입술이 뒤로 당겨지고 동공이 풀림
② 발바닥에서 땀을 심하게 흘리기도 함
③ 심하게 스트레스를 받거나 주변의 소리 등으로 인해 공포심을 느끼는 경우에도 이런 상태가 될 수 있음

3 운동

(1) 운동의 필요성

① 육체적·정신적으로 건강하게 성장시키는 것 중의 하나가 반려견을 규칙적으로 꾸준하게 운동, 산책시키는 것
② 산책하지 않고 집안에서만 성장한 반려견은 사회성이 떨어져서 낯선 환경을 접하면 심하게 경계하거나 두려워하게 됨
③ 매일 산책할 수 있다면 반려인과 반려견 모두 건강하게 지낼 수 있음
④ 실내에서 생활하는 중대형의 견종은 반드시 운동을 충분히 시켜야 뼈대가 바르게 성장하고 근육도 발달
⑤ 실내의 미끄러운 바닥에서 성장하는 반려견의 경우 미끄러지지 않으려고 비정상적인 보행을 하며, 장시간 이러한 환경에서 성장하게 되면 뒷다리를 꼿꼿이 세워서 걷게 되기도 함

⑥ 산책이나 운동을 한 후엔 먼지 같은 이물질이 반려견 몸에 묻게 되며, 심한 운동을 한 후에는 침을 많이 흘리게 되므로 젖은 수건을 이용하여 침과 먼지 등을 깨끗하게 닦은 후 브러시를 이용하여 브러싱

(2) 운동의 방법

자연운동	• 넓은 공간에 자유롭게 풀어 놓아서 운동시키는 방법 • 한 마리의 반려견만 있는 경우는 운동 효과가 떨어지는데 대부분 조금 놀다가 한쪽 구석에서 쉬는 경우가 많기 때문 • 상호경쟁 할 수 있는 두 마리 이상의 반려견을 풀어 놓으면 함께 어울리며 뛰어 다니기 때문에 보다 효과적
사람과 반려견 함께 뛰는 Canicross 방법	반려견이 반려인의 좌측에 서서 반려인과 보조를 맞추며 뛰게 되면 반려견에게 크게 무리가 가지 않으며, 규칙적으로 운동량을 늘릴 수 있으므로 효과적
자전거운동	• 많은 양의 운동이 필요할 때 일반적으로 자전거 운동이 효과적 • 자전거의 좌측에 반려견을 세워서 자전거와 보조를 맞추어 뛰게 함 • 처음부터 장거리를 달리게 되면 발바닥이 닳고 뒷다리 인대가 늘어나거나 골절되는 경우도 있음 • 호흡곤란의 위험성도 있으므로 운동량은 반드시 차츰 늘려가야 함
러닝머신	• 최근에는 러닝머신을 이용하여 운동시키는 경우가 있음 • 러닝머신 운동도 낮은 속도에서 차츰 높여가야 하며, 거리도 차츰 늘려가야 함 • 러닝머신에서 운동시킬 때는 반드시 옆에서 지켜보며 반려견의 상태를 점검해야 함
수영	• 연못이나 풀장에서 수영을 하면 관절에 무리가 가지 않으며 효과적으로 운동시킬 수 있음 • 반려견들은 본능적으로 수영을 잘 하지만 가끔 수영을 잘 못하는 경우가 있는데, 이때에는 반려견을 보조하여 배를 받쳐주면 도움이 됨

4 행동교정

(1) 필요성

① 보호자가 개를 훈련시키는 것은 반려동물과 더 긴밀한 유대를 형성하는 좋은 방법
② 유대감을 강화하는 가장 기본이 되는 방법은 함께 달리거나 걷는 것
③ 의사소통 및 보호자의 리더십을 연마할 수 있음
④ 사회성을 향상시킬 수 있음

(2) 목줄 행동교정

① 차량의 증가로 인하여 해마다 교통사고가 매년 증가하는 추세
② 반려견을 자유롭게 풀어서 산책한다는 것은 들이나 산이 아니면 거의 불가능
③ 반려견을 두려워하는 사람들에게도 피해를 줌
④ 입양 초기부터 목줄 행동교정을 시켜야 함
⑤ 목줄 행동교정은 반려견으로 하여금 목줄에 대한 거부감을 느끼지 않도록 처음에는 목줄만 채우고 적응
⑥ 1~2일 후에 목줄에 리드줄을 채워서 자유롭게 끌고 다니도록 함
⑦ 반려견이 줄에 대한 불쾌한 반응을 보이면 줄을 놓아주고, 일정 시간이 지난 후에 다시 반복하여 줄에 대해 적응을 시켜나감

(3) 행동교정 시 유의점

① **긍정강화:** 칭찬, 간식과 장난감으로 보상
② 처벌이나 폭력을 사용하지 않을 것
③ 훈련 과정 전반에 걸쳐 인내심을 갖고 일관성을 유지
④ 보호자 이외에 다른 가족 구성원의 일관성과 협동이 동시에 필요
⑤ 반려동물의 신체 언어를 이해하는 것이 중요
⑥ **반려동물에 따른 개별적인 성향을 파악하는 것이 중요:** 모든 동물이 다 친절하고 사교적이지는 않음

반려견개론 및 견종 표준

1 개의 진화와 역사

(1) 개의 진화

① 개의 조상은 회색늑대

② 개의 진화 경로나 가축화의 과정에 대해서는 여러 이견이 있으나 확실치 않음

- 약 1만 5천 년 전 이후 또는 1만 4천 년~1만 2천 년 전으로 추정
- 최소한 9천 년 전에는 가축으로 기르고 있었던 것으로 추정
- 가장 오래된 기록: 이라크 팔레가우라 동굴(뼈 발견)
- B.C. 9500년경: 페르시아 베르트 동굴(여성의 미이라와 함께 발견된 강아지 유골)

③ 다른 생물종들의 경우 일반적으로 종 분화 이후에는 번식력이 있는 잡종이 생산되지 않으나 개과의 늑대, 코요테, 자칼, 개는 서로 자유롭게 교잡할 수 있음

④ 개들의 잡종 역시 번식력을 유지하여, 개과의 동물들이 유전적으로 매우 가까운 관계임을 의미

(2) 개의 분류

① 동물계(Kingdom) – 척삭동물문(Division) – 포유강(Class) – 식육목(Order) – 개과(Family) – 개속(Genus) – 늑대종(Species)(아종 – 개종)

② 날카로운 송곳니(canine)를 가지고 있고, 발가락(digitigrade)으로 걷거나 달리는 방식을 위해 만들어진 골격을 특징으로 하는 포유동물

2 개의 인식변화

> (과거) 짐승(외부환경) → 가축 → 애완동물 → 반려동물 (현재)

(1) 야생시대의 개

① 무리를 지어 사냥하고, 포획물을 잡아 고기나 내장을 먹는 육식습성을 지님

② 약 2만 년 전부터 인간에 의해 순화되고 밀접한 생활을 하면서 인간이 먹고 남긴 음식물 찌꺼기를 주게 되면서 현재는 잡식성으로 변함

③ 개의 이는 육식동물의 특징을 그대로 나타내고 있으며 장의 형태, 길이, 기능도 늑대와 거의 비슷함

④ 다음 포획물이 손에 들어올 때까지 견딜 수 있을 만큼 큰 위(전체 소화관 60%)를 가진 것으로 야생시대의 흔적을 알 수 있음

(2) 애완동물

① 가축의 개념 → 서로 감정을 교류하는 단계로 진입

② 특별한 역할을 하지는 않고, 인간의 징서적 부분을 달래고 채워주면 인간이 사랑을 쏟는 정도의 단계

③ 애완동물(愛玩動物, 영어 pet)의 의미는 '인간이 주로 가까이 두고 귀여워하거나 즐거움을 위해 사육하는 동물'을 의미

④ 초기에는 과시욕의 목적 또한 있었음
- 과시욕은 인간의 복잡하고 수많은 감정 중 하나인 개인적인 정서
- 예쁘고 혈통 있는 개를 기를 수 있다는 경제적 여유를 과시
- 초기에 애완동물을 기르는 사람들은 유럽의 왕가 또는 귀족, 부유한 가문의 순서로 기르기 시작

(3) 반려동물

1) 용어의 시작

① 1983년에 오스트리아 빈에서 열린 '인간과 애완동물의 관계'라는 국제 심포지움에서 '반려동물'이라는 단어가 처음 나옴

② 오스트리아의 동물학자, 동물심리학자인 콘라트 로렌츠(Konrad Zacharias Lorenz)가 이전까진 애완동물이었던 개, 고양이, 새, 말 등의 가치를 재인식해서 companion animal(반려동물)이라 부르자는 주장을 함

③ 단순히 인간의 즐거움을 위해 키우는 것을 넘어 '가족 같은 동반자의 관계'를 의미

2) 현대사회에서 반려동물의 의미

① 복잡한 사회에서 인간에 지친 이들이 동물에게 위로를 받거나 외롭지 않기 위해 반려를 목적으로 키우는 경우가 많아짐

② 동물을 소유물이 아니라 생명체, 나아가 친구 또는 가족으로까지 여기는 경향이 짙어지고 있음

③ 개를 독립적인 주체로 여기고 개의 개성과 습관 등을 파악하며 소통하려는 흐름이 강화되고 있음

④ 가족의 일원으로서 개를 받아들이기 위해 행동교정 영역의 중요성이 특히 강조되고 있음

⑤ 개가 가족의 중요한 구성원으로 인식되면서 관련 상품 역시 광범위한 시장이 형성됨

3 개의 분류

국제 애견 연맹(FCI)   아메리칸 켄넬 클럽(AKC)

▲ 국제 애견 연맹과 아메리칸 켄넬 클럽

(1) 국제 애견 연맹(Federation Cynologique Internationale, FCI) 분류

각 견종의 탄생, 목적, 지역, 역할, 행동, 특성, 기질 등을 분류하여 총 10개의 그룹으로 분류했으며, 도그쇼를 개최할 때 심사 기준이 되기도 함

1그룹 (쉽독&캐틀독 – 스위스 캐틀독 제외)	• 쉽(Sheep, 양), 캐틀(Cattle, 소)이라는 단어에서 견종을 유추 • 가축을 돌보기 위해 개량하고 훈련한 목양견, 목축견 • 매우 활동적인 성향으로 충분한 운동과 훈련이 필요 • 보더콜리, 저먼셰퍼드, 웰시코기 펨브로크 등이 해당
2그룹 (핀셔&슈나우저 – 몰로세르 견종, 스위스마운틴독&캐틀독)	• 튼튼한 골격을 지녀 경호견, 경비견, 구조견 등으로 적합 • 도둑이나 범인을 쫓는 로트와일러나 도베르만, 목에 물통을 차고 구조하는 세인트버나드도 포함 • 자이언트슈나우저, 복서, 불독 등
3그룹 (테리어)	• 테리어라 불리는 수렵견 그룹 • 땅굴, 바위굴 등에 사는 여우나 설치류를 사냥하던 견종으로 에너지가 넘침 • 작고 귀여운 요크셔테리어부터 곱슬곱슬한 털과 구부러진 털이 특징인 베들링턴테리어, 뾰족한 귀가 매력적인 불테리어가 대표적
4그룹 (닥스훈트)	• 땅굴 사냥에 적합한 체형을 지닌 닥스훈트만 포함 • 허리가 길고 다리가 짧음 • 스탠다드 닥스훈트, 미니어처 닥스훈트 등 닥스훈트가 포함

5그룹 (스피츠&프리미티브 타입)	• 워킹(Working) 그룹 • 사람의 일을 돕고 집, 가족, 동물을 지키며 짐 운반도 도움 • 썰매견, 조력견, 감시견으로 일상에서도 볼 수 있음 • 알래스칸맬러뮤트, 사모예드, 시베리안허스키, 챠우챠우, 시바이누, 진돗 개가 해당
6그룹 (센트하운드&관련 견종)	• 수렵견 그룹 • 후각(Scent)을 발휘해 먹이나 사냥감을 추적 • 비글은 사냥견으로 운동량이 많지만 귀여운 외모 탓에 주로 집 안에서 키 우지만, 에너지가 왕성하여 실내에서 사육하는 경우 스트레스를 표출 • 달마시안, 셋하운드, 하노베리언하운드 포함
7그룹 (포인팅 독)	• 후각, 청각, 시각이 뛰어남 • 포인터(Pointer)나 세터(Setter) 타입 • 포인터(Pointer): 사냥감 위치를 콕 찍어 알리는 역할에서 유래한 이름 • 세터(Setter): 사냥감을 발견하면 엎드려서(Set) 위치를 알리는 데서 유래 한 이름 • 올드데니쉬포인터, 퐁오드메스패니얼, 잉글리시포인터 등이 포함
8그룹 (리트리버, 플러싱 독, 워터 독)	• 포획물을 찾거나 떨어진 포획물을 줍는 등 명령에 순종하는 리트리버 • 새를 몰아 포획물을 가져오는 플러싱독, 물속에 떨어진 사냥감을 회수하는 워터독 등 • 골든리트리버, 래브라도리트리버, 잉글리쉬코커스패니얼, 스페니쉬워터독 포함
9그룹 (반려견 및 토이독)	• 가장 흔하게 볼 수 있는 그룹 • 실내에서 키우기 적합한 가정견을 말함 • 말티즈, 치와와, 비숑프리제, 시추, 페키니즈, 보스턴테리어, 퍼그 등 사교 성이 좋은 견종
10그룹 (사이트 하운드)	• 긴 다리와 날렵한 몸을 이용해 빠른 속도로 사냥감을 쫓는 하운드 그룹 • 시력이 뛰어나 멀리서도 사냥감을 발견 • 운동량이 매우 많음 • 그레이하운드, 아프간하운드, 보르조이, 살루키 등이 해당

(2) 아메리칸 켄넬 클럽(AKC) 분류

Sporting Group (조렵견 그룹)	• 사냥을 도와주는 '조렵견'을 포함 • 이 그룹의 견종은 추적, 몰이, 회수 등 사냥 전반적인 과정에 도움 • 사람을 따르며 책임감이 강해 사람과 훌륭한 팀을 이룸 • 반려견으로도 인기가 좋음 • 골든리트리버, 래브라도리트리버, 잉글리시코카스파니엘, 아이리시세터 등이 해당
Hound Group (하운드 그룹)	• 체형이 날렵해 사냥에 적합 • 하운드 그룹은 눈으로 보고 사냥감을 추적하는 '시각형', 냄새로 사냥감을 추적하는 '후각형', 소리를 함께 듣고 추적하는 '종합형'으로 나뉨 • 아프간하운드, 그레이하운드, 블러드하운드와 닥스훈트, 비글 등이 해당
워킹 그룹 (Working Group)	• 사람의 일을 돕기 위해 사육되어 '특수목적견'으로 불림 • 주로 힘든 일을 하기 때문에 힘이 세고 몸집이 크며, 주인에게 충실한 성격 • 운반견, 구조견, 경비견, 썰매견 등으로 활약 • 시베리아허스키, 말라뮤트, 그레이트데인, 도베르만핀셔, 세인트버나드, 그레이트 피레니즈 등이 해당
테리어 그룹 (Terrier Group)	• 'Terra(땅을 파다)'라는 뜻의 라틴어에서 유래 • 설치류, 토끼와 같은 소동물을 사냥하거나, 땅굴을 파고 들어가 사냥을 했던 견종 • 크기가 작고 꼬리가 짧으며 머리가 가늘고 긴 모양 • 매우 활동적이고 재빠르며 에너지가 넘침 • 노퍽테리어, 폭스테리어, 불테리어 등 그룹의 대부분은 영국이 원산지 • 미니어처슈나우저는 독일이 원산지
Toy Group (토이 그룹)	• 작은 체구와 귀여운 외모가 돋보이는 실내견을 포함 • 사교적인 성격으로 사람을 잘 따르며 사람의 감정을 잘 이해할 만큼 감수성이 풍부 • 몰티즈, 시추, 요크셔테리어, 치와와, 파피용, 퍼그, 포메라니안 등이 해당
Non-Sporting Group (비조렵견 그룹)	• 사냥을 하지 않는 개를 말하며 크기와 성격이 다양한 견종이 해당 • 대부분 느긋하고 놀이를 좋아하는 습성을 가졌으며 반려견으로도 인기가 좋음 • 비숑프리제, 라사압소, 프렌치불독, 스탠다드푸들, 샤페이, 차우차우, 달마시안 등이 해당
Herding Group (목양견 그룹)	• '목축(Herding)'이라는 뜻의 이름처럼 양과 같은 가축이 무리에서 이탈하지 않도록 이동을 돕고 맹수로부터 가축을 지키는 견종 • 드넓은 평원에서 다른 가축과 함께 지내고 보호자의 신호에 따라 움직이는 만큼 지능이 뛰어나고 사람과 호흡도 잘 맞음 • 저먼세퍼트, 셔틀랜드쉽독, 보더콜리, 웰시코기 등이 해당

P A R T
02 반려동물 관리학 예상문제

01 사람의 일을 돕기 위해 사육되어 '특수목적견'으로 불리는 워킹 그룹(Working Group)에 속하지 <u>않는</u> 견종은?

① 시베리아허스키
② 말라뮤트
③ 그레이트데인
④ 닥스훈트

해설 Hound Group(하운드 그룹)
- 체형이 날렵해 사냥에 적합하다.
- 하운드 그룹은 눈으로 보고 사냥감을 추적하는 '시각형', 냄새로 사냥감을 추적하는 '후각형', 소리를 함께 듣고 추적하는 '종합형'으로 나뉜다.
- 아프간하운드, 그레이하운드, 블러드하운드와 닥스훈트, 비글 등이 해당한다.

02 국제 애견 연맹(Federation Cynologique Internationale, FCI)의 분류 기준에 따라 반려견 및 토이독에 포함되는 견종은?

① 테리어
② 닥스훈트
③ 비숑프리제
④ 달마시안

해설 반려견 및 토이독
- 가장 흔하게 볼 수 있는 그룹으로 실내에서 키우기 적합한 가정견을 말한다.
- 말티즈, 치와와, 비숑프리제, 시추, 페키니즈, 보스턴테리어, 퍼그 등 사교성이 좋은 견종이 포함된다.

ANSWER 01 ④ 02 ③

03 다음 〈보기〉에서 설명하는 외부기생충으로 가장 적합한 것은?

─────────────〈 보기 〉─────────────

- 극심한 소양감으로 피가 나거나 딱지가 생기기도 하는 임상증세를 보인다.
- 귀 끝을 비볐을 때 뒷다리를 달달 떨며 긁으려는 행동을 특징적으로 보이는 외부기생충이다.

① Sarcoptic Mange Mites　　　　② Otodectes cynotis
③ Microsporum canis　　　　　④ Demodex canis

(해설) **옴진드기, 옴(Scabies) 감염증**
　　　Sarcoptic Mange Mites(Acariasis, Sarcoptes Scabiei) 감염에 의하여 극심한 소양감으로 피가 나거나 딱지가 생기기도 한다. 감염된 부위에 탈모와 과각화증(피부가 두꺼워짐)이 발생하며, 심하게 귀, 가슴, 배 부위를 긁는 외부기생충성 감염증이다.

04 다음 중 곰팡이(진균)로 분류되는 피부사상균은?

① Microsporum canis　　　　　② Otodectes cynotis
③ Dirofilaria Immitis　　　　　④ Demodex canis

(해설) 개소포자균(Microsporum canis), 석고상소포자균(Microsporum gypseum), 트리코파이톤 멘타그로피테스(Trichophyton mentagrophytes)이 곰팡이(진균)에 해당된다.

05 반려견 양육 관리 방법 중 여름철 관리로 가장 적절하지 <u>않은</u> 것은?

① 반려견은 땀을 배출할 수 있는 경로가 없으므로 주로 혀를 내밀어 호흡을 통해 열을 식히기 때문에, 특히 수분섭취에 신경을 써주어야 한다.
② 먹다 남긴 먹이는 상하기 쉽기 때문에 주의해야 한다.
③ 털을 짧게 밀어주게 되면 뜨거운 직사광선에 피부가 직접 닿기 때문에 피부가 상하게 된다.
④ 털갈이 시기이므로 매일 빗질을 해주어 털 관리를 해야 한다.

(해설) **가을**
　　　더위에서 벗어나 식욕이 되살아나는 계절로, 먹이를 자주 찾게 되는 계절이다. 늦가을에는 겨울털이 돋아나는 털갈이 시기이므로 봄과 마찬가지로 매일 빗질을 해주어 털 관리를 해야 한다.

PART 03

반려동물 훈련학

CHAPTER

01 반려견 훈련개념 및 훈련의 영향요인

1 반려견 훈련개념

(1) 반려견 훈련의 의미

① 인간과 상호작용으로 공생할 수 있는 관계 형성
② 인간과 반려견의 행복을 지속시켜주는 힘
③ 안정적이고 정제된 행동능력을 통해 반려견의 가치 상승
④ 인간의 요구를 수행할 수 있는 행동 습득
⑤ 반려견의 개체별 특성을 파악할 수 있는 기회
⑥ 반려견의 내재된 능력을 표출할 수 있는 기회 제공
⑦ 인간사회의 질서를 내재화할 수 있는 기회

(2) 반려견 훈련의 발달

1) 시초

① 인간과 반려견의 공존에서 시작
② 반려견의 가축화 과정에서 단순한 훈련 수행
③ 인간의 정착생활로 훈련 방법의 점진적 발달
④ 훈련기술의 축적으로 목축, 전쟁 등에 활용
⑤ 1·2차 세계대전에서 군견의 활용을 통한 특수목적견 확대
⑥ 과학적인 접근과 활용 목적의 다각화로 급격히 진전
⑦ 반려견 스포츠 및 사회화 교육으로 발달

2) 한국의 반려견 훈련

① 한국전쟁에 미군의 군견운용에서 시작
② 1980년대 초반 「애견의 훈육과 훈련」 책자 번역 소개
③ 1980년대 중반 공공기관 탐지견 도입
④ 2000년대 대학 반려견 학과 개설로 훈련이론과 방법 교육

3) 외국의 반려견 훈련

① 학자들의 연구

- 파블로프(Ivan petrovich pavlov)의 '고전적 조건화'로 동물훈련의 기반 형성
- 손다이크(Edward Lee Thorndike)의 '효과의 법칙'을 통해 동물훈련의 실제적 활용 근거 마련
- 왓슨(John Broadus Watson)의 '일반화와 역조건화'에 대한 연구는 행동주의 학습이론의 본격적 활용
- 스키너(Burrhus Frederick Skinner)의 '조작적 조건화'는 현대 반려견 훈련의 활성화 역할을 함

② 행동지도사의 훈련

- 1700년대에 포인터, 세터, 하운드 등의 사냥개 훈련
- 1910년 Colonel Conrad Most의 개 훈련 최초 책자 「The Training Dog」 발간
- 1933년 Helen White house Walker는 미국 최초 복종훈련 대회 개최
- Rudd Weatherwax는 TV 드라마에 래시를 출연시켜 인간과 반려견의 상호관계에 훈련의 중요성 강조
- William Koehler는 초크체인(Choke chain)을 이용한 훈련방법 개발
- Blanche Saunders는 음식을 사용하는 훈련 방법 소개
- W. Strickland는 칭찬을 사용한 훈련 방법 주창
- John Paul Scott는 반려견의 행동에 대한 연구를 통해 개의 사회화 개념 보급
- William Campbell은 반려견의 문제행동에 대한 해결책 제시
- Ian Dunbar는 강화를 적용한 조작적 조건화 확산
- Karen Pryor는 클리커를 이용한 조작적 조건화 훈련 방법 보급

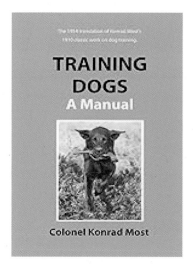

▲ 훈련방법을 소개한 최초의 책

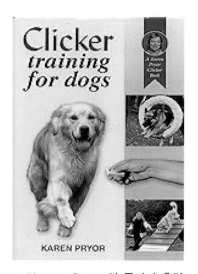

▲ Karen Pryor의 클리커 훈련

(3) 반려견 행동지도사의 역할

① 반려견의 개별적인 특성과 행동 패턴 파악
② 반려견 개체별 특성에 적합한 훈련계획 수립 및 평가
③ 반려견에게 새로운 행동 지도
④ 반려견의 문제행동 완화 및 개선
⑤ 양육자 교육 및 상담

(4) 반려견 행동지도사의 직업윤리

전문가 자세	• 지속적인 연구 활동으로 훈련능력 개발 • 자신의 전공분야 범위 내에서 훈련과 행동교정 수행 • 자신에게 과중한 문제는 관련 전문가와 협조 • 훈련의 결과를 과장하지 않음 • 동료 및 다른 행동지도사 존중 • 공개적 의견은 진중하게 발언 • 전문가 간의 협업에 필요한 경우 훈련내용 제공 • 혐오적 자극을 최소화하고 우호적인 방법으로 훈련
정직	• 서비스 약정과 비용을 계약 전에 명확히 설명 • 서비스 내용은 오해의 소지가 없도록 정직하게 표현 • 고객과 반려견에 대한 서비스 내용을 정확하게 기록 유지 • 지도사의 훈련능력과 경험 범위에서 합리적 서비스 제공 • 지도사의 전공·역량·경험을 사실대로 표현 • 유효한 인증 및 로고 표현 • 표절·저작권 침해·상표 오용·비방 등 금지
고객존중 및 책임감	• 고객을 공평하게 대우 • 반려견 관련 법률을 숙지하고 준수 • 반려견 관리 및 지도에 대한 고객의 의사결정 존중 • 고객과 반려견에 관한 정보는 고객의 사전 동의 후 공개 • 반려견에 대한 녹음·녹화·제3자에 의한 관찰 시 고객 동의를 구함 • 고객과 반려견 그리고 타인의 안전대책 강구 후 행동지도

2 반려견 훈련의 영향요인

(1) 개요

① 반려견은 개체별로 능력에 차이가 존재
② 유전적 요인은 신체 전반에 큰 영향을 미침
③ 개체별 성격 특성에 따라 행동양식에 차이를 보임
④ 동기는 훈련 진행과 성취도에 영향을 미침
⑤ 훈련 준비시기는 성과에 영향을 미침

⑥ 훈련은 건강한 상태에서 실시해야 효과적
⑦ 새로운 문제나 상황에 대응하는 지능 중요
⑧ 안정된 정서 상태에서 훈련해야 효과적
⑨ 적절한 훈련환경은 학습과 행동에 긍정적인 영향을 줌
⑩ 지도사와 반려견의 우호적인 상호작용은 원활한 훈련 진행에 도움을 줌
⑪ 세밀하고 신중한 계획은 훈련목적 달성의 기본요건
⑫ 과학적인 훈련방법은 높은 성과 달성이 가능하게 함

(2) 생물학적 영향

1) 개과동물의 특성

① 신체적 특성을 고려하여 훈련 진행
② 견종에 따라 차이가 있으므로 견종별 특성 이해
③ 야생동물의 연대별 가축화

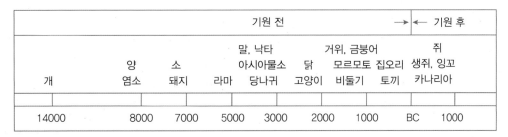

				기원 전					→	← 기원 후	
				말, 낙타			거위, 금붕어		쥐		
	양	소		아시아물소	닭		모르모토	집오리	생쥐, 잉꼬		
개	염소	돼지	라마	당나귀	고양이		비둘기	토끼	카나리아		
14000	8000	7000	5000	3000	2000		1000		BC	1000	

④ 동물분류학적 개과동물

개과(Canidae)

기타	카니스	걸페스	두시온
아프리카 야견(野犬)	회색늑대	붉은여우	칠라여우(chilla fox)
아크틱여우(Arctic fox)	붉은늑대	회색여우	소이(少耳)여우
박쥐여우	코요테	섬회색여우	팜파스여우
돌(Dbole)	금색자칼	여우	세튜라여우
갈기늑대(Maned wolf)	시맨자칼	신속여우	호아리여우
라쿤개(Racoon dog)	은색빛 자칼	페넥여우	
소이견(少耳犬: small eared dog)	측면대상자칼	인디언여우	
게 먹는 개(crab-eating dog)	딩고	브랜포드여우	
	반려견	갑여우(山甲)	
		코삭여우	
		티벳모래여우	
		페일여우(pale fox)	
		키트여우	
		루펠여우	

2) 유전적 영향

① 개체별 특성은 선대로부터 전달
② 유전력은 특정 형질이 부모견에서 후대로 전달되는 정도
③ 행동은 유전적 요인과 환경적 요인이 함께 작용하여 발현
④ 유전적 요인은 반려견의 행동에 지속적 영향을 줌

3) 성격 특성

① 성격은 행동을 결정하는 중요한 요소로, 유전적 영향과 환경 요인에 의해 형성
② 좋은 성격을 가진 반려견은 안정적이고 사교적이게 됨
③ 성격은 성장 과정에서 받은 사회적 관계에 영향을 받음
④ 성격은 신경성, 친화성, 외향성, 개방성, 우위성 등의 특질로 분류
⑤ 반려견의 성격을 파악하여 적절한 방법을 적용해야 효과
⑥ FFM(Five-Factor Model)의 특징

	FFM 요인	표현
N	신경성 vs 안정성	불안, 우울증, 감응력
A	친화성 vs 적대감	신뢰, 친근, 협동, 공격성
E	외향성 vs 내향성	사교, 고립, 활동성, 긍정적 정서
O	개방성 vs 폐쇄성	호기심, 놀이, 자신감, 훈련능력
C	우위성 vs 의존성	자신감, 영역확보, 사회적 우위

*John (1990) and Costa and McCrae (1992)

4) 동기수준

① 동기는 훈련에 필수적인 요소이며, 성취도에 큰 영향을 줌
② 음식과 같은 1차적 요소와 사회적 상호작용 등의 2차적 요소를 포함함
③ 동기는 행동을 유발하는 욕구, 흥미, 호기심 등과 관련이 있으며 종종 복합적으로 작용함
④ 동기는 내적 요인과 외적 요인으로 구분

내적 동기	자발적으로 참여하도록 하는 것
외적 동기	외부적인 강화에 의해 유발되는 것

⑤ 동기를 유발할 때는 반려견의 성격, 정서, 사회적 관계 등을 고려하여 효과적인 자극원을 파악하고 포화와 결핍을 이용하도록 함

▲ 욕구의 만족과 불만족에 따른 동기 발생 관계

5) 준비성

① 새로운 행동을 배울 수 있는 요건이 갖추어진 상태로, 그 수준에 따라 습득능력의 차이가 발생함
② 훈련시기가 적절하지 않으면 습득능력이 저하됨
③ 개별적 특성과 준비시기를 고려하여 적절한 접근법을 채택할 것

6) 건강상태

① 건강은 가장 중요한 고려사항이므로 훈련 시작 전에 건강상태를 확인하고, 훈련 중에도 유의함
② 신체 내·외부의 질병은 훈련에 부정적 영향을 줌
③ 외부적으로 나타나지 않는 내부 상태도 중요함
④ 감각기관에 이상이 있을 경우 실행어를 못 듣거나 냄새 감지가 어려움
⑤ 관절, 근육, 신경계통 질병은 행동에 불편을 줌
⑥ 노화는 신체기능 저하를 가져옴

7) 지능 및 훈련능력

① 지능: 새로운 문제 해결과 상황에 대응하는 능력
② 습득능력, 문제해결능력, 일반화능력이 주요 구성요소
③ 지능은 훈련에 있어서 중요한 역할을 함

8) 정서

① 정서는 훈련에 큰 영향을 줌
② 두려움은 훈련 진행이 어려우며, 불안정 상태에서는 훈련을 거부하거나 공격행동을 보임
③ 훈련은 정서적 안정 상태를 유지해야 효과적

(3) 환경적 영향

1) 개요

① 환경: 훈련을 진행하는 장소, 주변 소음 등 외부요인
② 적절한 훈련환경은 훈련효과 제고에 도움을 줌
③ 안정된 환경은 집중력 향상효과가 있음
④ 안전한 환경에서 적극적인 훈련 참여가 가능
⑤ 적절한 환경은 일반화에 유리함

2) 물리적 환경과 사회적 환경

물리적 환경	• 훈련장은 위생적이고 적당해야 효과적 • 훈련장은 훈련 목적과 반려견의 능력에 적합하게 구성 • 동일한 장소에서의 훈련은 특정 동작이나 과정을 숙달시키는 데 유용하지만, 일반화에 불리함 • 훈련장은 훈련 난이도에 따라 조절 • 훈련장의 온도와 습도는 훈련 성과에 영향 • 실외 훈련 시 기온을 반영하여 반려견의 활동 수준을 조절함 • 후각과 청각을 이용하는 훈련은 훈련장 냄새와 소음에 유의할 것
사회적 환경	• 지도사와 반려견의 관계가 좋으면 자발적이고 적극적으로 행동함 • 부정적인 경험이나 주종의 관계로서의 처우는 반려견의 자발성 저하 • 보조자와 반려견의 관계는 훈련 진행과 성과에 영향을 줌 • 다른 반려견과의 관계 또한 영향을 미침

3) 훈련계획

① 훈련목적을 달성하기 위해서 세밀하고 신중한 계획 필요
② 훈련내용과 진행 방식, 평가 항목 및 기준 등을 명확히 설정
③ 훈련계획은 시작부터 끝까지 일관성 유지
④ 훈련시간은 반려견의 능력을 고려하여 적절히 설정
⑤ 훈련계획은 수행능력을 평가하여 수정 보완
⑥ 반려견의 특성에 맞게 훈련계획 개별화

4) 훈련방법

① 반려견이 즐거움을 느끼고 자발적으로 행동할 수 있도록 동기 위주 방법 적용
② 강압적인 방법은 반려견의 동기를 손상시키고 행동 위축을 가져옴
③ 반려견의 개별적 특성을 반영할 것
④ 훈련방법은 과학적이어야 효과적

5) 훈련용품

① 훈련의 성취도를 높이기 위해 사용
② 훈련 목적과 반려견의 특성에 맞게 사용
③ 반려견과 지도사, 보조자의 안전을 고려하여 제작
④ 외형적인 모습보다 기능이 중요

6) 보조자

① 지도사의 훈련 진행을 도우며, 훈련과정에서 발생하는 문제를 발견·수정하는 역할
② 지도사와 협력하여 반려견의 행동을 관찰하고 훈련 진행상황 파악
③ 주체적인 의지로 훈련에 참여하여 훈련 과정에서의 문제를 신속하게 파악하고 해결

CHAPTER

02 반려견의 학습이론

1 개요

(1) 학습의 개념

① 학습은 정보를 습득하여 오랫동안 행동으로 표현할 수 있어야 함
② 데카르트는 '인간과 동물은 동일한 기계적인 원리에 따라 학습한다'고 주장
③ 다윈은 '인간과 타동물은 비슷하며 인간과 타동물 사이에는 연속성이 있다'고 주장
④ 행동주의 학습이론은 파블로프의 고전적 조건화와 스키너의 조작적 조건화가 중심

(2) 행동주의 학습이론

① 외부로 표현하는 현재의 행동을 과학적으로 접근
② 환경의 변화에 따라 행동을 조절하고 적응하는 과정을 강조
③ 동물체의 학습은 생존을 위한 적응방법의 일부로 여김

2 반려견 훈련의 특성 및 원칙

(1) 훈련의 특성

① 훈련 목적에 적합한 행동이 늘어나고, 부적절한 행동 감소
② 행동의 강도와 속도가 증가하고 정확도 향상
③ 훈련된 반려견은 자신감을 보유하게 됨
④ 훈련을 통해 얻은 행동뿐만 아니라 다른 행동을 변화시키는 기반능력으로 작용

(2) 훈련의 기본요건

개별화	• 개별화는 반려견의 개체적 차이를 인정하고 최적화된 훈련을 진행하는 방법 • 여러 반려견에 대해 동일한 방법을 적용하면 각각의 개체에게 부족하거나 과잉되는 부분 발생 • 반려견은 성격, 정서, 동기 등의 많은 부분에서 차이를 보임 • 개별화를 적용하기 위해서는 훈련을 시작하기 전에 각 개체의 상태를 파악하고, 그에 맞는 계획 수립

자발성	• 자발성은 반려견이 훈련에 스스로 참여하는 태도 • 훈련은 반려견의 자발적 참여가 필수적 • 자발성은 내적 변화를 이끌어내어 능력을 발휘하는 힘 • 자발성을 바탕으로 훈련할 때 지도사와 반려견 모두 즐거움을 느끼고 훈련 목표 달성 • 지도사의 직접적 통제를 벗어난 훈련에 필수적
친화성	• 친화성은 반려견이 상대와 관계를 형성하는 성격 • 친화성은 안정감에 영향을 미쳐 순조로운 훈련 가능 • 훈련은 적절한 수준의 친화성을 가지고 있어야 함
흥미	• 흥미는 어떤 것에 관심을 가지고 재미를 느끼는 것 • 반려견이 흥미를 가지고 호응할 때 좋은 성과가 기대됨 • 반려견이 흥미를 가지지 않으면 강압적인 훈련이 될 가능성 높음 • 흥미는 동기와 관련되어 있으며, 또한 자발성으로 연결
직접경험	• 반려견은 직접 경험해야 행동을 습득할 수 있음 • 실제적인 체험을 통해 습득한 것은 효과가 더욱 큼 • 기능 위주의 훈련은 직접경험이 필수

(3) 학습의 4단계

습득(Acquisition) 단계	• 새로운 행동을 배우는 첫 번째 과정 • 행동을 수행하는 방법 익힘
유창(Fluency) 단계	• 습득된 행동이 숙달되는 과정 • 이전에 배운 행동을 더욱 익숙하게 실행
일반화(Generalization) 단계	• 배운 행동을 다양한 환경과 상황에서 적용하는 과정 • 훈련된 행동이 일반적인 규칙으로 확장되어 다른 상황에 적용
유지(Maintenance) 단계	• 배운 행동을 지속적으로 유지하고 관리하는 과정 • 일정 기간 동안 유지

▲ 학습의 4단계

(4) 연습의 법칙

1) 행동 숙달과정

① 연습은 새로운 행동을 습득하여 기억하고 유지할 수 있도록 도움

② 행동을 균일하고 지속적으로 나타내려면 연습이 필요함

③ 연습은 목표와 과정을 관찰하고, 그 결과를 평가해야 효과적

④ 연습은 행동의 빈도, 정확도 증가 및 오류 감소, 속도의 증가로 평가

2) 연습 방법

전습법	• 훈련과제 전체를 한 번에 연습하는 방법 • 단순하거나 단위 과제들이 유사할 때 이용	
분습법	• 훈련 내용을 단위 과제로 나누어 연습하는 방법 • 순수 분습법과 반복 분습법으로 분류	
	순수 분습법	단위 과제들을 개별적으로 목표 수준까지 연습한 후에 전체를 동시에 연습하는 방법
	반복 분습법	단위 과제별로 숙달한 후 동시에 연습하는 방법으로, 대부분의 훈련에 효과적

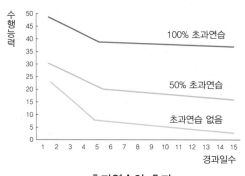

▲ 초과연습의 효과   ▲ 연습효과의 정체기

TIP

연습결과의 측정방법

행동량	일정한 시간 내에 수행할 수 있는 행동 횟수
속도	일정한 행동을 달성할 수 있는 시간
정확도	연습결과에 대한 정오비율에 있어서 착오수
성공률	연습결과의 목표에 대한 성공과 실패의 비율

(5) 기억과 망각

1) 기억

① 습득된 경험이나 정보를 저장하고 재생하는 과정
② 감각기억, 단기기억, 장기기억으로 구분

감각기억	• 감각기관에 수집된 정보가 순간적으로 머무는 상태 • 단기기억으로 전환됨
단기기억	• 정보가 30초 이내에 잠시 머무름 • 파지 기간과 용량이 적음
장기기억	• 단기기억을 거쳐 오랫동안 저장된 상태 • 훈련된 내용을 비영구적으로 기억함

TIP

기억 단계

기명	새로운 정보를 머릿속에 새기는 단계
파지	기명된 내용을 일정기간 보존하는 단계
재생	파지된 내용의 흔적을 촉구하여 되살리는 단계
유지	훈련한 내용을 효과적으로 보관하는 단계

2) 망각

① 기억된 내용을 잊어버리는 현상

② 저장된 정보는 시간이 지남에 따라 점차적으로 소멸됨

③ 에빙하우스(Herman Ebbinghaus)는 시간의 경과에 따른 기억력을 연구하여 '1시간 후에는 절반 이상을 잊고, 1일이 지나면 약 3 / 4이 망각된다'는 결과 발표

④ 피터슨은 '단기기억은 대부분의 정보가 18초 이내에 사라진다'는 결과 발표

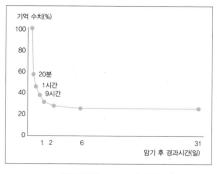

▲ 에빙하우스의 망각곡선

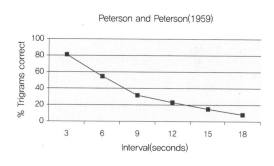

▲ 피터슨의 단기기억 망각곡선

TIP

망각 현상

불사용설	정보는 연습이나 재생하지 않으면 시간이 지남에 따라 사라짐
간섭설	정보를 재생하려 할 때 전학습과 후학습이 서로 방해하여 기억하지 못함

(6) 전이 현상

① 이전에 학습한 정보가 다른 훈련에 영향을 주는 확산 현상

② 긍정적 전이와 부정적 전이로 구분

긍정적 전이	이전에 습득한 행동이 새로운 훈련에 도움을 줌
부정적 전이	이전에 배운 행동이 새로운 훈련을 방해함

③ 긍정적으로 활용되려면 훈련과정이 체계적이고, 훈련환경이 정서적으로 편안해야 함

(7) 자동회복(자발적 회복)

① 소거된 행동이 자동적으로 다시 나타나는 현상

② 자동회복된 행동은 이전 수준보다 낮은 수준으로 나타나며 일시적일 수 있는데, 이것은 습득된 기억이 완전히 없어지지 않고 일부 남아있기 때문

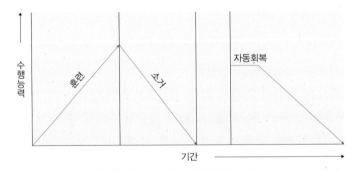

▲ 훈련과 소거, 자동회복 현상

(8) 요소의 우월성

① 여러 자극 중에서 특정한 요소가 다른 자극보다 우월하게 선택되는 현상

② 유사한 자극 간에 반응 유발요인의 차이에 의함

③ 이전에 경험한 요소가 포함된 정도에 영향

④ 이전 경험 요소가 많이 포함되어 있으면 유리함

⑤ 처음에 경험한 자극이 상대적으로 우월함

(9) 중다반응

① 훈련 초기 단계에서 다양한 반응을 나타내는 현상

② 행동결과가 만족스럽지 못한 것에 대한 대응으로 다양한 행동 시도

③ 훈련 초기에 주로 나타남

④ 새로운 상황에 대한 적절한 방법을 찾는 중요한 과정

⑤ 이 현상은 갈등 상황에서 나타날 수 있음

⑥ 개체별 성향에 따라 차이가 있음

(10) 유사성의 법칙

① 이전 경험과 새로운 훈련 간의 유사성이 새로운 훈련에 이롭게 작용하는 현상

② 비슷한 요소가 함께 연결될 때 동일하게 받아들임

③ 유사한 요소를 활용하여 새로운 훈련을 발전시키는 것이 가능함

④ 이전의 자극과 새로운 자극이 유사할수록 용이함

(11) 보상 기대

① 이전에 했던 행동이 좋은 결과를 받았다는 기억으로, 그 행동을 다시 하는 현상

② 행동을 강화하는 과정에서 매우 중요한 역할

③ 보상 기대를 통해 어떤 행동이 보상을 얻을 가능성이 높은지를 배움

(12) 장소학습

① 일정한 체계에 따라 행동하는 것이 아니라, 상황에 적응하여 목표점을 찾는 현상

② 자신의 환경에서 특정한 장소를 기억하고 이를 기반으로 행동함

③ 외부환경과의 상호작용을 통해 배우고 적응하는 과정

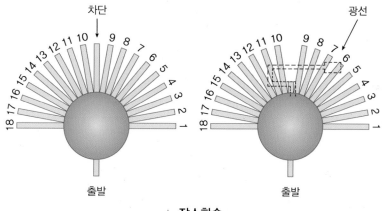

▲ 장소학습

(13) 훈련의 절차

1) 훈련계획

① 훈련목적을 달성하기 위해서는 신중하게 수립된 훈련계획이 필수적
② 훈련계획은 훈련목적을 중심으로 작성
   예 종합계획, 단계별 계획, 1일 계획 등
③ 훈련계획은 최종목표, 훈련과제, 소요시간, 훈련방법, 훈련장소 및 훈련용품 등을 포함하여 수립
④ 훈련계획은 시작부터 끝까지 논리적으로 구성되어야 함
⑤ 훈련계획은 상충, 중복, 순서의 역행 등의 모순이 없어야 순조롭게 진행됨

2) 훈련실행

훈련 준비	목표를 명확히 점검하고 필요한 용품 등을 준비
개시 과정	건강 상태와 동기 수준을 점검하고, 이전 훈련내용 복습
전개 과정	• 지도사의 능력이 실제로 발휘되는 과정 • 훈련의 목적과 목표를 유념하며 진행
정리 단계	건강상태 체크, 훈련일지 작성, 다음 훈련 계획

3) 훈련평가

① 평가는 평가기준표를 근거로 절대평가 진행
② 훈련평가 단계

진단평가	훈련을 시작하기 전에 자질 파악
형성평가	훈련이 진행되는 동안 개체의 습득 수준 파악
종합평가	훈련과정이 모두 끝나고 목표에 대한 성취도 평가
유지평가	훈련이 종료되고 능력의 변화 상태 점검

3 고전적 조건화

(1) 파블로프의 조건반사론

① 파블로프는 개의 침 분비 반사를 연구한 결과 조건반사론 제시
② 파블로프는 조건자극에 반응하는 것을 '심리적 반사'라고 명명
③ 파블로프의 조건반사론은 반려견 훈련의 근본적 원리

(2) 조건화 방법

1) 개요

① 고전적 조건화는 조건자극과 무조건자극을 결합하여 반응 유발

무조건자극	학습과 무관하게 자동적으로 반응을 유발하는 자극
조건자극	학습되기 전에는 반응을 유발하지 않지만, 조건화된 후에는 반응을 일으키는 자극

② 조건화는 조건자극과 무조건자극을 결합시켜 반응 형성

③ 조건화 방법은 조건자극과 무조건자극을 제시하는 시간적 차이에 따라 구분

▲ 고전적 조건화의 기본절차

2) 조건화의 분류

흔적조건화	조건자극을 제시하고, 일정시간이 지난 후에 무조건자극 제시
지연조건화	조건자극을 제시하고, 그 영향력이 남아있는 동안에 무조건자극 제시
동시조건화	• 조건자극과 무조건자극을 동시에 제시하는 방법 • 두 자극이 동시에 주어지므로 시간적 차이가 없음
역향조건화	• 무조건자극을 먼저 제시한 후에 조건자극을 주는 방법 • 조건자극이 무조건자극에 비해 뒤늦게 제시되기 때문에 학습효과가 적거나 없음

3) 조건자극과 무조건자극의 결합 방법에 따른 조건화

종류	조건 제시 방법	훈련
흔적 조건화	CS 제시 후 US 제시 전 종료	클릭하고 잠깐 멈추고 음식 제공
지연 조건화	CS와 US 일부 중첩	클릭을 계속하면서 음식 제공
	• 장기지연절차: US 제시 전 긴 시간 • 단기지연절차: US 제시 전 극히 짧은 시간 ⇒	초기에는 비슷한 결과를 낳지만, 장기지연 절차의 경우 CR 잠재기가 점차 길어져 결국은 US 제시 바로 직전까지 CR이 나타나지 않음
동시 조건화	CS와 US가 정확히 동시에 발생하고 끝남	클릭하면서 음식 제공
	CR을 형성시키기에는 약한 절차	
역향 조건화	CS가 US를 뒤따르는 상황	음식을 먼저 주고 클릭
	역향 조건화는 CR 형성이 불가능하거나, 만약 가능하다 하더라도 아주 어려움	

용어 참고
- CS: Conditioning Stimulus, 조건자극
- CR: Conditioning Response, 조건반응
- US: Unconditioning Stimulus, 무조건자극
- UR: Unconditioning Response, 무조건반응

▲ 고전적 조건화의 4가지 방법

(3) 고전적 조건화 작동 이론

자극 대체론	• '무조건자극이 무조건반응을 유발하는 특정 뇌 부위를 자극하는 것처럼 조건자극 역시 같은 부위를 자극하여 반응을 유도한다'는 논리 • 선천적인 반사가 태어나면서 완성되어 있지만, 조건자극도 조건화 후에 신경중추 내에서 반응을 형성하는 것
반응 준비론	• '조건자극이 무조건자극과 같은 역할을 하는 이유는 조건자극이 무조건자극의 출현에 대비해 반응을 준비시키기 때문이다'는 것 • 조건자극에 대한 반응 준비는 무조건자극과 조건자극의 가치에 대한 차이가 있을 수 있지만, 둘 다 반응을 준비시킴

(4) 고전적 조건화의 영향요인

수반성	• 조건자극은 무조건자극이 수반되어야 조건화가 이루어짐 • 무조건자극과 조건자극 사이의 시간적 연관성이 부족하면 조건화가 어려워지거나 발생하지 않을 수 있음
근접성	• 조건자극과 무조건자극 사이의 제공시간이 짧을수록 조건화가 쉽고 빠르게 형성 • 너무 짧거나 너무 긴 제공시간은 조건화를 방해할 수 있음
자극의 특성	• 자극의 강도가 강하면 조건화가 잘 이루어짐 • 너무 강한 자극은 무조건자극으로 작용할 수 있음 • 너무 약한 자극은 조건화가 어려울 수 있음
사전 경험	• 조건자극을 이미 경험한 경우 조건화에 영향을 줌
개체별 특성	• 나이, 성격, 경험 등은 조건화에 영향을 줌 • 성숙하면 생활에서의 경험요소로 인하여 영향을 받음
환경적 요인	• 훈련이 이루어지는 환경은 조건화에 영향을 줌 • 편안하고 조용한 환경은 조건화에 유리함

(5) 고전적 조건화의 파생효과

차폐 현상	• 복합자극으로 구성된 특정 자극을 조건화한 후, 그 요소 자극을 단독으로 제시했을 때 반응이 나타나지 않는 현상 • 일부 요소 자극이 다른 요소 자극의 반응을 방해
뒤덮기 현상	• 복합자극으로 이루어진 조건자극이 유사할 때 발생 • 조건화된 요소 자극이 다른 자극을 뒤덮는 상황에서 요소 자극을 단독으로 제시했을 때 반응을 방해
사전 조건화	• 중성 자극을 훈련 전에 경험하여 조건화된 현상 • 중성 자극이 사전에 무조건자극에 수반되어 조건화된 것
잠재적 억제	• 조건자극에 무조건자극이 수반되지 않은 상태에서 경험한 결과 • 조건화를 방해하고 효과를 저하시킬 수 있음

역조건화	• 조건화된 조건자극을 다른 성질의 것으로 결합하여 새로운 반응 형성 • 바람직하지 않은 행동을 제거하기 위해 조건화를 이용하는 방법
조건정서반응	• 특정 자극이 조건화되어 정서적인 반응을 유발하는 현상 • 혐오적인 반응과 우호적인 반응으로 나뉠 수 있음
맛 혐오	• 음식물에 대하여 혐오 조건화 형성 • 특정 음식물을 피하거나 이식증을 개선 • 소수의 횟수로 오랫동안 지속되는 효과

4 조작적 조건화

(1) 스키너의 조작적 조건화

1) 개요

① 스키너는 1938년 '유기체의 행동'(The Behavior of Organisms)에서 조작적 조건화 정립
② 동물체의 행동이 결과에 따라 증가하거나 감소한다는 사실을 발견
③ 동물체의 학습에 대한 과학화
④ 조작적 조건화는 동물체의 자발적인 행동을 배경으로 함
⑤ 동물체의 행동 결과를 조작하여 행동을 변화시킬 수 있다는 개념
⑥ 스키너는 1951년 「반려견을 가르치는 방법」에서 클리커 훈련 소개

2) 고전적 조건화, 조작적 조건화

고전적 조건화	• 무조건자극과 조건자극의 결합에 중점 • 무조건자극은 반사적인 무조건반응을 유발하고, 조건자극은 무조건자극과 결합되어 조건반응 유발 • 수동적이며 반사적 행동에 주로 나타남
조작적 조건화	• 동물체는 수행한 행동 결과에 따라 행동 변화 • 환경변화에 능동적으로 대응하여 행동

3) 고전적 조건화와 조작적 조건화의 차이

	수반성	적용	특성
고전적 조건화	조건자극에 무조건자극 수반	불수의적 반응	• 자율신경계 • 행동과 무관하게 자극 결합
조작적 조건화	행동에 강화물 수반	수의적(隨意的) 행동	• 수의적 신경계 • 특정 행동에 보상

(2) 조건화 방법: 강화

1) 강화의 정의

① 강화는 행동을 표현하도록 만드는 핵심 프로세스
② 반려견의 행동 발생 가능성을 높임
③ 반려견이 좋아하는 것을 보상함으로써 이루어짐
④ 보상이 중단되더라도 일정기간 동안 계속될 수 있음

2) 정적 강화

① 행동을 증강시키기 위해 무언가를 제공하는 방법
② 반려견은 행동을 취한 결과로 무언가를 제공받으며, 이 과정에서 제공하는 것이 강화물
③ 혐오적 강화물은 거부하거나 회피할 수 있으므로 사용이 제한됨

1단계	$S^D \Rightarrow R \Rightarrow S^N \Rightarrow S^{R+}$
$\Downarrow$	
2단계	$S^D \Rightarrow R \Rightarrow S^N$

조건화 기호
• S^D: 음성 신호, '앉아'
• R: 개의 행동, 앉는 행동 수행
• S^N: 조건화된 중성자극, '잘했어'
• S^{R+}: 강화물 제공

3) 부적 강화

① 정적 강화와 마찬가지로 행동을 증강
② 행동을 수행한 결과로 무엇인가 사라진 것이기 때문에 그 행동을 다시 수행함
③ 부적 강화에 이용되는 강화물은 반려견이 회피하거나 싫어하는 것이 주를 이룸
④ 우호적인 강화물 사용은 사실상 불가

1단계	$S^D \Rightarrow R \Rightarrow S^N \Rightarrow S^{R-}$
$\Downarrow$	
2단계	$S^D \Rightarrow R \Rightarrow S^N$

조건화 기호
• S^D: 음성 신호, '앉아'
• R: 개의 행동, 앉은 행동 수행
• S^N: 조건화된 중성자극, '잘했어'
• S^{R-}: 강화물 제거

4) 강화와 보상

① 강화: 특정 행동을 증강시키는 과정이자, 반려견의 행동이 증강되는 내부적 과정
② 보상: 지도사가 강화물을 제공하는 행위
③ 두 개념은 구분되지만, 훈련과정에서는 함께 이루어짐

(3) 조건화 방법: 약화

1) 약화의 정의

① 행동의 발생을 감약시키는 방법
② 행동이 표현될 때 약화물을 제공하거나 제거하여 해당 행동을 감약시킴
③ 행동을 제거하거나 줄이는 데 적용

정적 약화	약화물을 제공하는 방법
부적 약화	약화물을 제거하는 방법

④ 약화는 양육자가 원치 않는 행동을 줄이는 데 도움

2) 정적 약화

① 행동을 표현할 때 그 결과로 무언가를 부가하여 해당 행동을 더 이상 나타내지 못하도록 하는 방법
② 특정 행동 결과에 자극을 더하여 행동이 감소하거나 사라지게 함

1단계	$S^D \Rightarrow R \Rightarrow S^N \Rightarrow S^{P+}$	조건화 기호
	⇩	• S^D: 음성 신호, '조용' • R: 개의 행동, 짖지 않음 • S^N: 조건화된 중성자극, '잘했어' • S^{P+}: 약화물 제공
2단계	$S^D \Rightarrow R \Rightarrow S^N$	

3) 부적 약화

① 특정 행동을 감약시키는 방법
② 행동 결과로 무언가 제거됨
③ 현재 행동을 유지시키는 것이 제거됨으로써 이루어짐

1단계	$S^D \Rightarrow R \Rightarrow S^N \Rightarrow S^{P-}$	조건화 기호
	$\Downarrow$	• S^D: 음성 신호, '조용' • R: 개의 행동, 짖지 않음 • S^N: 조건화된 중성자극, '잘했어' • S^{P-}: 약화물 제거
2단계	$S^D \Rightarrow R \Rightarrow S^N$	

4) 약화와 처벌

① **약화**: 반려견의 행동이 감약되는 내부적 과정
② **처벌**: 지도사가 약화물을 제공하거나 회수하는 행위

  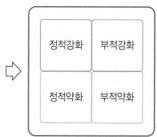

▲ 조작적 조건화의 절차

TIP

혐오성 자극의 특징
• 올바른 행동을 알려주기 어려움
• 위급한 경우 제한적 사용
• 반려견이 감정적으로 반발하거나 공격성을 나타낼 수 있음
• 반려견이 훈련뿐만 아니라 사람을 싫어하게 만들 수 있음
• 문제행동의 일시적 억제
• 반려견 훈련에 대하여 부정적 인상
• 지도사 정서에 악영향
• 지도사를 계속 의존하게 함
• 지도사의 능력 개발 제한
• 혐오성 자극은 직업윤리에 어긋남
• 양육자들로부터 외면 받을 수 있음

(4) 조작적 조건화 작동 이론

1) 추동감소론

① 결핍 요인에 의한 불만족을 해소하기 위해 행동 발생
② 특정 행동을 강화하는 강화물이 부족할 때 해당 행동 발생

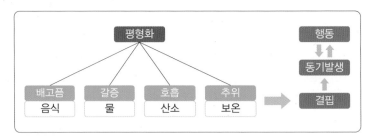

▲ 생리적 동기와 행동 발생

2) 상대적 가치론

① 행동은 강화물에 의해 발생되지만, 강화물을 얻기 위한 행동 자체도 강화물이 될 수 있음
② 상황에 따라 어떤 행동을 다른 행동보다 선호하며, 이것을 행동의 상대적 가치라 함
③ 행동들의 가치를 비교하여 우선순위를 결정하고 훈련에 활용
④ 더 선호하는 행동을 강화물로 사용하여 덜 선호하는 행동을 증가시키는 데 활용

3) 반응박탈론

① 특정 행동이 일정 수준 이하로 제한당하면 그것을 얻고자 하는 욕구 발생
② 행동은 기저선 아래로 금지되면 그만큼 강화력이 발생

기저선(baseline)
특정 행동의 정상적인 수준

③ 행동 제한이 욕구를 증가시키고, 이것을 통해 행동을 강화하는 데에 적용

4) 회피론

① 특정 행동이 불쾌한 결과를 가져오면 그 결과를 회피하게 됨
② 이 과정에서 다른 행동을 선택하거나 특정 행동을 표현

(5) 조작적 조건화의 영향요인

1) 강화물의 강화력

① 강화물: 행동을 증강시키기 위해 사용하는 것
② 강화력: 반려견의 행동을 유발하고 유지하는 힘
③ 강화물을 적절한 양과 빈도로 제공하여 강화력 유지
④ 강화물이 크면 유발하는 힘이 강하지만, 유지력은 비례하지 않을 수 있음
⑤ 강화력은 결핍 수준이 높을수록 더 커지며, 강화물의 종류와 질에 따라 효과가 다름
⑥ 강화력은 보상 횟수의 증가에 따라 효과가 줄어들 수 있음
⑦ 개체의 특성에 따라 강화력의 차이가 있음
⑧ 강화물을 제공하는 방법에 영향을 받음

2) 강화물 제공

① 강화물 제공 횟수는 행동 강화에 중요
② 새로운 행동을 강화할 때는 강화물을 자주 제공하는 것이 유리
③ 반려견이 강화물을 받는 것은 자신의 행동에 대한 확인
④ 강화물 제공은 반려견의 자신감을 높임

3) 보상의 시간적 간격

① 반려견의 행동 강화에는 강화물 제공 시간의 간격이 중요
② 간격이 짧을수록 행동과 강화물 제공의 근접성이 높아 강화 효과가 높음

4) 훈련과제의 특성

① 단순한 행동은 쉽게 배우지만, 어려운 행동은 많은 노력이 필요함
② 에너지를 많이 소모하는 경우 조건화에 악영향

5) 약화물의 특성

① 약화물은 초기에 강한 수준으로 제시해야 효과적
② 약한 정도에서 점차 높게 제시하면 약화물의 효과가 나타날 때까지 약화시켜야 할 행동 지속

6) 강화물 제공 방법의 영향

① 행동 후에 강화물이 매번 제공되면 행동이 빨리 형성됨
② 강화물이 드물게 제공되면 행동이 늦게 형성됨
③ 작은 강화물을 자주 제공하는 것이 큰 강화물을 드물게 주는 것보다 효과적

(6) 조작적 조건화의 파생효과

수반성의 함정	• 행동 후에 강화물 제공이 지연되면 강화되지 않는 현상 • 행동에 강화물이 제공되었으므로 강화되어야 하지만, 실제로는 시간 지연으로 행동 결과에 강화물이 결합되지 못하는 이유
비율긴장	• 훈련 수준이 높아지면 강화물을 저비율에서 고비율로 제공하여 효과를 유지해야 하며, 이것을 '비율늘리기'라고 함 • 비율늘리기가 갑자기 높아지면 행동이 감소되거나 중단되는 현상 발생
선택과 대응	• 여러 행동을 강화할 때 강화계획의 종류에 따라 특정행동을 선택하는 현상 • 두 행동이 모두 강화를 받은 경우 강화비율이 높은 쪽을 선택함
간헐강화효과	• 간헐강화계획으로 습득된 행동은 소거저항이 강하게 발생 • 간헐강화효과 또는 부분강화효과라고 함

CHAPTER

03 훈련원리의 활용

1 강화물과 강화계획

(1) 강화물

1) 정의

① 강화물은 반려견의 행동을 증강시키기 위해 사용하는 것
② 강화물은 불만족에 따른 요구도가 높아야 함
③ 충족 상태에서 빨리 소모되고, 제공될 때마다 새로운 자극처럼 느껴져야 효과적

2) 강화물의 종류

유형 강화물	• 음식이나 장난감처럼 형태를 가짐 • 동기를 직접적으로 자극하므로 효과 높음 • 적시에 보상이 곤란한 경우가 있음
무형 강화물	• 형태를 갖추지 않은 칭찬, 신체적 접촉, 사회적 관계 등 • 사용이 편리하여 적시에 보상할 수 있는 장점 • 훈련 초기에는 효과가 낮음
1차 강화물	다른 자극과 조건화되지 않은, 자연적이고 선천적인 것 예 음식, 공, 장난감 등
2차 강화물	조건화를 통해 강화력을 가지게 되는 강화물 예 칭찬, 미소, 호의 등 우호적인 것과 윽박지름, 굉음 등 혐오적인 것

	1차 강화물(무조건 강화물)	2차 강화물(조건 강화물)
우호적 강화물	• 물 • 음식 • 활동 • 수면 • 보온	• 언어 자극(잘했어) • 신체 접촉 자극
혐오적 강화물	• 충격 • 고통 • 고온 • 밝은 빛	• 언어 자극(윽박지름) • 강압적 행동(손짓)

3) 강화물의 선택

① 적절한 강화물 선택은 훈련의 성패 좌우
② 개체의 성격과 특성을 고려하여 강화물 선택
③ 선호도가 높은 강화물도 훈련 특성에 적합해야 함
④ 훈련과정 동안 지속력을 가져야 함

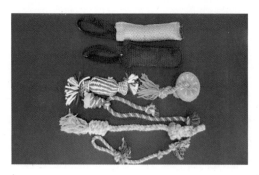 

▲ 강화물

(2) 강화계획

1) 정의

① 행동을 강화시키기 위해서 강화물을 제공하는 방법
② 행동능력은 강화계획에 따라 효율이 달라짐
③ 강화물을 연속적으로 제공하는 방법이 간헐적으로 주는 것보다 소거가 빠름

2) 비율 강화계획(Ratio schedule of Reinforcement)

수행 횟수를 기준으로 강화물을 제공하는 방법

3) 연속 강화계획(Continuous Reinforcement, CR)

① 행동을 수행할 때마다 강화물을 제공하는 가장 단순한 방법
② 새로운 동작을 가르치는 초기에 효과적

4) 고정비율 강화계획(Fixed Ratio schedule of Reinforcement, FR)

① 특정한 횟수만큼 행동을 한 후에 강화물을 제공하는 방법
② 연속강화는 FR1로 가장 단순한 형태
③ 휴지현상이 발생할 수 있음

5) 변동비율 강화계획(Variable Ratio schedule of Reinforcement, VR)

① 평균 시행횟수를 기준으로 기준 이내에 강화물을 무작위로 제공하는 방법

② 행동이 오랫동안 유지되는 효과

③ VR5 강화계획 예시

강화물제공 \ 훈련회기	1회	2회	3회	4회	5회	1회	2회	3회	4회	5회	1회	2회	3회	4회	5회
1	⊕				⊕	무작위 제공									
2			⊕		⊕	⊕	무작위 제공								
3		⊕			⊕		⊕	무작위 제공							
4		⊕			⊕			⊕	무작위 제공						
5			⊕		⊕				⊕	무작위 제공					
6		⊕			⊕					⊕	무작위 제공				

6) 간격 강화계획(Interval schedule of Reinforcement)

① 수행시간을 기준으로 강화물을 제공하는 방법

② 고정간격강화와 변동간격강화로 구분

7) 고정간격 강화계획(Fixed Interval schedule of Reinforcement, FI)

① 일정한 시간마다 강화물을 제공하는 방법

② 강화물 제공 후 행동이 일시적으로 멈출 수 있으며, 일관성과 지속성이 상대적으로 약함

8) 변동간격 강화계획(Variable Interval schedule of Reinforcement, VI)

① 특정한 시간을 기준으로 그 시간 이내에 무작위로 강화물을 제공하는 방법

② 행동이 오래 유지되며, 균일한 수준을 유지할 수 있음

③ VI5 강화계획 예시

강화물제공 \ 훈련회기	1초	2초	3초	4초	5초	1초	2초	3초	4초	5초	1초	2초	3초	4초	5초
1	⊕				⊕	무작위 제공									
2				⊕	⊕	⊕	무작위 제공								
3			⊕		⊕		⊕	무작위 제공							
4		⊕			⊕			⊕	무작위 제공						
5			⊕		⊕				⊕	무작위 제공					
6		⊕			⊕					⊕	무작위 제공				

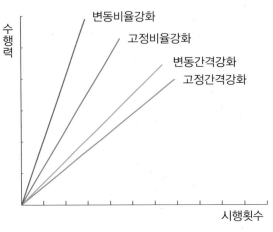

▲ 강화계획의 종류별 강화효과

2 자극과 암시

(1) 자극

① **자극**: 행동을 유발시키는 것
② **1차 자극**: 태어나면서부터 반응을 유발하는 자극
　　　예 큰 소리, 밝은 빛, 맛있는 냄새 등
③ **2차 자극**: 특정 행동이 조건화되어 행동을 유발하는 자극
　　　예 실행어, 동작, 손짓 등
④ 행동을 유발하기 위해 조건화된 자극을 사용하면 효과적

(2) 암시

① **암시**: 반려견의 행동을 유도하기 위하여 시·청각적 신호를 사용하는 방법
② 암시는 행동을 조절하는 데 효과적
③ 자극의 강도를 서서히 줄여가면서 행동을 유도
④ 행동이 조건화되면 자극의 강도가 낮아져도 행동을 수행함
⑤ 암시가 효과적으로 이루어지면 주의 집중력이 향상되며 행동의 완성도를 높일 수 있음
⑥ 단서를 점차적으로 작아지게 만들어야 함
⑦ 반려견의 수행도가 낮으면 전 단계로 되돌아감

자극 조절의 조건

- 조건자극이 제시되면 즉시 행동해야 함
- 조건자극이 없을 때는 행동이 나오지 않아야 함
- 다른 자극에 조건행동이 나오면 안 됨
- 조건자극에 대해 다른 행동이 나오면 안 됨

3 조형

(1) 정의

① 조형: 행동을 만드는 과정
② 조형능력은 새로운 행동을 가르칠 때 결정적 역할
③ 조형은 활동성이 좋은 반려견에게 효과적
④ 포착, 단계적 형성, 유도, 강제적 형성 방법이 있음

(2) 조형의 종류

포착(Capture)	• 목적행동 전체 모습이 표현될 때 한 번에 보상하는 방법 • 목적행동이 표현될 때까지 기다림
단계적 형성 (Step by step)	• 목적행동과 유사한 행동을 보상하여 점차적으로 목표에 접근하는 방법
유도 (Magnet, Luring)	• 목적행동이 표현되도록 강화물로 유인하여 보상하는 기법 • 새로운 행동을 습득하는 초기에 효과적
강제적 형성 (Molding)	• 물리적으로 행동을 갖추도록 하는 방식

(3) 조형 방법

① 목적하는 행동의 한 가지 국면에 충실
② 다음 단계로 이동하기 전에 현재 행동을 변동강화계획으로 강화
③ 새로운 단계에 진입하면 이전 과정의 기준을 일시적으로 완화
④ 지도사는 항상 반려견보다 앞서 준비
⑤ 조형 과정 중에는 고정된 지도사가 전담
⑥ 지도사는 실수하지 않아야 함
⑦ 현재 진도에 문제가 발생하면 전(前)단계로 돌아감
⑧ 성과가 가장 좋을 때 종료

유의사항
- **목표 확인**: 조형하려는 행동이 목표와 일치하는지 확인
- **초기행동 강화**: 초기 행동을 강화하여 반려견의 흥미와 동기를 유지
- **연속 강화**: 조형과정에서 연속적으로 강화
- **효과 없는 경우 대처**: 조형이 효과가 없으면 다른 방법을 모색
- **문제 발생 시 복귀**: 행동에 문제가 있을 때는 이전 단계로 복귀

4 연쇄

(1) 정의 및 방법

① 여러 행동을 연결하여 하나의 행동으로 구성하는 훈련
② 연쇄된 행동들은 보이지 않는 줄로 묶여 하나의 행동처럼 표현
③ 연쇄는 여러 동작으로 이루어진 훈련에 필수
④ 연쇄는 전행동이 후행동을 발생시키는 자극으로 작용
⑤ 연결고리가 만들어지면 여러 동작을 유창하게 수행
⑥ 현재의 행동은 다음 행동에서 보상을 받을 것이라는 약속
⑦ 단위행동을 연결할 때는, 단위행동들을 완벽하게 훈련
⑧ 불완전습득 행동이 중간에 있으면 단절되어 전체 진행 불가
⑨ 연쇄시킬 때는 단위행동별로 숙달 후 순서에 따라 연결
⑩ 전체행동 구성 분석 후 단위행동의 크기와 성격을 고려하여 나눈 후 숙달

(2) 연쇄의 종류

순향연쇄	• 시작 행동에서 출발하여 마지막 행동을 향해 순차적 진행 • 마지막 행동을 목표로 현재 동작에 다음 동작을 하나씩 연결 • 시작 행동과 다음 행동이 연결되어 하나의 행동으로 연쇄되면, 그 다음 행동과 더해져 더 큰 단위행동으로 구성 • 연결이 부드럽지만 보상이 마지막 행동을 향하므로 중간 행동을 빠뜨릴 수 있음 • 순향연쇄를 사용할 때는 중간 행동을 빠트리지 않도록 적절히 보상
역향연쇄	• 마지막 행동에서 시작 행동을 향하여 거꾸로 이어가는 방법 • 시작 쪽 행동이 계속적으로 강화되므로 처음부터 끝까지 결합력이 강함 • 역향연쇄는 시작 쪽 행동이 강화되면서 순차적으로 연결

연쇄 방법

- 단위행동의 크기는 비슷하게 구분
- 전체행동을 단위행동으로 나누어 연결
- 단위행동을 완전히 숙달하고 다음 단계 진행
- 단위행동들은 균등하게 강화
- 강화물은 모든 단계에서 점진적으로 제거
- 변동강화계획으로 지속능력 형성

5 일반화

(1) 정의

① 일반화는 훈련과정에서 습득된 행동이 경험하지 않은 상황으로 퍼지는 현상
② 자극의 유사성이 높을수록 일반화에 유리
③ 초기에는 경험한 요소의 유사성이 큰 영향을 미침

(2) 일반화의 가치

① 일반화는 실용적 능력 발휘에 필수
② 일반화는 훈련과정 마지막 단계에서 훈련능력의 종합적 표현

(3) 일반화의 방법

도야론(陶冶論)	• 일반화는 많은 경험을 통해 증진된다는 전형적 방법 • 이 방법은 경험을 중요하게 여김
동일요소론	• 선행 훈련과정에서 경험했던 동일한 요소를 접합시켜 확산하는 방법 • 훈련과정의 동일요소를 새로운 훈련에 포함시켜 일반화할 수 있는 기회 제공

6 변별

(1) 정의

① 변별은 특정한 자극에 대한 반응을 강화하는 훈련
② 습득한 자극과 일치하는 것에만 반응하도록 함
③ 변별자극에는 보상을 주고, 대조자극에는 보상을 주지 않음
④ 특정 자극에 대한 결과가 다른 자극보다 좋으면 변별력 발생

⑤ 변별훈련 시 실패하는 비율이 높아지면 동기가 저하될 수 있음
⑥ 변별력이 높아지면 일반화 능력이 낮아질 수 있음

(2) 변별의 종류

무오류변별	• 실패를 최소화하고 성공률을 높이는 방법 • 먼저 고수준의 변별자극과 저수준의 대조자극을 배열하여 자극의 차이를 크게 조성 • 또는 변별자극의 숙련도를 높여 식별력 강화한 후 실시
연속변별	• 변별자극과 대조자극을 임의의 순서로 연속적으로 제시하여 구별
동시변별	• 변별자극과 대조자극을 동시에 제시한 상태에서 이를 식별
표본변별	• 표본자극을 제시하고 이와 동일한 것을 분별하도록 하는 방법

TIP

변별훈련 시 유의사항
• 훈련 초기에는 변별자극을 명확하게 제시
• 변별능력을 증진시키기 위해서는 충분한 연습
• 변별자극은 일관성을 가져야 함
• 반려견이 실수할 기회를 최소화

CHAPTER 04 반려견 훈련능력 평가와 활용

1 반려동물행동지도사 실기시험 수행 및 평가

(1) 실기시험 응시 구비요건

구분	세부 내용
응시견 자격	• 실기시험 응시견은 동물등록 필수 *내장형 고유식별번호 장치 부착 必 • 응시하는 견의 견주는 응시자이거나 응시자의 직계가족만 가능 • 동일 등급 2차 시험에 합격한 이력이 있는 반려견은 응시 불가 • 맹견은 실기시험장 사고 예방을 위해 '맹견사육허가서'를 반드시 첨부 • 2급 응시견은 6개월령 이상 모든 견종(크기 무관) • 견간 물림사고 방지를 위해 실기시험 일정은 견종별(소형, 중대형, 맹견)로 구분하여 실시 • 응시견은 1차 시험 응시접수 마감일을 기준으로 동물등록번호를 부여 받은 반려견에 한함(6개월령 이상, 모든 견종, 크기 무관)
응시견 유형	• 소형견은 체고 40cm 이하 & 체중 12kg 이하 • 중대형은 소형견 기준 이상
허용·지참 가능 물건	• '가져오기' 항목 평가를 위해 덤벨, 장난감, 공, 인형 등 물건 지참 가능 *덤벨, 장난감, 공, 인형 등 개인 지참이 가능하나, 지참물건에 먹이·간식 등을 넣어 평가의 공정성을 해하는 경우 부정행위로 간주 *미지참 시 시험장에 비치된 공용 '물건' 사용 • '하우스'는 컨넬 등 지참 가능 *컨넬 등 개인 지참이 가능하나, 지참물건에 먹이·간식 등을 넣어 평가의 공정성을 해하는 경우 부정행위로 간주 *미지참 시 시험장에 비치된 공용 '상판' 사용
사용 가능한 목줄	• 버튼, 걸쇠 형태의 목줄만 허용 *고리간격 3~4cm의 목줄로 조여지지 않는 상태로 착용 *초크체인, 프롱칼라(핀치칼라), 쇠줄은 사용 금지 *그 외 견에게 고통을 줄 수 있는 모든 도구는 사용할 수 없음 • 허용 가능 목줄 예시

(2) 실기시험의 내용

1) 평가장: 15×15m 면적

2) 배점: 평가항목별 상이, (만점) 100점

3) 시간: 15분

4) 평가항목: 10개 동작

① 견줄 하고 동행하기(상보·속보·완보)
② 동행 중 앉기
③ 동행 중 엎드리기
④ 동행 중 서기
⑤ 부르기(와)
⑥ 가져오기
⑦ 악수하기
⑧ 짖기
⑨ 지정장소로 보내기(하우스)
⑩ 기다리기(대기)

(3) 실기시험의 도식

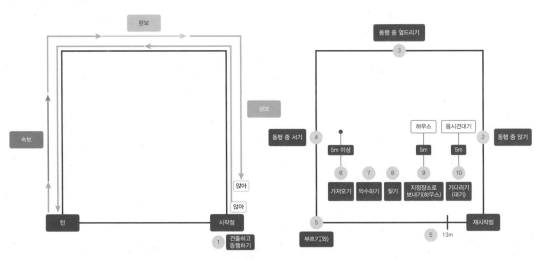

(4) 실기시험의 수행 절차(예시)

1) 견줄 하고 동행하기(상보·속보·완보)

응시자와 응시견은 시작점에서 기본자세로 신원 확인 → 평가위원의 요구에 따라 보통 걸음으로 20보 직진 → 90° 좌회전 보통 걸음 20보 직진 → 90° 좌회전 보통 걸음 20보 직진 → 180° 회전 뒤로 돌아 보통 걸음 5보 직진 → 빠른 걸음 10보 직진 → 보통 걸음 5보 직진 → 90° 우회전 보통 걸음 5보 직진 → 느린 걸음 10보 직진 → 보통 걸음 5보 직진 → 90° 우회전 보통 걸음 20보 직진 → 180° 회전 뒤로 돌아 시작점에 기본동작

2) 동행 중 앉기

평가위원의 요구에 따라 보통 걸음으로 9보 직진 후 10보에 응시견에게 '앉아' 요구

3) 동행 중 엎드리기

평가위원의 요구에 따라 보통 걸음 10보 직진 → 90° 좌회전 보통 걸음 9보 직진 후 10보에 응시견에게 '엎드려' 요구

4) 동행 중 서기

평가위원의 요구에 따라 보통 걸음 10보 직진 → 90° 좌회전 보통 걸음 9보 직진 후 10보에 응시견에게 '서' 요구

5) 부르기(와)

평가위원의 요구에 따라 보통 걸음 10보 직진 → 90° 좌회전 보통걸음 15보 후 180° 회전 뒤로 돌아 기본자세 → 응시견은 앉아 기다려 → 응시자는 응시견의 견줄의 연결고리를 목줄에서 해제 → 응시자는 보통걸음 15보 후 180° 회전 뒤로 돌아 기본자세 → 평가위원의 요구(또는 5초)에 따라 응시견에게 '와' 요구 → 응시견은 응시자 정면에 '앉아' → 응시자의 요구에 따라 응시견은 응시자의 왼쪽에 기본자세

6) 가져오기

응시자와 응시견은 평가위원의 요구에 따라 지정 위치로 이동하여 기본자세 → 평가위원의 요구에 따라 전방 5m에 물품을 던짐 → 응시자가 응시견에게 '가져와' 요구 → 응시견은 응시자의 요구에 따라 던져진 물품을 가져 와 응시자 앞에 '앉아' 자세 → 5초 후 응시견은 응시자의 요구에 따라 물고 있던 물품을 응시자의 손에 건네 줌 → 응시견은 응시자의 요구에 따라 왼쪽에 기본자세

7) 악수하기

응시자는 평가위원의 요구에 따라 기본자세에서 응시견 50cm 앞으로 이동→응시자가 오른 손을 내밀며 응시견에게 '악수' 요청→응시견은 오른쪽 앞발을 들어 악수→3회 실시

8) 짖기

응시자는 평가위원의 요구에 따라 7) 악수하기에 이어 응시견 정면에서 손을 자신의 입으로 갖다 대며 응시견에게 '짖어' 요구→3회 실시→응시견은 응시자의 요구에 따라 왼쪽에 기본자세

9) 지정장소로 보내기(하우스)

응시자는 평가위원의 요구에 따라 하우스 5m 전방 지정장소에 응시견과 함께 기본자세→응시자는 기본자세에서 응시견에게 하우스로 이동하도록 요구→응시견이 하우스에 들어가면 '엎드려' 요구→응시자는 5초 후 응시견에게 '와' 요구→응시견은 응시자 정면에 '앉아'→응시견은 응시자의 요구에 따라 왼쪽에 기본자세

10) 기다리기(대기)

응시자는 평가위원의 요구에 따라 대기장소에 응시견과 함께 이동→응시자는 응시견에게 '엎드려' 요구→응시자는 원위치하여 기본동작→응시자는 3분 후 응시견에게 다가가 종료

(5) 실기시험 평가(예시)

1) 부정행위 및 실격사유

구분	세부 내용
수행불능	• 필수 지참물[응시견, 응시표, 신분증, 허용 목줄, 입마개(맹견의 경우)]을 지참하지 않은 경우 * 응시견은 응시원서 접수 시 등록된 반려견(1두)만 동행 가능하며, 실기시험 현장에서 동물등록번호(내장형 고유식별번호 장치 부착 必) 및 월령 등 확인 • 근골격계 질환 등으로 통증 및 파행 동작이 보이는 경우 • 응시견이 위축된 후 회복되지 않아 시험시간이 지연되는 경우(겁먹은 행동) • 수행불능(평가위원 판단)으로 시험시간이 지연되는 경우 • 그 외 평가위원 전원이 합의하여 실기시험 수행이 불가능하다고 판단한 경우
통제불능	• 시작점에서 3회 명령에도 기본자세가 되지 않았을 경우 • 3회 이상 추가명령에도 복종시키지 못하는 경우 • 시험장을 이탈한 경우 • 시험장에서 마킹을 하거나 배설을 한 경우 • 시험장 내·외에서 다른 응시자, 응시견 등을 물거나 공격적인 행위를 한 경우 • 반복되는 짖기 등 사회성이 결여된 경우(시험장 내·외)

부정행위	• 시험 도중 휴대폰을 포함한 전자·통신기기 등을 사용하는 경우
	  ＊지참 가능 물건: '가져오기' 수행 용도 덤벨, 장난감, 공, 인형 등 / '하우스' 수행 용
	    도 컨넬 등
	  ＊단, 지참 가능 물건에 먹이·간식 등을 넣어 평가의 공정성을 해하는 경우 부정행위
	    로 간주
	• 응시견에게 학대 행위(구타·위협·신체적 압박 등)를 하는 경우
	• 응시자가 평가위원의 퇴장 지시에 불응한 경우

2) 감점 및 실격

구분 감점	응시자	응시견
−1~−3점	• 응시견의 동작 수행 후 1회 초과 칭찬 • 강압적인 명령어 사용	• 느리거나 부정확한 기본자세 • 산만함 혹은 의기소침 • 완만한 동작 수행 • 자의적으로 자세 변경 • 부정확한 자세 • 명령어 제시 이전에 동작 수행
−5점	• 평가항목 종료 전에 자신의 위치 이탈	• 명령어 1회 추가
−10점	• 응시자의 신체적 접촉 도움	• 명령어 2회 초과 평가항목 수행 불가

실격	• 시험장 내에 강화물 소지
	• 필수 지참물 미소지[응시표, 신분증, 허용
	  목록, 입마개(맹견)]
	• 시험 도중 휴대폰을 포함한 전자·통신기
	  기 등 사용
	• 응시견에게 학대 행위(구타·위협·신체적
	  압박 등)
	• 평가위원의 요구에 불응
	• 15분 이내에 종료하지 못했을 경우
		• 기본자세가 되지 않았을 경우
		• 시험장에 배뇨 또는 배변
		• 시험장 이탈
		• 시험장 내·외에서 다른 응시자, 응시견
		  등을 물거나 공격적인 행위를 한 경우
		• 반복되는 짖기 등 사회성이 결여된 경우
		  (시험장 내·외)
		• 근골격계 질환 등으로 통증 및 파행 동작
		  이 보이는 경우
		• 심리적으로 위축된 후 회복되지 않아 시험
		  시간이 지연되는 경우(겁먹은 행동)
		• 평가위원 판단에 수행 불능으로 시험시간
		  이 지연되는 경우
		• 그 외 평가위원 전원이 합의하여 실기시험
		  수행이 불가능하다고 판단한 경우

3) 실기시험 평가항목별 평가내용(예시)

평가항목 / 세부내용	감점 세부내용
① 견줄 하고 동행하기 (상보·속보·완보)	• 앞서거나, 뒤쳐짐 • 측면이탈 • 방향전환 및 보속 변경 시 응시자가 느리게 전환
② 동행중 앉기	• 완만한 태도로 앉기 • 불완전한 앉아 자세 • 자의적으로 자세 변경
③ 동행중 엎드리기	• 완만한 태도로 엎드리기 • 불완전한 엎드려 자세 • 자의적으로 자세 변경
④ 동행중 서기	• 불완전한 서 자세 • 자의적으로 자세 변경
⑤ 부르기 (와)	• 앉아 기다려 자세 변경 • 응시견이 지정 위치 이탈 • 응시자의 요구 이전에 응시견이 이동 • 완만한 동작으로 응시자에게 오기 • 응시자 앞에 앉는 위치가 30cm 이상 이격 • 응시자 앞에서 기본자세로 전환 시 불완전 자세 • 응시자가 위치를 이동하거나 발을 벌리고 서 있는 자세 • 응시자 앞에서 기본자세로 전환 시 불완전 자세
⑥ 가져오기	• 완만한 동작으로 가기 • 응시자의 요구 이전에 응시견이 이동 • 물품을 가져오는 도중에 떨어뜨림 • 물품을 가지고 놀거나 혹은 물어뜯음 • 완만한 동작으로 응시자에게 돌아오기 • 응시자 앞에 앉는 위치가 30cm 이상 이격 • 물품을 응시자에게 전달하는 과정에 떨어뜨림 • 응시자 앞에서 기본자세로 전환 시 불완전 자세 • 응시자가 위치를 이동하거나 발을 벌리고 서 있는 자세
⑦ 악수하기	• 응시견의 위치 및 자세 변경 • 응시견의 오른발, 왼발 부정확한 수행 • 응시자의 손과 응시견의 부정확한 접촉
⑧ 짖기	• 응시견의 위치 및 자세 변경 • 명령어 제시 후 늦은 짖음 • 응시자의 통제에 따르지 않는 계속된 짖음 • 응시자 앞에서 기본자세로 전환 시 불완전 자세

⑨ 지정장소로 보내기 (하우스)	• 완만한 동작으로 가기 • 응시견의 신체부위가 지정장소 벗어남 • 불안한 엎드려 자세 • 응시자의 요구 이전에 응시견이 이동 • 완만한 동작으로 응시자에게 돌아오기 • 응시자 앞에 앉는 위치가 30cm 이상 이격 • 응시자 앞에서 기본자세로 전환 시 불완전 자세
⑩ 기다리기 (대기)	• 엎드려 대기 자세 변경 • 응시자의 요구 이전에 응시견이 이동 • 대기 후 응시자가 다가갈 때 응시견이 일어남 • 응시자의 불안한 자세 또는 부정한 도움 • 90초 이상 대기 시 50% 득점 • 응시견이 지정 위치 3m 이상 이탈 시 0점

2 반려견 스포츠

(1) 어질리티(Agility)

1) 정의

① 반려견이 설정된 경로를 따라 장애물을 통과하여 목표 지점에 도달하는 스포츠
② 1978년 영국의 크러프트 도그쇼에서 처음으로 소개
③ 대표적 국제단체: FCI, IFCS, IAL 등
④ 경기마다 장애물의 위치와 통과 순서 변화
⑤ 반려견의 민첩성, 활력, 유연성, 집중력 필요

2) 어질리티 규정

① 개인전과 단체전이 있으며, 참가견의 체고에 따라 클래스 분류
② 모든 견종이 참여할 수 있으며 비기너, 노비스, 점핑, 어질리티의 클래스로 구분
③ 표준코스시간(Standard Course Time)과 최대코스시간(Maximum Course Time)이 설정
④ 경기장은 링을 포함하여 일정한 크기를 가져야 하며, 장애물은 일정한 개수와 점프의 개수가 있어야 함
⑤ 지도사는 경기 전에 코스를 파악할 수 있음
⑥ 지도사는 경기 중에는 어떤 것도 소지할 수 없음
⑦ 경기는 심사위원의 신호 후 출발되며, 참가견이 결승선을 통과하면 경기 종료
⑧ 순위는 실점이 없는 경우 가장 빠른 팀이 우선하며, 실점이 있는 경우 전체 실점이 낮은 팀이 우선함

3) 어질리티 장애물

① 점핑 장애물(Jumping Obstacle): 싱글 허들(Single Hurdle), 스프레드 허들(Spread Hurdle), 타이어(Tyre), 롱 점프(Long Jump), 월(Wall)

싱글 허들	높이와 폭이 규정되어 있으며, 목재 또는 합성수지로 만들어진 봉으로 구성
스프레드 허들	두 개의 싱글 허들을 넓게 배치한 것
타이어	허들과 유사한 원형으로 만들어진 장애물
롱 점프	여러 개의 장애물로 길이와 높이가 규정되어 있음
월	벽 모양의 장애물로 높이와 폭이 규정되어 있음

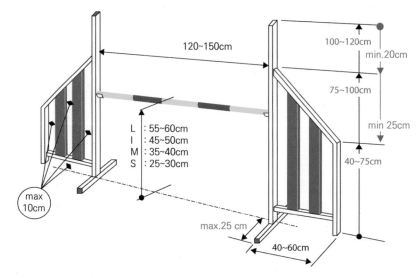

▲ 싱글 허들

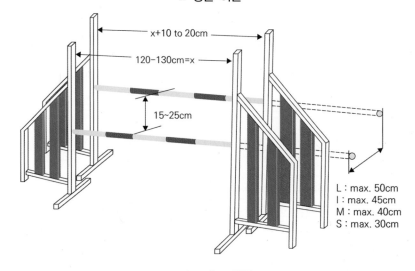

▲ 스프레드 허들

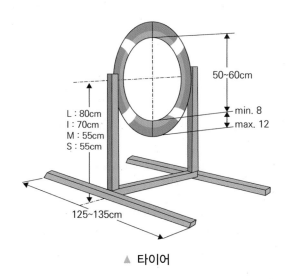

▲ 타이어

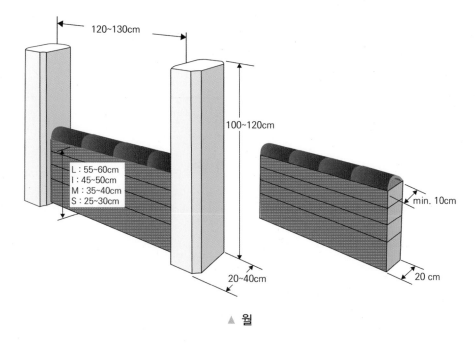

▲ 월

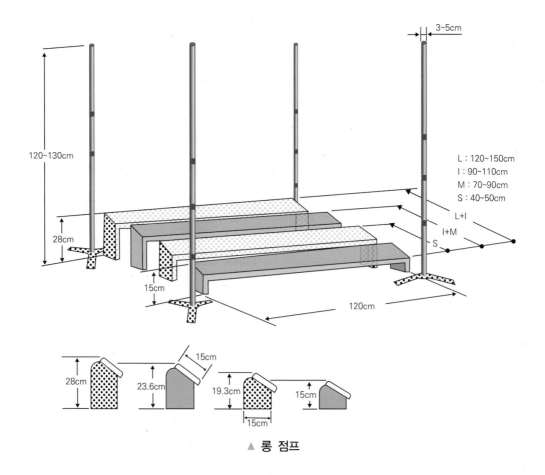

3~5cm

120~130cm

28cm

15cm

120cm

L : 120~150cm
I : 90~110cm
M : 70~90cm
S : 40~50cm

L+I

I+M

S

28cm

23.6cm

15cm

19.3cm

15cm

15cm

15cm

▲ 롱 점프

② 컨택 장애물(Contact Obstacle): A-판벽(A Frame), 도그워크(Dog Walk), 시소
(Seesaw)

A-판벽	삼각형 모양의 경사로로 구성되어 있으며, 다른 색상으로 구분된 접촉구역
도그워크	높이와 길이가 규정되어 있으며, 경사로 하단에 접촉구역 존재
시소	높이와 길이가 규정되어 있으며, 하단에 접촉구역 존재

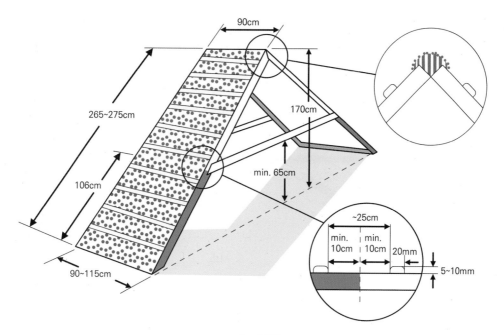

▲ A-판벽

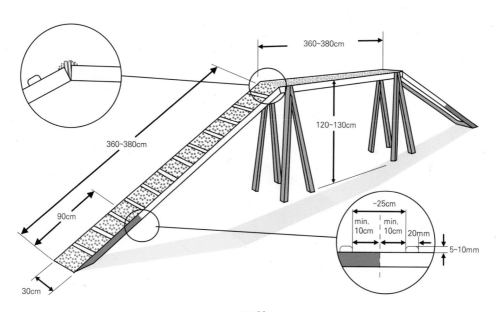

▲ 도그워크

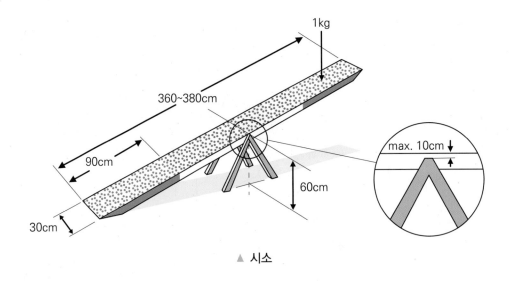

▲ 시소

③ **기타 장애물**: 튜브 터널(Tube Tunnel), 플랫 터널(Flat Tunnel), 위브 폴(Weave Pole) 등

튜브 터널	원통 모양의 터널로, 유연한 소재로 제작됨
플랫 터널	평평한 터널로 입구와 출구가 고정되어 있음
위브 폴	여러 개의 폴로 구성되어 있으며 폴의 높이와 간격이 규정되어 있음

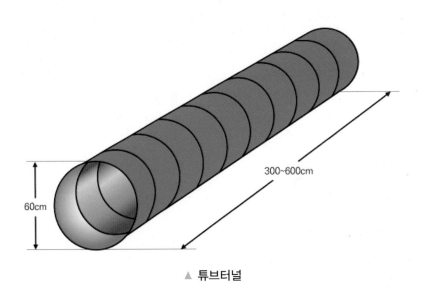

▲ 튜브터널

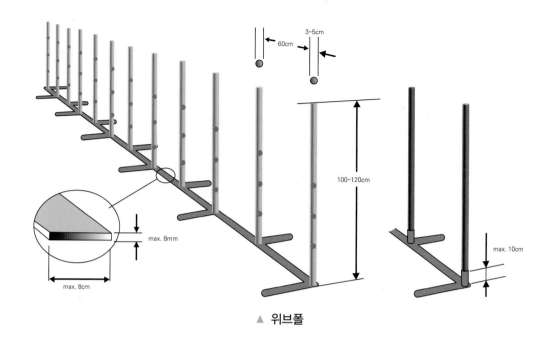

▲ 위브폴

(2) 디스크 독(Disk dog)

1) 정의

① 디스크 독은 원반을 투척하는 스포츠로, 디스턴스(Distance)와 프리스타일(Freestyle) 경기가 있음

② 1974년 알렉스 스테인(Alex Stein)이 다저스 스타디움에서 시작

③ **대표 국제대회:** 스카이하운즈대회(Sky Houndz), AWI(ASHLEY WHIPPET INVI TATIONAL), 인터내셔널챔피언십대회(International Championship), USDDN 월드파이널(United States Disc Dog Nationals) 등

2) 디스크 독 규정

① 디스크 독 경기장은 27m×45m 이상

② 필드는 평평하고 장애물이 없는 천연잔디 또는 인조잔디

③ 경기장에는 스로잉 라인과 거리를 표시

④ 지도사는 볼팅(vaulting) 시 참가견이 미끄러지지 않도록 적절한 복장 착용

디스턴스 (Distance)	• 디스턴스 어큐러시 경기는 60초 동안 획득한 점수 합산 • 지도사와 참가견은 경기 시작 전에 라인 뒤에 위치하고, 스로잉은 라인 뒤에서 실시 • 지도사가 라인을 밟으면 점수가 없음 • 경기 종료 전에 지도사의 손을 떠난 디스크를 참가견이 잡아야 점수 인정 • 디스크를 점프하여 캐치하면 0.5점 가산 • 득점은 참가견의 네 발이 모두 한 구역에 착지해야 인정 • 참가견이 2개의 구역에 착지하면 낮은 구역의 점수 인정 • 디스크를 치고 다시 잡는 경우 마지막 캐치 지점을 득점 • 페어스 디스턴트 어큐러시 경기는 시간이 90초 • 파워 디스크에서는 2번의 시도 중 더 좋은 기록을 인정
프리스타일 (Free Style)	• 음악에 맞추어 자유형식의 안무를 공연하며, 1라운드에 최대 90초 진행 • 한 경기에 여러 장의 디스크를 사용할 수 있음 • 디스크의 종류는 크기와 무게로 나뉘며, 단일 라운드에서는 한 종류의 디스크 사용 • 대형표준과 중형표준 디스크를 주로 사용하며, 소형견의 경우 소형 디스크 사용 • 디스크 독 훈련에 사용되는 용어: 스로우(throw), 오버(over), 볼팅(vaulting), 독 캐치(dog catch), 팀 무브먼트(team movement), 플립(flip), 저글링(juggling) 등

3) 디스크 독 경기종목

종목	세부 내용
디스턴스 어큐러시	60초 동안 디스크를 던져 거리에 따라 점수를 획득하는 경기
페어스 디스턴트 어큐러시	2인 1팀으로 90초 동안 교대로 디스크를 던져 거리에 따라 점수를 획득하는 경기
파워 디스크	디스크를 멀리 던져 개가 잡은 거리를 측정해 순위를 정하는 경기
프리스타일	여러 장의 디스크를 가지고 음악에 맞춰 90초 동안 안무를 보여주는 경기

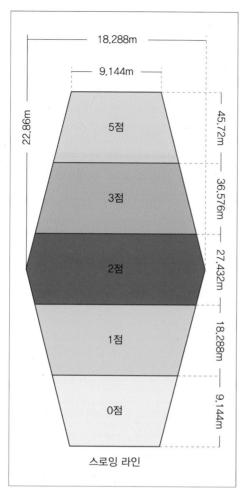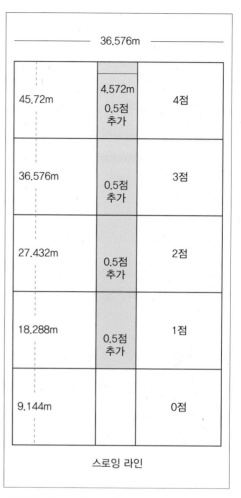

▲ 디스크독 경기장: 스카이 하운즈(좌), USDDN(우)

(3) 플라이 볼(Fly ball)

1) 정의

① 1970년대 후반, 캘리포니아에서 허들 경기에 테니스 게임을 결합한 형태 개발
② 플라이 볼 박스를 이용하여 참가견이 허들을 넘어 볼을 잡고 돌아오는 게임
③ 대표 국제대회: FCI에서 주최하는 세계플라이볼대회(FOWC, Flyball Open World Cup), 유럽플라이볼챔피언십(EFC, European Flyball Championship)

2) 플라이 볼 규정

① 참가견의 최소 나이는 경기 당일 기준 15개월 1일 이상
② 한 팀은 최대 6두의 참가견과 지도사, 박스로더로 구성

③ 한 레이스에는 4두의 참가견이 1팀 구성

④ 참가견이 부상을 입은 경우를 제외하고는 교체 불가

⑤ 생리 중인 참가견은 경기장 입장 불가

3) 경기 규칙 및 장비

① 허들 4개, 플라이 볼 박스 1개, 한 경기당 2세트 필요

② 허들의 내부판 너비는 61cm(편차 1cm 이내), 기둥은 60~90cm, 높이는 17.5~35cm

③ 볼 박스는 기계식 발사장치가 있어야 하며, 볼은 스타트 라인 방향으로 60cm 이상 날아가야 함

4) 경기장 및 코스

① 경기장은 20m 이상, 표면이 미끄럽지 않은 잔디·모래·매트

② 한 링에는 백스톱 보드에서 스타트·피니시 라인으로 이어지는 레이스 라인, 스타트 존, 엑시트 존 설치

5) 대회 용어

링(Ring)	레이스가 진행되는 경기장
히트(Heat)	4두의 참가견이 모두 코스를 왕복해 경기가 끝난 상태
레이스(Race)	한 링에서 출전 팀이 경기를 시작하여 끝날 때까지 여러 차례의 히트
디비전(Division)	출전 팀이 기록을 제시하면 사무처가 기록별로 레벨을 편성한 것
클린 타임(Clean time)	4두의 참가견이 실수 없이 한 히트를 완주하는 데 걸린 시간

6) 기타 용어

헤이트 독(Height dog)	해당 팀에서 가장 작은 참가견
박스 로더(Box loader)	박스에 공을 놓는 사람
백스톱(Back stop)	박스 뒷면 공간에 공이 굴러가는 것을 방지하기 위한 보드
박스 턴(Box turn)	상자를 터치 후 돌면서 뒷발로 차고 앞으로 나가는 것

7) FCI Fly ball 점프 규정

자뼈 길이	점프 높이
10.00cm 이하	17.5cm
10.00~11.25cm	20.0cm
11.25~12.50cm	22.5cm
12.50~13.75cm	25.0cm
13.75~15.00cm	27.5cm
15.00~16.25cm	30.0cm
16.25~17.50cm	32.5cm
17.50cm 이상	35.0cm

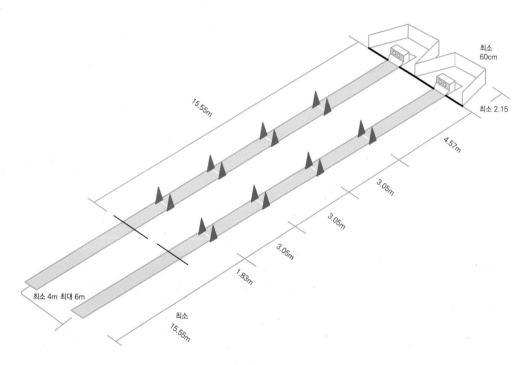

▲ 플라이 볼 경기장

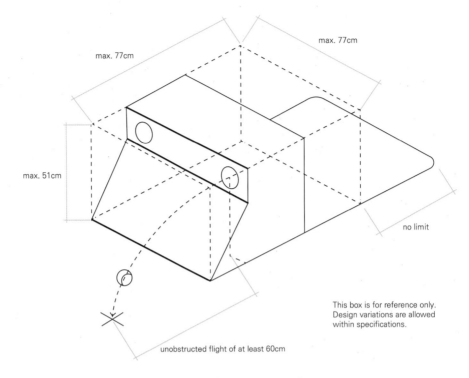

max. 77cm

max. 77cm

max. 51cm

no limit

This box is for reference only.
Design variations are allowed
within specifications.

unobstructed flight of at least 60cm

▲ 플라이 볼 박스 도면

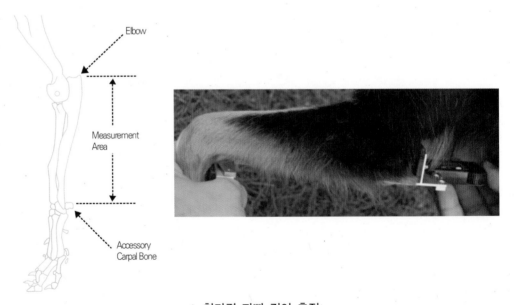

Elbow

Measurement
Area

Accessory
Carpal Bone

▲ 참가견 자뼈 길이 측정

(4) 반려견 스포츠 평가기준

1) 어질리티 평가기준

평가		세부 내용
시간		• 표준시간을 초과한 만큼 감점 • 코스 시간은 0.01초 단위 측정
코스	실패 (-5점)	• 허들의 봉, 월의 상단을 떨어뜨림 • 롱 점프 장애물 넘어뜨림 • 참가견이 장애물 접촉 • 접촉 장애물의 접촉구간을 밟지 않음 • 시소가 땅에 닿기 전 뛰어내림 • 위브 폴 중간에서 빠짐(1회만 실패 인정)
	거부 (-5점)	• 장애물 앞에서 멈추거나 도는 경우 • 허들 봉 아래로 지나감 • 터널에 머리나 발을 넣었다 다시 나옴 • 장애물의 거부 라인을 통과 • 위브 폴 진입을 잘못한 경우 • 시소에서 중간을 넘지 않고 내려옴 • 도그워크와 A-판벽에서 내리막에 진입하지 않고 뛰어내림
실격		• 지도사가 손에 무엇을 가지고 있는 경우 • 참가견의 목줄이 채워진 경우 • 심판의 출발신호 전에 출발 • 경기장 안에서 배뇨 및 배변 • 코스 진행순서와 다르게 장애물을 접촉하거나 시도 • 지도사가 장애물을 넘어뜨림 • 참가견을 거칠게 다룸 • 참가견이 지도사에게 공격성을 보임 • 경기장 안에서 참가견을 통제할 수 없다고 판단되는 경우 • 3회 거부하거나, 최대시간을 초과 • 위브 폴을 2회 이상 거꾸로 통과 • 지도사가 장애물을 뛰어넘음

2) 플라이 볼 대회의 종류별 평가기준

종류	세부 내용
라운드 로빈	• 레이스 승리 시 2점, 비길 경우 1점, 패배 및 실패 시 0점 • 가장 많은 포인트를 획득한 팀이 라운드 승리 • 두 팀의 포인트가 같은 경우 완주 시간이 빠른 팀이 승리
스피드 트라이얼	• 참가팀은 히트를 마친 후 완주 시간으로 순위 결정 • 가장 빠른 완주 시간이 동일한 경우 두 번째 빠른 완주 시간으로 결정
싱글 토너먼트 / 패자 부활전	• 레이스에 이긴 팀이 다음 레이스에 진출 • 패자부활전을 통해 레이스 1회 더 진행

3) 플라이 볼 평가기준

평가	세부 내용
파울 (재시도)	• 1번 참가견이 시간을 측정하기 전에 출발선을 넘는 부정출발 • 앞의 참가견이 피니시 라인을 통과하기 전에 다음 참가견이 출발하는 얼리 패스 • 허들을 넘지 않고 지나침 • 참가견이 달리는 동안 지도사가 스타트 라인을 넘어서 움직임 • 볼을 물지 않고 피니시 라인 통과
실격	• 한 팀이 워밍업을 끝낼 때까지 상대팀이 경기장에 나타나지 않음 • 상대팀의 참가견이나 지도사를 방해 • 심판을 방해하거나 시끄럽게 하면 경고 후 패배 선언 가능

3 공익견

▲ 마약탐지견

(1) 정의

① 공익견은 사회의 공적인 영역에서 특정한 목적을 위해 활용되는 특수목적견

② 장기간의 훈련과 적절한 훈련시설 등이 필요하므로 주로 국가기관에서 운용

③ 공익견은 특정 임무를 수행하기 위해 후각, 탐지, 인지 능력을 강화

④ 훈련은 주로 전문적인 지도사에 의해서 이루어지며, 이것은 공익견의 특수한 임무와 훈련, 그리고 공익적인 목적에 기인함

⑤ 공익견의 뛰어난 능력은 범죄 예방·해결, 인명구조, 안전보장 등 다양한 사회적 문제에 대한 대응력 향상

⑥ 사람들의 안전을 도모하며 사회적 안정을 유지하는 데 기여

▲ 인명구조견

⑦ 후각능력을 활용한 임무

탐지견	마약, 폭발물, 화학물질 등을 탐지하여 범죄 예방 및 수사에 활용
인명구조견	재난 현장에서 생존자를 찾아내는 데 이용
시신수색견	사고나 범죄 현장에서 사람의 시신을 찾아내는 데 활용
증거물수색견	범죄 현장에서 증거물을 찾아내는 데 이용
증거물식별견	범죄 현장에서 발견된 증거의 식별에 활용

(2) 탐지견

1) 정의

① 특정한 냄새를 기억하고 그것과 동일한 냄새를 발산하는 물질을 찾는 공익견
② 전통적으로 폭발물이나 마약을 탐지하는 데 활용
③ 최근에는 세균이나 식품 검사, 의료 진단 등 다양한 분야로 확대

2) 탐지견의 개관

① 발달
- 탐지견은 다른 공익견에 비해 상대적으로 늦게 시작
- 1960년대 말 지뢰탐지견에서 응용
- 현재는 대부분의 국가에서 운용

구분	개시	임무
경찰청	1986년	폭발물 탐지, 인명구조, 시신수색
관세청	1986년	마약 탐지
국립수의과학검역본부	2002년	육류 탐지
국방부	1966년	정찰, 추적, 폭발물 탐지
국토부	2021년	폭발물 탐지
소방방재청	2006년	인명 구조

② 우리나라의 탐지견 도입

폭발물탐지견	1986년 86아시안게임과 88서울올림픽을 대비하여 국방부, 경찰청, 관세청의 인원이 주한미공군에서 훈련 전수
마약탐지견	관세청에서 서울올림픽에 이용한 폭발물탐지견을 전환
식육류탐지견	2000년 국립수의과학검역본부에서 도입

3) 탐지견의 활용

시설물 탐지	• 시설물 외부를 먼저 탐지하여 안전을 확보하고, 출입문의 안전상태 확인 • 내부에 들어가면 구조와 집기 등을 파악하고 탐지순서와 방법을 결정, 전등이 꺼진 상태에서는 적응 후 탐지 • 실내 온도, 창문과 출입문, 천장의 높이, 냉·난방기 등을 파악하여 탐지에 반영 • 의심스러운 장소를 먼저 탐지하고, 이어서 좌석과 무대 등을 탐지
운송수단 탐지	• 그릴, 엔진룸, 범퍼, 휠, 도어, 트렁크, 주유구 등을 정밀하게 탐지 • 다수 차량 탐지 시 의심스러운 차량은 표식을 하고 전체를 탐지 후 다시 탐지 • 지도사와 탐지견의 안전에 유의

(3) 인명구조견

1) 인명구조견의 개관

① 인명구조견
- 알프스에서 Mount St. Bernard Hospice, St. Gothard가 인명구조견을 처음 활용
- 1961년 시로턱(William Syrotuck)에 의해 제기된 부유취 수색 방법이 미국 워싱턴 주에서 시작
- 실종자를 찾기 위해 임야지에서 넓은 지역을 수색
- 지진이나 붕괴로 인한 재난지역에서 생존자를 찾는 데 활용

② 시신수색견
- 1974년 뉴욕 경찰과 코네티컷 주 경찰이 시신수색견 활용
- 레브맨(Andrew Rebmann)이 인공냄새 물질 개발
- 부패한 시신에서 발산되는 특유의 냄새를 발견
- 동물의 사체가 아닌 인간의 시신 냄새에 반응할 수 있도록 훈련

자연적인 냄새	• 사람의 살, 혈액, 시신의 냄새가 밴 흙, 시랍 등 • 사람의 살은 부패 정도를 조절할 수 있어 좋은 재료 • 시신이 놓인 흙에 남은 냄새는 시신을 구성하는 모든 물질의 특징이 있고 사용이 용이함 • 자연적인 냄새는 구입과 취급이 어려운 단점
인공적으로 제조한 냄새 물질	• 취급이 쉽고 구하기 쉬운 재료 • 보관 중인 시료가 건조되면 사용하기 전에 물을 몇 방울 떨어뜨려 사용

2) 인명구조견의 활용

수색계획 수립과 협조	• 실종자에 대한 정보를 수집하고 관계기관과 협조하여 수색계획 수립 • 사건 배경, 실종자의 특성, 지형적 특성 등을 파악하여 수색
수색결과 보고와 보정	• 수색결과를 상세히 설명하고, 파악된 정보를 종합하여 수색계획 보정 • 구조견팀은 현장에 다시 투입하기 전에 새로운 정보를 포함한 수색상황을 점검
단서 처리와 정보 보안	• 발견된 단서는 소중하게 다루며 과잉대응 방지 • 모든 정보는 유효성을 확인할 때까지 보안 유지 • 잘못된 정보로 혼란을 일으키지 않도록 특별한 코드 사용
실종자 발견 시 대응	• 실종자 발견 시 위치와 상태를 보고하고, 필요에 따라 지원 요청 • 생존자는 응급처치 후 안전한 곳으로 이동
사망자 발견 시 대응	• 현장보존을 통해 증거 보존 • 구조견이 증거를 훼손하지 않도록 현장에서 떨어진 곳에서 보상
긴급구조 및 급속수색	• 긴급구조팀은 유력한 지역을 대상으로 먼저 수색 • 급속수색을 통해 지형평가에 필요한 자료 확보 • 급속수색 정보는 상세히 보고하며, 수색지역에 대한 도면화 및 기록
야간 수색	• 실종자는 시간이 지남에 따라 생존 가능성이 감소하므로 야간 수색 실시 • 실종자는 야간에 구조팀의 소리에 민감하게 반응 • 야간은 구조견이 인간 체취를 감지하기 좋은 조건

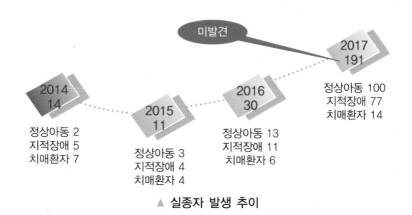

▲ 실종자 발생 추이

3) 시신수색견의 활용

사건 배경에 따른 접근	• 사건의 성격과 환경적 요인을 고려하여 유연하게 접근 • 수색방법은 사건의 발생 정황과 지형적 특성에 적합하게 조정
수색범위 및 방법	• 관계자들의 정보를 기반으로 타당도가 높은 지역부터 수색 • 바람의 방향을 고려하여 수색 진행하며, 주로 소로, 길의 종점, 길의 양편에 중점 • 시신 유기장소에 대한 신뢰할 수 있는 정보가 있을 때에는 정밀수색
길가 및 오염지역 수색	• 길가 수색은 길을 중심으로 50m 폭으로 수색 • 경사로는 위에서 아래로 수색 • 오염 지역에서는 수색견과 지도사의 안전을 위해 주의하며 수색 후 적절한 제독
우발적 사고와 계획적 살인	• 시신을 은폐하거나 가매장될 수 있으며, 주로 인적이 드문 곳에 유기 • 계획적 살인의 경우 시신을 사전에 선정한 장소에 신중하게 매장
연쇄살인과 자살자의 수색	• 연쇄살인범은 시신을 다양한 방법으로 숨김 • 자살자의 경우 발견되지 않기를 바라는 경우가 있으며, 주로 최후에 있었던 곳에서 발견
치매 환자 수색	• 행동패턴을 예상하기 어렵기 때문에 주변을 넓게 수색 • 멀고 거친 지형을 헤쳐 나가거나 우거진 숲으로 이동하는 경우가 많음

4 문제행동 교정

(1) 행동의 개념

① 행동은 내부·외부 자극에 반응하여 표현하는 움직임
② 목표동작을 중심으로 선동작과 후동작 결합
③ 유지행동은 생존에 필요한 행동으로, 개체적 행동과 사회적 행동으로 구분

개체적 행동	혼자서 표현하는 것 예 섭식, 배변, 몸단장, 운동, 탐색, 휴식, 놀이 등
사회적 행동	상대와 상호작용에 의하여 표현하는 것 예 생식행동, 모자행동, 의사소통, 사회적 놀이, 적대행동 등

④ 실의행동은 갈등행동과 이상행동으로 구분

갈등행동	• 목표동작이 방해받거나 모순된 동기가 있을 때 나타남 • 전위행동, 전가행동, 진공행동, 양가행동의 형태
이상행동	• 행동양식이나 빈도, 강도가 정상 범위를 벗어난 것 • 상동행동, 변칙행동, 이상반응으로 구분

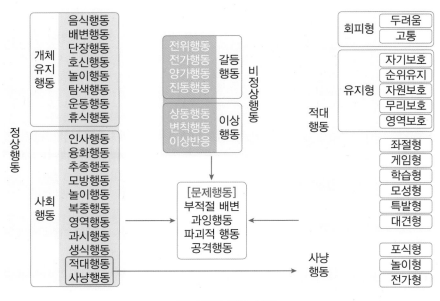

▲ 반려견의 행동 분류

(2) 문제행동의 의미와 요인

1) 의미

① 문제행동은 정상적인 행동양식을 벗어나 그 의도를 파악하기 어려운 실의행동

② 정상적 행동이지만 일반적인 허용범위를 벗어난 경우

③ 정상적 행동이지만 인간사회에 적합하지 않은 경우

④ 정상적 행동과 실의행동을 불규칙적으로 장기간에 걸쳐 예측할 수 없도록 표현하는 현상

2) 요인

① 문제행동의 발생요인은 생물학적 요인과 환경적 요인으로 구분

② **생물학적 요인**: 유전적인 특성, 견종 특성, 건강 상태, 감응수준, 성격, 정서 상태, 애착 관계, 성별, 연령, 행동발달 등

③ **환경적 요인**: 반려견의 생활공간을 이루는 조건과 양육자의 특성 등

생물학적 요인	유전적 특성	• 질병, 감응성, 성격, 정서 등 • 부모견의 정보를 통해 유전성 여부를 파악할 수 있음
	견종 특성	• 특정 견종은 특이한 문제행동을 보일 수 있음 • 활동성이 높은 견종은 좁은 공간에서 생활하면 과잉운동행동 발생 가능
	건강 상태	• 질병이나 건강 상태는 문제행동을 유발할 수 있음 • 귀 질환으로 인해 소리를 제대로 듣지 못하는 경우, 고관절 이형성이나 관절염으로 인해 움직임에 제약이 생기는 경우 등
	감응수준	• 과민한 감각수준은 문제행동 발생 가능성 높음 • 시각과 청각에 의한 문제행동이 빈번하게 나타남
	성격	• 신경성, 우위성 등의 성격적 특성으로 문제행동 발생 • 친화성이 낮거나 우위성이 높으면 공격성을 나타낼 수 있음
	정서 상태	• 정서적인 요소는 문제행동에 영향을 줌 • 무서움, 외로움, 화남 등이 지속되면 과도한 스트레스로 인해 문제행동이 발생할 수 있음
	애착관계	• 양육자와의 애착관계는 문제행동에 영향을 줌 • 불안전 애착은 파괴적 행동 및 과잉행동 발생
	성별	• 암캐와 수캐는 서로 다른 문제행동을 보임 • 수캐는 우위적 공격성이나 동성 간의 공격성을 보일 가능성이 높음
	기타	• 노령견은 인지적인 문제행동을 보일 수 있음 • 기타 행동이 정상적으로 발달하지 못하면 문제행동 발생
환경적 요인	생활조건	• 부적절한 시설은 정서적 불안정으로 문제행동을 초래할 수 있음 • 고온이나 저온은 활동량을 감소시키고 스트레스를 유발할 수 있음 • 과도한 소음이나 지속적인 자극은 스트레스 유발 • 영양소 부족 및 과잉은 신체적·정신적 건강에 영향을 줌 • 부족한 운동량은 상동행동을 유발할 수 있음 • 고립된 환경에서 장기간 생활하면 문제행동을 유발할 수 있음
	양육자	• 부적절한 관리능력은 문제행동 유발 • 불규칙한 생활방식은 다양한 문제행동을 유발할 수 있음

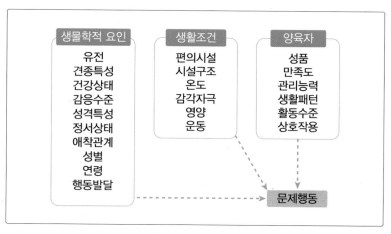

▲ 문제행동의 발생요인

(3) 문제행동 파악

1) 문제행동 상담: 양육자 상담

개체적 행동	섭식 □ 배설 □ 운동 □ 몸단장 □ 호신 □ 휴식 □ 탐색 □ 놀이 □
사회적 행동	생식 □ 모자 □ 의사소통 □ 적대행동 □
과거이력	• 문제행동이 발생한 계기는? • 최근 일어난 사건은? • 문제행동을 유지시키는 요인은? • 문제행동이 발생한 시기는? • 문제행동이 발생하기 바로 전 행동은? • 문제행동을 표현한 후에 행동은? • 문제행동이 발생할 당시에 있었던 사람은? • 문제행동이 발생한 장소는? • 문제행동과 관련된 다른 행동은? • 어린 시절 생활환경은? • 문제행동이 발생하였을 때 양육자나 가족의 대응 방법은? • 양육자의 행동이 문제행동을 악화시킨 적은? • 문제행동에 대하여 교정 받은 경험은? • 훈련을 받은 경험은?

2) 문제행동의 정체 파악

① 양육자는 모든 것을 말하기 어려우므로, 지도사가 문제를 정확히 식별해야 함
② 문제행동의 시작 시기 파악은 수준 파악에 중요함
③ 문제행동의 발생 시간 파악은 발생 빈도와 유형의 파악에 도움이 됨
④ 문제행동이 특정한 장소에서 발생하는지, 아니면 생활공간 전체에서 나타나는지 확인

3) 문제행동 관찰

① 관찰 주의사항
- 관찰 전에는 상담기록 및 질문지를 통해 목표동작을 명료화하고, 관찰 시 유의사항을 점검하고 필요한 장비 및 도구 준비
- 관찰 간 반려견의 행동에 영향을 미칠 수 있는 요인을 없애고 관찰환경을 최적화
- 관찰목표가 명확해야 행동을 심층적으로 파악할 수 있음
- 관찰할 때는 정해진 목표를 연속적이고 전체적으로 살핌
- 관찰자의 주관이 개입되지 않아야 신뢰할 수 있는 관찰 결과를 얻을 수 있음
- 관찰자는 목표동작의 선동작과 후동작을 파악
- 선동작과 후동작은 생략되는 경우가 있으므로 목표동작 출현에 주의
- 반려견의 문제행동이 사회적 관계에 의한 경우에는 제3자의 참여가 필요
- 사람의 개입이 필요한 경우 사전에 안정감을 가질 수 있도록 노력
- 관찰 간 양육자의 행동변화와 관찰자 및 보조자의 등장은 반려견의 정서에 부정적 영향을 줄 수 있음
- 참여자는 개입시기 및 요령을 사전에 정확히 인지하고 자연스럽게 연출

② 통제관찰과 비통제관찰

통제관찰	• 환경을 인위적으로 설정한 상태에서 특정한 행동을 관찰하는 방법 • 관찰조건을 목적에 맞게 조성하므로 문제행동 파악에 효과 • 인위적으로 설정된 환경이므로 실제 환경에서의 행동과 차이가 있을 수 있음 • 반려견에게 심리적인 부담을 줄 수 있음
비통제관찰	• 자연스러운 환경에서 반려견의 행동을 관찰하는 방법 • 일상의 환경을 유지하므로 다양한 행동을 관찰할 수 있음 • 목표 행동을 관찰하기가 어려울 수 있음 • 관찰자는 관찰에 앞서 목표 행동에 대한 발생 요건을 미리 파악

③ 관찰은 반려견의 비언어적인 신호에 기반
- 음성, 표정, 자세, 동작 등으로 구분
- 음성신호는 짖음, 으르렁거림, 낑낑거림 등
- 표정은 눈, 귀, 입의 변화
- 자세는 몸의 높낮이와 전후 방향성
- 꼬리의 위치와 흔드는 강도는 중요한 신호

④ 관찰기록

일화기록형	특정 행동을 중심으로 상세하게 기록하는 방법
목록점검형	점검표의 항목에 해당하는 사항을 기록하는 방법
척도평정형	행동의 표현 정도를 기록하는 방법

▲ 반려견 행동관찰 절차

(4) 문제행동 분석

1) 분석 방법

기능적 분석 방법	• 행동은 외부에서 관찰했을 때 비슷해 보이지만 실제로는 다른 원인에 의해 발생할 수 있는데, 이것은 하나의 행동이 여러 기능과 연관되어 있기 때문 • 또한 동일한 기능이 다른 행동으로 나타날 수 있음 • 기능적 분석은 행동과 관련된 다양한 행동체계를 이해하고, 문제행동이 유지되는 조건을 파악할 수 있음 • 기능적 분석은 문제행동이 발생하는 현재 조건에서 이루어짐
분석주의적 방법	• 반려견의 행동을 내적 요인이나 과거 경험을 기반으로 접근 • 문제의 원인을 충동, 두려움, 공격성, 생식욕 등과 같은 1차적 동기에 주로 둠
행동주의적 방법	• 행동이 발생된 결과에 중점을 둠 • 외부로 표현되는 행동을 객관적으로 관찰하고 분석 • 유전, 생리, 동기 등의 내적 요인보다 외부로 나타나는 현상에 주목 • 반복성, 가시성, 재현성이 장점
인지주의적 방법	• 지각, 정보처리, 기억 등의 사고 과정을 중시 • 반려견을 외부 환경에서 주어지는 정보를 능동적으로 처리하는 유기체로 여기므로 정서 상태 등이 행동에 영향을 미침
행동학적 방법	• 유전, 신경계, 내분비 등의 요인에 중점 • 생리적 요인이 행동에 큰 영향을 미치므로 문제행동의 대다수는 신경이나 호르몬의 부조화와 관련이 있다고 봄

2) 분석 절차

문제행동의 유형 분류	• 문제행동을 유형별로 분류하고 수준을 결정 • 개체유지행동 및 사회적 행동을 기반으로 심층 접근
표현행동 분석	• 문제행동을 유발하는 자극을 제시한 상태에서 표현행동을 정확히 분석 • 시간, 질, 크기 등을 측정기기를 활용하여 평가하면 효과적
횡단적·종단적 분석	• 분석요소 간 상관관계를 고려하여 한 시점에서의 횡단적 분석 • 시간에 따른 변화를 고려한 종단석 분석

3) 분석결과 종합

① 반려견의 기본정보는 많은 정보 내포
- 이름은 양육자의 만족도나 가정에서 반려견의 위치를 나타냄

- 연령은 문제를 파악하는 데 중요한 정보로, 어린 강아지와 노령견의 문제행동 원인은 다름
- 우위성 공격, 수컷 간의 공격, 배회행동 등은 성별에 따라 차이가 있음

② 행동을 정확히 이해하기 위해서는 반려견의 개체적 특성과 생활환경, 양육자의 특성을 고려하여 파악

4) 문제행동 진단

순서	과제	내용
1	문제행동의 명료화	문제행동을 구체적으로 파악하여 단순화
2	초기 교정목표 설정	문제를 해결할 초기 목표와 다음 단계의 방향 설정
3	문제행동 유발	문제행동이 표현되도록 환경 설정
4	문제 유지조건 확인	문제행동을 유지시키는 요인 파악
5	교정계획 실시	문제행동 교정계획 수행
6	교정결과 평가	교정계획을 실행한 결과 평가
7	추후평가	일정 기간이 경과된 후 평가

5) 문제행동 요인과 특성

① 건강상태
- 건강상태에 따라 공격행동, 접촉 거부, 수행 거부 등의 문제행동이 나타날 수 있음
- 청각 질환으로 인한 수행 거부, 관절 질환으로 인한 움직임 거부 등
- 감각기관의 이상으로 불안, 과도한 반응, 소변 감소 등의 문제행동 발생

② 정서상태
- 두려움, 외로움, 화남, 즐거움 등에 따라 각기 다른 문제행동이 나타날 수 있음
- 두려움으로 배뇨, 공격행동 등이 나타남
- 외로움에는 과잉 침 흘림, 하울링 등이 나타남

③ 행동발달
- 사회화기 이전의 촉각 및 열 자극 미노출로 인한 과잉행동
- 생후 20주 이내의 다양한 환경자극 부족으로 인한 새로운 것에 대한 두려움

④ 부적절한 섭식으로 다식증, 비만, 식욕부진 등의 문제행동이 나타날 수 있음

⑤ 훈련 부족, 질병, 불안 등에 의해 부적절한 배변행동

⑥ 부적합한 사회적 관계에 의하여 공격성, 파괴적 행동, 과잉짖음 등 발생

⑦ 생식행동의 이상으로 인해 마운팅, 자위 등 발생

⑧ 두려움, 처벌, 과도한 자극 등의 이유로 적대적 공격행동

⑨ 불편함에 따라 짖음, 배뇨 등의 증상

⑩ 부적절한 시설 및 구조, 불규칙한 일과시간 등으로 다양한 문제행동 발생

6) 행동분석서

① 행동분석서는 문제행동을 종합적으로 파악하는 데 중요
② 양육자와 반려견의 개별 정보를 포함하며, 행동교정의 목적과 목표, 분석에 사용된 방법과 내용, 문제행동의 종류 및 원인을 요약 기술
③ 사용하는 용어와 문장은 이해하기 쉬워야 함
④ 분석 내용은 쉽게 이해할 수 있도록 세부적으로 작성
⑤ 훈련계획과 행동교정의 기반이 되므로 세밀하게 작성
⑥ 객관적 기준으로 분석
⑦ 양육자의 사고방식, 생활습관, 반려견과의 상호관계, 태도 등

(5) 문제행동 교정 수행

1) 교정 절차

① 행동분석서를 근거로 파악된 문제행동 확인
② 여러 문제가 발견된 경우 하나씩 해결
③ 명확한 문제행동을 대상으로 교정 초기 목표 설정
④ 초기 목표를 달성하기 위한 구체적 계획 수립
⑤ 문제행동을 유지시키는 조건을 파악한 후 교정계획 실행
⑥ 마지막으로 행동교정 성과 평가

2) 교정 준비

> **TIP**
>
> • 감응성이 예민한 반려견을 위하여 감각자극 최소화
> • 바닥은 미끄럽지 않은 자재를 사용하여 안정감 제공
> • 반려견이 편안하게 휴식할 수 있는 공간 마련
> • 다른 개들로부터 스트레스를 받지 않도록 대비
> • 지도사는 개가 놀라거나 흥분하지 않도록 행동

환경 조성	• 변화된 환경은 스트레스를 줄 수 있으므로 저해 요인을 최소화 • 민감한 반려견은 천으로 몸을 래핑하여 촉감 둔화 • 반려견이 좋아하는 용품을 다양하게 준비
반려견과의 교감활동	• 행동 교정에 앞서 교감활동을 통해 친화감 형성 • 반려견이 안심할 때까지 기다림 • 다른 개들과의 상호작용을 통해 긴장 해소

3) 행동교정 수행

① 조작적 조건화는 재현 가능한 과학적 방법으로 문제행동 교정에 주로 사용
② 이 방법은 문제행동이 표현되는 현재 행동에 중점
③ 주로 문제행동을 유지시키는 결과를 조절하여 해결
④ 행동교정에 사용되는 주요 방법: 풍부화, 선행 통제, 상반행동 강화, 차별 강화, 둔감화, 소거, 역조건화, 임시격리, 질책

풍부화	• 풍부화(enrichment)는 반려견에게 정상적인 행동을 할 수 있는 환경을 제공 • 개체유지행동과 사회적 행동에 대한 욕구를 충족시키는 환경 조성 • 적절한 공간에 자연적인 환경 요소 제공 • 시각, 청각, 후각, 촉각 자극 제공 **TIP** **반려견의 복지를 위한 5대 조건** • 신선한 물과 음식을 제공한다. • 편안하게 쉴 수 있는 집과 휴식공간을 제공한다. • 질병과 부상의 고통에서 자유롭게 한다. • 정상적인 행동이 가능하도록 충분한 공간과 시설, 동종의 친구를 제공한다. • 두려움과 고통을 피할 수 있는 적절한 환경을 제공한다. 　　　　　　　　　　　　　　　　　　　　　－영국 산업동물복지위원회(1993)
선행 통제	• 문제행동이 발생하지 않도록 유발요인을 사전에 통제하는 방법 • 부작용을 최소화하면서 문제 해결
상반행동 강화	• 문제행동과 동시에 수행하기 어려운 동작을 요구하는 방법 • 문제행동과 양립할 수 없는 다른 행동을 유도하여 문제 해결
차별 강화	• 문제행동을 억제하고 바람직한 행동을 증강하는 방법 • 증강해야 할 행동과 감약시켜야 할 행동을 강화 및 약화
둔감화	• 특정 자극에 대한 반응을 낮추는 방법 • 점진적 둔감화와 홍수법으로 구분 • 점진적 둔감화는 문제를 유발하는 자극에 대해 조금씩 익숙해지도록 하는 방법 • 홍수법은 문제요인에 대하여 높은 수준으로 노출시키는 방법
소거	• 불필요한 행동을 제거하는 방법 • 파블로프 조건화에서는 조건자극과 연결된 무조건자극을 해제 • 조작적 조건화에서는 문제행동을 표현할 때 강화물을 주지 않음
역조건화	• 역조건화는 조건화된 행동에 대하여 그 결과를 다르게 적용하는 방법 • 바람직하지 않은 행동을 완화하거나 제거하는 데 효과

임시격리	• 반려견을 지도사와 훈련 장소로부터 격리하는 방법 • 특정 행동을 방지하거나 행동을 끊는 데 사용 **TIP** **임시격리의 유의사항** • 너무 오랜 시간 동안 격리하는 것은 훈련 목적을 상실 • 격리 공간은 사회적 관계가 단절되고, 안락하지 않아야 함 • 격리할 때 편안한 상태에 놓여서는 안 됨 • 격리 공간은 다른 강화요인이 없어야 함
질책	• 인간의 언어를 이용하여 행동을 약화시키는 방법 • 조건화된 언어를 사용 • 실행어를 크게 사용하지 않을 것 **TIP** **질책의 유의사항** • 조건화되지 않은 불필요한 인간의 언어 남발은 반려견을 위축시키고 혼란스럽게 함 • 질책은 조건화 과정에서 조용하고 엄숙한 목소리로 결합 • 반려견을 비난하거나 감정적으로 화를 내는 행동은 금지

CCPDT 혐오자극 최소화 지침

• 리마(LIMA, Least Intrusive Minimally Aversive: 혐오자극의 최소 사용을 위한 지침)
 –리마는 반려견이 싫어하는 자극을 가급적 사용하지 않기 위한 것이다.
 –반려견의 문제행동은 대부분 생활환경의 개선, 신체적 안락, 대안행동의 강화, 자극에 대한 둔감화, 역조건화 등으로 개선할 수 있다.
 –지도사는 반려견에게 피해가 가장 작은 방법을 사용하고, 그에 필요한 능력을 갖추어야 한다.
 –리마는 우호적인 방법이 있음에도 혐오적 자극을 사용하는 행위를 금지한다.
• 행동지도사의 능력
 –지도사는 이를 위해 지속적인 연구와 노력을 통해 능력을 향상시켜야 한다.
 –또한 자신의 역량과 경험 한계를 벗어난 문제는 개입하지 않아야 한다.
• 우호적 강화에 대한 이해
 –반려견의 행동을 강화시키거나 약화시키는 자극은 지도사의 판단이 아니다.
 –지도사는 '강화는 반려견이 결정한다'는 점을 중시해야 한다. 따라서 핸들링·펫팅·음식·용품·환경 등은 지도사가 결정하지 않아야 한다.
 –지도사는 우호적 방법을 먼저 선택한다. 이는 공격성 완화, 집중력 향상, 두려움 저하로 연계된다.
• 체계적인 문제해결 수단
 –지도사는 훈련의 목표와 결과를 판단할 수 있도록 일관되고 체계적인 방법으로 접근한다.
 –지도사는 훈련 및 행동교정 방법을 다양하게 활용할 수 있다. 다만, 개의 수용능력과 영향을 이해하고 윤리적으로 적용해야 한다.

- 혐오자극 남용 금지
  - 리마는 비윤리적인 처벌, 과도한 통제, 감금 격리의 부적절하고 남용으로 인한 잠재적인 영향을 예방하고자 한다.
  - 처벌은 공격성 증진, 행동 억제력 약화, 두려움 증가, 신체적 피해, 양육자에 대한 부정적 인식, 문제행동 증가로 이어진다.
- 반려견의 선택권 존중
  - 이 지침은 반려견이 선택할 수 있는 기회를 주기를 권고한다.
  - 지도사는 반려견의 개체별 특성, 선호도, 능력 및 요구를 존중해야 한다.
- 우리는 반려견에게 무엇을 원하는가?
  - 리마는 반려견이 원하는 행동을 강화하는 데 중점을 두고 '당신은 개가 어떻게 행동하기를 바라나요?'라고 묻는다.
  - 처벌에 의존하는 훈련은 이 질문에 대답하기 어렵다. 반려견이 원하는 행동을 배울 수 있는 기회를 제공하지 않기 때문이다.
  - 이러한 리마의 방침은 E칼라, 초크체인, 프롱칼라의 사용에 국한되지 않는다.

⑤ 문제행동의 윤리적 해결 절차
- 훈련이나 행동교정 방법을 결정할 때 아래의 6단계 절차를 적용함
- 아래 절차는 행동교정을 안내하는 역할을 함

	항목	세부 내용
1단계	건강 및 환경풍부화	• 영양 및 질병문제 해결 • 생활환경 풍부화
2단계	문제요인 제거	• 문제행동을 파악하여 원인 제거
3단계	우호적 강화	• 바람직한 행동이 발생하도록 우호적 강화물 제공
4단계	대안행동 강화	• 대체 가능한 행동 강화
5단계	부적 약화, 부적 강화, 소거	• 문제행동을 유지시키는 요인 제거 • 목적 행동을 높이기 위해 우호적 자극 부가 • 문제행동을 기준 이하로 억제 또는 제거
6단계	혐오자극	• 혐오적 자극의 윤리적 적용

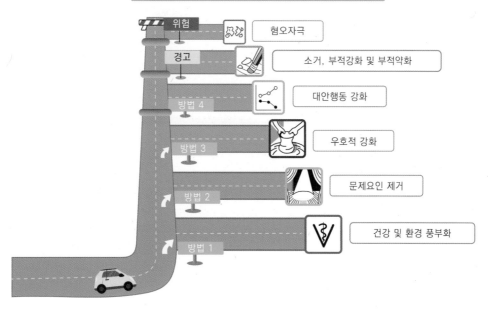

▲ 문제행동의 인도적 해결 절차

4) 교정완료

① 교정결과는 문제행동의 요인에 따라 차이를 보임
② 반려견이 처한 환경이나 양육자의 행동도 교정 결과에 영향을 줌
③ 반려견의 특성, 양육자의 의지는 교정 결과에 영향을 줌
④ 양육자가 교정에 대한 일관된 접근 방식을 취하는 것이 중요
⑤ 교정목표를 기준으로 일관성 있게 교정이 이루어지고 있는지 평가
⑥ 일관성 있는 교정은 양육자와 반려견 사이의 신뢰 제고
⑦ 교정 과정을 지속적으로 모니터링하고 필요한 조치를 취하여 교정 결과 최대화

(6) 주요 문제행동의 요인과 교정 방법

1) 주요 문제행동의 요인

주요 요인 \ 문제행동	부적절한 배변	파괴적 행동	과잉 짖음	적대적 공격행동
영역보호	○		○	○
두려움	○		○	○
놀이		○	○	○
방어			○	○

주요 요인 ＼ 문제행동	부적절한 배변	파괴적 행동	과잉 짖음	적대적 공격행동
흥분	○		○	
관심유인		○	○	
통증			○	○
호신행동		○		
복종	○			
후각 자극	○			
선호 장소	○			
사회적 격리		○		
상동행동				
집단적 행동			○	
욕구불만				○
모성				○
우위				○
전가행동				○
소유욕				○
사냥성				○
특발성				○

2) 문제행동의 주요 요인별 교정

① 영역보호

부적절한 배변	• 행동이 발생되는 장소나 자극에 노출시키지 않음 • 영역표시 대상 근처에 양면테이프를 설치하거나 잘 보이지 않는 줄 설치 예방 • 중성화수술로 효과적 보완 • 배뇨 장소에 간식을 놓아 영역표시의 대상에서 전환
과잉 짖음	• 짖음을 유발하는 자극에 노출되지 않도록 함 • 통행인에 대하여 짖으면 가림막 설치 • 방문객에게 대하여 짖으면 방문 시간 전에 반려견을 다른 방에 둠
적대적 공격행동	• 통행인을 지속적으로 위협하는 경우 위치 이동 • 산책 시에 나타내는 공격행동은 이동로 수시 변경 • 방문객 예정 시간 전에 현관 벨을 차단하거나 다른 장소에 둠

② 두려움

부적절한 배변	• 두려워하는 요인에 우호적 경험 제공 • 양육자와의 상호작용 강화로 안정감 제공 • 충분한 활동으로 안정감 유지 • 두려워하는 자극에 대하여 점진적 둔감화
과잉 짖음, 적대적 공격행동	• 두려움 유발 요인을 역조건화 • 두려움 유발 요인에 둔감화 • 풍부화 실시

TIP

- **일상적인 외출 행동의 반복**
  - 양육자의 외출을 예상하지 못하도록 일상적인 외출 행동 반복
  - 외출과 무관하게 하루에 수 회 반복
  - 반려견이 동요하면 무시하거나 엎드려 자세 요구
- **양육자는 외출을 준비하는 동안 반려견에게 무관심**
- **짧은 시간 외출 시작**: 훈련시간은 반려견의 행동을 보고 결정하며, 점차 외출 시간을 늘려 반려견이 외출 시간을 예상할 수 없도록 함
- **양육자를 지속적으로 따라다니는 경우**
  - 기다려 자세를 취하도록 요구
  - 숙달되면 양육자가 보이지 않는 시간을 늘림
- **귀가 시 안정된 행동 유도**
  - 귀가 시 반려견의 흥분이 가라앉을 때까지 무시
  - 안정된 행동 요구
  - 반려견의 요구에 반응하지 않고 기다려 자세 요구

③ 놀이

파괴적 행동	• 대안행동 강화 • 문제가 발생되지 않도록 선행통제 • 새로운 장난감 제공 • 장시간 흥미를 유발하는 장난감 제공
과잉 짖음	• 다른 개와 놀다 심하게 짖으면 일시 격리 • 장난감을 향해 심하게 짖으면 빼앗거나 충분히 제공 • 놀이과정에서 짖음이 심해지면 자극수준이 낮은 장난감을 제공 • 짖음 방지용 목줄은 개들 사이에 싸움이 일어날 수 있으므로 주의
적대적 공격행동	• 줄다리기와 같은 게임 피함 • 공격적 행동이 발생되면 중단하고 일시적 격리 • 사람을 물면 놀이 기회를 빼앗긴다는 것을 알려줌 • 굉음이나 시트로넬라(Citronella)와 같은 자극성 냄새로 억제

④ 방어

과잉 짖음	• 생활환경 변화 • 역조건화로 유발 자극 중립화 • 둔감화로 유발 자극 중립화 • 불완전한 사회화에 의한 경우 다양한 조건에서 다른 사람과 상호작용 • 환경에 대한 풍부화 • 양육자의 태도 변화
적대적 공격행동	• 방어성 공격성을 유발하는 장난이나 손을 흔드는 것과 같은 동작 주의 • 다른 개의 접근에 유발되는 경우 외부견 방문 방지 • 다른 사람이나 개를 만날 때 양육자가 먼저 접근 • 양육자와 인사하는 사람에 대하여 공격성을 나타내면 멀리서 신호하는 것부터 교육

⑤ 흥분

부적절한 배뇨	• 안정적 자세 요구 • 장난감이나 간식을 제공함으로써 양육자를 반기는 행동 최소화 • 양육자나 방문객은 반려견을 외면하고 안정될 때까지 기다림 • 처벌은 이 문제를 더욱 악화시킬 수 있으므로 주의 • 양육자의 표정이나 행동의 미묘한 변화도 배뇨를 유발할 수 있으므로 주의
과잉 짖음	• 양육자와 상봉할 때 짖으면 바로 접근하지 않음 • 짖을 때 무관심하고 안정된 후에 애정 표시 • 짖음이 멈출 때 보상하는 역조건화

⑥ 관심유인

파괴적 행동	• 양육자의 태도 변화 • 바람직한 행동을 할 때 관심을 줌으로써 적절한 행동 강화 • 문제의 장소 근처에 건드리면 큰 소리가 나는 덫 설치 • 반려견이 이미 그 물건을 가지고 있는 경우에는 다른 장소로 불러 간식을 주거나 '기다려'를 시킨 후 회수 • 중요하지 않은 물건을 파손하고 있는 경우에는 무시하고 다른 방으로 가서 관심을 주지 않는 방법으로 서서히 제거
과잉 짖음	• 짖음이 멈출 때까지 기다린 후 멈추면 강화 • 교정과정에서 말로 질책하는 것은 양육자의 관심을 받는 데 성공한 결과로 작용하므로, 짖음이 멈추면 관심을 보여줌 • 관심을 유발하는 상황 미리 피함

⑦ 통증

과잉 짖음	• 질병에 의한 짖음은 원인 치료 • 양육자의 처벌에 의한 경우 그 행동 중단 • 원인을 파악하기 어려울 때는 질병 검진
적대적 행동	• 질병 원인을 파악하여 치료 • 질병 치료과정에서 기억된 고통에 의한 공격성은 역조건화

⑧ 호신행동(파괴적 행동)
- 적절한 환경 조성
- 전용 보금자리 또는 침대 등을 제공
- 바닥을 파는 행동을 대체할 수 있도록 흙이나 모래로 채워진 장소 제공
- 특정한 장소에 집중적으로 문제행동을 일으키면 줄을 치거나 건드리면 큰 소리가 나는 덫 설치

⑨ 과도한 복종심(부적절한 배뇨)
- 위협적 자세나 손짓 금지
- 반려견에게 다가갈 때는 무릎을 구부리거나 바닥에 앉음
- 반려견을 서 있는 자세로 유지
- 앉거나 누운 자세는 반려견에게 배뇨를 유발하므로 유의

⑩ 후각 자극(부적절한 배변)
- 다른 개나 자신의 배설물 냄새 제거
- 효소 세정제를 사용하여 냄새 중화
- 해당 장소에 다른 냄새를 추가하여 장소 변화시킴
- 원하는 장소에 배변하도록 훈련

⑪ 선호 장소(부적절한 배변)
- 적절한 배변장소 훈련
- 배변하기 좋은 환경을 조성하여 편안하게 배변하도록 유도
- 적절한 표면 제공
- 악기상 조건에도 배변할 수 있는 장소 제공
- 배변하면 안 되는 장소에 줄이나 장애물 설치하여 접근 방지
- 배변 흔적 제거

⑫ 사회적 격리(파괴적 행동)
- 생활환경 풍부화
- 양육자와 함께 지내고, 활동공간을 넓혀 행동을 자유롭게 해줌

⑬ 상동행동(과잉 짖음)
- 갈등 요인을 파악하여 풍부화
- 역조건화 적용하여 안정시킴
- 우호적인 방법으로 안정된 행동 강화
- 처벌은 공격성을 야기할 수 있으므로 부적절

⑭ 집단적 행동(과잉 짖음)
- 다른 개가 없는 곳으로 이동
- 다른 개들의 소리가 들리지 않도록 환경 조절

⑮ 욕구불만(과잉 짖음)
- 원인으로부터 격리
- 다른 동물이나 개의 접근 방지
- 소리에 의한 발생은 배경음악 송출
- 후각을 자극하는 요인 제거
- 대안행동을 할 수 있도록 환경풍부화

⑯ 모성(적대적 행동)
- 모견의 공격성은 대부분 이유 후 사라짐
- 자극을 유발하는 사람이나 개의 접근 방지
- 가족 모두에게 행동을 보이면 다른 곳으로 불러 음식을 주거나 관리
- 공격성을 보이는 요인에 대하여 점진적 둔감화

⑰ 우위(적대적 행동)
- 유발요인 사전 제거
- 동거견들 경쟁적 관계 방지
- 동거견에 대한 적대적 행동은 우위에 있는 개를 응원하고, 하위 개들에게 순응행동을 유도하여 안정화
- 양육자에 대한 우위성 공격은 우열 관계 새롭게 설정
- 반려견이 요구하는 것을 제공하지 않는 방법으로 변화
- 생소한 개에 대한 공격적 행동은 하위적 행동 유도

⑱ 전가행동(적대적 행동)
- 다른 유발요인 접근 차단
- 낯선 개가 옆을 지나갈 때는 혼자 놔두거나 동거견 이격

⑲ 소유욕(적대적 행동)
- 음식이나 특정한 물건에 대하여 발생되는 공격성은 접근기회 인위적 조절
- 접근을 차단하기 어려운 경우 다른 장소로 부름
- 특정 대상을 포기하면 더 큰 강화물 제공

⑳ 사냥성(적대적 행동)
- 큰 피해를 줄 수 있으므로 지속적으로 감시하거나 안전한 견사에 관리
- 통제권에 있도록 '와' 훈련
- 사냥욕구를 자극하는 다양한 상황에서 통제력 강화
- 무선장치를 이용 훈련
- 무해한 자극(시트로넬라) 이용 억제

㉑ 특발성(적대적 행동): 이 행동은 제어하기 어려우므로 한시적이지만 입마개를 씌우거나 사람의 접근 제한

PART

03 반려동물 훈련학 예상문제

01 다음 중 반려견 훈련의 특성이 <u>아닌</u> 것은?

① 훈련된 반려견은 자신감을 갖고 있다.
② 훈련을 통해 다른 행동을 변화시키는 기반 능력을 얻을 수 있다.
③ 행동의 강도와 속도가 증가하고 정확도가 향상된다.
④ 훈련 목적에 적합한 행동을 늘리는 것이 주목적으로, 부적절한 행동 감소까지 기대하기는 어렵다.

(해설) 반려견은 훈련을 통해 훈련 목적에 적합한 행동이 늘어나며 부적절한 행동 또한 감소할 수 있다.

02 반려견 훈련에서 학습의 4단계로 볼 수 <u>없는</u> 것은?

① 유지(Maintenance) 단계
② 진단(Diagnosis) 단계
③ 일반화(Generalization) 단계
④ 유창(Fluency) 단계

(해설) 학습의 4단계로는 습득, 유창, 일반화, 유지의 4단계가 있다.

03 반려견 훈련 시에 사용하는 강화물의 종류 중 유형강화물의 특징으로 옳은 것은?

① 동기를 직접적으로 자극하므로 효과가 높다.
② 유형강화물의 형태로는 칭찬, 신체적 접촉, 사회적 관계가 있다.
③ 훈련 초기에는 효과가 낮은 편이다.
④ 사용이 편리하여 적시에 보상할 수 있다는 장점이 있다.

(해설) ②·③·④번 해설은 무형강화물의 특징에 대한 설명이다.

04 다음 중 문제행동 진단에 대한 설명으로 가장 적합하지 <u>않은</u> 것은?

① 교정 목표를 설정하기 전 문제행동을 구체적으로 파악하도록 한다.
② 문제행동이 표현되도록 환경을 설정해야 한다.
③ 문제행동을 유지시키는 요인을 파악할 수 있어야 한다.
④ 행동교정이 끝난 뒤에는 문제행동에 대한 평가를 생략할 수 있다.

(해설) 교정계획을 실행한 결과를 평가한 후에는 반드시 추후 평가가 시행되어야 한다.

05 다음 중 '과잉 짖음'에 대한 일반적인 교정 내용으로 보기 <u>어려운</u> 것은?

① 자주 짖는 장소에 간식을 놓아 교정
② 가림막 설치
③ 짖음을 유발하는 자극에 노출되지 않도록 함
④ 방문객 방문 전 반려견을 다른 방에 둠

(해설) 부적절한 배변을 교정하기 위한 효과적인 방법 중 배뇨 장소에 간식을 놓아 영역표시의 대상에서 전환하는 방법이 있다. 이것은 과잉 짖음에 대한 교정 방법으로는 보기 어렵다.

memo

PART 04

직업윤리 및 법률

CHAPTER
01 동물보호법

TIP

적용법령 기준
- 동물보호법 [시행 2024. 4. 27.] [법률 제19486호, 2023. 6. 20., 일부개정]
- 동물보호법 시행령 [시행 2024. 4. 27.] [대통령령 제34452호, 2024. 4. 26., 일부개정]
- 동물보호법 시행규칙 [시행 2024. 5. 27.] [농림축산식품부령 제657호, 2024. 5. 27., 일부개정]

제1장 • 동물의 이해(개념 및 정의)

1 동물의 정의(동물보호법 제2조 제1호 / 시행령 제2조)

"**동물**"이란 고통을 느낄 수 있는 신경체계가 발달한 척추동물로서 포유류, 조류, 파충류·양서류·어류 중 농림축산식품부장관이 관계 중앙행정기관의 장과의 협의를 거쳐 식용(食用)을 목적으로 하는 것은 제외한 동물을 말함

> **동물보호법 제2조(정의)** 이 법에서 사용하는 용어의 뜻은 다음과 같다.
> 1. "동물"이란 고통을 느낄 수 있는 신경체계가 발달한 척추동물로서 다음 각 목의 어느 하나에 해당하는 동물을 말한다.
>   가. 포유류
>   나. 조류
>   다. 파충류·양서류·어류 중 농림축산식품부장관이 관계 중앙행정기관의 장과의 협의를 거쳐 대통령령으로 정하는 동물
>
> **동물보호법 시행령 제2조(동물의 범위)** 「동물보호법」(이하 "법"이라 한다) 제2조 제1호 다목에서 "대통령령으로 정하는 동물"이란 파충류, 양서류 및 어류를 말한다. 다만, 식용(食用)을 목적으로 하는 것은 제외한다.

2 반려동물의 정의(동물보호법 제2조 제7호 / 시행규칙 제3조)

"**반려동물**"이란 반려(伴侶)의 목적으로 기르는 개, 고양이, 토끼, 페럿, 기니피그 및 햄스터를 말함

> **동물보호법** 제2조(정의) 이 법에서 사용하는 용어의 뜻은 다음과 같다.
>   7. "반려동물"이란 반려(伴侶)의 목적으로 기르는 개, 고양이 등 농림축산식품부령으로 정하는 동물을 말한다.
> **동물보호법 시행규칙** 제3조(반려동물의 범위) 법 제2조 제7호에서 "개, 고양이 등 농림축산식품부령으로 정하는 동물"이란 개, 고양이, 토끼, 페럿, 기니피그 및 햄스터를 말한다.

3 유실·유기동물의 정의(동물보호법 제2조 제3호)

"**유실·유기동물**"이란 도로·공원 등의 공공장소에서 소유자등이 없이 배회하거나 내버려진 동물을 말함

4 맹견의 정의(동물보호법 제2조 제5호 / 시행규칙 제2조)

"**맹견**"이란 사람의 생명이나 신체 또는 동물에 위해를 가할 우려가 있는 다음의 개와 사람의 생명이나 신체 또는 동물에 위해를 가할 우려가 있어 시·도지사가 명령하거나 신청을 받아 기질평가를 거쳐 맹견으로 지정한 개를 말함

(1) 도사견과 그 잡종의 개

(2) 핏불테리어(아메리칸 핏불테리어를 포함한다)와 그 잡종의 개

(3) 아메리칸 스태퍼드셔 테리어와 그 잡종의 개

(4) 스태퍼드셔 불 테리어와 그 잡종의 개

(5) 로트와일러와 그 잡종의 개

> **동물보호법** 제2조(정의) 이 법에서 사용하는 용어의 뜻은 다음과 같다.
>   5. "맹견"이란 다음 각 목의 어느 하나에 해당하는 개를 말한다.
>   가. 도사견, 핏불테리어, 로트와일러 등 사람의 생명이나 신체 또는 동물에 위해를 가할 우려가 있는 개로서 농림축산식품부령으로 정하는 개
>   나. 사람의 생명이나 신체 또는 동물에 위해를 가할 우려가 있어 제24조 제3항에 따라 시·도지사가 맹견으로 지정한 개

> 동물보호법 제24조(맹견 아닌 개의 기질평가) ① 시·도지사는 제2조 제5호 가목에 따른 맹견이 아닌 개가 사람 또는 동물에게 위해를 가한 경우 그 개의 소유자에게 해당 동물에 대한 기질평가를 받을 것을 명할 수 있다.
> ② 맹견이 아닌 개의 소유자는 해당 개의 공격성이 분쟁의 대상이 된 경우 시·도지사에게 해당 개에 대한 기질평가를 신청할 수 있다.
> ③ 시·도지사는 제1항에 따른 명령을 하거나 제2항에 따른 신청을 받은 경우 기질평가를 거쳐 해당 개의 공격성이 높은 경우 맹견으로 지정하여야 한다.
> 동물보호법 시행규칙 제2조(맹견의 범위) 「동물보호법」(이하 "법"이라 한다) 제2조 제5호 가목에 따른 "농림축산식품부령으로 정하는 개"란 다음 각 호를 말한다.
> 1. 도사견과 그 잡종의 개
> 2. 핏불테리어(아메리칸 핏불테리어를 포함한다)와 그 잡종의 개
> 3. 아메리칸 스태퍼드셔 테리어와 그 잡종의 개
> 4. 스태퍼드셔 불 테리어와 그 잡종의 개
> 5. 로트와일러와 그 잡종의 개

5 등록대상동물의 정의(동물보호법 제2조 제8호 / 시행령 제4조)

"등록대상동물"이란 동물의 보호, 유실·유기(遺棄) 방지, 질병의 관리, 공중위생상의 위해 방지 등을 위하여 등록이 필요하다고 인정하여 주택 및 준주택에서 기르는 개, 주택 및 준주택 외의 장소에서 반려(伴侶) 목적으로 기르는 개에 해당하는 월령(月齡) 2개월 이상인 개를 말함

> 동물보호법 제2조(정의) 이 법에서 사용하는 용어의 뜻은 다음과 같다.
> 8. "등록대상동물"이란 동물의 보호, 유실·유기(遺棄) 방지, 질병의 관리, 공중위생상의 위해 방지 등을 위하여 등록이 필요하다고 인정하여 대통령령으로 정하는 동물을 말한다.
> 동물보호법 시행령 제4조(등록대상동물의 범위) 법 제2조 제8호에서 "대통령령으로 정하는 동물"이란 다음 각 호의 어느 하나에 해당하는 월령(月齡) 2개월 이상인 개를 말한다.
> 1. 「주택법」 제2조 제1호에 따른 주택 및 같은 조 제4호에 따른 준주택에서 기르는 개
> 2. 제1호에 따른 주택 및 준주택 외의 장소에서 반려(伴侶) 목적으로 기르는 개

6 동물학대의 정의(동물보호법 제2조 제9호)

"동물학대"란 동물을 대상으로 정당한 사유 없이 불필요하거나 피할 수 있는 고통과 스트레스를 주는 행위 및 굶주림, 질병 등에 대하여 적절한 조치를 게을리하거나 방치하는 행위를 말함

7 기질평가의 정의(동물보호법 제2조 제10호)

"기질평가"란 동물의 건강상태, 행동양태 및 소유자등의 통제능력 등을 종합적으로 분석하여 평가 대상 동물의 공격성을 판단하는 것을 말함

8 반려동물행동지도사의 정의(동물보호법 제2조 제11호 / 제31조 제1항)

"**반려동물행동지도사**"란 반려동물의 행동분석·평가 및 훈련 등에 전문지식과 기술을 가진 사람으로서 농림축산식품부장관이 시행하는 자격시험에 합격한 사람을 말함

> **동물보호법 제2조(정의)** 이 법에서 사용하는 용어의 뜻은 다음과 같다.
>> 11. "반려동물행동지도사"란 반려동물의 행동분석·평가 및 훈련 등에 전문지식과 기술을 가진 사람으로서 제31조 제1항에 따른 자격시험에 합격한 사람을 말한다.
>
> **동물보호법 제31조(반려동물행동지도사 자격시험)** ① 반려동물행동지도사가 되려는 사람은 농림축산식품부장관이 시행하는 자격시험에 합격하여야 한다.

9 동물보호의 기본원칙(동물보호법 제3조)

(1) 동물이 본래의 습성과 몸의 원형을 유지하면서 정상적으로 살 수 있도록 할 것

(2) 동물이 갈증 및 굶주림을 겪거나 영양이 결핍되지 아니하도록 할 것

(3) 동물이 정상적인 행동을 표현할 수 있고 불편함을 겪지 아니하도록 할 것

(4) 동물이 고통·상해 및 질병으로부터 자유롭도록 할 것

(5) 동물이 공포와 스트레스를 받지 아니하도록 할 것

제2장 · 동물의 보호 및 관리

제1절 동물의 보호 등

1 적정한 사육·관리(동물보호법 제9조 / 시행규칙 제5조 [별표 1])

(1) 소유자등은 동물에게 적합한 사료와 물을 공급하고, 운동·휴식 및 수면이 보장되도록 노력하여야 함

(2) 소유자등은 동물이 질병에 걸리거나 부상당한 경우에는 신속하게 치료하거나 그 밖에 필요한 조치를 하도록 노력하여야 함

(3) 소유자등은 동물을 관리하거나 다른 장소로 옮긴 경우에는 그 동물이 새로운 환경에 적응하는 데에 필요한 조치를 하도록 노력하여야 함

(4) 소유자등은 재난 시 동물이 안전하게 대피할 수 있도록 노력하여야 함

(5) **(1)**부터 **(3)**까지에서 규정한 사항 외에 동물의 적절한 사육·관리 방법 등에 관한 사항은 농림축산식품부령으로 정함

> **동물보호법 시행규칙 제5조(적절한 사육·관리 방법 등)** 법 제9조 제5항에 따른 동물의 적절한 사육·관리 방법 등에 관한 사항은 별표 1과 같다.
>
> > **■ 동물보호법 시행규칙 [별표 1]**
> > 동물의 적절한 사육·관리 방법 등(제5조 관련)
> >
> > 1. 일반기준
> >   가. 동물의 소유자등은 최대한 동물 본래의 습성에 가깝게 사육·관리하고, 동물의 생명과 안전을 보호하며, 동물의 복지를 증진해야 한다.
> >   나. 동물의 소유자등은 동물이 갈증·배고픔, 영양불량, 불편함, 통증·부상·질병, 두려움 및 정상적으로 행동할 수 없는 것으로 인하여 고통을 받지 않도록 노력해야 하며, 동물의 특성을 고려하여 전염병 예방을 위한 예방접종을 정기적으로 실시해야 한다.
> >   다. 동물의 소유자등은 동물의 사육환경을 다음의 기준에 적합하도록 해야 한다.
> >   1) 동물의 종류, 크기, 특성, 건강상태, 사육목적 등을 고려하여 최대한 적절한 사육환경을 제공할 것
> >   2) 동물의 사육공간 및 사육시설은 동물이 자연스러운 자세로 일어나거나 눕고 움직이는 등의 일상적인 동작을 하는 데에 지장이 없는 크기일 것
> > 2. 개별기준
> >   라. 개는 분기마다 1회 이상 구충(驅蟲)을 하되, 구충제의 효능 지속기간이 있는 경우에는 구충제의 효능 지속기간이 끝나기 전에 주기적으로 구충을 해야 한다.

2 동물학대 등의 금지(동물보호법 제10조 / 시행규칙 제6조)

(1) 누구든지 동물을 죽이거나 죽음에 이르게 하는 다음의 행위를 하여서는 안 됨

① 목을 매다는 등의 잔인한 방법으로 죽음에 이르게 하는 행위

② 노상 등 공개된 장소에서 죽이거나 같은 종류의 다른 동물이 보는 앞에서 죽음에 이르게 하는 행위

③ 동물의 습성 및 생태환경 등 부득이한 사유가 없음에도 불구하고 해당 동물을 다른 동물의 먹이로 사용하는 행위

④ 그 밖에 사람의 생명·신체에 대한 직접적인 위협이나 재산상의 피해 방지 등 농림축산식품부령으로 정하는 정당한 사유 없이 동물을 죽음에 이르게 하는 행위

> 동물보호법 시행규칙 제6조(동물학대 등의 금지) ① 법 제10조 제1항 제4호에서 "사람의 생명·신체에 대한 직접적인 위협이나 재산상의 피해 방지 등 농림축산식품부령으로 정하는 정당한 사유"란 다음 각 호의 어느 하나에 해당하는 경우를 말한다.
> 1. 사람의 생명·신체에 대한 직접적인 위협이나 재산상의 피해를 방지하기 위하여 다른 방법이 없는 경우
> 2. 허가, 면허 등에 따른 행위를 하는 경우
> 3. 동물의 처리에 관한 명령, 처분 등을 이행하기 위한 경우

(2) 누구든지 동물에 대하여 다음의 행위를 하여서는 안 됨

① 도구·약물 등 물리적·화학적 방법을 사용하여 상해를 입히는 행위. 다만, 해당 동물의 질병 예방이나 치료 등 농림축산식품부령으로 정하는 경우는 제외

> 동물보호법 시행규칙 제6조(동물학대 등의 금지) ② 법 제10조 제2항 제1호 단서에서 "해당 동물의 질병 예방이나 치료 등 농림축산식품부령으로 정하는 경우"란 다음 각 호의 어느 하나에 해당하는 경우를 말한다.
> 1. 질병의 예방이나 치료를 위한 행위인 경우
> 2. 법 제47조에 따라 실시하는 동물실험인 경우
> 3. 긴급 사태가 발생하여 해당 동물을 보호하기 위해 필요한 행위인 경우

② 살아있는 상태에서 동물의 몸을 손상하거나 체액을 채취하거나 체액을 채취하기 위한 장치를 설치하는 행위. 다만, 해당 동물의 질병 예방 및 동물실험 등 농림축산식품부령으로 정하는 경우는 제외

③ 도박·광고·오락·유흥 등의 목적으로 동물에게 상해를 입히는 행위. 다만, 민속경기 등 「전통 소싸움경기에 관한 법률」에 따른 소싸움의 경우는 제외

④ 동물의 몸에 고통을 주거나 상해를 입히는 다음에 해당하는 행위

    가. 사람의 생명·신체에 대한 직접적 위협이나 재산상의 피해를 방지하기 위하여 다른 방법이 있음에도 불구하고 동물에게 고통을 주거나 상해를 입히는 행위

    나. 동물의 습성 또는 사육환경 등의 부득이한 사유가 없음에도 불구하고 동물을 혹서·혹한 등의 환경에 방치하여 고통을 주거나 상해를 입히는 행위

    다. 갈증이나 굶주림의 해소 또는 질병의 예방이나 치료 등의 목적 없이 동물에게 물이나 음식을 강제로 먹여 고통을 주거나 상해를 입히는 행위

    라. 동물의 사육·훈련 등을 위하여 필요한 방식이 아님에도 불구하고 다른 동물과 싸우게 하거나 도구를 사용하는 등 잔인한 방식으로 고통을 주거나 상해를 입히는 행위

(3) 누구든지 소유자등이 없이 배회하거나 내버려진 동물 또는 피학대동물 중 소유자등을 알 수 없는 동물에 대하여 다음의 어느 하나에 해당하는 행위를 하여서는 안 됨

① 포획하여 판매하는 행위

② 포획하여 죽이는 행위

③ 판매하거나 죽일 목적으로 포획하는 행위

④ 소유자등이 없이 배회하거나 내버려진 동물 또는 피학대동물 중 소유자등을 알 수 없는 동물임을 알면서 알선·구매하는 행위

(4) 소유자등은 다음의 행위를 하여서는 안 됨

① 동물을 유기하는 행위

② 반려동물에게 최소한의 사육공간 및 먹이 제공, 적정한 길이의 목줄, 위생·건강 관리를 위한 사항 등 농림축산식품부령으로 정하는 사육·관리 또는 보호의무를 위반하여 상해를 입히거나 질병을 유발하는 행위

동물보호법 시행규칙 제6조(동물학대 등의 금지) ⑤ 법 제10조 제4항 제2호에서 "최소한의 사육공간 및 먹이 제공, 적정한 길이의 목줄, 위생·건강 관리를 위한 사항 등 농림축산식품부령으로 정하는 사육·관리 또는 보호의무"란 별표 2에 따른 사육·관리·보호의무를 말한다.

■ 동물보호법 시행규칙 [별표 2]
반려동물에 대한 사육·관리·보호 의무(제6조 제5항 관련)
1. 동물의 사육공간(동물이 먹이를 먹거나, 잠을 자거나, 휴식을 취하는 등의 행동을 하는 곳으로서 벽, 칸막이, 그 밖에 해당 동물의 습성에 맞는 설비로 구획된 공간을 말한다. 이하 같다)은 다음 각 목의 요건을 갖출 것
　가. 사육공간의 위치는 차량, 구조물 등으로 인한 안전사고가 발생할 위험이 없는 곳에 마련할 것
　나. 사육공간의 바닥은 망 등 동물의 발이 빠질 수 있는 재질로 하지 않을 것
　다. 사육공간은 동물이 자연스러운 자세로 일어나거나 눕거나 움직이는 등의 일상적인 동작을 하는 데에 지장이 없도록 제공하되, 다음의 요건을 갖출 것
　　1) 가로 및 세로는 각각 사육하는 동물의 몸길이(동물의 코부터 꼬리까지의 길이를 말한다. 이하 같다)의 2.5배 및 2배 이상일 것. 이 경우 하나의 사육공간에서 사육하는 동물이 2마리 이상일 경우에는 마리당 해당 기준을 충족해야 한다.
　　2) 높이는 동물이 뒷발로 일어섰을 때 머리가 닿지 않는 높이 이상일 것
　라. 동물을 실외에서 사육하는 경우 사육공간 내에 더위, 추위, 눈, 비 및 직사광선 등을 피할 수 있는 휴식공간을 제공할 것
　마. 동물을 줄로 묶어서 사육하는 경우 그 줄의 길이는 2m 이상(해당 동물의 안전이나 사람 또는 다른 동물에 대한 위해를 방지하기 위해 불가피한 경우에는 제외한다)으로 하되, 다 목에 따라 제공되는 동물의 사육공간을 제한하지 않을 것
　바. 동물의 습성 등 부득이한 사유가 없음에도 불구하고 동물을 빛이 차단된 어두운 공간에서 장기간 사육하지 않을 것

2. 동물의 위생·건강관리를 위해 다음 각 목의 사항을 준수할 것

　　가. 동물에게 질병(골절 등 상해를 포함한다. 이하 같다)이 발생한 경우 신속하게 수의학적 처치를 제공할 것

　　나. 2마리 이상의 동물을 함께 사육하는 경우에는 동물의 사체나 전염병이 발생한 동물은 즉시 다른 동물과 격리할 것

　　다. 동물을 줄로 묶어서 사육하는 경우 동물이 그 줄에 묶이거나 목이 조이는 등으로 인해 고통을 느끼거나 상해를 입지 않도록 할 것

　　라. 동물의 영양이 부족하지 않도록 사료 등 동물에게 적합한 먹이와 깨끗한 물을 공급할 것

　　마. 먹이와 물을 주기 위한 설비 및 휴식공간은 분변, 오물 등을 수시로 제거하고 청결하게 관리할 것

　　바. 동물의 행동에 불편함이 없도록 털과 발톱을 적절하게 관리할 것

　　사. 동물의 사육공간이 소유자등이 거주하는 곳으로부터 멀리 떨어져 있는 경우에는 해당 동물의 위생·건강상태를 정기적으로 관찰할 것

③ ②의 행위로 인하여 반려동물을 죽음에 이르게 하는 행위

(5) 누구든지 다음의 행위를 하여서는 안 됨

① **(1)**부터 **(4)**까지(동물을 유기하는 행위는 제외한다)의 규정에 해당하는 행위를 촬영한 사진 또는 영상물을 판매·전시·전달·상영하거나 인터넷에 게재하는 행위. 다만, 동물보호 의식을 고양하기 위한 목적이 표시된 홍보 활동 등 농림축산식품부령으로 정하는 경우에는 그러하지 않음

동물보호법 시행규칙 제6조(동물학대 등의 금지) ⑥ 법 제10조 제5항 제1호 단서에서 "동물보호 의식을 고양하기 위한 목적이 표시된 홍보 활동 등 농림축산식품부령으로 정하는 경우"란 다음 각 호의 어느 하나에 해당하는 경우를 말한다.

1. 국가기관, 지방자치단체 또는 「동물보호법 시행령」(이하 "영"이라 한다) 제6조 각 호에 따른 법인·단체(이하 "동물보호 민간단체"라 한다)가 동물보호 의식을 고양시키기 위한 목적으로 법 제10조 제1항부터 제4항까지(제4항 제1호는 제외한다)에 규정된 행위를 촬영한 사진 또는 영상물(이하 이 항에서 "사진 또는 영상물"이라 한다)에 기관 또는 단체의 명칭과 해당 목적을 표시하여 판매·전시·전달·상영하거나 인터넷에 게재하는 경우

2. 언론기관이 보도 목적으로 사진 또는 영상물을 부분 편집하여 전시·전달·상영하거나 인터넷에 게재하는 경우

3. 신고 또는 제보의 목적으로 제1호 및 제2호에 해당하는 법인·기관 또는 단체에 사진 또는 영상물을 전달하는 경우

⑦ 법 제10조 제5항 제4호 단서에서 "「장애인복지법」 제40조에 따른 장애인 보조견의 대여 등 농림축산식품부령으로 정하는 경우"란 다음 각 호의 어느 하나에 해당하는 경우를 말한다.

1. 「장애인복지법」 제40조에 따른 장애인 보조견을 대여하는 경우

2. 촬영, 체험 또는 교육을 위하여 동물을 대여하는 경우. 이 경우 대여하는 기간 동안 해당 동물을 관리할 수 있는 인력이 제5조에 따른 적절한 사육·관리를 해야 한다.

② 도박을 목적으로 동물을 이용하는 행위 또는 동물을 이용하는 도박을 행할 목적으로 광고·선전하는 행위. 다만, 「사행산업통합감독위원회법」 제2조 제1호에 따른 사행산업은 제외

③ 도박·시합·복권·오락·유흥·광고 등의 상이나 경품으로 동물을 제공하는 행위

④ 영리를 목적으로 동물을 대여하는 행위. 다만, 「장애인복지법」 제40조에 따른 장애인 보조견의 대여 등 농림축산식품부령으로 정하는 경우는 제외

3 등록대상동물의 등록 등(동물보호법 제15조)

(1) 등록대상동물의 소유자는 동물의 보호와 유실·유기 방지 및 공중위생상의 위해 방지 등을 위하여 특별자치시장·특별자치도지사·시장·군수·구청장에게 등록대상동물을 등록하여야 함. 다만, 등록대상동물이 맹견이 아닌 경우로서 농림축산식품부령으로 정하는 바에 따라 시·도의 조례로 정하는 지역에서는 그러하지 아니함

> 동물보호법 시행규칙 제9조(동물등록 제외지역) 법 제15조 제1항 단서에 따라 특별시·광역시·특별자치시·도·특별자치도(이하 "시·도"라 한다)의 조례로 동물을 등록하지 않을 수 있는 지역으로 정할 수 있는 지역의 범위는 다음 각 호와 같다.
> 1. 도서[도서, 제주특별자치도 본도(本島) 및 방파제 또는 교량 등으로 육지와 연결된 도서는 제외한다]
> 2. 영 제12조 제1항에 따라 동물등록 업무를 대행하게 할 수 있는 자가 없는 읍·면

(2) (1)에 따라 등록된 등록대상동물(이하 "등록동물"이라 한다)의 소유자는 다음의 어느 하나에 해당하는 경우에는 해당 각 호의 구분에 따른 기간에 특별자치시장·특별자치도지사·시장·군수·구청장에게 신고하여야 함(위반 시 50만 원 이하의 과태료를 부과)

① 등록동물을 잃어버린 경우: 등록동물을 잃어버린 날부터 10일 이내

② 등록동물에 대하여 대통령령으로 정하는 사항이 변경된 경우: 변경사유 발생일부터 30일 이내

> 동물보호법 시행령 제11조(등록사항의 변경신고 등) ① 법 제15조 제2항 제2호에서 "대통령령으로 정하는 사항이 변경된 경우"란 다음 각 호의 어느 하나에 해당하는 경우를 말한다.
> 1. 소유자가 변경된 경우
> 2. 소유자의 성명(법인인 경우에는 법인명을 말한다)이 변경된 경우
> 3. 소유자의 주민등록번호(외국인의 경우에는 외국인등록번호를 말하고, 법인인 경우에는 법인등록번호를 말한다)가 변경된 경우
> 4. 소유자의 주소(법인인 경우에는 주된 사무소의 소재지를 말한다. 이하 같다)가 변경된 경우
> 5. 소유자의 전화번호(법인인 경우에는 주된 사무소의 전화번호를 말한다. 이하 같다)가 변경된 경우
> 6. 법 제15조 제1항에 따라 등록된 등록대상동물(이하 "등록동물"이라 한다)의 분실신고를 한 후 그 동물을 다시 찾은 경우

7. 등록동물을 더 이상 국내에서 기르지 않게 된 경우
8. 등록동물이 죽은 경우
9. 무선식별장치를 잃어버리거나 헐어 못 쓰게 된 경우

(3) 등록동물의 소유권을 이전받은 자 중 **(1)** 본문에 따른 등록을 실시하는 지역에 거주하는 자는 그 사실을 소유권을 이전받은 날부터 30일 이내에 자신의 주소지를 관할하는 특별자치시장·특별자치도지사·시장·군수·구청장에게 신고하여야 함(위반 시 50만 원 이하의 과태료를 부과)

(4) 특별자치시장·특별자치도지사·시장·군수·구청장은 대통령령으로 정하는 자(이하 이 조에서 "동물등록대행자"라 한다)로 하여금 **(1)**부터 **(3)**까지의 규정에 따른 업무를 대행하게 할 수 있으며 이에 필요한 비용을 지급할 수 있음

동물보호법 시행령 제12조(등록업무의 대행) ① 법 제15조 제4항에서 "대통령령으로 정하는 자"란 다음 각 호의 어느 하나에 해당하는 자 중에서 특별자치시장·특별자치도지사·시장·군수·구청장이 지정하여 고시하는 자(이하 이 조에서 "동물등록대행자"라 한다)를 말한다.
1. 「수의사법」 제17조에 따라 동물병원을 개설한 자
2. 「비영리민간단체 지원법」 제4조에 따라 등록된 비영리민간단체 중 동물보호를 목적으로 하는 단체
3. 「민법」 제32조에 따라 설립된 법인 중 동물보호를 목적으로 하는 법인
4. 법 제36조 제1항에 따라 동물보호센터로 지정받은 자
5. 법 제37조 제1항에 따라 신고한 민간동물보호시설(이하 "보호시설"이라 한다)을 운영하는 자
6. 법 제69조 제1항 제3호에 따라 허가를 받은 동물판매업자
② 동물등록대행 과정에서 등록대상동물의 체내에 무선식별장치를 삽입하는 등 외과적 시술이 필요한 행위는 수의사에 의하여 시행되어야 한다.
③ 특별자치시장·특별자치도지사·시장·군수·구청장은 동물등록 관련 정보제공을 위하여 필요한 경우 관할 지역에 있는 모든 동물등록대행자에게 해당 동물등록대행자가 판매하는 무선식별장치의 제품명과 판매가격을 동물정보시스템에 게재하게 하고 해당 영업소 안의 보기 쉬운 곳에 게시하도록 할 수 있다.

(5) 특별자치시장·특별자치도지사·시장·군수·구청장은 다음의 어느 하나에 해당하는 경우 등록을 말소할 수 있음
① 거짓이나 그 밖의 부정한 방법으로 등록대상동물을 등록하거나 변경신고한 경우
② 등록동물 소유자의 주민등록이나 외국인등록사항이 말소된 경우
③ 등록동물의 소유자인 법인이 해산한 경우

(6) 국가와 지방자치단체는 **(1)**에 따른 등록에 필요한 비용의 일부 또는 전부를 지원할 수 있음

> 동물보호법 시행령 제10조(등록대상동물의 등록사항 및 방법 등) ① 등록대상동물의 소유자는 법 제15조 제1항 본문에 따라 등록대상동물을 등록하려는 경우에는 해당 동물의 소유권을 취득한 날 또는 소유한 동물이 제4조 각 호 외의 부분에 따른 등록대상 월령이 된 날부터 30일 이내에 농림축산식품부령으로 정하는 동물등록 신청서를 특별자치시장·특별자치도지사·시장·군수·구청장에게 제출해야 한다.
> ② 제1항에 따른 동물등록 신청서를 제출받은 특별자치시장·특별자치도지사·시장·군수·구청장은 「전자정부법」 제36조 제1항에 따른 행정정보의 공동이용을 통하여 다음 각 호의 어느 하나에 해당하는 서류를 확인해야 한다. 다만, 신청인이 제2호 및 제3호의 확인에 동의하지 않는 경우에는 해당 서류를 첨부하도록 해야 한다.
> 1. 법인 등기사항증명서
> 2. 주민등록표 초본
> 3. 외국인등록사실증명
> ③ 제1항에 따라 동물등록 신청을 받은 특별자치시장·특별자치도지사·시장·군수·구청장은 별표 1에 따라 동물등록번호를 부여받은 등록대상동물에 무선전자개체식별장치(이하 "무선식별장치"라 한다)를 장착한 후 신청인에게 농림축산식품부령으로 정하는 동물등록증(전자적 방식을 포함한다. 이하 같다)을 발급하고, 법 제95조 제2항에 따른 국가동물보호정보시스템(이하 "동물정보시스템"이라 한다)을 통하여 등록사항을 기록·유지·관리해야 한다.
> ④ 제3항에 따른 동물등록증을 잃어버리거나 헐어 못 쓰게 되는 등의 이유로 동물등록증의 재발급을 신청하려는 자는 농림축산식품부령으로 정하는 동물등록증 재발급 신청서를 특별자치시장·특별자치도지사·시장·군수·구청장에게 제출해야 한다. 이 경우 특별자치시장·특별자치도지사·시장·군수·구청장은 「전자정부법」 제36조 제1항에 따른 행정정보의 공동이용을 통하여 다음 각 호의 어느 하나에 해당하는 서류를 확인해야 한다. 다만, 신청인이 제2호 및 제3호의 확인에 동의하지 않는 경우에는 해당 서류를 첨부하도록 해야 한다.
> 1. 법인 등기사항증명서
> 2. 주민등록표 초본
> 3. 외국인등록사실증명
> ⑤ 제4조 각 호의 어느 하나에 해당하는 개의 소유자는 같은 조 각 호 외의 부분에 따른 등록대상 월령 미만인 경우에도 등록할 수 있다. 이 경우 그 절차에 관하여는 제1항부터 제4항까지를 준용한다.

(7) 등록대상동물의 등록 사항 및 방법·절차, 변경신고 절차, 등록 말소 절차, 동물등록대행자 준수사항 등에 관한 사항은 대통령령으로 정하며, 그 밖에 등록에 필요한 사항은 시·도의 조례로 정함

4 등록대상동물의 관리 등(동물보호법 제16조 / 시행규칙 제11조)

(1) 등록대상동물의 소유자등은 소유자등이 없이 등록대상동물을 기르는 곳에서 벗어나지 아니하도록 관리하여야 함(위반 시 50만 원 이하의 과태료를 부과)

(2) 등록대상동물의 소유자등은 등록대상동물을 동반하고 외출할 때에는 다음의 사항을 준수하여야 함

① 농림축산식품부령으로 정하는 기준에 맞는 목줄 착용 등 사람 또는 동물에 대한 위해를 예방하기 위한 **안전조치**를 할 것(위반 시 50만 원 이하의 과태료를 부과)

> **동물보호법 시행규칙 제11조(안전조치)** 법 제16조 제2항 제1호에 따른 "농림축산식품부령으로 정하는 기준"이란 다음 각 호의 기준을 말한다.
> 1. 길이가 2미터 이하인 목줄 또는 가슴줄을 하거나 이동장치(등록대상동물이 탈출할 수 없도록 잠금장치를 갖춘 것을 말한다)를 사용할 것. 다만, 소유자등이 월령 3개월 미만인 등록대상동물을 직접 안아서 외출하는 경우에는 목줄, 가슴줄 또는 이동장치를 하지 않을 수 있다.
> 2. 다음 각 목에 해당하는 공간에서는 등록대상동물을 직접 안거나 목줄의 목덜미 부분 또는 가슴줄의 손잡이 부분을 잡는 등 등록대상동물의 이동을 제한할 것
>   가. 「주택법 시행령」 제2조 제2호에 따른 다중주택 및 같은 조 제3호에 따른 다가구주택의 건물 내부의 공용공간
>   나. 「주택법 시행령」 제3조에 따른 공동주택의 건물 내부의 공용공간
>   다. 「주택법 시행령」 제4조에 따른 준주택의 건물 내부의 공용공간

② 등록대상동물의 이름, 소유자의 연락처, 동물등록번호(등록한 동물만 해당한다)를 표시한 **인식표**를 등록대상동물에게 부착할 것(위반 시 50만 원 이하의 과태료를 부과)

③ **배설물**(소변의 경우에는 공동주택의 엘리베이터·계단 등 건물 내부의 공용공간 및 평상·의자 등 사람이 눕거나 앉을 수 있는 기구 위의 것으로 한정한다)이 생겼을 때에는 즉시 수거할 것(위반 시 50만 원 이하의 과태료를 부과)

(3) 시·도지사는 등록대상동물의 유실·유기 또는 공중위생상의 위해 방지를 위하여 필요할 때에는 시·도의 조례로 정하는 바에 따라 소유자등으로 하여금 등록대상동물에 대하여 예방접종을 하게 하거나 특정 지역 또는 장소에서의 사육 또는 출입을 제한하게 하는 등 필요한 조치를 할 수 있음

제2절 맹견의 관리 등

1 맹견수입신고(동물보호법 제17조)

(1) 맹견을 수입하려는 자는 대통령령으로 정하는 바에 따라 농림축산식품부장관에게 신고하여야 함

(2) **(1)**에 따라 맹견수입신고를 하려는 자는 맹견의 품종, 수입 목적, 사육 장소 등 대통령령으로 정하는 사항을 신고서에 기재하여 농림축산식품부장관에게 제출하여야 함

> **동물보호법 시행령 제12조의2(맹견수입신고의 절차 및 방법)** ① 법 제17조 제1항에 따라 맹견수입 신고를 하려는 자는 「가축전염병 예방법」 제40조에 따른 검역증명서(이하 이 조에서 "검역증명서" 라 한다)를 발급받은 날부터 7일 이내에 농림축산식품부령으로 정하는 맹견수입신고서에 해당 검역 증명서를 첨부하여 농림축산식품부장관에게 제출(동물정보시스템을 통한 제출을 포함한다)해야 한다.
> ② 법 제17조 제2항에서 "맹견의 품종, 수입 목적, 사육 장소 등 대통령령으로 정하는 사항"이란 맹 견에 관한 다음 각 호의 사항을 말한다.
> 1. 품종
> 2. 수입 목적
> 3. 사육예정 장소
> 4. 검역증명서 발급일
> 5. 동물등록번호(법 제15조에 따라 등록한 경우만 해당한다)

2 맹견사육허가 등(동물보호법 제18조)

(1) 등록대상동물인 맹견을 사육하려는 사람은 다음의 요건을 갖추어 시·도지사에게 맹견사육 허가를 받아야 함
  ① 제15조(등록대상동물의 등록 등)에 따른 등록을 할 것
  ② 제23조(보험의 가입 등)에 따른 보험에 가입할 것
  ③ 중성화(中性化) 수술을 할 것. 다만, 맹견의 월령이 8개월 미만인 경우로서 발육상태 등 으로 인하여 중성화 수술이 어려운 경우에는 대통령령으로 정하는 기간 내에 중성화 수 술을 한 후 그 증명서류를 시·도지사에게 제출하여야 함

(2) 공동으로 맹견을 사육·관리 또는 보호하는 사람이 있는 경우에는 **(1)**에 따른 맹견사육허가 를 공동으로 신청할 수 있음

(3) 시·도지사는 맹견사육허가를 하기 전에 제26조에 따른 기질평가위원회가 시행하는 기질평 가를 거쳐야 함

(4) 시·도지사는 맹견의 사육으로 인하여 공공의 안전에 위험이 발생할 우려가 크다고 판단하 는 경우에는 맹견사육허가를 거부하여야 하며, 이 경우 기질평가위원회의 심의를 거쳐 해 당 맹견에 대하여 인도적인 방법으로 처리할 것을 명할 수 있음

(5) **(4)**에 따른 맹견의 인도적인 처리는 제46조 제1항 및 제2항 전단을 준용

(6) 시·도지사는 맹견사육허가를 받은 자[**(2)**에 따라 공동으로 맹견사육허가를 신청한 경우 공 동 신청한 자를 포함한다]에게 농림축산식품부령으로 정하는 바에 따라 교육이수 또는 허 가대상 맹견의 훈련을 명할 수 있음

동물보호법 시행규칙 제12조의4(맹견사육허가에 따른 교육이수 명령 등) ① 특별시장·광역시장·특별자치시장·도지사·특별자치도지사(이하 "시·도지사"라 한다)는 법 제18조 제6항에 따라 맹견사육허가를 받은 자(법 제18조 제2항에 따라 공동으로 맹견사육허가를 받은 자를 포함한다. 이하 같다)에게 다음 각 호의 구분에 따라 교육이수 또는 맹견 훈련을 명할 수 있다. 이 경우 제1호에 따른 교육시간과 제2호에 따른 훈련시간을 더한 시간은 총 20시간 이내로 한다.

1. 맹견사육허가를 받은 자의 교육이수: 맹견의 사육·관리·보호 및 사고방지 등에 관한 이론교육 및 실습교육을 받을 것
2. 허가 대상 맹견의 훈련: 해당 개의 특성과 법 제18조 제3항에 따른 기질평가의 결과를 고려한 개체별 특성화 훈련을 시킬 것

② 제1항 각 호에 따른 교육 및 훈련은 다음 각 호의 어느 하나에 해당하는 기관·법인·단체에서 실시한다.

1. 「수의사법」 제23조에 따른 대한수의사회
2. 「민법」 제32조에 따라 설립된 법인으로서 동물보호를 목적으로 하는 법인
3. 「비영리민간단체 지원법」 제4조에 따라 등록된 비영리민간단체로서 동물보호를 목적으로 하는 단체
4. 농식품공무원교육원
5. 「농업·농촌 및 식품산업 기본법」 제11조의2에 따른 농림수산식품교육문화정보원
6. 그 밖에 시·도지사가 맹견 관련 교육 또는 훈련에 전문성을 갖추었다고 인정하는 기관·법인·단체

③ 시·도지사는 법 제18조 제6항에 따라 교육이수 또는 맹견 훈련 명령을 위하여 필요한 경우 관계 전문기관 또는 전문가 등에게 자료 또는 의견의 제출 등 필요한 협조를 요청할 수 있다.

④ 제1항부터 제3항까지에서 규정한 사항 외에 교육이수 또는 맹견 훈련 명령 등에 필요한 세부 사항은 농림축산식품부장관이 정하여 고시한다.

(7) **(1)**부터 **(6)**까지의 규정에 따른 사항 외에 맹견사육허가의 절차 등에 관한 사항은 대통령령으로 정함

동물보호법 시행령 제12조의3(맹견사육허가의 절차 및 방법) ①법 제18조 제1항에 따라 맹견사육허가를 신청하려는 자는 맹견의 소유권을 취득한 날(월령이 2개월 미만인 맹견을 소유하고 있거나 소유권을 취득한 경우에는 해당 맹견의 월령이 2개월이 된 날을 말한다)부터 30일 이내에 농림축산식품부령으로 정하는 맹견사육허가 신청서에 다음 각 호의 서류를 첨부하여 특별시장·광역시장·특별자치시장·도지사·특별자치도지사(이하 "시·도지사"라 한다)에게 제출해야 한다.

1. 법 제18조 제1항 각 호의 요건을 충족하였음을 증명하는 서류. 다만, 법 제18조 제1항 제3호 단서에 해당하여 중성화 수술의 증명 서류를 제출할 수 없는 경우에는 해당 맹견의 중성화 수술이 어렵다는 소견과 그 사유가 명시된 수의사의 진단서(맹견사육허가 신청일 전 14일 이내에 발급된 진단서로 한정한다)를 해당 사유가 해소되기 전까지 6개월마다 제출해야 한다.
2. 법 제19조 제3호 본문에 해당하지 아니함을 증명하는 의사의 진단서 또는 같은 호 단서에 해당한다는 사실을 증명할 수 있는 전문의의 진단서(법 제18조 제2항에 따라 맹견사육허가를 공동으로 신청하는 경우에는 신청인 각각의 진단서를 말한다)

② 시·도지사는 제1항에 따라 맹견사육허가 신청서를 제출받은 경우에는 「전자정부법」 제36조 제1항에 따른 행정정보의 공동이용을 통하여 신청인의 주민등록표 초본을 확인해야 한다. 다만, 신청인이 주민등록표 초본의 확인에 동의하지 않는 경우에는 해당 서류를 첨부하도록 해야 한다.

③ 시·도지사는 제1항에 따라 맹견사육허가 신청서를 제출받은 경우에는 해당 신청서를 제출받은 날부터 60일 이내에 그 허가 여부를 신청인에게 통지해야 한다. 다만, 다음 각 호에 해당하는 기간은 허가 처리기간에 이를 산입하지 않는다.
1. 제5항 단서에 따라 중성화 수술이 어렵다는 수의사의 진단서가 제출된 날부터 해당 중성화 수술이 어렵다는 사유가 해소되었다는 것을 입증하는 진단서가 제출되기까지의 기간
2. 법 제18조 제3항에 따른 기질평가에 소요된 기간
④ 시·도지사는 법 제18조 제1항에 따라 맹견사육허가를 하는 경우에는 농림축산식품부령으로 정하는 맹견사육허가증을 발급해야 한다.
⑤ 법 제18조 제1항 제3호 단서에서 "대통령령으로 정하는 기간"이란 해당 맹견의 월령이 8개월이 된 날부터 30일 이내의 기간을 말한다. 다만, 맹견에 대한 중성화 수술이 어렵다는 소견과 그 사유가 명시된 수의사의 진단서가 제출된 경우에는 중성화 수술이 어려운 사유가 해소되었다는 것을 입증하는 수의사의 진단서가 제출된 날부터 30일 이내의 기간을 말한다.

3 맹견사육허가의 결격사유(동물보호법 제19조)

다음의 어느 하나에 해당하는 사람은 제18조에 따른 맹견사육허가를 받을 수 없음
① 미성년자(19세 미만의 사람을 말한다. 이하 같다)
② 피성년후견인 또는 피한정후견인
③ 「정신건강증진 및 정신질환자 복지서비스 지원에 관한 법률」 제3조 제1호에 따른 정신질환자 또는 「마약류 관리에 관한 법률」 제2조 제1호에 따른 마약류의 중독자. 다만, 정신건강의학과 전문의가 맹견을 사육하는 것에 지장이 없다고 인정하는 사람은 그러하지 않음
④ 제10조·제16조·제21조를 위반하여 벌금 이상의 실형을 선고받고 그 집행이 종료(집행이 종료된 것으로 보는 경우를 포함한다)되거나 집행이 면제된 날부터 3년이 지나지 아니한 사람
⑤ 제10조·제16조·제21조를 위반하여 벌금 이상의 형의 집행유예를 선고받고 그 유예기간 중에 있는 사람

4 맹견사유허가의 철회 등(동물보호법 제20조)

(1) 시·도지사는 다음의 어느 하나에 해당하는 경우에 맹견사육허가를 철회할 수 있음
① 맹견사육허가를 받은 사람의 맹견이 사람 또는 동물을 공격하여 다치게 하거나 죽게 한 경우
② 정당한 사유 없이 규정한 기간이 지나도록 중성화 수술을 이행하지 아니한 경우
③ 교육이수명령 또는 허가대상 맹견의 훈련 명령에 따르지 아니한 경우

(2) 시·도지사는 **(1)** ①에 따라 맹견사육허가를 철회하는 경우 기질평가위원회의 심의를 거쳐 해당 맹견에 대하여 인도적인 방법으로 처리할 것을 명할 수 있음(이 경우 제46조 제1항 및 제2항 전단을 준용)

5 맹견의 관리(동물보호법 제21조)

(1) 맹견의 소유자등은 다음의 사항을 준수하여야 함

① 소유자등이 없이 맹견을 기르는 곳에서 벗어나지 아니하게 할 것. 다만, 제18조에 따라 맹견사육허가를 받은 사람의 맹견은 맹견사육허가를 받은 사람 또는 대통령령으로 정하는 맹견사육에 대한 전문지식을 가진 사람 없이 맹견을 기르는 곳에서 벗어나지 아니하게 할 것

> **동물보호법 시행령 제12조의4(맹견사육에 대한 전문지식을 가진 사람의 범위)** 법 제21조 제1항 제1호 단서에서 "대통령령으로 정하는 맹견사육에 대한 전문지식을 가진 사람"이란 다음 각 호의 어느 하나에 해당하는 사람을 말한다.
> 1. 법 제31조 제1항 및 이 영 제14조의4 제1항 제1호에 따른 1급 반려동물행동지도사 자격시험에 합격한 사람
> 2. 법 제70조 제1항에 따른 맹견취급허가를 받은 사람
> 3. 「수의사법」에 따라 수의사 면허를 받은 사람
> 4. 그 밖에 맹견에 관한 전문지식과 경험을 갖춘 사람으로서 시·도지사가 정하여 고시하는 사람

② 월령이 3개월 이상인 맹견을 동반하고 외출할 때에는 농림축산식품부령으로 정하는 바에 따라 목줄 및 입마개 등 안전장치를 하거나 맹견의 탈출을 방지할 수 있는 적정한 이동장치를 할 것

> **동물보호법 시행규칙 제12조의5(맹견의 관리)** ① 법 제21조 제1항 제2호에 따른 안전장치는 다음 각 호의 기준에 따른다.
> 1. 목줄의 경우에는 길이가 2미터 이하인 목줄만 사용할 것
> 2. 입마개의 경우에는 맹견이 호흡 또는 체온조절을 하거나 물을 마시는 데 지장이 없는 범위에서 사람에 대한 공격을 효과적으로 차단할 수 있는 크기의 입마개를 사용할 것
> ② 법 제21조 제1항 제2호에 따른 이동장치는 다음 각 호의 기준을 모두 갖추어야 한다.
> 1. 맹견이 이동장치에서 탈출할 수 없도록 잠금장치를 갖출 것
> 2. 이동장치의 입구, 잠금장치 및 외벽은 충격 등에 의해 쉽게 파손되지 않는 견고한 재질로 만들어진 것일 것

③ 그 밖에 맹견이 사람 또는 동물에게 위해를 가하지 못하도록 하기 위하여 농림축산식품부령으로 정하는 사항을 따를 것

> **동물보호법 시행규칙 제12조의5(맹견의 관리)** ③ 법 제21조 제1항 제3호에서 "농림축산식품부령으로 정하는 사항"이란 다음 각 호의 준수사항을 말한다.
> 1. 맹견을 사육하는 곳에 맹견에 대한 경고문을 표시할 것
> 2. 맹견을 사육하는 경우에는 맹견으로 인한 위해를 방지할 수 있도록 탈출방지 또는 안전시설을 설치할 것

3. 다음 각 목에 해당하는 공간에서는 월령이 3개월 이상인 맹견을 직접 안거나 목줄의 목덜미 부분을 잡는 등의 방식으로 맹견의 이동을 제한할 것
    가. 「주택법 시행령」 제2조 제2호에 따른 다중주택 및 같은 조 제3호에 따른 다가구주택의 건물 내부의 공용공간
    나. 「주택법 시행령」 제3조에 따른 공동주택의 건물 내부의 공용공간
    다. 「주택법 시행령」 제4조에 따른 준주택의 건물 내부의 공용공간
4. 그 밖에 맹견에 의한 위해 발생 방지를 위해 시·도지사 또는 시장·군수·구청장이 필요하다고 인정하는 안전시설 등을 설치할 것

(2) 시·도지사와 시장·군수·구청장은 맹견이 사람에게 신체적 피해를 주는 경우 농림축산식품부령으로 정하는 바에 따라 소유자등의 동의 없이 맹견에 대하여 격리조치 등 필요한 조치를 취할 수 있음

동물보호법 시행규칙 제12조의5(맹견의 관리) ④ 시·도지사와 시장·군수·구청장은 법 제21조 제2항에 따라 맹견에 대해 격리조치 등을 취하는 경우에는 별표 2의2의 기준에 따른다.

■ **동물보호법 시행규칙 [별표 2의2]**
맹견의 격리조치 등에 관한 기준(제12조의5 제4항 관련)

1. 격리조치 기준
    가. 시·도지사와 시장·군수·구청장은 맹견이 사람에게 신체적 피해를 주는 경우에는 소유자 등의 동의 없이 다음의 기준에 따라 해당 맹견을 생포·격리해야 한다.
        1) 그물 또는 포획틀을 사용하는 등 마취를 하지 않고 격리하는 방법을 우선적으로 사용하여 격리해야 한다.
        2) 1)의 방법으로 맹견을 생포·격리하지 못하거나 1)의 방법으로 생포·격리하였으나 맹견이 다른 사람에게 계속적으로 상해를 입힐 우려가 있는 경우에는 수의사가 처방한 마취약을 사용하여 맹견을 마취시켜 생포하여야 한다. 이 경우 바람총(Blow Gun) 등 장비를 사용할 때에는 엉덩이, 허벅지 등 근육이 많은 부위에 발사해야 한다.
    나. 시·도지사와 시장·군수·구청장은 맹견의 효율적인 생포·격리를 위하여 필요한 경우 다음의 자에게 필요한 협조를 요청할 수 있다.
        1) 「국가경찰과 자치경찰의 조직 및 운영에 관한 법률」 제12조·제13조에 따른 경찰관서의 장
        2) 「소방기본법」 제3조에 따른 소방관서의 장
        3) 「지역보건법」 제10조에 따른 보건소의 장
        4) 법 제35조 제1항 및 제36조 제1항에 따른 동물보호센터의 장
        5) 법 제88조 및 제90조에 따른 동물보호관 및 명예동물보호관
2. 보호조치 및 반환 기준
    가. 시·도지사와 시장·군수·구청장은 제1호 가목에 따라 생포·격리한 맹견에 대하여 법 제34조·제1항에 따른 보호조치(이하 "보호조치"라 한다)를 해야 한다.
    나. 시·도지사와 시장·군수·구청장은 보호조치를 할 때에는 법 제35조 제1항 및 제36조 제1항에 따른 동물보호센터 또는 시·도 조례나 시·군·구 조례로 정하는 장소에서 해야 한다.

다. 시·도지사와 시장·군수·구청장은 보호조치 중인 맹견에 대하여 등록 여부를 확인하고, 맹견의 소유자등이 확인된 경우에는 지체 없이 보호조치 중인 사실을 통지해야 한다.

라. 시·도지사와 시장·군수·구청장은 보호조치를 시작한 날부터 10일 이내에 그 종료 여부를 결정하고 맹견을 소유자등에게 반환해야 한다. 다만, 부득이한 사유로 종료 여부를 결정할 수 없을 때에는 해당 기간이 끝나는 날의 다음 날부터 기산하여 10일의 범위에서 종료 여부 결정 기간을 연장할 수 있다. 이 경우 해당 연장 사실과 그 사유를 맹견의 소유자등에게 지체 없이 통지해야 한다.

(3) 맹견사육허가를 받은 사람은 맹견의 안전한 사육·관리 또는 보호에 관하여 농림축산식품부령으로 정하는 바에 따라 정기적으로 교육을 받아야 함

동물보호법 시행규칙 제12조의6(맹견사육허가를 받은 사람에 대한 교육) ① 법 제21조 제3항에 따라 맹견사육허가를 받은 사람이 받아야 하는 교육은 다음 각 호의 구분에 따른다.

1. 신규교육: 법 제18조 제1항 및 제2항에 따라 맹견사육허가를 받은 날부터 6개월 이내에 3시간의 신규교육을 받을 것. 다만, 맹견사육허가를 받은 날부터 6개월 이내에 제12조의4 제1항 제1호에 따라 3시간 이상의 교육을 이수한 경우는 제외한다.

2. 보수교육: 신규교육 또는 직전의 보수교육을 받은 날이 속하는 연도의 다음 연도 12월 31일까지 매년 3시간의 교육을 받을 것

② 법 제21조 제3항에 따른 교육은 다음 각 호의 어느 하나에 해당하는 기관·법인·단체로서 농림축산식품부장관이 지정하는 기관·법인·단체가 대면교육 또는 정보통신망을 활용한 온라인 교육 등의 방법으로 실시한다.

1. 「수의사법」 제23조에 따른 대한수의사회

2. 「민법」 제32조에 따라 설립된 법인으로서 동물보호를 목적으로 하는 법인

3. 「비영리민간단체 지원법」 제4조에 따라 등록된 비영리민간단체로서 동물보호를 목적으로 하는 단체

4. 농식품공무원교육원

5. 「농업·농촌 및 식품산업 기본법」 제11조의2에 따른 농림수산식품교육문화정보원

③ 법 제21조 제3항에 따른 교육은 다음 각 호의 내용을 포함해야 한다.

1. 맹견의 종류별 특성

2. 맹견의 사육방법 및 질병예방에 관한 사항

3. 맹견의 안전관리에 관한 사항

4. 동물의 보호와 복지에 관한 사항

5. 「동물보호법」 및 동물보호정책에 관한 사항

6. 그 밖에 농림축산식품부장관이 필요하다고 인정하는 사항

④ 제2항에 따른 기관·법인·단체가 법 제21조 제3항에 따라 교육을 실시한 경우에는 해당 교육이 끝난 후 30일 이내에 그 결과를 시장·군수·구청장에게 통지해야 한다.

⑤ 제1항부터 제4항까지에서 규정한 사항 외에 교육의 실시 및 관리 등에 필요한 사항은 농림축산식품부장관이 정하여 고시한다.

6 맹견의 출입금지 등(동물보호법 제22조)

맹견의 소유자등은 다음의 어느 하나에 해당하는 장소에 맹견이 출입하지 아니하도록 하여야 함
① 「영유아보육법」 제2조 제3호에 따른 어린이집
② 「유아교육법」 제2조 제2호에 따른 유치원
③ 「초·중등교육법」 제2조 제1호 및 제4호에 따른 초등학교 및 특수학교
④ 「노인복지법」 제31조에 따른 노인복지시설
⑤ 「장애인복지법」 제58조에 따른 장애인복지시설
⑥ 「도시공원 및 녹지 등에 관한 법률」 제15조 제1항 제2호 나목에 따른 어린이공원
⑦ 「어린이놀이시설 안전관리법」 제2조 제2호에 따른 어린이놀이시설
⑧ 그 밖에 불특정 다수인이 이용하는 장소로서 시·도의 조례로 정하는 장소

7 보험의 가입(동물보호법 제23조)

(1) 맹견의 소유자는 자신의 맹견이 다른 사람 또는 동물을 다치게 하거나 죽게 한 경우 발생한 피해를 보상하기 위하여 보험에 가입하여야 함

(2) (1)에 따른 보험에 가입하여야 할 맹견의 범위, 보험의 종류, 보상한도액 및 그 밖에 필요한 사항은 대통령령으로 정함

> **동물보호법 시행령 제13조(책임보험의 가입 등)** ① 맹견의 소유자가 법 제23조 제1항에 따라 보험에 가입해야 할 맹견의 범위는 법 제2조 제8호에 따른 등록대상동물인 맹견으로 한다.
> ② 맹견의 소유자가 법 제23조 제1항에 따라 가입해야 할 보험의 종류는 맹견배상책임보험 또는 이와 같은 내용이 포함된 보험(이하 "책임보험"이라 한다)으로 한다.
> ③ 책임보험의 보상한도액은 다음 각 호의 구분에 따른 기준을 모두 충족해야 한다.
> 1. 다음 각 목에 해당하는 금액 이상을 보상할 수 있는 보험일 것
>   가. 사망의 경우: 피해자 1명당 8천만 원
>   나. 부상의 경우: 피해자 1명당 농림축산식품부령으로 정하는 상해등급에 따른 금액
>   다. 부상에 대한 치료를 마친 후 더 이상의 치료효과를 기대할 수 없고 그 증상이 고정된 상태에서 그 부상이 원인이 되어 신체의 장애(이하 "후유장애"라 한다)가 생긴 경우: 피해자 1명당 농림축산식품부령으로 정하는 후유장애등급에 따른 금액
>   라. 다른 사람의 동물이 상해를 입거나 죽은 경우: 사고 1건당 200만 원
> 2. 지급보험금액은 실손해액을 초과하지 않을 것. 다만, 사망으로 인한 실손해액이 2천만 원 미만인 경우의 지급보험금액은 2천만 원으로 한다.
> 3. 하나의 사고로 제1호 가목부터 다목까지의 규정 중 둘 이상에 해당하게 된 경우에는 실손해액을 초과하지 않는 범위에서 다음 각 목의 구분에 따라 보험금을 지급할 것
>   가. 부상한 사람이 치료 중에 그 부상이 원인이 되어 사망한 경우: 제1호 가목 및 나목의 금액을 더한 금액
>   나. 부상한 사람에게 후유장애가 생긴 경우: 제1호 나목 및 다목의 금액을 더한 금액
>   다. 제1호 다목의 금액을 지급한 후 그 부상이 원인이 되어 사망한 경우: 제1호 가목의 금액에서 같은 호 다목에 따라 지급한 금액 중 사망한 날 이후에 해당하는 손해액을 뺀 금액

(3) 농림축산식품부장관은 **(1)**에 따른 보험의 가입관리 업무를 위하여 필요한 경우 대통령령으로 정하는 바에 따라 관계 중앙행정기관의 장 또는 지방자치단체의 장에게 행정적 조치를 하도록 요청하거나 관계 기관, 보험회사 및 보험 관련 단체에 보험의 가입관리 업무에 필요한 자료를 요청할 수 있음. 이 경우 요청을 받은 자는 정당한 사유가 없으면 이에 따라야 함

> **동물보호법 시행령 제14조(책임보험 가입의 관리)** ① 농림축산식품부장관은 법 제23조 제3항에 따라 관계 중앙행정기관의 장 또는 지방자치단체의 장에게 다음 각 호의 조치를 요청할 수 있다.
> 1. 책임보험 가입의무자에 대한 보험 가입 의무의 안내
> 2. 책임보험 가입의무자의 보험 가입 여부의 확인
> 3. 책임보험 가입대상에 관한 현황 자료의 제공
> ② 농림축산식품부장관은 법 제23조 제3항에 따라 관계 보험회사, 「보험업법」 제175조 제1항에 따라 설립된 보험협회에 책임보험 가입 현황에 관한 자료의 제출을 요청할 수 있다.

8 맹견 아닌 개의 기질평가(동물보호법 제24조)

(1) 시·도지사는 맹견이 아닌 개가 사람 또는 동물에게 위해를 가한 경우 그 개의 소유자에게 해당 동물에 대한 기질평가를 받을 것을 명할 수 있음

(2) 맹견이 아닌 개의 소유자는 해당 개의 공격성이 분쟁의 대상이 된 경우 시·도지사에게 해당 개에 대한 기질평가를 신청할 수 있음

(3) 시·도지사는 **(1)**에 따른 명령을 하거나 **(2)**에 따른 신청을 받은 경우 기질평가를 거쳐 해당 개의 공격성이 높은 경우 맹견으로 지정하여야 함

(4) 시·도지사는 **(3)**에 따라 맹견 지정을 하는 경우에는 해당 개의 소유자의 신청이 있으면 제18조에 따른 맹견사육허가 여부를 함께 결정할 수 있음

(5) 시·도지사는 **(3)**에 따라 맹견 지정을 하지 아니하는 경우에도 해당 개의 소유자에게 대통령령으로 정하는 바에 따라 교육이수 또는 개의 훈련을 명할 수 있음

> **동물보호법 시행령 제14조의2(맹견이 아닌 개의 소유자에 대한 교육이수 명령 등)** 시·도지사는 법 제24조 제5항에 따라 맹견 지정을 받지 않은 개의 소유자에게 다음 각 호의 교육이수를 명하거나 해당 개의 훈련을 명할 수 있다. 이 경우 제1호에 따른 교육시간과 제2호에 따른 훈련시간을 더한 시간은 총 15시간 이내로 한다.
> 1. 개의 소유자에 대한 교육이수: 맹견의 사육·관리·보호 및 사고방지 등에 관한 이론교육 및 실습 교육을 받을 것
> 2. 해당 개에 대한 훈련: 해당 개의 특성과 법 제24조에 따른 기질평가의 결과를 고려한 개체별 특성화 교육을 받을 것

9 | 비용부담 등(동물보호법 제25조)

(1) 기질평가에 소요되는 비용은 소유자의 부담으로 하며, 그 비용의 징수는 「지방행정제재·부과금의 징수 등에 관한 법률」의 예에 따름

(2) **(1)**에 따른 기질평가비용의 기준, 지급 범위 등과 관련하여 필요한 사항은 농림축산식품부령으로 정함

> **동물보호법 시행규칙 제13조의2(기질평가비용)** ① 법 제25조 제1항에 따른 기질평가(이하 "기질평가"라 한다)에 소요되는 비용은 다음 각 호와 같다.
> 1. 법 제26조 제1항에 따른 기질평가위원회의 심사비용
> 2. 기질평가를 위한 시설 및 장비 사용 비용
> 3. 그 밖에 기질평가에 소요되는 비용으로서 시·도지사가 인정하는 비용
> ② 시·도지사는 기질평가를 실시하는 경우에는 해당 개의 소유자에게 기질평가에 소요되는 비용, 비용의 납부 시기 및 납부 방법 등에 관한 사항을 알려야 한다.
> ③ 제1항 및 제2항에서 규정한 사항 외에 기질평가에 소요되는 비용의 세부 기준 등에 관하여 필요한 세부 사항은 농림축산식품장관이 정하여 고시한다.

10 | 기질평가위원회(동물보호법 제26조)

(1) 시·도지사는 다음의 업무를 수행하기 위하여 시·도에 기질평가위원회를 둠
  ① 맹견 종(種)의 판정
  ② 맹견의 기질평가
  ③ 인도적인 처리에 대한 심의
  ④ 맹견이 아닌 개에 대한 기질평가
  ⑤ 그 밖에 시·도지사가 요청하는 사항

(2) 기질평가위원회는 위원장 1명을 포함하여 3명 이상의 위원으로 구성

(3) 위원은 다음의 어느 하나에 해당하는 사람 중에서 시·도지사가 위촉하며, 위원장은 위원 중에서 호선
  ① 수의사로서 동물의 행동과 발달 과정에 대한 학식과 경험이 풍부한 사람
  ② 반려동물행동지도사
  ③ 동물복지정책에 대한 학식과 경험이 풍부하다고 시·도지사가 인정하는 사람

(4) **(1)**부터 **(3)**까지의 규정에 따른 사항 외에 기질평가위원회의 구성·운영 등에 관한 사항은 대통령령으로 정함

동물보호법 시행령 제14조의3(기질평가위원회의 구성·운영 등) ① 법 제26조 제1항에 따른 기질평가위원회(이하 "기질평가위원회"라 한다) 위원의 임기는 2년으로 한다.
② 기질평가위원회 위원의 해촉에 관하여는 제7조 제5항을 준용한다.
③ 기질평가위원회는 법 제26조 제1항 각 호에 따른 업무 수행을 위하여 필요하다고 인정하는 경우에는 관계 전문기관 또는 전문가 등에게 의견의 제출 등 필요한 협조를 요청할 수 있다.
④ 제1항부터 제3항까지에서 규정한 사항 외에 기질평가위원회의 구성·운영에 필요한 사항은 특별시·광역시·특별자치시·도·특별자치도(이하 "시·도"라 한다)의 조례로 정한다.

11 기질평가위원회의 권한 등(동물보호법 제27조)

(1) 기질평가위원회는 기질평가를 위하여 필요하다고 인정하는 경우 평가대상동물의 소유자등에 대하여 출석하여 진술하게 하거나 의견서 또는 자료의 제출을 요청할 수 있음

(2) 기질평가위원회는 평가에 필요한 경우 소유자의 거주지, 그 밖에 사건과 관련된 장소에서 기질평가와 관련된 조사를 할 수 있음

(3) (2)에 따라 조사를 하는 경우 농림축산식품부령으로 정하는 증표를 지니고 이를 소유자에게 보여주어야 함

(4) 평가대상동물의 소유자등은 정당한 사유 없이 (1) 및 (2)에 따른 출석, 자료제출요구 또는 기질평가와 관련한 조사를 거부하여서는 안 됨

12 기질평가에 필요한 정보의 요청 등(동물보호법 제28조)

(1) 시·도지사 또는 기질평가위원회는 기질평가를 위하여 필요하다고 인정하는 경우 동물이 사람 또는 동물에게 위해를 가한 사건에 대하여 관계 기관에 영상정보처리기기의 기록 등 필요한 정보를 요청할 수 있음

(2) (1)에 따른 요청을 받은 관계 기관의 장은 정당한 사유 없이 이를 거부하여서는 안됨

(3) (1)의 정보의 보호 및 관리에 관한 사항은 이 법에서 규정된 것을 제외하고는 「개인정보 보호법」을 따름

13 비밀엄수의 의무 등(법 제29조)

(1) 기질평가위원회의 위원이나 위원이었던 사람은 업무상 알게 된 비밀을 누설하여서는 안 됨

(2) 기질평가위원회의 위원 중 공무원이 아닌 사람은 「형법」 제129조부터 제132조까지의 규정을 적용할 때에 공무원으로 봄

1 반려동물행동지도사의 업무(동물보호법 제30조)

(1) 반려동물행동지도사는 다음의 업무를 수행함

① 반려동물에 대한 행동분석 및 평가

② 반려동물에 대한 훈련

③ 반려동물 소유자등에 대한 교육

④ 그 밖에 반려동물행동지도에 필요한 사항으로 농림축산식품부령으로 정하는 업무

(2) 농림축산식품부장관은 반려동물행동지도사의 업무능력 및 전문성 향상을 위하여 농림축산식품부령으로 정하는 바에 따라 보수교육을 실시할 수 있음

> **동물보호법 시행규칙 제13조의4(반려동물행동지도사의 보수교육 등)** ① 농림축산식품부장관은 법 제30조 제2항에 따라 반려동물행동지도사의 보수교육을 실시하는 경우에는 실비의 범위에서 보수교육 경비를 받을 수 있다.
>
> ② 법 제30조 제2항에 따른 반려동물행동지도사에 대한 보수교육은 대면교육 또는 정보통신망을 활용한 온라인 교육 등의 방법으로 실시할 수 있다.
>
> ③ 제1항 및 제2항에서 규정한 사항 외에 반려동물행동지도사 보수교육의 실시에 필요한 세부 사항은 농림축산식품부장관이 정하여 고시할 수 있다.

2 반려동물행동지도사 자격시험(동물보호법 제31조)

(1) 반려동물행동지도사가 되려는 사람은 농림축산식품부장관이 시행하는 자격시험에 합격하여야 함

(2) 반려동물의 행동분석·평가 및 훈련 등에 전문지식과 기술을 갖추었다고 인정되는 대통령령으로 정하는 기준에 해당하는 사람에게는 **(1)**에 따른 자격시험 과목의 일부를 면제할 수 있음

(3) 농림축산식품부장관은 다음의 어느 하나에 해당하는 사람에 대해서는 해당 시험을 무효로 하거나 합격 결정을 취소하여야 함

① 거짓이나 그 밖에 부정한 방법으로 시험에 응시한 사람

② 시험에서 부정한 행위를 한 사람

(4) 다음의 어느 하나에 해당하는 사람은 그 처분이 있은 날부터 3년간 반려동물행동지도사 자격시험에 응시하지 못함

① **(3)**에 따라 시험의 무효 또는 합격 결정의 취소를 받은 사람

② 제32조 제2항에 따라 반려동물행동지도사의 자격이 취소된 사람

(5) 농림축산식품부장관은 **(1)**에 따른 자격시험의 시행 등에 관한 사항을 대통령령으로 정하는 바에 따라 관계 전문기관에 위탁할 수 있음

> **동물보호법 시행령 제14조의5(반려동물행동지도사 자격시험의 위탁)** ① 농림축산식품부장관은 법 제31조 제5항에 따라 같은 조 제1항에 따른 반려동물행동지도사 자격시험의 시행 및 관리에 관한 업무(제14조의4 제4항에 따라 농림축산식품부장관 명의로 발급하는 반려동물행동지도사 자격증 발급·관리 업무 및 같은 조 제5항에 따른 협조 요청에 관한 업무를 포함한다)를 다음 각 호의 어느 하나에 해당하는 전문기관에 위탁할 수 있다.
> 1. 「농업·농촌 및 식품산업 기본법」 제11조의2에 따른 농림수산식품교육문화정보원
> 2. 「한국산업인력공단법」에 따른 한국산업인력공단
> 3. 그 밖에 자격시험의 시행 등에 관한 업무를 하는 데 필요한 능력을 갖추었다고 농림축산식품부장관이 인정하는 기관
> ② 농림축산식품부장관은 법 제31조 제5항에 따라 업무를 위탁하는 경우에는 위탁받는 기관과 위탁업무의 내용을 고시해야 한다.
> ③ 수탁기관은 농림축산식품부장관의 승인을 받아 응시수수료 등 시험의 시행에 필요한 경비를 자격시험 응시자로부터 받을 수 있다.
> ④ 수탁기관은 농림축산식품부장관의 승인을 받아 법 제31조 제5항에 따라 위탁받은 업무의 시행에 필요한 운영 규정을 마련할 수 있다.

(6) 반려동물행동지도사 자격시험의 시험과목, 시험방법, 합격기준 및 자격증 발급 등에 관한 사항은 대통령령으로 정함

> **동물보호법 시행령 제14조의4(반려동물행동지도사 자격시험의 시행)** ① 법 제31조 제1항에 따른 반려동물행동지도사 자격시험은 다음 각 호의 구분에 따라 실시하되, 2차 시험은 1차 시험에 합격한 사람만 응시할 수 있다.
> 1. 1급 반려동물행동지도사 자격시험: 필기시험인 1차 시험과 실기시험인 2차 시험으로 구분하여 실시한다.
> 2. 2급 반려동물행동지도사 자격시험: 필기시험인 1차 시험과 실기시험인 2차 시험으로 구분하여 실시한다.
> ② 1차 시험에 합격한 사람에 대해서는 합격한 날부터 2년간 해당 자격시험의 1차 시험을 면제한다.
> ③ 법 제31조 제1항에 따른 반려동물행동지도사 자격시험의 등급별 구분기준, 응시자격, 시험과목, 시험방법 및 합격기준에 관한 사항은 별표 1의2에 따른다.
> ④ 농림축산식품부장관은 법 제31조 제1항에 따른 반려동물행동지도사 자격시험에 합격한 사람에게 농림축산식품부령으로 정하는 반려동물행동지도사 자격증을 발급해야 한다.
> ⑤ 농림축산식품부장관은 법 제31조 제1항에 따른 반려동물행동지도사 자격시험 관리업무의 원활한 수행을 위해 필요한 경우 중앙행정기관, 지방자치단체, 공공기관 또는 학교의 장 등에게 시험장소의 제공, 시험관리 인력의 파견, 시험 문제 출제, 시험장소의 질서 유지 및 그 밖의 필요한 협조를 요청할 수 있다.
> ⑥ 제1항부터 제5항까지에서 규정한 사항 외에 법 제31조 제1항에 따른 반려동물행동지도사 자격시험의 시행에 필요한 사항은 농림축산식품부령으로 정한다.

3 반려동물행동지도사의 결격사유 및 자격취소 등(동물보호법 제32조)

(1) 다음의 어느 하나에 해당하는 사람은 반려동물행동지도사가 될 수 없음

① 피성년후견인

② 「정신건강증진 및 정신질환자 복지서비스 지원에 관한 법률」 제3조 제1호에 따른 정신질환자 또는 「마약류 관리에 관한 법률」 제2조 제1호에 따른 마약류의 중독자. 다만, 정신건강의학과 전문의가 반려동물행동지도사 업무를 수행할 수 있다고 인정하는 사람은 그러하지 아니함

③ 이 법을 위반하여 벌금 이상의 실형을 선고받고 그 집행이 종료(집행이 종료된 것으로 보는 경우를 포함한다)되거나 집행이 면제된 날부터 3년이 지나지 아니한 경우

④ 이 법을 위반하여 벌금 이상의 형의 집행유예를 선고받고 그 유예기간 중에 있는 경우

(2) 농림축산식품부장관은 반려동물행동지도사가 다음의 어느 하나에 해당하면 그 자격을 취소하거나 2년 이내의 기간을 정하여 그 자격을 정지시킬 수 있음. 다만, 제1호부터 제4호까지 중 어느 하나에 해당하는 경우에는 그 자격을 취소하여야 함

① **(1)**의 어느 하나에 해당하게 된 경우

② 거짓이나 그 밖의 부정한 방법으로 자격을 취득한 경우

③ 다른 사람에게 명의를 사용하게 하거나 자격증을 대여한 경우

④ 자격정지기간에 업무를 수행한 경우

⑤ 이 법을 위반하여 벌금 이상의 형을 선고받고 그 형이 확정된 경우

⑥ 영리를 목적으로 반려동물의 소유자등에게 불필요한 서비스를 선택하도록 알선·유인하거나 강요한 경우

(3) (2)에 따른 자격의 취소 및 정지에 관한 기준은 그 처분의 사유와 위반 정도 등을 고려하여 농림축산식품부령으로 정함

> 동물보호법 시행규칙 제13조의6(반려동물행동지도사의 자격취소 등의 기준) 법 제32조 제2항에 따른 반려동물행동지도사의 자격취소 및 자격정지 처분의 세부 기준은 별표 3의2와 같다.
>
> **■ 동물보호법 시행규칙 [별표 3의2]**
>   반려동물행동지도사의 자격취소 및 자격정지 처분의 세부 기준(제13조의6 관련)
> 1. 일반기준
>   가. 위반행위가 둘 이상인 경우로서 그에 해당하는 각각의 처분기준이 다른 경우에는 그 중 무거운 처분기준에 따르고, 둘 이상의 처분기준이 모두 자격정지(제2호 마목에 따른 자격취소가 라목에 따라 6개월 이상의 자격정지 처분으로 감경된 경우를 포함한다)인 경우에는 각 처분기준을 합산한 기간을 넘지 않는 범위에서 무거운 처분기준에 그 처분기준의 2분의 1 범위에서 가중한다.

나. 위반행위의 횟수에 따른 행정처분 기준은 최근 2년간 같은 위반행위로 행정처분을 받은 경우에 적용한다. 이 경우 기간의 계산은 위반행위에 대하여 행정처분을 받은 날과 그 처분 후 다시 같은 위반행위를 해서 적발된 날을 기준으로 한다.

다. 나목에 따라 가중된 행정처분을 하는 경우 가중처분의 적용 차수는 그 위반행위 전 부과처분 차수(나목에 따른 기간 내에 행정처분이 둘 이상 있었던 경우에는 높은 차수를 말한다)의 다음 차수로 한다.

라. 처분권자는 다음에 해당하는 사유를 고려하여 제2호의 개별기준에 따른 처분을 가중하거나 감경할 수 있다. 이 경우 제2호의 개별기준이 자격정지인 때에는 그 처분기준의 2분의 1의 범위에서 가중하거나 감경할 수 있고, 자격취소인 경우에는 6개월 이상의 자격정지 처분으로 감경(법 제32조 제2항 제1호부터 제4호까지에 해당하는 경우는 제외한다)할 수 있다.

   1) 가중사유

     가) 위반행위가 고의나 중대한 과실에 의한 것으로 인정되는 경우

     나) 위반의 내용과 정도가 중대하여 동물의 생명보호 및 복지 증진에 미치는 피해가 크다고 인정되는 경우

   2) 감경사유

     가) 위반행위가 사소한 부주의나 오류로 인한 것으로 인정되는 경우

     나) 위반행위자가 위반행위를 바로 정정하거나 시정하여 법 위반상태를 해소한 경우

     다) 그 밖에 위반행위의 내용·정도·동기 및 결과 등을 고려하여 감경할 필요가 있다고 인정되는 경우

2. 개별기준

위반행위	근거 법조문	행정처분 기준		
		1차 위반	2차 위반	3차 이상 위반
가. 법 제32조 제1항 각 호의 어느 하나에 해당하게 된 경우	법 제32조 제2항 제1호	자격취소		
나. 거짓이나 그 밖의 부정한 방법으로 자격을 취득한 경우	법 제32조 제2항 제2호	자격취소		
다. 다른 사람에게 명의를 사용하게 하거나 자격증을 대여한 경우	법 제32조 제2항 제3호	자격취소		
라. 자격정지기간에 업무를 수행한 경우	법 제32조 제2항 제4호	자격취소		
마. 「동물보호법」을 위반하여 벌금 이상의 형을 선고받고 그 형이 확정된 경우	법 제32조 제2항 제5호	자격취소		
바. 영리를 목적으로 반려동물의 소유자등에게 불필요한 서비스를 선택하도록 알선·유인하거나 강요한 경우	법 제32조 제2항 제6호	자격정지 6개월	자격정지 12개월	자격취소

4 **명의대여 금지 등(동물보호법 제33조)**

(1) 자격시험에 합격한 자가 아니면 반려동물행동지도사의 명칭을 사용하지 못함

(2) 반려동물행동지도사는 다른 사람에게 자기의 명의를 사용하여 제30조 제1항에 따른 업무를 수행하게 하거나 그 자격증을 대여하여서는 아니 됨

(3) 누구든지 **(1)**이나 **(2)**에서 금지된 행위를 알선하여서는 아니 됨

제3장 • 반려동물 영업

1 **영업의 허가(동물보호법 제69조)**

(1) 반려동물과 관련된 다음의 영업을 하려는 자는 농림축산식품부령으로 정하는 바에 따라 특별자치시장·특별자치도지사·시장·군수·구청장의 허가를 받아야 함
① 동물생산업
② 동물수입업
③ 동물판매업
④ 동물장묘업

> **동물보호법 시행규칙 제37조(영업의 허가)** ① 법 제69조 제1항 각 호의 영업을 하려는 자는 별지 제19호 서식의 영업허가신청서(전자문서로 된 신청서를 포함한다)에 다음 각 호의 서류를 첨부하여 관할 특별자치시장·특별자치도지사·시장·군수·구청장에게 제출해야 한다.
> 1. 영업장의 시설 명세 및 배치도
> 2. 인력 현황
> 3. 사업계획서
> 4. 별표 10의 시설 및 인력 기준을 갖추었음을 증명하는 서류
> 5. 동물사체의 처리 후 잔재에 대한 처리계획서(동물화장시설, 동물건조장시설 또는 동물수분해장시설을 설치하는 경우만 해당한다)
> ② 제1항에 따른 신청서를 받은 특별자치시장·특별자치도지사·시장·군수·구청장은 「전자정부법」 제36조 제1항에 따른 행정정보의 공동이용을 통하여 다음 각 호의 서류를 확인해야 한다. 다만, 신청인이 주민등록표 초본의 확인에 동의하지 않는 경우에는 해당 서류를 직접 제출하도록 해야 한다.
> 1. 주민등록표 초본(법인인 경우에는 법인 등기사항증명서를 말한다)
> 2. 건축물대장 및 토지이용계획정보
> ③ 특별자치시장·특별자치도지사·시장·군수·구청장은 제1항에 따른 신청인이 법 제74조에 해당되는지를 확인할 수 없는 경우에는 그 신청인에게 제1항 및 제2항의 서류 외에 신원확인에 필요한 자료를 제출하게 할 수 있다.

④ 특별자치시장·특별자치도지사·시장·군수·구청장은 제1항에 따른 허가신청이 별표 10의 시설 및 인력 기준에 적합한 경우에는 신청인에게 별지 제20호서식의 허가증을 발급하고, 별지 제21호서식의 허가(변경허가, 변경신고) 관리대장을 각각 작성·관리해야 한다.

⑤ 제4항에 따라 허가를 받은 자가 허가증을 잃어버리거나 헐어 못 쓰게 되어 재발급을 받으려는 경우에는 별지 제22호서식의 허가증 재발급 신청서(전자문서로 된 신청서를 포함한다)에 기존 허가증을 첨부(등록증을 잃어버린 경우는 제외한다)하여 특별자치시장·특별자치도지사·시장·군수·구청장에게 제출해야 한다.

⑥ 제4항의 허가 관리대장은 전자적 처리가 불가능한 특별한 사유가 없으면 전자적 방법으로 작성·관리해야 한다.

(2) **(1)**에 따른 영업의 세부 범위는 농림축산식품부령으로 정함

동물보호법 시행규칙 제38조(허가영업의 세부 범위) 법 제69조 제2항에 따른 허가영업의 세부 범위는 다음 각 호의 구분에 따른다.

1. 동물생산업: 반려동물을 번식시켜 판매하는 영업
2. 동물수입업: 반려동물을 수입하여 판매하는 영업
3. 동물판매업: 반려동물을 구입하여 판매하거나, 판매를 알선 또는 중개하는 영업
4. 동물장묘업: 다음 각 목 중 어느 하나 이상의 시설을 설치·운영하는 영업
   가. 동물 전용의 장례식장: 동물 사체의 보관, 안치, 염습 등을 하거나 장례의식을 치르는 시설
   나. 동물화장시설: 동물의 사체 또는 유골을 불에 태우는 방법으로 처리하는 시설
   다. 동물건조장시설: 동물의 사체 또는 유골을 건조·멸균분쇄의 방법으로 처리하는 시설
   라. 동물수분해장시설: 동물의 사체를 화학용액을 사용해 녹이고 유골만 수습하는 방법으로 처리하는 시설
   마. 동물 전용의 봉안시설: 동물의 유골 등을 안치·보관하는 시설

(3) **(1)**에 따른 허가를 받으려는 자는 영업장의 시설 및 인력 등 농림축산식품부령으로 정하는 기준을 갖추어야 함

동물보호법 시행규칙 제39조(허가영업의 시설 및 인력 기준) 법 제69조 제3항에 따른 허가영업의 시설 및 인력 기준은 별표 10과 같다.

■ **동물보호법 시행규칙 [별표 10]**
허가영업의 시설 및 인력 기준(제39조 관련)

1. 공통 기준
   가. 영업장은 독립된 건물이거나 다른 용도로 사용되는 시설과 같은 건물에 있을 경우에는 해당 시설과 분리(벽이나 층 등으로 나누어진 경우를 말한다. 이하 같다)되어야 한다. 다만, 다음의 경우에는 분리하지 않을 수 있다.
      1) 영업장(동물장묘업은 제외한다)과 「수의사법」에 따른 동물병원(이하 "동물병원"이라 한다)의 시설이 함께 있는 경우
      2) 영업장과 금붕어, 앵무새, 이구아나 및 거북이 등을 판매하는 시설이 함께 있는 경우
      3) 제2호 가목 1) 바)에 따라 개 또는 고양이를 소규모로 생산하는 경우

나. 영업시설은 동물의 습성 및 특징에 따라 채광 및 환기가 잘 되어야 하고, 동물을 위생적으로 건강하게 관리할 수 있도록 온도와 습도 조절이 가능해야 한다.

다. 청결 유지와 위생 관리에 필요한 급수시설 및 배수시설을 갖춰야 하고, 바닥은 청소와 소독을 쉽게 할 수 있고 동물들이 다칠 우려가 없는 재질이어야 한다.

라. 설치류나 해충 등의 출입을 막을 수 있는 설비를 해야 하고, 소독약과 소독장비를 갖추고 정기적으로 청소 및 소독을 실시해야 한다.

마. 영업장에는 「소방시설 설치 및 관리에 관한 법률」 제12조에 따라 소방시설을 화재안전기준에 적합하게 설치 또는 유지·관리해야 한다.

2. 개별 기준

가. 동물생산업

1) 일반기준

가) 사육실, 분만실 및 격리실을 분리 또는 구획(칸막이나 커튼 등으로 나누어진 경우를 말한다. 이하 같다)하여 설치해야 하며, 동물을 직접 판매하는 경우에는 판매실을 별도로 설치해야 한다. 다만, 바)에 해당하는 경우는 제외한다.

나) 사육실, 분만실 및 격리실에 사료와 물을 주기 위한 설비를 갖춰야 한다.

다) 사육설비의 바닥은 동물의 배설물 청소와 소독이 쉬워야 하고, 사육설비의 재질은 청소, 소독 및 건조가 쉽고 부식성이 없어야 한다.

라) 사육설비는 동물이 쉽게 부술 수 없어야 하고 동물에게 상해를 입히지 않는 것이어야 한다.

마) 번식이 가능한 12개월 이상이 된 개 또는 고양이 50마리당 1명 이상의 사육·관리 인력을 확보해야 한다.

바) 「건축법」 제2조 제2항 제1호에 따른 단독주택(「건축법 시행령」 별표 1 제1호 나목·다목의 다중주택·다가구주택은 제외한다)에서 다음의 요건에 따라 개 또는 고양이를 소규모로 생산하는 경우에는 동물의 소음을 최소화하기 위한 소음방지설비 등을 갖춰야 한다.

(1) 체중 5킬로그램 미만: 20마리 이하

(2) 체중 5킬로그램 이상 15킬로그램 미만: 10마리 이하

(3) 체중 15킬로그램 이상: 5마리 이하

2) 사육실

가) 사육실이 외부에 노출된 경우 직사광선, 비바람, 추위 및 더위를 피할 수 있는 시설이 설치되어야 한다.

나) 사육설비의 크기는 다음의 기준에 적합해야 한다.

(1) 사육설비의 가로 및 세로는 각각 사육하는 동물의 몸길이의 2.5배 및 2배(동물의 몸길이가 80센티미터를 초과하는 경우에는 각각 2배) 이상일 것

(2) 사육설비의 높이는 사육하는 동물이 뒷발로 일어섰을 때 머리가 닿지 않는 높이 이상일 것

다) 개의 경우에는 운동공간을 설치하고, 고양이의 경우에는 배변시설, 선반 및 은신처를 설치하는 등 동물의 특성에 맞는 생태적 환경을 조성해야 한다.

라) 사육설비는 사육하는 동물의 배설물 청소와 소독이 쉬운 재질이어야 한다.

마) 사육설비는 위로 쌓지 않아야 한다.

바) 사육설비의 바닥은 망으로 하지 않아야 한다.

3) 분만실

　가) 새끼를 배거나 새끼에게 젖을 먹이는 동물을 안전하게 보호할 수 있도록 별도로 구획되어야 한다.

　나) 분만실의 바닥과 벽면은 물 청소와 소독이 쉬워야 하고, 부식되지 않는 재질이어야 한다.

　다) 분만실의 바닥에는 망을 사용하지 않아야 한다.

　라) 직사광선, 비바람, 추위 및 더위를 피할 수 있어야 하며, 동물의 체온을 적정하게 유지할 수 있는 설비를 갖춰야 한다.

4) 격리실

　가) 전염성 질병이 다른 동물에게 전염되지 않도록 별도로 분리되어야 한다. 다만, 토끼, 페럿, 기니피그 및 햄스터의 경우 개별 사육시설의 바닥, 천장 및 모든 벽(환기구는 제외한다)이 유리, 플라스틱 또는 그 밖에 이에 준하는 재질로 만들어진 경우는 해당 개별 사육시설이 격리실에 해당하고 분리된 것으로 본다.

　나) 격리실의 바닥과 벽면은 물 청소와 소독이 쉬워야 하고, 부식되지 않는 재질이어야 한다.

　다) 격리실에 보호 중인 동물에 대해 외부에서 상태를 수시로 관찰할 수 있는 구조를 갖춰야 한다. 다만, 동물의 생태적 특성을 고려하여 특별한 사정이 있는 경우는 제외한다.

나. 동물수입업

1) 사육실과 격리실을 구분하여 설치해야 한다.

2) 사료와 물을 주기 위한 설비를 갖추고, 동물의 생태적 특성에 따라 채광 및 환기가 잘 되어야 한다.

3) 사육설비의 바닥은 지면과 닿아 있어야 하고, 동물의 배설물 청소와 소독이 쉬운 재질이어야 한다.

4) 사육설비는 직사광선, 비바람, 추위 및 더위를 피할 수 있도록 설치되어야 한다.

5) 개 또는 고양이의 경우 50마리당 1명 이상의 사육·관리 인력을 확보해야 한다.

6) 격리실은 가목 4)의 격리실에 관한 기준에 적합하게 설치해야 한다.

다. 동물판매업

1) 일반 동물판매업의 기준

　가) 사육실과 격리실을 분리하여 설치해야 하며, 사육설비는 다음의 기준에 따라 동물들이 자유롭게 움직일 수 있는 충분한 크기여야 한다.

　　(1) 사육설비의 가로 및 세로는 각각 사육하는 동물의 몸길이의 2배 및 1.5배 이상일 것

　　(2) 사육설비의 높이는 사육하는 동물이 뒷발로 일어섰을 때 머리가 닿지 않는 높이 이상일 것

　나) 사육설비는 직사광선, 비바람, 추위 및 더위를 피할 수 있도록 설치되어야 하고, 사육설비를 2단 이상 쌓은 경우에는 충격으로 무너지지 않도록 설치해야 한다.

　다) 사료와 물을 주기 위한 설비와 동물의 체온을 적정하게 유지할 수 있는 설비를 갖춰야 한다.

　라) 토끼, 페럿, 기니피그 및 햄스터만을 판매하는 경우에는 급수시설 및 배수시설을 갖추지 않더라도 같은 건물에 있는 급수시설 또는 배수시설을 이용하여 청결 유지와 위생 관리가 가능한 경우에는 필요한 급수시설 및 배수시설을 갖춘 것으로 본다.

마) 개 또는 고양이의 경우 50마리당 1명 이상의 사육·관리 인력을 확보해야 한다.
　　　바) 격리실은 가목 4)의 격리실에 관한 기준에 적합하게 설치해야 한다.
　2) 경매방식을 통한 거래를 알선·중개하는 동물판매업의 경매장 기준
　　　가) 접수실, 준비실, 경매실 및 격리실을 각각 구분(선이나 줄 등으로 나누어진 경우를 말한다. 이하 같다)하여 설치해야 한다.
　　　나) 3명 이상의 운영인력을 확보해야 한다.
　　　다) 전염성 질병이 유입되는 것을 예방하기 위해 소독발판 등의 소독장비를 갖춰야 한다.
　　　라) 접수실에는 경매되는 동물의 건강상태를 검진할 수 있는 검사장비를 구비해야 한다.
　　　마) 준비실에는 경매되는 동물을 해당 동물의 출하자별로 분리하여 넣을 수 있는 설비를 준비해야 한다. 이 경우 해당 설비는 동물이 쉽게 부술 수 없어야 하고 동물에게 상해를 입히지 않는 것이어야 한다.
　　　바) 경매실에 경매되는 동물이 들어 있는 설비를 2단 이상 쌓은 경우 충격으로 무너지지 않도록 설치해야 한다.
　　　사) 영 별표 3에 따라 고정형 영상정보처리기기를 설치·관리해야 한다.
　3) 「전자상거래 등에서의 소비자보호에 관한 법률」 제2조 제1호에 따른 전자상거래(이하 "전자상거래"라 한다) 방식만으로 반려동물의 판매를 알선 또는 중개하는 동물판매업의 경우에는 제1호의 공통 기준과 1)의 일반 동물판매업의 기준을 갖추지 않을 수 있다.
라. 동물장묘업
　1) 동물 전용의 장례식장은 장례 준비실과 분향실을 갖춰야 한다.
　2) 동물화장시설, 동물건조장시설 및 동물수분해장시설
　　　가) 동물화장시설의 화장로는 동물의 사체 또는 유골을 완전히 연소할 수 있는 구조로 영업장 내에 설치하고, 영업장 내의 다른 시설과 분리되거나 별도로 구획되어야 한다.
　　　나) 동물건조장시설의 건조·멸균분쇄시설은 동물의 사체 또는 유골을 완전히 건조하거나 멸균분쇄할 수 있는 구조로 영업장 내에 설치하고, 영업장 내의 다른 시설과 분리되거나 별도로 구획되어야 한다.
　　　다) 동물수분해장시설의 수분해시설은 동물의 사체 또는 유골을 완전히 수분해할 수 있는 구조로 영업장 내에 설치하고, 영업장 내의 다른 시설과 분리되거나 별도로 구획되어야 한다.
　　　라) 동물화장시설, 동물건조장시설 및 동물수분해장시설에는 연소, 건조·멸균분쇄 및 수분해 과정에서 발생하는 소음, 매연, 분진, 폐수 또는 악취를 방지하는 데에 필요한 시설을 설치해야 한다.
　　　마) 영 별표 3에 따라 고정형 영상정보처리기기를 설치·관리해야 한다.
　3) 냉동시설 등 동물의 사체를 위생적으로 보관할 수 있는 설비를 갖춰야 한다.
　4) 동물 전용의 봉안시설은 유골을 안전하게 보관할 수 있어야 하고, 유골을 개별적으로 확인할 수 있도록 표지판이 붙어 있어야 한다.
　5) 1)부터 4)까지에서 규정한 사항 외에 동물장묘업 시설기준에 관한 세부 사항은 농림축산식품부장관이 정하여 고시한다.
　6) 특별자치시장·특별자치도지사·시장·군수·구청장은 필요한 경우 1)부터 5)까지에서 규정한 사항 외에 해당 지역의 특성을 고려하여 화장로의 개수(個數) 등 동물장묘업의 시설기준을 정할 수 있다.

(4) **(1)**에 따라 영업의 허가를 받은 자가 허가받은 사항을 변경하려는 경우에는 변경허가를 받아야 함. 다만, 농림축산식품부령으로 정하는 경미한 사항을 변경하는 경우에는 특별자치시장·특별자치도지사·시장·군수·구청장에게 신고하여야 함

> **동물보호법 시행규칙 제40조(허가사항의 변경 등)** ① 법 제69조 제4항 본문에 따라 변경허가를 받으려는 자는 별지 제23호 서식의 변경허가 신청서(전자문서로 된 신청서를 포함한다)에 다음 각 호의 서류를 첨부하여 특별자치시장·특별자치도지사·시장·군수·구청장에게 제출해야 한다.
> 1. 허가증
> 2. 제37조 제1항 각 호에 대한 변경사항(제2항 각 호의 사항은 제외한다)
> ② 법 제69조 제4항 단서에서 "농림축산식품부령으로 정하는 경미한 사항"이란 다음 각 호의 사항을 말한다.
> 1. 영업장의 명칭 또는 상호
> 2. 영업장 전화번호
> 3. 오기, 누락 또는 그 밖에 이에 준하는 사유로서 그 변경 사유가 분명한 사항
> ③ 법 제69조 제4항 단서에 따라 경미한 변경사항을 신고하려는 자는 별지 제29호 서식의 변경신고서(전자문서로 된 신고서를 포함한다)에 허가증을 첨부하여 특별자치시장·특별자치도지사·시장·군수·구청장에게 제출해야 한다.
> ④ 제1항에 따른 변경허가신청서 및 제3항에 따른 변경신고서를 받은 특별자치시장·특별자치도지사·시장·군수·구청장은 「전자정부법」 제36조 제1항에 따른 행정정보의 공동이용을 통하여 다음 각 호의 서류를 확인해야 한다. 다만, 신고인이 주민등록표 초본의 확인에 동의하지 않는 경우에는 해당 서류를 직접 제출하도록 해야 한다.
> 1. 주민등록표 초본(법인인 경우에는 법인 등기사항증명서를 말한다)
> 2. 건축물대장 및 토지이용계획정보

2 맹견취급영업의 특례(동물보호법 제70조)

(1) 맹견을 생산·수입 또는 판매하는 영업을 하려는 자는 제69조 제1항에 따른 동물생산업, 동물수입업 또는 동물판매업의 허가 외에 대통령령으로 정하는 바에 따라 맹견 취급에 대하여 시·도지사의 허가(허가받은 사항을 변경하려는 때에도 또한 같음)를 받아야 함

> **동물보호법 시행령 제23조의3(맹견 취급 허가 등)** ① 법 제70조 제1항에 따라 맹견의 생산·수입 또는 판매(이하 "취급"이라 한다)에 대하여 허가 또는 변경허가를 받으려는 자는 농림축산식품부령으로 정하는 맹견 취급 허가 신청서 또는 변경허가 신청서에 다음 각 호의 구분에 따른 서류를 첨부하여 시·도지사에게 제출해야 한다.
> 1. 맹견 취급 허가의 경우
>   가. 법 제69조 제1항에 따라 동물생산업, 동물수입업 또는 동물판매업의 허가를 받았음을 입증하는 서류
>   나. 법 제70조 제4항에 따른 맹견 취급을 위한 시설 및 인력 기준을 갖추었음을 증명하는 서류
> 2. 맹견 취급 변경허가의 경우
>   가. 제2항 후단에 따른 맹견 취급 허가증

> 나. 변경할 내용 및 사유를 적은 서류
>
> ② 시·도지사는 제1항에 따라 맹견 취급 허가 신청서 또는 변경허가 신청서를 제출받은 경우에는 해당 신청서를 제출받은 날부터 15일 이내에 그 허가 또는 변경허가 여부를 신청인에게 통지해야 한다. 이 경우 법 제70조 제1항에 따라 허가 또는 변경허가를 하는 때에는 농림축산식품부령으로 정하는 맹견 취급 허가증을 발급해야 한다.
>
> ③ 제1항 및 제2항에서 규정한 사항 외에 맹견 취급 허가 또는 변경허가의 절차 및 방법에 관한 세부 사항은 농림축산식품부령으로 정한다.

(2) 맹견취급허가를 받으려는 자의 결격사유에 대하여는 제19조를 준용함

(3) 맹견취급허가를 받은 자는 다음의 어느 하나에 해당하는 경우 농림축산식품부령으로 정하는 바에 따라 시·도지사에게 신고하여야 함

① 맹견을 번식시킨 경우

② 맹견을 수입한 경우

③ 맹견을 양도하거나 양수한 경우

④ 보유하고 있는 맹견이 죽은 경우

(4) 맹견 취급을 위한 동물생산업, 동물수입업 또는 동물판매업의 시설 및 인력 기준은 제69조 제3항에 따른 기준 외에 별도로 농림축산식품부령으로 정함

3 공설동물장묘시설의 특례(동물보호법 제71조)

(1) 지방자치단체의 장은 동물을 위한 장묘시설을 설치·운영(시설 및 인력 등 농림축산식품부령으로 정하는 기준을 갖추어야 함)할 수 있음

(2) 농림축산식품부장관은 **(1)**에 따라 공설동물장묘시설을 설치·운영하는 지방자치단체에 대해서는 예산의 범위에서 시설의 설치에 필요한 경비를 지원할 수 있음

(3) 지방자치단체의 장이 공설동물장묘시설을 사용하는 자에게 부과하는 사용료 또는 관리비의 금액과 부과방법 및 용도, 그 밖에 필요한 사항은 해당 지방자치단체의 조례로 정함

4 동물장묘시설의 설치 제한(동물보호법 제72조)

다음의 어느 하나에 해당하는 지역에는 제69조 제1항 제4호의 동물장묘업을 영위하기 위한 동물장묘시설 및 공설동물장묘시설을 설치할 수 없음

① 「장사 등에 관한 법률」 제17조에 해당하는 지역

② 20호 이상의 인가밀집지역, 학교, 그 밖에 공중이 수시로 집합하는 시설 또는 장소로부터 300미터 이내. 다만, 해당 지역의 위치 또는 지형 등의 상황을 고려하여 해당 시설의 기능이나 이용 등에 지장이 없는 경우로서 특별자치시장·특별자치도지사·시장·군수·구청장이 인정하는 경우에는 적용을 제외함

5 장묘정보시스템의 구축·운영 등(동물보호법 제72조의2)

(1) 농림축산식품부장관은 동물장묘 등에 관한 정보의 제공과 동물장묘시설 이용·관리의 업무 등을 전자적으로 처리할 수 있는 정보시스템(이하 "장묘정보시스템"이라 한다)을 구축·운영할 수 있음

(2) 장묘정보시스템의 기능에는 다음의 사항이 포함되어야 함
  ① 동물장묘시설의 현황 및 가격 정보 제공
  ② 동물장묘절차 등에 관한 정보 제공
  ③ 그 밖에 농림축산식품부장관이 필요하다고 인정하는 사항

(3) 장묘정보시스템의 구축·운영 등에 필요한 사항은 농림축산식품부장관이 정함

6 영업의 등록(동물보호법 제73조)

(1) 동물과 관련된 다음의 영업을 하려는 자는 농림축산식품부령으로 정하는 바에 따라 특별자치시장·특별자치도지사·시장·군수·구청장에게 등록하여야 함

  ① 동물전시업
  ② 동물위탁관리업
  ③ 동물미용업
  ④ 동물운송업

> **동물보호법 시행규칙 제42조(영업의 등록)** ① 법 제73조 제1항 각 호의 영업을 등록하려는 자는 별지 제24호 서식의 영업등록신청서(전자문서로 된 신청서를 포함한다)에 다음 각 호의 서류를 첨부하여 관할 특별자치시장·특별자치도지사·시장·군수·구청장에게 제출해야 한다.
> 1. 인력 현황
> 2. 영업장의 시설 명세 및 배치도
> 3. 사업계획서
> 4. 별표 11의 시설 및 인력 기준을 갖추었음을 증명하는 서류
> ② 제1항에 따른 신청서를 받은 특별자치시장·특별자치도지사·시장·군수·구청장은 「전자정부법」 제36조 제1항에 따른 행정정보의 공동이용을 통하여 다음 각 호의 서류를 확인해야 한다. 다만, 신청인이 주민등록표 초본 및 자동차등록증의 확인에 동의하지 않는 경우에는 해당 서류를 직접 제출하도록 해야 한다.

1. 주민등록표 초본(법인인 경우에는 법인 등기사항증명서를 말한다)
2. 건축물대장 및 토지이용계획정보(자동차를 이용한 동물미용업 또는 동물운송업의 경우는 제외한다)
3. 자동차등록증(자동차를 이용한 동물미용업 또는 동물운송업의 경우에만 해당한다)
③ 특별자치시장·특별자치도지사·시장·군수·구청장은 제1항에 따른 신청인이 법 제74조에 해당되는지를 확인할 수 없는 경우에는 그 신청인에게 제2항 또는 제3항의 서류 외에 신원확인에 필요한 자료를 제출하게 할 수 있다.
④ 특별자치시장·특별자치도지사·시장·군수·구청장은 제1항에 따른 등록 신청이 별표 11의 기준에 맞는 경우에는 신청인에게 별지 제25호 서식의 등록증을 발급하고, 별지 제26호 서식의 등록(변경등록, 변경신고) 관리대장을 각각 작성·관리해야 한다.
⑤ 제4항에 따라 등록을 한 영업자가 등록증을 잃어버리거나 헐어 못 쓰게 되어 재발급을 받으려는 경우에는 별지 제27호 서식의 등록증 재발급신청서(전자문서로 된 신청서를 포함한다)에 기존 등록증을 첨부(등록증을 잃어버린 경우는 제외한다)하여 특별자치시장·특별자치도지사·시장·군수·구청장에게 제출해야 한다.
⑥ 제4항의 등록 관리대장은 전자적 처리가 불가능한 특별한 사유가 없으면 전자적 방법으로 작성·관리해야 한다.

(2) (1)에 따른 영업의 세부 범위는 농림축산식품부령으로 정함

동물보호법 시행규칙 제43조(등록영업의 세부 범위) 법 제73조 제2항에 따른 등록영업의 세부 범위는 다음 각 호의 구분에 따른다.
1. 동물전시업: 반려동물을 보여주거나 접촉하게 할 목적으로 영업자 소유의 동물을 5마리 이상 전시하는 영업. 다만, 「동물원 및 수족관의 관리에 관한 법률」 제2조 제1호에 따른 동물원은 제외한다.
2. 동물위탁관리업: 반려동물 소유자의 위탁을 받아 반려동물을 영업장 내에서 일시적으로 사육, 훈련 또는 보호하는 영업
3. 동물미용업: 반려동물의 털, 피부 또는 발톱 등을 손질하거나 위생적으로 관리하는 영업
4. 동물운송업: 「자동차관리법」 제2조 제1호의 자동차를 이용하여 반려동물을 운송하는 영업

(3) (1)에 따른 영업의 등록을 신청하려는 자는 영업장의 시설 및 인력 등 농림축산식품부령으로 정하는 기준을 갖추어야 함

동물보호법 시행규칙 제44조(등록영업의 시설 및 인력 기준) 법 제73조 제3항에 따른 동록영업의 시설 및 인력 기준은 별표 11과 같다.

(4) (1)에 따라 영업을 등록한 자가 등록사항을 변경하는 경우에는 변경등록을 하여야 함. 다만, 농림축산식품부령으로 정하는 경미한 사항을 변경하는 경우에는 특별자치시장·특별자치도지사·시장·군수·구청장에게 신고하여야 함

동물보호법 시행규칙 제45조(등록영업의 변경 등) ① 법 제73조 제4항 본문에 따라 변경등록을 하려는 자는 별지 제28호 서식의 변경등록 신청서(전자문서로 된 신청서를 포함한다)에 다음 각 호의 서류를 첨부하여 특별자치시장·특별자치도지사·시장·군수·구청장에게 제출해야 한다.
1. 등록증
2. 제42조 제1항 각 호에 대한 변경사항(제2항 각 호의 사항은 제외한다)
② 법 제73조 제4항 단서에서 "농림축산식품부령으로 정하는 경미한 사항"이란 다음 각 호의 사항을 말한다.
1. 영업장의 명칭 또는 상호
2. 영업장 전화번호
3. 오기, 누락 또는 그 밖에 이에 준하는 사유로서 그 변경 사유가 분명한 사항
③ 법 제73조 제4항 단서에 따라 영업의 등록사항 변경신고를 하려는 자는 별지 제29호 서식의 변경신고서(전자문서로 된 신고서를 포함한다)에 등록증을 첨부하여 특별자치시장·특별자치도지사·시장·군수·구청장에게 제출해야 한다.
④ 제1항에 따른 변경등록신청서 및 제3항에 따른 변경신고서를 받은 특별자치시장·특별자치도지사·시장·군수·구청장은 「전자정부법」 제36조 제1항에 따른 행정정보의 공동이용을 통하여 다음 각 호의 서류를 확인해야 한다. 다만, 신고인이 주민등록표 초본 및 자동차등록증의 확인에 동의하지 않는 경우에는 해당 서류를 직접 제출하도록 해야 한다.
1. 주민등록표 초본(법인인 경우에는 법인 등기사항증명서를 말한다)
2. 건축물대장 및 토지이용계획정보(자동차를 이용한 동물미용업 또는 동물운송업의 경우는 제외한다)
3. 자동차등록증(자동차를 이용한 동물미용업 또는 동물운송업의 경우에만 해당한다)

---

7 허가 또는 등록의 결격사유(동물보호법 제74조)

다음의 어느 하나에 해당하는 사람은 제69조 제1항에 따른 영업의 허가를 받거나 제73조 제1항에 따른 영업의 등록을 할 수 없음
① 미성년자
② 피성년후견인
③ 파산선고를 받은 자로서 복권되지 아니한 사람
④ 제82조 제1항에 따른 교육을 이수하지 아니한 사람
⑤ 제83조 제1항에 따라 허가 또는 등록이 취소된 후 1년이 지나지 아니한 상태에서 취소된 업종과 같은 업종의 허가를 받거나 등록을 하려는 사람(법인인 경우에는 그 대표자를 포함한다)

⑥ 이 법을 위반하여 벌금 이상의 실형을 선고받고 그 집행이 종료(집행이 종료된 것으로 보는 경우를 포함한다)되거나 집행이 면제된 날부터 3년(제10조를 위반한 경우에는 5년으로 한다)이 지나지 아니한 사람

⑦ 이 법을 위반하여 벌금 이상의 형의 집행유예를 선고받고 그 유예기간 중에 있는 사람

8 영업승계(동물보호법 제75조)

(1) 제69조 제1항에 따른 영업의 허가를 받거나 제73조 제1항에 따라 영업의 등록을 한 자(이하 "영업자"라 한다)가 그 영업을 양도하거나 사망한 경우 또는 법인이 합병한 경우에는 그 양수인·상속인 또는 합병 후 존속하는 법인이나 합병으로 설립되는 법인(이하 "양수인등"이라 한다)은 그 영업자의 지위를 승계함

(2) 다음의 어느 하나에 해당하는 절차에 따라 영업시설의 전부를 인수한 자는 그 영업자의 지위를 승계함
① 「민사집행법」에 따른 경매
② 「채무자 회생 및 파산에 관한 법률」에 따른 환가(換價)
③ 「국세징수법」·「관세법」 또는 「지방세법」에 따른 압류재산의 매각
④ 그 밖에 제1호부터 제3호까지의 어느 하나에 준하는 절차

(3) **(1)** 또는 **(2)**에 따라 영업자의 지위를 승계한 자는 그 지위를 승계한 날부터 30일 이내에 농림축산식품부령으로 정하는 바에 따라 특별자치시장·특별자치도지사·시장·군수·구청장에게 신고하여야 함

(4) **(1)** 및 **(2)**에 따른 승계에 관하여는 제74조에 따른 결격사유 규정을 준용함. 다만, 상속인이 제74조 제1호 및 제2호에 해당하는 경우에는 상속을 받은 날부터 3개월 동안은 그러하지 아니함

9 휴업·폐업 등의 신고(동물보호법 제76조)

(1) 영업자가 휴업, 폐업 또는 그 영업을 재개하려는 경우에는 농림축산식품부령으로 정하는 바에 따라 특별자치시장·특별자치도지사·시장·군수·구청장에게 신고하여야 함

> **동물보호법 시행규칙 제47조(휴업 등의 신고)** ① 법 제76조 제1항에 따라 영업의 휴업·폐업 또는 재개업 신고를 하려는 자는 별지 제31호 서식의 휴업(폐업·재개업) 신고서(전자문서로 된 신고서를 포함한다)에 허가증(등록증) 원본(폐업신고의 경우만 해당하며 분실한 경우는 제외한다)과 동물처리계획서(동물장묘업자는 제외한다)를 첨부하여 관할 특별자치시장·특별자치도지사·시장·군수·구청장에게 제출해야 한다. 다만, 휴업의 기간을 정하여 신고하는 경우 그 기간이 만료되어 재개업을 할 때에는 신고하지 않을 수 있다.

② 제1항에 따라 폐업신고를 하려는 자가 「부가가치세법」 제8조 제8항에 따른 폐업신고를 같이 하려는 경우에는 제1항에 따른 폐업신고서에 「부가가치세법 시행규칙」 별지 제9호서식의 폐업신고서를 함께 제출하거나 「민원처리에 관한 법률 시행령」 제12조 제10항에 따른 통합 폐업신고서를 제출해야 한다. 이 경우 관할 특별자치시장·특별자치도지사·시장·군수·구청장은 함께 제출받은 폐업신고서 또는 통합 폐업신고서를 지체 없이 관할 세무서장에게 송부(정보통신망을 이용한 송부를 포함한다. 이하 이 조에서 같다)해야 한다.
③ 관할 세무서장이 「부가가치세법 시행령」 제13조 제5항에 따라 제1항에 따른 폐업신고를 받아 이를 관할 특별자치시장·특별자치도지사·시장·군수·구청장에게 송부한 경우에는 제1항에 따른 폐업신고서가 제출된 것으로 본다.
④ 법 제76조 제2항에 따라 휴업 또는 폐업의 신고를 하려는 영업자가 특별자치시장·특별자치도지사·시장·군수·구청장에게 제출해야 하는 동물처리계획서는 별지 제32호 서식과 같다.

(2) 영업자(동물장묘업자는 제외한다. 이하 이 조에서 같다)는 **(1)**에 따라 휴업 또는 폐업의 신고를 하려는 경우에는 농림축산식품부령으로 정하는 바에 따라 특별자치시장·특별자치도지사·시장·군수·구청장에게 휴업 또는 폐업 30일 전에 보유하고 있는 동물의 적절한 사육 및 처리를 위한 계획서(이하 "동물처리계획서"라 한다)를 제출하여야 함

(3) 영업자는 동물처리계획서에 따라 동물을 처리한 후 그 결과를 특별자치시장·특별자치도지사·시장·군수·구청장에게 보고하여야 하며, 보고를 받은 특별자치시장·특별자치도지사·시장·군수·구청장은 동물처리계획서의 이행 여부를 확인하여야 함

(4) **(2)** 및 **(3)**에 따른 동물처리계획서의 제출 및 보고에 관한 사항은 농림축산식품부령으로 정함

10 직권말소(동물보호법 제77조)

(1) 특별자치시장·특별자치도지사·시장·군수·구청장은 영업자가 제76조 제1항에 따른 폐업신고를 하지 아니한 경우에는 농림축산식품부령으로 정하는 바에 따라 폐업 사실을 확인한 후 허가 또는 등록사항을 직권으로 말소할 수 있음

동물보호법 시행규칙 제48조(직권말소) ① 특별자치시장·특별자치도지사·시장·군수·구청장이 법 제77조 제1항에 따라 영업 허가 또는 등록사항을 직권으로 말소하려는 경우에는 다음 각 호의 사항을 확인해야 한다.
1. 임대차계약의 종료 여부
2. 영업장의 사육시설·설비 등의 철거 여부
3. 관할 세무서에의 폐업신고 등 영업의 폐지 여부
4. 영업장 내 동물의 보유 여부
② 특별자치시장·특별자치도지사·시장·군수·구청장은 제1항에 따라 직권으로 허가 또는 등록사항을 말소하려는 경우에는 미리 영업자에게 통지해야 하며, 해당 기관 게시판과 인터넷 홈페이지에 20일 이상 예고해야 한다.

(2) 특별자치시장·특별자치도지사·시장·군수·구청장은 영업자가 영업을 폐업하였는지를 확인하기 위하여 필요한 경우 관할 세무서장에게 영업자의 폐업 여부에 대한 정보 제공을 요청할 수 있음. 이 경우 요청을 받은 관할 세무서장은 정당한 사유 없이 이를 거부하여서는 아니 됨

11 영업자 등의 준수사항(동물보호법 제78조)

(1) 영업자(법인인 경우에는 그 대표자를 포함한다)와 그 종사자는 다음의 사항을 준수하여야 함
  ① 동물을 안전하고 위생적으로 사육·관리 또는 보호할 것
  ② 동물의 건강과 안전을 위하여 동물병원과의 적절한 연계를 확보할 것
  ③ 노화나 질병이 있는 동물을 유기하거나 폐기할 목적으로 거래하지 아니할 것
  ④ 동물의 번식, 반입·반출 등의 기록 및 관리를 하고 이를 보관할 것
  ⑤ 동물에 관한 사항을 표시·광고하는 경우 이 법에 따른 영업허가번호 또는 영업등록번호와 거래금액을 함께 표시할 것
  ⑥ 동물의 분뇨, 사체 등은 관계 법령에 따라 적정하게 처리할 것
  ⑦ 농림축산식품부령으로 정하는 영업장의 시설 및 인력 기준을 준수할 것

> **동물보호법 시행규칙 제39조(허가영업의 시설 및 인력 기준)** 법 제69조 제3항에 따른 허가영업의 시설 및 인력 기준은 별표 10과 같다.
>
> **동물보호법 시행규칙 제44조(등록영업의 시설 및 인력 기준)** 법 제73조 제3항에 따른 동록영업의 시설 및 인력 기준은 별표 11과 같다.

  ⑧ 제82조 제2항에 따른 정기교육을 이수하고 그 종사자에게 교육을 실시할 것
  ⑨ 농림축산식품부령으로 정하는 바에 따라 동물의 취급 등에 관한 영업실적을 보고할 것

> **동물보호법 시행규칙 제49조(영업자의 준수사항)** 법 제78조 제6항에 따른 영업자(법인인 경우에는 그 대표자를 포함한다)의 준수사항은 별표 12와 같다.

  ⑩ 등록대상동물의 등록 및 변경신고의무(등록·변경신고방법 및 위반 시 처벌에 관한 사항 등을 포함한다)를 고지할 것
  ⑪ 다른 사람의 영업명의를 도용하거나 대여받지 아니하고, 다른 사람에게 자기의 영업명의 또는 상호를 사용하도록 하지 아니할 것

(2) 동물생산업자는 **(1)**에서 규정한 사항 외에 다음의 사항을 준수하여야 함
  ① 월령이 12개월 미만인 개·고양이는 교배 또는 출산시키지 아니할 것
  ② 약품 등을 사용하여 인위적으로 동물의 발정을 유도하는 행위를 하지 아니할 것
  ③ 동물의 특성에 따라 정기적으로 예방접종 및 건강관리를 실시하고 기록할 것

(3) 동물수입업자는 **(1)**에서 규정한 사항 외에 다음의 사항을 준수하여야 함

① 동물을 수입하는 경우 농림축산식품부장관에게 수입의 내역을 신고할 것

② 수입의 목적으로 신고한 사항과 다른 용도로 동물을 사용하지 아니할 것

(4) 동물판매업자(동물생산업자 및 동물수입업자가 동물을 판매하는 경우를 포함한다)는 **(1)**에서 규정한 사항 외에 다음 각 호의 사항을 준수하여야 함

① 월령이 2개월 미만인 개·고양이를 판매(알선 또는 중개를 포함한다)하지 아니할 것

② 동물을 판매 또는 전달을 하는 경우 직접 전달하거나 동물운송업자를 통하여 전달할 것

(5) 동물장묘업자는 **(1)**에서 규정한 사항 외에 다음 각 호의 사항을 준수하여야 함

① 살아있는 동물을 처리(마취 등을 통하여 동물의 고통을 최소화하는 인도적인 방법으로 처리하는 것을 포함한다)하지 아니할 것

② 등록대상동물의 사체를 처리한 경우 농림축산식품부령으로 정하는 바에 따라 특별자치시장·특별자치도지사·시장·군수·구청장에게 신고할 것

③ 자신의 영업장에 있는 동물장묘시설을 다른 자에게 대여하지 아니할 것

(6) **(1)**부터 **(5)**까지의 규정에 따른 영업자의 준수사항에 관한 구체적인 사항 및 그 밖에 동물의 보호와 공중위생상의 위해 방지를 위하여 영업자가 준수하여야 할 사항은 농림축산식품부령으로 정함

> **동물보호법 시행규칙 제49조(영업자의 준수사항)** 법 제78조 제6항에 따른 영업자(법인인 경우에는 그 대표자를 포함한다)의 준수사항은 별표 12와 같다.

12 등록대상동물의 판매에 따른 등록신청(동물보호법 제79조)

(1) 동물생산업자, 동물수입업자 및 동물판매업자는 등록대상동물을 판매하는 경우에 구매자(영업자를 제외한다)에게 동물등록의 방법을 설명하고 구매자의 명의로 특별자치시장·특별자치도지사·시장·군수·구청장에게 동물등록을 신청한 후 판매하여야 함

(2) **(1)**에 따른 등록대상동물의 등록신청에 대해서는 제15조를 준용함

13 거래내역의 신고(동물보호법 제80조)

(1) 동물생산업자, 동물수입업자 및 동물판매업자가 등록대상동물을 취급하는 경우에는 그 거래내역을 농림축산식품부령으로 정하는 바에 따라 특별자치시장·특별자치도지사·시장·군수·구청장에게 신고하여야 함

> 동물보호법 시행규칙 제50조(거래내역의 신고) 법 제80조 제1항에 따라 동물생산업자, 동물수입업자
> 및 동물판매업자는 매월 1일부터 말일까지 취급한 등록대상동물의 거래내역을 다음 달 10일까지
> 특별자치시장·특별자치도지사·시장·군수·구청장에게 별지 제33호 서식에 따라 신고(동물정보시
> 스템을 통한 방식을 포함한다)해야 한다.

(2) 농림축산식품부장관은 **(1)**에 따른 등록대상동물의 거래내역을 제95조 제2항에 따른 국가
동물보호정보시스템으로 신고하게 할 수 있음

14 표준계약서의 제정·보급(동물보호법 제81조)

(1) 농림축산식품부장관은 동물보호 및 동물영업의 건전한 거래질서 확립을 위하여 공정거래위
원회와 협의하여 표준계약서를 제정 또는 개정하고 영업자에게 이를 사용하도록 권고할 수
있음

(2) 농림축산식품부장관은 **(1)**에 따른 표준계약서에 관한 업무를 대통령령으로 정하는 기관에
위탁할 수 있음

(3) **(1)**에 따른 표준계약서의 구체적인 사항은 농림축산식품부령으로 정함

> 동물보호법 시행규칙 제49조(영업자의 준수사항) 법 제78조 제6항에 따른 영업자(법인인 경우에는
> 그 대표자를 포함한다)의 준수사항은 별표 12와 같다.

15 교육(동물보호법 제82조)

(1) 제69조 제1항에 따른 허가를 받거나 제73조 제1항에 따른 등록을 하려는 자는 허가를 받거
나 등록을 하기 전에 동물의 보호 및 공중위생상의 위해 방지 등에 관한 교육을 받아야 함

(2) 영업자는 정기적으로 **(1)**에 따른 교육을 받아야 함

(3) 제83조 제1항에 따른 영업정지처분을 받은 영업자는 **(2)**의 정기 교육 외에 동물의 보호 및
영업자 준수사항 등에 관한 추가교육을 받아야 함

(4) **(1)**부터 **(3)**까지의 규정에 따라 교육을 받아야 하는 영업자로서 교육을 받지 아니한 자는
그 영업을 하여서는 아니 됨

(5) **(1)** 또는 **(2)**에 따라 교육을 받아야 하는 영업자가 영업에 직접 종사하지 아니하거나 두
곳 이상의 장소에서 영업을 하는 경우에는 종사자 중에서 책임자를 지정하여 영업자 대신
교육을 받게 할 수 있음

(6) (1)부터 (3)까지의 규정에 따른 교육의 종류, 내용, 시기, 이수방법 등에 관하여는 농림축산식품부령으로 정함

동물보호법 시행규칙 제51조(영업자 교육) ① 법 제82조 제1항부터 제3항까지 및 제5항의 규정에 따른 교육의 종류, 교육 시기 및 교육시간은 다음 각 호의 구분에 따른다.

1. 영업 신청 전 교육: 영업허가 신청일 또는 등록 신청일 이전 1년 이내 3시간. 다만, 법 제70조 제1항에 따른 맹견 취급 허가를 추가로 받으려는 경우에는 맹견 취급 허가 신청일 이전 1년 이내에 4시간을 받아야 한다.

2. 영업자 정기교육: 영업 허가 또는 등록을 받은 날부터 기산하여 1년이 되는 날이 속하는 해의 1월 1일부터 12월 31일까지의 기간 중 매년 3시간. 다만, 법 제70조 제1항에 따른 맹견 취급 허가를 받은 영업자의 경우에는 맹견 취급 허가를 받은 해의 다음 해부터는 4시간의 정기교육을 받아야 한다.

3. 영업정지처분에 따른 추가교육: 영업정지처분을 받은 날부터 6개월 이내 3시간

② 법 제82조에 따른 교육에는 다음 각 호의 내용이 포함되어야 한다. 다만, 교육대상 영업자 중 두 가지 이상의 영업을 하는 자에 대해서는 다음 각 호의 교육내용 중 중복된 사항을 제외할 수 있다.

1. 동물보호 관련 법령 및 정책에 관한 사항
2. 동물의 보호·복지에 관한 사항
3. 동물의 사육·관리 및 질병예방에 관한 사항
4. 영업자 준수사항에 관한 사항
5. 맹견의 안전관리 및 사고 방지에 관한 사항(법 제70조 제1항에 따른 맹견 취급 허가를 받은 영업자만 해당한다)

③ 법 제82조에 따른 교육은 다음 각 호의 어느 하나에 해당하는 법인 또는 단체로서 농림축산식품부장관이 고시하는 법인·단체에서 실시한다.

1. 동물보호 민간단체
2. 「농업·농촌 및 식품산업 기본법」 제11조의2에 따른 농림수산식품교육문화정보원

---

16 허가 또는 등록의 취소 등(동물보호법 제83조)

(1) 특별자치시장·특별자치도지사·시장·군수·구청장은 영업자가 다음의 어느 하나에 해당하는 경우에는 농림축산식품부령으로 정하는 바에 따라 그 허가 또는 등록을 취소하거나 6개월 이내의 기간을 정하여 그 영업의 전부 또는 일부의 정지를 명할 수 있음. 다만, ①, ⑦ 또는 ⑧에 해당하는 경우에는 허가 또는 등록을 취소하여야 함

동물보호법 시행규칙 제52조(행정처분의 기준) ① 법 제83조에 따른 영업자에 대한 허가 또는 등록의 취소, 영업의 전부 또는 일부의 정지에 관한 행정처분기준은 별표 13과 같다.

② 특별자치시장·특별자치도지사·시장·군수·구청장이 제1항에 따른 행정처분을 하였을 때에는 별지 제34호 서식의 행정처분 및 청문 대장에 그 내용을 기록하고 유지·관리해야 한다.

③ 제2항의 행정처분 및 청문 대장은 전자적 처리가 불가능한 특별한 사유가 없으면 전자적 방법으로 작성·관리해야 한다.

---

① 거짓이나 그 밖의 부정한 방법으로 허가를 받거나 등록을 한 것이 판명된 경우

② 제10조 제1항부터 제4항까지의 규정을 위반한 경우

③ 허가를 받은 날 또는 등록을 한 날부터 1년이 지나도록 영업을 개시하지 아니한 경우

④ 제69조 제1항 또는 제73조 제1항에 따른 허가 또는 등록 사항과 다른 방식으로 영업을 한 경우

⑤ 제69조 제4항 또는 제73조 제4항에 따른 변경허가를 받거나 변경등록을 하지 아니한 경우

⑥ 제69조 제3항 또는 제73조 제3항에 따른 시설 및 인력 기준에 미달하게 된 경우

⑦ 제72조에 따라 설치가 금지된 곳에 동물장묘시설을 설치한 경우

⑧ 제74조 각 호의 어느 하나에 해당하게 된 경우

⑨ 제78조에 따른 준수사항을 지키지 아니한 경우

(2) 특별자치시장·특별자치도지사·시장·군수·구청장은 **(1)**에 따라 영업의 허가 또는 등록을 취소하거나 영업의 전부 또는 일부를 정지하는 경우에는 해당 영업자에게 보유하고 있는 동물을 양도하게 하는 등 적절한 사육·관리 또는 보호를 위하여 필요한 조치를 명하여야 함

(3) **(1)**에 따른 처분의 효과는 그 처분기간이 만료된 날부터 1년간 양수인등에게 승계되며, 처분의 절차가 진행 중일 때에는 양수인등에 대하여 처분의 절차를 행할 수 있음. 다만, 양수인등이 양수·상속 또는 합병 시에 그 처분 또는 위반사실을 알지 못하였음을 증명하는 경우에는 그러하지 아니함

17 과징금의 부과(동물보호법 제84조)

(1) 특별자치시장·특별자치도지사·시장·군수·구청장은 영업자가 제83조 제1항 제4호부터 제6호까지 또는 제9호의 어느 하나에 해당하여 영업정지처분을 하여야 하는 경우로서 그 영업정지처분이 해당 영업의 동물 또는 이용자에게 곤란을 주거나 공익에 현저한 지장을 줄 우려가 있다고 인정되는 경우에는 영업정지처분에 갈음하여 1억 원 이하의 과징금을 부과할 수 있음

(2) 특별자치시장·특별자치도지사·시장·군수·구청장은 **(1)**에 따른 과징금을 부과받은 자가 납부기한까지 과징금을 내지 아니하면 「지방행정제재·부과금의 징수 등에 관한 법률」에 따라 징수함

(3) 특별자치시장·특별자치도지사·시장·군수·구청장은 **(1)**에 따른 과징금을 부과하기 위하여 필요한 경우에는 다음의 사항을 적은 문서로 관할 세무서장에게 과세 정보의 제공을 요청할 수 있음

① 납세자의 인적 사항

② 과세 정보의 사용 목적

③ 과징금 부과기준이 되는 매출금액

(4) **(1)**에 따른 과징금을 부과하는 위반행위의 종류, 영업의 규모, 위반횟수 등에 따른 과징금의 금액, 그 밖에 필요한 사항은 대통령령으로 정함

> **동물보호법 시행령 제24조(과징금의 부과기준)** 법 제84조 제1항에 따른 과징금의 부과기준은 별표 2와 같다.
>
> **동물보호법 시행령 제25조(과징금의 부과 및 납부)** ① 특별자치시장·특별자치도지사·시장·군수·구청장은 법 제84조제1항에 따라 과징금을 부과할 때에는 그 위반행위의 내용과 과징금의 금액 등을 명시하여 부과 대상자에게 서면으로 통지해야 한다.
> ② 제1항에 따라 통지를 받은 자는 통지를 받은 날부터 20일 이내에 특별자치시장·특별자치도지사·시장·군수·구청장이 정하는 수납기관에 과징금을 납부해야 한다.
> ③ 제2항에 따라 과징금을 받은 수납기관은 납부자에게 영수증을 발급하고, 과징금이 납부된 사실을 지체 없이 특별자치시장·특별자치도지사·시장·군수·구청장에게 통보해야 한다.

18 영업장의 폐쇄(동물보호법 제85조)

(1) 특별자치시장·특별자치도지사·시장·군수·구청장은 제69조 또는 제73조에 따른 영업이 다음의 어느 하나에 해당하는 때에는 관계 공무원으로 하여금 농림축산식품부령으로 정하는 바에 따라 해당 영업장을 폐쇄하게 할 수 있음

> **동물보호법 시행규칙 제53조(영업장의 폐쇄)** 법 제85조 제1항에 따라 영업장을 폐쇄하는 관계 공무원은 그 권한을 표시하는 증표를 지니고 이를 관계인에게 보여주어야 한다.

① 제69조 제1항에 따른 허가를 받지 아니하거나 제73조 제1항에 따른 등록을 하지 아니한 때

② 제83조에 따라 허가 또는 등록이 취소되거나 영업정지명령을 받았음에도 불구하고 계속하여 영업을 한 때

(2) 특별자치시장·특별자치도지사·시장·군수·구청장은 **(1)**에 따라 영업장을 폐쇄하기 위하여 관계 공무원에게 다음의 조치를 하게 할 수 있음

① 해당 영업장의 간판이나 그 밖의 영업표지물의 제거 또는 삭제

② 해당 영업장이 적법한 영업장이 아니라는 것을 알리는 게시문 등의 부착

③ 영업을 위하여 꼭 필요한 시설물 또는 기구 등을 사용할 수 없게 하는 봉인(封印)

(3) 특별자치시장·특별자치도지사·시장·군수·구청장은 **(1)** 및 **(2)**에 따른 폐쇄조치를 하려는 때에는 폐쇄조치의 일시·장소 및 관계 공무원의 성명 등을 미리 해당 영업을 하는 영업자 또는 그 대리인에게 서면으로 알려주어야 함

(4) 특별자치시장·특별자치도지사·시장·군수·구청장은 **(1)**에 따라 해당 영업장을 폐쇄하는 경우 해당 영업자에게 보유하고 있는 동물을 양도하게 하는 등 적절한 사육·관리 또는 보호를 위하여 필요한 조치를 명하여야 함

(5) **(1)**에 따른 영업장 폐쇄의 세부적인 기준과 절차는 그 위반행위의 유형과 위반 정도 등을 고려하여 농림축산식품부령으로 정함

제4장 · 보칙

1 고정형 영상정보처리기기의 설치 등(동물보호법 제87조)

(1) 다음의 어느 하나에 해당하는 자는 동물학대 방지 등을 위하여 「개인정보 보호법」 제2조 제7호에 따른 고정형 영상정보처리기기를 설치하여야 함
① 동물보호센터의 장
② 보호시설운영자
③ 도축장 운영자
④ 영업의 허가를 받은 자 또는 영업의 등록을 한 자

(2) **(1)**에 따른 고정형 영상정보처리기기의 설치 대상, 장소 및 기준 등에 필요한 사항은 대통령령으로 정함

> **동물보호법 시행령 제26조(고정형 영상정보처리기기의 설치 등)** 법 제87조 제1항에 따른 고정형 영상정보처리기기의 설치 대상, 장소 및 기준은 별표 3과 같다.
>
> > **■ 동물보호법 시행령 [별표 3]**
> > 고정형 영상정보처리기기의 설치 대상, 장소 및 관리기준(제26조 관련)
> > 1. 설치 대상 및 장소
> >   가. 법 제35조 제1항에 따른 동물보호센터: 보호실 및 격리실
> >   나. 법 제36조 제1항에 따른 동물보호센터: 보호실 및 격리실
> >   다. 법 제37조에 따른 보호시설: 보호실 및 격리실
> >   라. 법 제69조 제1항에 따른 영업장
> >   1) 동물판매업(경매방식을 통한 거래를 알선·중개하는 동물판매업으로 한정한다): 경매실, 준비실
> >   2) 동물장묘업: 화장(火葬)시설 등 동물의 사체 또는 유골의 처리시설
> >   마. 법 제73조 제1항에 따른 영업장
> >   1) 동물위탁관리업: 위탁관리실
> >   2) 동물미용업: 미용작업실
> >   3) 동물운송업: 차량 내 동물이 위치하는 공간

2. 관리기준
　　　가. 고정형 영상정보처리기기의 카메라는 전체 또는 주요 부분이 조망되고 잘 식별될 수 있도록 설치하고, 동물의 상태 등을 확인할 수 있도록 사각지대의 발생을 최소화할 것
　　　나. 선명한 화질이 유지될 수 있도록 관리할 것
　　　다. 고정형 영상정보처리기기가 고장난 경우에는 지체 없이 수리할 것
　　　라. 「개인정보 보호법」 제25조 제4항에 따른 안내판 설치 등 관계 법령을 준수할 것
　　　마. 그 밖에 고정형 영상정보처리기기의 설치·운영 현황을 추가적으로 알리기 위한 안내판을 설치하도록 노력할 것

(3) (1)에 따라 고정형 영상정보처리기기를 설치·관리하는 자는 동물보호센터·보호시설·영업장의 종사자, 이용자 등 정보주체의 인권이 침해되지 아니하도록 다음의 사항을 준수하여야 함

① 설치 목적과 다른 목적으로 고정형 영상정보처리기기를 임의로 조작하거나 다른 곳을 비추지 아니할 것

② 녹음기능을 사용하지 아니할 것

(4) (1)에 따라 고정형 영상정보처리기기를 설치·관리하는 자는 다음 각 호의 어느 하나에 해당하는 경우 외에는 고정형 영상정보처리기기로 촬영한 영상기록을 다른 사람에게 제공하여서는 안 됨

① 소유자등이 자기 동물의 안전을 확인하기 위하여 요청하는 경우

② 「개인정보 보호법」 제2호 제6호 가목에 따른 공공기관이 제86조 등 법령에서 정하는 동물보호 업무 수행을 위하여 요청하는 경우

③ 범죄의 수사와 공소의 제기 및 유지, 법원의 재판업무 수행을 위하여 필요한 경우

(5) 이 법에서 정하는 사항 외에 고정형 영상정보처리기기의 설치, 운영 및 관리 등에 관한 사항은 「개인정보 보호법」에 따름

2 동물보호관(동물보호법 제88조)

(1) 농림축산식품부장관(대통령령으로 정하는 소속 기관의 장을 포함한다), 시·도지사 및 시장·군수·구청장은 동물의 학대 방지 등 동물보호에 관한 사무를 처리하기 위하여 소속 공무원 중에서 동물보호관을 지정하여야 함

> **동물보호법 시행령 제27조(동물보호관의 자격 등)** ① 법 제88조 제1항에서 "대통령령으로 정하는 소속 기관의 장"이란 농림축산검역본부장(이하 "검역본부장"이라 한다)을 말한다.
> ② 농림축산식품부장관, 검역본부장, 시·도지사 및 시장·군수·구청장은 법 제88조 제1항에 따라 소속 공무원 중 다음 각 호의 어느 하나에 해당하는 사람을 동물보호관으로 지정해야 한다.

1. 「수의사법」 제2조 제1호에 따른 수의사 면허가 있는 사람
2. 「국가기술자격법」 제9조에 따른 축산기술사, 축산기사, 축산산업기사 또는 축산기능사 자격이 있는 사람
3. 「고등교육법」 제2조에 따른 학교에서 수의학·축산학·동물관리학·애완동물학·반려동물학 등 동물의 관리 및 이용 관련 분야, 동물보호 분야 또는 동물복지 분야를 전공하고 졸업한 사람
4. 그 밖에 동물보호·동물복지·실험동물 분야와 관련된 사무에 종사하고 있거나 종사한 경험이 있는 사람
③ 제2항에 따른 동물보호관의 직무는 다음 각 호와 같다.
1. 법 제9조에 따른 동물의 적정한 사육·관리에 대한 교육 및 지도
2. 법 제10조에 따라 금지되는 동물학대 행위의 예방, 중단 또는 재발방지를 위하여 필요한 조치
3. 법 제11조에 따른 동물의 적정한 운송과 법 제12조에 따른 반려동물 전달 방법에 대한 지도·감독
4. 법 제13조에 따른 동물의 도살방법에 대한 지도
5. 법 제15조에 따른 등록대상동물의 등록 및 법 제16조에 따른 등록대상동물의 관리에 대한 감독
5의2. 법 제21조에 따른 맹견의 관리에 관한 감독
6. 법 제22조에 따른 맹견의 출입금지에 대한 감독
7. 다음 각 목의 센터 또는 시설의 보호동물 관리에 관한 감독
   가. 법 제35조 제1항에 따라 설치된 동물보호센터
   나. 법 제36조 제1항에 따라 지정된 동물보호센터
   다. 보호시설
8. 법 제58조에 따른 윤리위원회의 구성·운영 등에 관한 지도·감독 및 개선명령의 이행 여부에 대한 확인 및 지도
8의2. 법 제59조에 따라 동물복지축산농장으로 인증받은 농장의 인증기준 준수여부 등에 대한 감독
9. 법 제69조 제1항에 따른 영업의 허가를 받거나 법 제73조 제1항에 따라 영업의 등록을 한 자(이하 "영업자"라 한다)의 시설·인력 등 허가 또는 등록사항, 준수사항, 교육 이수 여부에 관한 감독
10. 법 제71조 제1항에 따른 공설동물장묘시설의 설치·운영에 관한 감독
11. 법 제86조에 따른 조치, 보고 및 자료제출 명령의 이행 여부에 관한 확인·지도
12. 법 제90조 제1항에 따라 위촉된 명예동물보호관에 대한 지도
13. 삭제
14. 그 밖에 동물의 보호 및 복지 증진에 관한 업무

(2) **(1)**에 따른 동물보호관(이하 "동물보호관"이라 한다)의 자격, 임명, 직무 범위 등에 관한 사항은 대통령령으로 정함

(3) 동물보호관이 **(2)**에 따른 직무를 수행할 때에는 농림축산식품부령으로 정하는 증표를 지니고 이를 관계인에게 보여주어야 함

> **동물보호법 시행규칙 제55조(동물보호관의 증표)** 법 제88조 제3항에 따른 동물보호관의 증표는 별지 제35호 서식과 같다.

(4) 누구든지 동물의 특성에 따른 출산, 질병 치료 등 부득이한 사유가 있는 경우를 제외하고는 **(2)**에 따른 동물보호관의 직무 수행을 거부·방해 또는 기피하여서는 안 됨

3 학대행위자에 대한 상담·교육 등의 권고(동물보호법 제89조)

동물보호관은 학대행위자에 대하여 상담·교육 또는 심리치료 등 필요한 지원을 받을 것을 권고할 수 있음

4 명예동물보호관(동물보호법 제90조)

(1) 농림축산식품부장관, 시·도지사 및 시장·군수·구청장은 동물의 학대 방지 등 동물보호를 위한 지도·계몽 등을 위하여 명예동물보호관을 위촉할 수 있음

(2) 제10조를 위반하여 제97조에 따라 형을 선고받고 그 형이 확정된 사람은 **(1)**에 따른 명예동물보호관(이하 "명예동물보호관"이라 한다)이 될 수 없음

(3) 명예동물보호관의 자격, 위촉, 해촉, 직무, 활동 범위와 수당의 지급 등에 관한 사항은 대통령령으로 정함

> **동물보호법 시행령 제28조(명예동물보호관의 자격 및 위촉 등)** ① 농림축산식품부장관, 시·도지사 및 시장·군수·구청장이 법 제90조 제1항에 따라 위촉하는 명예동물보호관(이하 "명예동물보호관"이라 한다)은 다음 각 호의 어느 하나에 해당하는 사람으로서 농림축산식품부장관이 정하는 관련 교육과정을 마친 사람으로 한다.
> 1. 제6조에 따른 법인 또는 단체의 장이 추천한 사람
> 2. 제27조 제2항 각 호의 어느 하나에 해당하는 사람
> 3. 동물보호에 관한 학식과 경험이 풍부한 사람으로서 명예동물보호관의 직무를 성실히 수행할 수 있는 사람
> ② 농림축산식품부장관, 시·도지사 또는 시장·군수·구청장은 제1항에 따라 위촉한 명예동물보호관이 다음 각 호의 어느 하나에 해당하는 경우에는 해촉할 수 있다.
> 1. 사망·질병 또는 부상 등의 사유로 직무 수행이 곤란하게 된 경우
> 2. 제3항에 따른 직무를 성실히 수행하지 않거나 직무와 관련하여 부정한 행위를 한 경우
> ③ 명예동물보호관의 직무는 다음 각 호와 같다.
> 1. 동물보호 및 동물복지에 관한 교육·상담·홍보 및 지도
> 2. 동물학대 행위에 대한 정보 제공
> 3. 학대받는 동물의 구조·보호 지원
> 4. 제27조 제3항에 따른 동물보호관의 직무 수행을 위한 지원
> ④ 명예동물보호관의 활동 범위는 다음 각 호의 구분에 따른다.
> 1. 농림축산식품부장관이 위촉한 경우: 전국
> 2. 시·도지사가 위촉한 경우: 해당 시·도지사의 관할구역
> 3. 시장·군수·구청장이 위촉한 경우: 해당 시장·군수·구청장의 관할구역
> ⑤ 농림축산식품부장관, 시·도지사 또는 시장·군수·구청장은 명예동물보호관에게 예산의 범위에서 수당을 지급할 수 있다.
> ⑥ 제1항부터 제5항까지에서 규정한 사항 외에 명예동물보호관의 운영에 필요한 사항은 농림축산식품부장관이 정하여 고시한다.

(4) 명예동물보호관은 **(3)**에 따른 직무를 수행할 때에는 부정한 행위를 하거나 권한을 남용하여서는 아니 됨

(5) 명예동물보호관이 그 직무를 수행하는 경우에는 신분을 표시하는 증표를 지니고 이를 관계인에게 보여주어야 함

제5장 • 벌칙

1 벌칙(동물보호법 제97조)

(1) 3년 이하의 징역 또는 3천만 원 이하의 벌금

① 제10조 제1항 각 호의 어느 하나를 위반한 자
② 제10조 제3항 제2호 또는 같은 조 제4항 제3호를 위반한 자
③ 제16조 제1항 또는 같은 조 제2항 제1호를 위반하여 사람을 사망에 이르게 한 자
④ 제21조 제1항 각 호를 위반하여 사람을 사망에 이르게 한 자

(2) 2년 이하의 징역 또는 2천만 원 이하의 벌금

① 제10조 제2항 또는 같은 조 제3항 제1호·제3호·제4호의 어느 하나를 위반한 자
② 제10조 제4항 제1호를 위반하여 맹견을 유기한 소유자등
③ 제10조 제4항 제2호를 위반한 소유자등
④ 제16조 제1항 또는 같은 조 제2항 제1호를 위반하여 사람의 신체를 상해에 이르게 한 자
⑤ 제21조 제1항 각 호의 어느 하나를 위반하여 사람의 신체를 상해에 이르게 한 자
⑨ 제69조 제1항 또는 같은 조 제4항을 위반하여 허가 또는 변경허가를 받지 아니하고 영업을 한 자
⑩ 거짓이나 그 밖의 부정한 방법으로 제69조 제1항에 따른 허가 또는 같은 조 제4항에 따른 변경허가를 받은 자
⑪ 제70조 제1항을 위반하여 맹견취급허가 또는 변경허가를 받지 아니하고 맹견을 취급하는 영업을 한 자
⑫ 거짓이나 그 밖의 부정한 방법으로 제70조 제1항에 따른 맹견취급허가 또는 변경허가를 받은 자
⑬ 제72조를 위반하여 설치가 금지된 곳에 동물장묘시설을 설치한 자
⑭ 제85조 제1항에 따른 영업장 폐쇄조치를 위반하여 영업을 계속한 자

(3) 1년 이하의 징역 또는 1천만 원 이하의 벌금

① 제18조 제1항을 위반하여 맹견사육허가를 받지 아니한 자
② 제33조 제1항을 위반하여 반려동물행동지도사의 명칭을 사용한 자
③ 제33조 제2항을 위반하여 다른 사람에게 반려동물행동지도사의 명의를 사용하게 하거나 그 자격증을 대여한 자 또는 반려동물행동지도사의 명의를 사용하거나 그 자격증을 대여받은 자
④ 제33조 제3항을 위반한 자
⑤ 제73조 제1항 또는 같은 조 제4항을 위반하여 등록 또는 변경등록을 하지 아니하고 영업을 한 자
⑥ 거짓이나 그 밖의 부정한 방법으로 제73조 제1항에 따른 등록 또는 같은 조 제4항에 따른 변경등록을 한 자
⑦ 제78조 제1항 제11호를 위반하여 다른 사람의 영업명의를 도용하거나 대여받은 자 또는 다른 사람에게 자기의 영업명이나 상호를 사용하게 한 영업자
⑦-2 제78조 제5항 제3호를 위반하여 자신의 영업장에 있는 동물장묘시설을 다른 자에게 대여한 영업자
⑧ 제83조를 위반하여 영업정지 기간에 영업을 한 자
⑨ 제87조 제3항을 위반하여 설치 목적과 다른 목적으로 고정형 영상정보처리기기를 임의로 조작하거나 다른 곳을 비춘 자 또는 녹음기능을 사용한 자
⑩ 제87조 제4항을 위반하여 영상기록을 목적 외의 용도로 다른 사람에게 제공한 자

(4) 500만 원 이하의 벌금

① 제29조 제1항을 위반하여 업무상 알게 된 비밀을 누설한 기질평가위원회의 위원 또는 위원이었던 자
② 제37조 제1항에 따른 신고를 하지 아니하고 보호시설을 운영한 자
③ 제38조 제2항에 따른 폐쇄명령에 따르지 아니한 자
④ 제54조 제3항을 위반하여 비밀을 누설하거나 도용한 윤리위원회의 위원 또는 위원이었던 자(제52조 제3항에서 준용하는 경우를 포함한다)
⑤ 제78조 제2항 제1호를 위반하여 월령이 12개월 미만인 개·고양이를 교배 또는 출산시킨 영업자
⑥ 제78조 제2항 제2호를 위반하여 동물의 발정을 유도한 영업자
⑦ 제78조 제5항 제1호를 위반하여 살아있는 동물을 처리한 영업자

(5) 300만 원 이하의 벌금

① 제10조 제4항 제1호를 위반하여 동물을 유기한 소유자등(맹견을 유기한 경우는 제외한다)
② 제10조 제5항 제1호를 위반하여 사진 또는 영상물을 판매·전시·전달·상영하거나 인터 넷에 게재한 자
③ 제10조 제5항 제2호를 위반하여 도박을 목적으로 동물을 이용한 자 또는 동물을 이용하 는 도박을 행할 목적으로 광고·선전한 자
④ 제10조 제5항 제3호를 위반하여 도박·시합·복권·오락·유흥·광고 등의 상이나 경품 으로 동물을 제공한 자
⑤ 제10조 제5항 제4호를 위반하여 영리를 목적으로 동물을 대여한 자
⑥ 제18조 제4항 후단에 따른 인도적인 방법에 의한 처리 명령에 따르지 아니한 맹견의 소유자
⑦ 제20조 제2항에 따른 인도적인 방법에 의한 처리 명령에 따르지 아니한 맹견의 소유자
⑧ 제24조 제1항에 따른 기질평가 명령에 따르지 아니한 맹견 아닌 개의 소유자
⑨ 제46조 제2항을 위반하여 수의사에 의하지 아니하고 동물의 인도적인 처리를 한 자
⑪ 제78조 제4항 제1호를 위반하여 월령이 2개월 미만인 개·고양이를 판매(알선 또는 중 개를 포함한다)한 영업자
⑫ 제85조 제2항에 따른 게시문 등 또는 봉인을 제거하거나 손상시킨 자

(6) 상습적으로 (1)부터 (5)까지의 죄를 지은 자는 그 죄에 정한 형의 2분의 1까지 가중함

2 벌칙(동물보호법 제98조)

제100조 제1항에 따라 이수명령을 부과받은 사람이 보호관찰소의 장 또는 교정시설의 장의 이수명령 이행에 관한 지시에 따르지 아니하여 「보호관찰 등에 관한 법률」 또는 「형의 집행 및 수용자의 처우에 관한 법률」에 따른 경고를 받은 후 재차 정당한 사유 없이 이수명령 이행에 관한 지시를 따르지 아니한 경우에는 다음에 따름
① 벌금형과 병과된 경우에는 500만 원 이하의 벌금에 처함
② 징역형 이상의 실형과 병과된 경우에는 1년 이하의 징역 또는 1천만 원 이하의 벌금에 처함

3 양벌규정(동물보호법 제99조)

법인의 대표자나 법인 또는 개인의 대리인, 사용인, 그 밖의 종업원이 그 법인 또는 개인의 업무에 관하여 제97조에 따른 위반행위를 하면 그 행위자를 벌하는 외에 그 법인 또는 개인에게도 해당 조문의 벌금형을 과함. 다만, 법인 또는 개인이 그 위반행위를 방지하기 위하여 해당 업무에 관하여 상당한 주의와 감독을 게을리하지 아니한 경우에는 그러하지 아니함

4 형벌과 수강명령 등의 병과(동물보호법 제100조)

(1) 법원은 제97조 제1항 제1호부터 제4호까지 및 같은 조 제2항 제1호부터 제5호까지의 죄를 지은 자(이하 이 조에서 "동물학대행위자등"이라 한다)에게 유죄판결(선고유예는 제외한다)을 선고하면서 200시간의 범위에서 재범예방에 필요한 수강명령(「보호관찰 등에 관한 법률」에 따른 수강명령을 말한다. 이하 같다) 또는 치료프로그램의 이수명령(이하 "이수명령"이라 한다)을 병과할 수 있음

(2) 동물학대행위자등에게 부과하는 수강명령은 형의 집행을 유예할 경우에는 그 집행유예기간 내에서 병과하고, 이수명령은 벌금형 또는 징역형의 실형을 선고할 경우에 병과함

(3) 법원이 동물학대행위자등에 대하여 형의 집행을 유예하는 경우에는 **(1)**에 따른 수강명령 외에 그 집행유예기간 내에서 보호관찰 또는 사회봉사 중 하나 이상의 처분을 병과할 수 있음

(4) **(1)**에 따른 수강명령 또는 이수명령은 형의 집행을 유예할 경우에는 그 집행유예기간 내에, 벌금형을 선고할 경우에는 형 확정일부터 6개월 이내에, 징역형의 실형을 선고할 경우에는 형기 내에 각각 집행함

(5) **(1)**에 따른 수강명령 또는 이수명령이 벌금형 또는 형의 집행유예와 병과된 경우에는 보호관찰소의 장이 집행하고, 징역형의 실형과 병과된 경우에는 교정시설의 장이 집행함. 다만, 징역형의 실형과 병과된 이수명령을 모두 이행하기 전에 석방 또는 가석방되거나 미결구금 일수 산입 등의 사유로 형을 집행할 수 없게 된 경우에는 보호관찰소의 장이 남은 이수명령을 집행함

(6) **(1)**에 따른 수강명령 또는 이수명령의 내용은 다음 각 호의 구분에 따름
① 제97조 제1항 제1호·제2호 및 같은 조 제2항 제1호부터 제3호까지의 죄를 지은 자
　가. 동물학대 행동의 진단·상담
　나. 소유자등으로서의 기본 소양을 갖추게 하기 위한 교육
　다. 그 밖에 동물학대행위자의 재범 예방을 위하여 필요한 사항
② 제97조 제1항 제3호·제4호 및 같은 조 제2항 제4호·제5호의 죄를 지은 자
　가. 등록대상동물, 맹견 등의 안전한 사육 및 관리에 관한 사항
　나. 그 밖에 개물림 관련 재범 예방을 위하여 필요한 사항

(7) 형벌과 병과하는 수강명령 및 이수명령에 관하여 이 법에서 규정한 사항 외에는 「보호관찰 등에 관한 법률」을 준용함

5 **과태료(동물보호법 제101조)**

(1) 500만 원 이하의 과태료를 부과

⑨ 제78조 제1항 제7호를 위반하여 영업별 시설 및 인력 기준을 준수하지 아니한 영업자

(2) 300만 원 이하의 과태료를 부과

① 제17조 제1항을 위반하여 맹견수입신고를 하지 아니한 자
② 제21조 제1항 각 호를 위반한 맹견의 소유자등
③ 제21조 제3항을 위반하여 맹견의 안전한 사육 및 관리에 관한 교육을 받지 아니한 자
④ 제22조를 위반하여 맹견을 출입하게 한 소유자등
⑤ 제23조 제1항을 위반하여 보험에 가입하지 아니한 소유자
⑥ 제24조 제5항에 따른 교육이수명령 또는 개의 훈련 명령에 따르지 아니한 소유자
⑦ 제37조 제4항을 위반하여 시설 및 운영 기준 등을 준수하지 아니하거나 시설정비 등의 사후관리를 하지 아니한 자
⑧ 제37조 제5항에 따른 신고를 하지 아니하고 보호시설의 운영을 중단하거나 보호시설을 폐쇄한 자
⑨ 제38조 제1항에 따른 중지명령이나 시정명령을 3회 이상 반복하여 이행하지 아니한 자
⑩ 제48조 제1항을 위반하여 전임수의사를 두지 아니한 동물실험시행기관의 장
⑪ 제67조 제1항 제4호 나목 또는 다목을 위반하여 동물복지축산물 표시를 한 자
⑫ 제70조 제3항을 위반하여 맹견 취급의 사실을 신고하지 아니한 영업자
⑬ 제76조 제1항을 위반하여 휴업·폐업 또는 재개업의 신고를 하지 아니한 영업자
⑭ 제76조 제2항을 위반하여 동물처리계획서를 제출하지 아니하거나 같은 조 제3항에 따른 처리결과를 보고하지 아니한 영업자
⑮ 제78조 제1항 제3호를 위반하여 노화나 질병이 있는 동물을 유기하거나 폐기할 목적으로 거래한 영업자
⑯ 제78조 제1항 제4호를 위반하여 동물의 번식, 반입·반출 등의 기록, 관리 및 보관을 하지 아니한 영업자
⑰ 제78조 제1항 제5호를 위반하여 영업허가번호 또는 영업등록번호를 명시하지 아니하고 거래금액을 표시한 영업자
⑱ 제78조 제3항 제1호를 위반하여 수입신고를 하지 아니하거나 거짓이나 그 밖의 부정한 방법으로 수입신고를 한 영업자

(3) 100만 원 이하의 과태료를 부과

① 제11조 제1항 제4호 또는 제5호를 위반하여 동물을 운송한 자
② 제11조 제1항을 위반하여 제69조 제1항의 동물을 운송한 자
③ 제12조를 위반하여 반려동물을 전달한 자
④ 제15조 제1항을 위반하여 등록대상동물을 등록하지 아니한 소유자
⑤ 제27조 제4항을 위반하여 정당한 사유 없이 출석, 자료제출요구 또는 기질평가와 관련한 조사를 거부한 자
⑥ 제36조 제6항에 따라 준용되는 제35조 제5항을 위반하여 교육을 받지 아니한 동물보호센터의 장 및 그 종사자
⑦ 제37조 제2항에 따른 변경신고를 하지 아니하거나 같은 조 제5항에 따른 운영재개신고를 하지 아니한 자
⑧ 제50조를 위반하여 미성년자에게 동물 해부실습을 하게 한 자
⑨ 제57조 제1항을 위반하여 교육을 이수하지 아니한 윤리위원회의 위원
⑩ 정당한 사유 없이 제66조 제3항에 따른 조사를 거부·방해하거나 기피한 자
⑪ 제68조 제2항을 위반하여 인증을 받은 자의 지위를 승계하고 그 사실을 신고하지 아니한 자
⑫ 제69조 제4항 단서 또는 제73조 제4항 단서를 위반하여 경미한 사항의 변경을 신고하지 아니한 영업자
⑬ 제75조 제3항을 위반하여 영업자의 지위를 승계하고 그 사실을 신고하지 아니한 자
⑭ 제78조 제1항 제8호를 위반하여 종사자에게 교육을 실시하지 아니한 영업자
⑮ 제78조 제1항 제9호를 위반하여 영업실적을 보고하지 아니한 영업자
⑯ 제78조 제1항 제10호를 위반하여 등록대상동물의 등록 및 변경신고의무를 고지하지 아니한 영업자
⑰ 제78조 제3항 제2호를 위반하여 신고한 사항과 다른 용도로 동물을 사용한 영업자
⑱ 제78조 제5항 제2호를 위반하여 등록대상동물의 사체를 처리한 후 신고하지 아니한 영업자
⑲ 제78조 제6항에 따라 동물의 보호와 공중위생상의 위해 방지를 위하여 농림축산식품부령으로 정하는 준수사항을 지키지 아니한 영업자
⑳ 제79조를 위반하여 등록대상동물의 등록을 신청하지 아니하고 판매한 영업자
㉑ 제82조 제2항 또는 제3항을 위반하여 교육을 받지 아니하고 영업을 한 영업자
㉒ 제86조 제1항 제1호에 따른 자료제출 요구에 응하지 아니하거나 거짓 자료를 제출한 동물의 소유자등
㉓ 제86조 제1항 제2호에 따른 출입·검사를 거부·방해 또는 기피한 동물의 소유자등
㉔ 제86조 제2항에 따른 보고·자료제출을 하지 아니하거나 거짓으로 보고·자료제출을 한 자 또는 같은 항에 따른 출입·조사·검사를 거부·방해·기피한 자

㉕ 제86조 제1항 제3호 또는 같은 조 제7항에 따른 시정명령 등의 조치에 따르지 아니한 자

㉖ 제88조 제4항을 위반하여 동물보호관의 직무 수행을 거부·방해 또는 기피한 자

(4) 50만 원 이하의 과태료를 부과

① 제15조 제2항을 위반하여 정해진 기간 내에 신고를 하지 아니한 소유자

② 제15조 제3항을 위반하여 소유권을 이전받은 날부터 30일 이내에 신고를 하지 아니한 자

③ 제16조 제1항을 위반하여 소유자등 없이 등록대상동물을 기르는 곳에서 벗어나게 한 소유자등

④ 제16조 제2항 제1호에 따른 안전조치를 하지 아니한 소유자등

⑤ 제16조 제2항 제2호를 위반하여 인식표를 부착하지 아니한 소유자등

⑥ 제16조 제2항 제3호를 위반하여 배설물을 수거하지 아니한 소유자등

⑦ 제94조 제2항을 위반하여 정당한 사유 없이 자료 및 정보의 제공을 하지 아니한 자

(5) (1)부터 **(4)**까지의 과태료는 대통령령으로 정하는 바에 따라 농림축산식품부장관, 시·도지사 또는 시장·군수·구청장이 부과·징수함

CHAPTER
02 소비자기본법

TIP

적용법령 기준
- 소비자기본법 [시행 2024. 8. 14.] [법률 제20301호, 2024. 2. 13., 일부개정]
- 소비자기본법 시행령 [시행 2023. 12. 21.] [대통령령 제33960호, 2023. 12. 12., 일부개정]

제1장 · 총칙

1 정의(소비자기본법 제2조)

(1) "**소비자**"라 함은 사업자가 제공하는 물품 또는 용역(시설물을 포함)을 소비생활을 위하여 사용(이용을 포함)하는 자 또는 생산활동을 위하여 사용하는 자로서 대통령령이 정하는 자를 말함

> **소비자기본법 시행령 제2조(소비자의 범위)** 「소비자기본법」(이하 "법"이라 한다) 제2조 제1호의 소비자 중 물품 또는 용역(시설물을 포함한다. 이하 같다)을 생산활동을 위하여 사용(이용을 포함한다. 이하 같다)하는 자의 범위는 다음 각 호와 같다.
> 1. 제공된 물품 또는 용역(이하 "물품등"이라 한다)을 최종적으로 사용하는 자. 다만, 제공된 물품등을 원재료(중간재를 포함한다), 자본재 또는 이에 준하는 용도로 생산활동에 사용하는 자는 제외한다.
> 2. 제공된 물품등을 농업(축산업을 포함한다. 이하 같다) 및 어업활동을 위하여 사용하는 자. 다만, 「원양산업발전법」 제6조 제1항에 따라 해양수산부장관의 허가를 받아 원양어업을 하는 자는 제외한다.

(2) "**사업자**"라 함은 물품을 제조(가공 또는 포장을 포함)·수입·판매하거나 용역을 제공하는 자를 말함

(3) "**소비자단체**"라 함은 소비자의 권익을 증진하기 위하여 소비자가 조직한 단체를 말함

(4) "**사업자단체**"라 함은 2 이상의 사업자가 공동의 이익을 증진할 목적으로 조직한 단체를 말함

제2장 · 소비자의 권리와 책무

1 소비자의 기본적 권리(소비자기본법 제4조)

(1) 물품 또는 용역(이하 "물품등"이라 한다)으로 인한 생명·신체 또는 재산에 대한 위해로부터 보호받을 권리

(2) 물품등을 선택함에 있어서 필요한 지식 및 정보를 제공받을 권리

(3) 물품등을 사용함에 있어서 거래상대방·구입장소·가격 및 거래조건 등을 자유로이 선택할 권리

(4) 소비생활에 영향을 주는 국가 및 지방자치단체의 정책과 사업자의 사업활동 등에 대하여 의견을 반영시킬 권리

(5) 물품등의 사용으로 인하여 입은 피해에 대하여 신속·공정한 절차에 따라 적절한 보상을 받을 권리

(6) 합리적인 소비생활을 위하여 필요한 교육을 받을 권리

(7) 소비자 스스로의 권익을 증진하기 위하여 단체를 조직하고 이를 통하여 활동할 수 있는 권리

(8) 안전하고 쾌적한 소비생활 환경에서 소비할 권리

2 소비자의 책무(소비자기본법 제5조)

(1) 소비자는 사업자 등과 더불어 자유시장경제를 구성하는 주체임을 인식하여 물품등을 올바르게 선택하고, 제4조의 규정에 따른 소비자의 기본적 권리를 정당하게 행사하여야 함

(2) 소비자는 스스로의 권익을 증진하기 위하여 필요한 지식과 정보를 습득하도록 노력하여야 함

(3) 소비자는 자주적이고 합리적인 행동과 자원절약적이고 환경친화적인 소비생활을 함으로써 소비생활의 향상과 국민경제의 발전에 적극적인 역할을 다하여야 함

제3장 • 국가·지방자치단체 및 사업자의 책무

제1절 국가 및 지방자치단체의 책무 등

1 국가 및 지방자치단체의 책무(소비자기본법 제6조)

국가 및 지방자치단체는 제4조의 규정에 따른 소비자의 기본적 권리가 실현되도록 하기 위하여 다음의 책무를 짐
① 관계 법령 및 조례의 제정 및 개정·폐지
② 필요한 행정조직의 정비 및 운영 개선
③ 필요한 시책의 수립 및 실시
④ 소비자의 건전하고 자주적인 조직활동의 지원·육성

2 소비자분쟁의 해결(소비자기본법 제16조)

(1) 국가 및 지방자치단체는 소비자의 불만이나 피해가 신속·공정하게 처리될 수 있도록 관련 기구의 설치 등 필요한 조치를 강구하여야 함

(2) 국가는 소비자와 사업자 사이에 발생하는 분쟁을 원활하게 해결하기 위하여 대통령령이 정하는 바에 따라 소비자분쟁해결기준을 제정할 수 있음

> **소비자기본법 시행령 제8조(소비자분쟁해결기준)** ① 법 제16조 제2항에 따른 소비자분쟁해결기준은 일반적 소비자분쟁해결기준과 품목별 소비자분쟁해결기준으로 구분한다.
> ② 제1항의 일반적 소비자분쟁해결기준은 별표 1과 같다.
> ③ 공정거래위원회는 제2항의 일반적 소비자분쟁해결기준에 따라 품목별 소비자분쟁해결기준을 제정하여 고시할 수 있다.
> ④ 공정거래위원회는 품목별 소비자분쟁해결기준을 제정하여 고시하는 경우에는 품목별로 해당 물품등의 소관 중앙행정기관의 장과 협의하여야 하며, 소비자단체·사업자단체 및 해당 분야 전문가의 의견을 들어야 한다.
> **소비자분쟁해결기준 제3조(품목 및 보상기준)** 이 고시에서 정하는 대상품목, 품목별분쟁해결기준, 품목별 품질보증기간 및 부품보유기간, 품목별 내용연수표는 각각 별표 Ⅰ, 별표 Ⅱ, 별표 Ⅲ, 별표 Ⅳ와 같다.

[별표Ⅱ] 품목별 해결기준
12. 동물사료

사료		
분쟁 유형	해결기준	비고
1) 중량부족	• 제품교환 또는 구입가 환급	* 수의사의 진단에 의해 사료와의 인과관계가 확인되는 경우에 적용함
2) 부패, 변질	• 제품교환 또는 구입가 환급	
3) 성분이상	• 제품교환 또는 구입가 환급	
4) 유효기간 경과	• 제품교환 또는 구입가 환급	
5) 부작용	• 사료의 구입가 및 동물의 치료 경비 배상	
6) 동물폐사	• 사료 구입가 및 동물의 가격 배상	

29. 애완동물판매업(1개 업종)

애완동물판매업(개, 고양이에 한함)		
분쟁 유형	해결기준	비고
1) 구입 후 15일 이내 폐사 시	• 동종의 애완동물로 교환 또는 구입가 환급(단, 소비자의 중대한 과실로 인하여 피해가 발생한 경우에는 배상을 요구할 수 없음)	
2) 구입 후 15일 이내 질병 발생	• 판매업소(사업자)가 제반비용을 부담하여 회복시켜 소비자에게 인도. 다만, 업소 책임하의 회복기간이 30일을 경과하거나, 판매업소 관리 중 폐사 시에는 동종의 애완동물로 교환 또는 구입가 환급	
3) 계약서 미교부 시	• 계약해제(단, 구입 후 7일 이내)	

※ 판매업자는 애완동물을 판매할 때 다음의 사항이 기재된 계약서를 소비자에게 제공하여야 함
   ① 분양업자의 성명과 주소
   ② 애완동물의 출생일과 판매업자가 입수한 날
   ③ 혈통, 성, 색상과 판매 당시의 특징사항
   ④ 면역 및 기생충 접종기록
   ⑤ 수의사의 치료기록 및 약물투여기록 등
   ⑥ 판매당시의 건강상태
   ⑦ 구입 시 구입금액과 구입날짜

(3) (2)의 규정에 따른 소비자분쟁해결기준은 분쟁당사자 사이에 분쟁해결방법에 관한 별도의 의사표시가 없는 경우에 한하여 분쟁해결을 위한 합의 또는 권고의 기준이 됨

제2절 사업자의 책무 등

1 소비자권익 증진시책에 대한 협력 등(소비자기본법 제18조)

(1) 사업자는 국가 및 지방자치단체의 소비자권익 증진시책에 적극 협력하여야 함

(2) 사업자는 소비자단체 및 한국소비자원의 소비자 권익증진과 관련된 업무의 추진에 필요한 자료 및 정보제공 요청에 적극 협력하여야 함

(3) 사업자는 안전하고 쾌적한 소비생활 환경을 조성하기 위하여 물품등을 제공함에 있어서 환경친화적인 기술의 개발과 자원의 재활용을 위하여 노력하여야 함

(4) 사업자는 소비자의 생명·신체 또는 재산 보호를 위한 국가·지방자치단체 및 한국소비자원의 조사 및 위해방지 조치에 적극 협력하여야 함

2 사업자의 책무(소비자기본법 제19조)

(1) 사업자는 물품등으로 인하여 소비자에게 생명·신체 또는 재산에 대한 위해가 발생하지 아니하도록 필요한 조치를 강구하여야 함

(2) 사업자는 물품등을 공급함에 있어서 소비자의 합리적인 선택이나 이익을 침해할 우려가 있는 거래조건이나 거래방법을 사용하여서는 아니 됨

(3) 사업자는 소비자에게 물품등에 대한 정보를 성실하고 정확하게 제공하여야 함

(4) 사업자는 소비자의 개인정보가 분실·도난·누출·변조 또는 훼손되지 아니하도록 그 개인정보를 성실하게 취급하여야 함

(5) 사업자는 물품등의 하자로 인한 소비자의 불만이나 피해를 해결하거나 보상하여야 하며, 채무불이행 등으로 인한 소비자의 손해를 배상하여야 함

CHAPTER
03 반려동물 분쟁

제1장 • 반려동물 양육

1 동물판매업소(펫샵 등)에서의 구입 및 피해보상

(1) 반려동물의 구입 후 피해보상

반려동물판매업자에게 구입한 반려동물이 구입 후 15일 이내에 죽거나 질병에 걸렸다면 특약이 없는 한 「소비자분쟁해결기준」의 보상기준에 따라 다음과 같이 그 피해를 보상받을 수 있음(소비자기본법 제16조 제2항 / 시행령 제8조 제3항 / 「소비자분쟁해결기준」(공정거래위원회고시 제2023−28호, 2023. 12. 20. 일부개정) 제3조 별표 2 제29호)

> **TIP**
>
> '구입'이라는 단어가 반려인들에게는 불쾌할 수 있지만, 현재 반려동물의 법적 지위는 물건으로 민법상 재산, 형법상 재물에 해당되는 것이 안타까운 현실이다.

애완동물판매업(개, 고양이에 한함)		
분쟁 유형	해결기준	비고
1) 구입 후 15일 이내 폐사 시	• 동종의 애완동물로 교환 또는 구입가 환급(단, 소비자의 중대한 과실로 인하여 피해가 발생한 경우에는 배상을 요구할 수 없음)	
2) 구입 후 15일 이내 질병 발생	• 판매업소(사업자)가 제반비용을 부담하여 회복시켜 소비자에게 인도. 다만, 업소 책임하의 회복기간이 30일을 경과하거나, 판매업소 관리 중 폐사 시에는 동종의 애완동물로 교환 또는 구입가 환급	
3) 계약서 미교부 시	• 계약해제(단, 구입 후 7일 이내)	

※ 판매업자는 애완동물을 판매할 때 다음의 사항이 기재된 계약서를 소비자에게 제공하여야 함
　① 분양업자의 성명과 주소
　② 애완동물의 출생일과 판매업자가 입수한 날
　③ 혈통, 성, 색상과 판매당시의 특징사항
　④ 면역 및 기생충 접종기록
　⑤ 수의사의 치료기록 및 약물투여기록 등
　⑥ 판매당시의 건강상태
　⑦ 구입 시 구입금액과 구입날짜

(2) 반려동물 구입 시 주의사항

동물판매업소(펫샵) 등에서 반려동물을 구입할 때는 사후에 문제가 발생할 것을 대비해 계약서를 받는 것이 좋으며, 특히 반려동물을 구입할 때는 그 동물판매업소가 동물판매업 등록이 되어 있는 곳인지 확인하는 것도 중요함

2 반려동물 공동주택 양육·관리

(1) 등록대상동물

"등록대상동물"이란 동물의 보호, 유실·유기(遺棄) 방지, 질병의 관리, 공중위생상의 위해 방지 등을 위하여 등록이 필요하다고 인정하여 주택 및 준주택에서 기르는 개, 주택 및 준주택 외의 장소에서 반려(伴侶) 목적으로 기르는 개에 해당하는 월령(月齡) 2개월 이상인 개를 말함

> **주택법 제2조(정의)** 이 법에서 사용하는 용어의 뜻은 다음과 같다.
> 1. "주택"이란 세대(世帶)의 구성원이 장기간 독립된 주거생활을 할 수 있는 구조로 된 건축물의 전부 또는 일부 및 그 부속토지를 말하며, 단독주택과 공동주택으로 구분한다.
> 4. "준주택"이란 주택 외의 건축물과 그 부속토지로서 주거시설로 이용가능한 시설 등을 말하며, 그 범위와 종류는 대통령령으로 정한다.
>
> **주택법 시행령 제4조(준주택의 종류와 범위)** 법 제2조 제4호에 따른 준주택의 종류와 범위는 다음 각 호와 같다.
> 1. 기숙사
> 2. 다중생활시설
> 3. 노인복지주택
> 4. 오피스텔

(2) 동물등록 예외지역

등록대상동물이 맹견이 아닌 경우로서 도서(도서, 제주특별자치도 본도(本島) 및 방파제 또는 교량 등으로 육지와 연결된 도서는 제외), 동물등록 업무를 대행하게 할 수 있는 자가 없는 읍·면 지역에서는 시·도의 조례로 동물을 등록하지 않을 수 있는 지역으로 정할 수 있음(동물보호법 제15조 제1항 단서 / 시행규칙 제9조)

> 동물보호법 시행규칙 제9조(동물등록 제외지역) 법 제15조 제1항 단서에 따라 특별시·광역시·특별자치시·도·특별자치도(이하 "시·도"라 한다)의 조례로 동물을 등록하지 않을 수 있는 지역으로 정할 수 있는 지역의 범위는 다음 각 호와 같다.
> 1. 도서[도서, 제주특별자치도 본도(本島) 및 방파제 또는 교량 등으로 육지와 연결된 도서는 제외한다]
> 2. 동물등록 업무를 대행하게 할 수 있는 자가 없는 읍·면

(3) 동물등록 위반 시

① 등록대상동물을 등록하지 않은 소유자는 100만 원 이하의 과태료를 부과함(동물보호법 제101조 제3항 제4호 / 시행령 제35조 별표 4 제2호 라목)

② 1차 위반 20만 원, 2차 위반 40만 원, 3차 이상 위반 60만 원

3 반려동물 사료

(1) 사료 표시제도 및 표시사항

① 사료 표시제도: 사료는 용기나 포장에 성분등록을 한 사항, 그 밖의 사용상 주의사항 등 사료 관련 정보를 표시하도록 정하고 있음(사료관리법 제13조 제1항)

> 사료관리법 제13조(사료의 표시사항) ① 제조업자·수입업자 또는 판매업자는 제조 또는 수입한 사료를 판매하려는 경우에는 용기나 포장에 성분등록을 한 사항, 유통기한, 그 밖의 사용상 주의사항 등 농림축산식품부령으로 정하는 사항을 표시하여야 한다.
> ② 제조업자·수입업자 또는 판매업자는 제1항에 따른 표시사항을 거짓으로 표시하거나 과장하여 표시하여서는 아니 된다.

② 사료 표시사항: 사료 용기나 포장에 표시되는 사항은 다음과 같음[사료관리법 제13조 제1항, 시행규칙 제14조 별표 4, 사료 등의 기준 및 규격(농림축산식품부고시 제2024-27호, 2024. 4. 1. 일부개정, 2024. 4. 1. 시행) 제10조 별표 15]

> 사료관리법 시행규칙 제14조(사료의 표시사항) 제조업자·수입업자 또는 판매업자가 법 제13조 제1항에 따라 용기나 포장에 표시하여야 할 사항 및 그 표시방법은 별표 4와 같다.
>
> > ■ 사료관리법 시행규칙 [별표 4]
> > 용기 및 포장에의 표시사항 및 표시방법(제14조 관련)
> > 1. 배합사료의 표시사항과 표시방법
> >   가. 표시사항
> >   1) 사료의 성분등록번호
> >   2) 사료의 명칭 및 형태
> >   3) 등록성분량

　　　　4) 사용한 원료의 명칭

　　　　5) 동물용의약품 첨가 내용

　　　　6) 주의사항

　　　　7) 사료의 용도

　　　　8) 실제 중량(kg 또는 톤)

　　　　9) 제조(수입) 연월일 및 유통기간 또는 유통기한

　　　　10) 제조(수입)업자의 상호(공장 명칭)·주소 및 전화번호

　　　　11) 재포장 내용

　　　　12) 사료공정에서 정하는 사항, 사료의 절감·품질관리 및 유통개선을 위하여 농림축산식
　　　　　　품부장관이 정하는 사항

　　* 그 밖의 사료에 표시되는 사항 그 구체적인 내용은 「사료 등의 기준 및 규격」[별표 15]에서
　　　자세히 확인 가능

(2) 위반 시

위반해서 제조업자 또는 수입업자가 표시사항이 없는 사료를 판매하거나 표시사항을 거짓
또는 과장해서 표시하면 등록취소, 영업의 일부 또는 전부정지명령을 받거나 영업정지처분
을 대신한 과징금을 부과받을 수 있으며(사료관리법 제25조 제1항 제10호, 제26조 제1항),
1년 이하의 징역 또는 1천만 원 이하의 벌금에 처함(사료관리법 제34조 제7호)

(3) 피해보상

반려동물이 사료를 먹고 부작용이 있거나 폐사하였다면 소비자분쟁해결기준의 보상기준에
따라 다음과 같이 그 피해를 보상받을 수 있음(「소비자분쟁해결기준」(공정거래위원회고시
제2023-28호, 2023. 12. 20. 일부개정) 제3조 별표 2 제12호)

사료		
분쟁 유형	해결기준	비고
1) 중량부족	• 제품교환 또는 구입가 환급	
2) 부패, 변질	• 제품교환 또는 구입가 환급	
3) 성분이상	• 제품교환 또는 구입가 환급	* 수의사의 진단에 의해
4) 유효기간 경과	• 제품교환 또는 구입가 환급	사료와의 인과관계가 확인되는 경우에 적용함
5) 부작용	• 사료의 구입가 및 동물의 치료 경비 배상	
6) 동물폐사	• 사료 구입가 및 동물의 가격 배상	

4 반려동물 공원 및 공공장소 출입

(1) 공원 출입 여부 확인

① 반려동물과 국립공원·도립공원·군립공원(郡立公園) 및 지질공원과 같은 정부 지정 자연공원에 갈 때는 미리 가려는 장소의 공원관리청 홈페이지를 통해서 반려동물의 출입이 허용되는지를 알아보는 것이 좋은데, 해당 자연공원을 관리하는 공원관리청이 자연생태계와 자연경관 등을 보호하기 위해서 반려동물의 입장을 제한하거나 금지할 수 있음(자연공원법 제29조 제1항 / 시행령 제26조 제4호)

> **자연공원법 제2조(정의)** 이 법에서 사용하는 용어의 뜻은 다음과 같다.
> 1. "자연공원"이란 국립공원·도립공원·군립공원(郡立公園) 및 지질공원을 말한다.
>
> **자연공원법 제29조(영업 등의 제한 등)** ① 공원관리청은 공원사업의 시행이나 자연공원의 보전·이용·보안 및 그 밖의 관리를 위하여 필요한 경우에는 대통령령으로 정하는 바에 따라 공원구역에서의 영업과 그 밖의 행위를 제한하거나 금지할 수 있다.
>
> **자연공원법 시행령 제26조(영업 등의 제한 등)** 법 제29조 제1항에 따라 공원관리청이 공원구역에서 제한하거나 금지할 수 있는 영업 또는 행위는 다음 각 호와 같다.
> 4. 공원생태계에 영향을 미칠 수 있는 개[「장애인복지법」 제40조에 따른 장애인 보조견(補助犬)은 제외한다]·고양이 등 동물을 데리고 입장하는 행위

TIP

입장이 금지나 제한된 공원에 반려동물과 출입하면 200만 원 이하의 과태료를 부과(자연공원법 제86조 제1항 제6호 / 시행령 제46조 별표 3 제2호 카목 / 1차 60만 원, 2차 100만 원, 3차 이상 200만 원)

② 특히 국립수목원 또는 공립수목원에는 반려동물과 함께 입장하는 것(장애인이 장애인 보조견과 함께 입장하는 행위는 제외함)을 금지하고 있음(수목원·정원의 조성 및 진흥에 관한 법률 제17조의2 제3호, 시행령 제8조의2 제1항 제8호)

> **수목원·정원의 조성 및 진흥에 관한 법률 제17조의2(수목원에서의 금지행위)** 누구든지 국립수목원 또는 공립수목원 안에서 다음 각 호의 어느 하나에 해당하는 행위를 하여서는 아니 된다.
> 3. 그 밖에 수목원의 운영·관리에 현저한 장애가 되는 행위로서 대통령령으로 정하는 행위
>
> **수목원·정원의 조성 및 진흥에 관한 법률 시행령 제8조의2(수목원에서의 금지행위)** ① 법 제17조의2 제3호에서 "대통령령으로 정하는 행위"란 다음 각 호의 어느 하나에 해당하는 행위를 말한다.
> 8. 애완동물과 함께 입장하는 행위. 다만, 「장애인복지법」 제40조 제3항에 따라 장애인이 장애인 보조견과 함께 입장하는 행위는 제외한다.

출입이 금지된 국립수목원 또는 공립수목원에 반려동물과 함께 출입하면 10만 원 이하의 과태료를 부과(수목원·정원의 조성 및 진흥에 관한 법률 제24조 제2항, 시행령 제12조 별표 4 제2호 타목 / 1차 5만 원, 2차 5만 원, 3차 이상 5만 원)

(2) 공공장소 출입

① 반려동물의 대형마트 등 공공장소 입장 여부는 각 업소마다 다를 수 있으므로 출입하려는 업소에 전화문의 등을 통해 확인 필요

② 다중주택 및 다가구주택, 공동주택, 준주택 건물 내부의 공간에서는 등록대상동물을 직접 안거나 목줄의 목덜미 부분 또는 가슴줄의 손잡이 부분을 잡는 등 등록대상동물의 이동을 제한할 것(동물보호법 제16조 제2항 제1호 / 시행령 제2호)

TIP

등록대상동물의 소유자등은 등록대상동물을 동반하고 외출 시 안전조치를 하지 않으면 50만 원 이하의 과태료를 부과(동물보호법 제101조 제4항 제4호, 시행령 제35조 별표 4 제2호 아목 / 1차 20만 원, 2차 30만 원, 3차 이상 50만 원)

5 반려동물의 동물병원

(1) 진료 거부 금지

① 수의사는 반려동물의 진료를 요구 받았을 때에는 정당한 사유 없이 거부해서는 안 됨(수의사법 제11조)

② 위반하면 1년 이내의 기간을 정하여 수의사 면허의 효력을 정지시킬 수 있고(수의사법 제32조 제2항 제6호), 500만 원 이하의 과태료를 부과(수의사법 제41조 제1항 제1호, 시행령 제23조 별표 2 제2호 가목 / 1회 위반 150만 원, 2회 위반 200만 원, 3회 이상 위반 250만 원)

(2) 진단서 등 발급 거부 금지

① 수의사는 자기가 직접 진료하거나 검안(檢案)하지 않고는 진단서, 검안서, 증명서 또는 처방전을 발급하지 못하며, 오용·남용으로 사람 및 동물의 건강에 위해를 끼칠 우려, 수의사 또는 수산질병관리사의 전문지식이 필요하거나 제형과 약리작용상 장애를 일으킬 우려가 있다고 인정되는 동물용 의약품을 처방·투약하지 못함(수의사법 제12조 제1항, 약사법 제85조 제6항)

② 위반하면 1년 이내의 기간을 정하여 수의사 면허의 효력을 정지시킬 수 있고(수의사법 제32조 제2항 제6호), 100만 원의 과태료를 부과(수의사법 제41조 제2항 제1호·제1호의2, 시행령 제23조 별표 2 제2호 나목·다목)

③ 또한, 수의사는 직접 진료하거나 검안한 반려동물에 대한 진단서, 검안서, 증명서 또는 처방전의 발급요구를 정당한 사유 없이 거부해서는 안 됨(수의사법 제12조 제3항)

④ 이를 위반하면 1년 이내의 기간을 정하여 수의사 면허의 효력을 정지시킬 수 있고(수의사법 제32조 제2항 제6호), 100만 원의 과태료를 부과(수의사법 제41조 제2항 제1호의3, 시행령 제23조 별표 2 제2호 라목)

(3) 동물용 의약품 등의 사용에 따른 피해보상

① 유효기간이 경과한 동물용 의약품을 구매했다면 제품을 교환받거나 제품구입가격을 환불받는 방법으로 보상받을 수 있음(「소비자분쟁해결기준」(공정거래위원회고시 제2023-28호, 2023. 12. 20. 일부개정) 제3조 별표 2 제38호)

② 동물용 의약품·의약외품과 관련해서 입은 피해를 해결하기 위해 다음과 같이 「소비자분쟁해결기준」이 마련되어 있음(「소비자분쟁해결기준」 별표 2 제38호)

품목	분쟁 유형	해결기준
의약품, 의약외품	이물 혼입	제품 교환 또는 구입가 환급
	함량, 크기 부적합	
	변질, 부패	
	유효기간 경과	
	용량 부족	
	품질·성능·기능 불량	
	용기 불량으로 인한 피해사고	치료비, 경비 및 일실소득 배상
	부작용	
	수량 부족	부족수량 지급

6 반려동물의 사건 및 사고 - 사망 및 상해

(1) 형사적 책임

① 반려동물이 사람을 물어 다치게 하거나 사망에 이르게 될 경우에는 가. 과실로 인하여 사람의 신체를 상해에 이르게 한 사람은 500만 원 이하의 벌금, 구류 또는 과료에 처할 수 있고(형법 제266조 제1항), 나. 과실로 인하여 사람을 사망에 이르게 한 사람은 2년 이하의 금고 또는 700만 원 이하의 벌금에 처함(형법 제267조)

② 또한 다른 사람의 반려동물을 다치게 하거나 죽인 사람은 3년 이하의 징역 또는 700만 원 이하의 벌금에 처함(형법 제366조)

주요 관련법		내용
형법	제266조(과실치상)	① 과실로 인하여 사람의 신체를 상해에 이르게 한 자는 500만 원 이하의 벌금, 구류 또는 과료에 처한다. ② 제1항의 죄는 피해자의 명시한 의사에 반하여 공소를 제기할 수 없다.
	제267조(과실치사)	과실로 인하여 사람을 사망에 이르게 한 자는 2년 이하의 금고 또는 700만 원 이하의 벌금에 처한다.
	제366조(재물손괴 등)	타인의 재물, 문서 또는 전자기록 등 특수매체기록을 손괴 또는 은닉 기타 방법으로 기 효용을 해한 자는 3년 이하의 징역 또는 700만 원 이하의 벌금에 처한다.

(2) 민사적 책임

반려동물이 사람의 다리를 물어 상처를 내는 등 다른 사람에게 손해를 끼쳤다면 치료비 등 그 손해를 배상해 주어야 하며(민법 제750조 및 제759조 제1항 전단), 이때 손해를 배상해야 하는 책임자는 반려동물의 소유자뿐만 아니라 소유자를 위해 양육·관리 또는 보호에 종사한 사람도 해당(민법 제759조 제2항)

주요 관련법		내용
민법	제750조 (불법행위의 내용)	고의 또는 과실로 인한 위법행위로 타인에게 손해를 가한 자는 그 손해를 배상할 책임이 있다.
	제759조 (동물의 점유자의 책임)	① 동물의 점유자는 그 동물이 타인에게 가한 손해를 배상할 책임이 있다. 그러나 동물의 종류와 성질에 따라 그 보관에 상당한 주의를 해태하지 아니한 때에는 그러하지 아니하다. ② 점유자에 갈음하여 동물을 보관한 자도 전항의 책임이 있다.

(3) 기타(목줄 등)

① 동물보호법 – 안전조치: 등록대상동물의 소유자등은 소유자등이 없이 등록대상동물을 기르는 곳에서 벗어나지 아니하도록 관리(동물보호법 제16조 제1항)하여야 하는데 등록대상동물의 소유자등은 등록대상동물을 동반하고 외출할 때에는 길이가 2미터 이하인 목줄 또는 가슴줄을 하거나 이동장치(등록대상동물이 탈출할 수 없도록 잠금장치를 갖춘 것을 말한다)를 사용하는 등 기준에 맞는 목줄 착용 등 사람 또는 동물에 대한 위해를 예방하기 위한 안전조치를 해야 함(동물보호법 제16조 제2항 제1호, 시행규칙 제11조 제1호)

② 경범죄 처벌법

　　가. 개나 그 밖의 동물을 시켜 사람이나 가축에게 달려들게 하면 10만 원 이하의 벌금, 구류 또는 과료에 처해지거나 8만 원의 범칙금이 부과됨(경범죄 처벌법 제3조 제1항 제26호)

　　나. 사람이나 가축에 해를 끼치는 버릇이 있는 반려동물을 함부로 풀어놓거나 제대로 살피지 않아 나돌아 다니게 하면 10만 원 이하의 벌금, 구류 또는 과료에 처해지거나 5만 원의 범칙금이 부과(경범죄 처벌법 제3조 제1항 제25호, 제6조 제1항, 시행령 제2조 별표)

주요 관련법		내용
경범죄처벌법	제3조 (경범죄의 종류)	① 다음 각 호의 어느 하나에 해당하는 사람은 10만 원 이하의 벌금, 구류 또는 과료(科料)의 형으로 처벌한다. 25. (위험한 동물의 관리 소홀) 사람이나 가축에 해를 끼치는 버릇이 있는 개나 그 밖의 동물을 함부로 풀어놓거나 제대로 살피지 아니하여 나다니게 한 사람

(4) 책임 면제 사유

다만, 소유자 등이 반려동물의 관리에 상당한 주의를 기울였음이 증명되는 경우에는 피해자에 대해 손해를 배상하지 않음(민법 제759조 제1항 후단)

제2장 • 반려동물의 장례 및 사체처리

1 반려동물의 장례

(1) 동물병원에서 사망한 경우

반려동물이 동물병원에서 사망한 경우에는 **의료폐기물**로 분류되어 동물병원에서 자체적으로 처리되거나 폐기물처리업자 또는 폐기물처리시설 설치·운영자 등에게 위탁해서 처리됨(폐기물관리법 제2조 제4호·제5호, 제18조 제1항, 시행령 별표 1 제10호 및 별표 2 제2호 가목, 시행규칙 별표 3 제6호)

> 폐기물관리법 제2조(정의) 이 법에서 사용하는 용어의 뜻은 다음과 같다.
> 5. "의료폐기물"이란 보건·의료기관, 동물병원, 시험·검사기관 등에서 배출되는 폐기물 중 인체에 감염 등 위해를 줄 우려가 있는 폐기물과 인체 조직 등 적출물(摘出物), 실험 동물의 사체 등 보건·환경보호상 특별한 관리가 필요하다고 인정되는 폐기물로서 대통령령으로 정하는 폐기물을 말한다.

(2) 가정 등 동물병원 외의 장소에서 죽은 경우

반려동물이 동물병원 외의 장소에서 죽은 경우에는 **생활폐기물**로 분류되어 해당 지방자치단체의 조례에서 정하는 바에 따라 생활쓰레기봉투 등에 넣어 배출하면 생활폐기물 처리업자가 처리함(폐기물관리법 제2조 제1호·제2호, 제14조 제1항·제2항·제5항, 시행령 제7조 제2항, 시행규칙 제14조 및 별표 5 제1호)

> 폐기물관리법 제2조(정의) 이 법에서 사용하는 용어의 뜻은 다음과 같다.
> 2. "생활폐기물"이란 사업장폐기물 외의 폐기물을 말한다.

(3) 반려동물의 장례 및 납골

반려동물의 소유자가 원할 경우 병원으로부터 반려동물의 사체를 인도받아 동물보호법 제33조 제1항에 따른 동물장묘업의 등록한 자가 설치·운영하는 동물장묘시설에서 처리할 수 있음(동물보호법 제22조 제3항 참조)

(4) 동물등록된 반려동물의 말소신고

동물등록이 되어 있는 반려동물이 죽은 경우에는 다음의 서류를 갖추어서 반려동물이 죽은 날부터 30일 이내에 동물등록 말소신고를 해야 함(동물보호법 제12조 제2항 제2호, 시행규칙 제9조 제1항 제4호 및 제2항)
① 동물등록 변경신고서(「동물보호법 시행규칙」 별지 제1호 서식)
② 동물등록증
③ 등록동물의 폐사 증명서류

2 반려동물의 사체처리

(1) 사체투기 금지

① 반려동물이 죽으면 사체를 함부로 아무 곳에나 버려서는 안 됨(경범죄 처벌법 제3조 제1항 제11호, 폐기물관리법 제8조 제1항)

② 위반해서 반려동물의 사체를 아무 곳에나 버리면 10만 원 이하의 벌금·구류·과료형에 처해지거나 5만 원의 범칙금 또는 100만 원 이하의 과태료를 부과(경범죄 처벌법 제3조 제1항 제11호, 제6조 제1항, 시행령 제2조 및 별표, 폐기물관리법 제68조 제3항 제1호)

③ 특히 공공수역, 공유수면, 항만과 같이 공중위해상 피해발생 가능성이 높은 장소에 버리는 행위는 금지(물환경보전법 제15조 제1항 제2호, 공유수면 관리 및 매립에 관한 법률 제5조 제1호, 항만법 제22조 제1호)

④ 특히 공공수역에 버리면 1년 이하의 징역 또는 1천만 원 이하의 벌금에 처해지고(물환경보전법 제78조 제3호), 공유수면에 버리면 3년 이하의 징역 또는 3천만 원 이하의 벌금에 처해지며(공유수면관리 및 매립에 관한 법률 제62조 제1호), 항만에 버리면 2년 이하의 징역 또는 2천만 원 이하의 벌금에 처함(항만법 제97조 제3호)

(2) 임의매립 및 소각 금지

① 동물의 사체는 「폐기물관리법」에 따라 허가 또는 승인받거나 신고된 폐기물처리시설에서만 매립할 수 있으며, 폐기물처리시설이 아닌 곳에서 매립하거나 소각하면 안 됨(폐기물관리법 제8조 제2항 본문)

② 다만, 다음의 지역에서는 해당 특별자치시, 특별자치도, 시·군·구의 조례에서 정하는 바에 따라 소각이 가능(폐기물관리법 제8조 제2항 단서, 폐기물관리법 시행규칙 제15조 제1항)

　가. 가구 수가 50호 미만인 지역

　나. 산간·오지·섬지역 등으로서 차량의 출입 등이 어려워 생활폐기물을 수집·운반하는 것이 사실상 불가능한 지역

③ 위반하면 100만 원 이하의 과태료를 부과(폐기물관리법 제68조 제3항 제1호, 폐기물관리법 시행령 제38조의4 및 별표 8 제2호 가목)

CHAPTER
04 기타 생활법률

제1장 • **인수공통감염병의 이해**

1 감염병 및 인수공통감염병의 정의(감염병의 예방 및 관리에 관한 법률 제2조)

(1) "**감염병**"이란 제1급감염병, 제2급감염병, 제3급감염병, 제4급감염병, 기생충감염병, 세계 보건기구 감시대상 감염병, 생물테러감염병, 성매개감염병, 인수(人獸)공통감염병 및 의료 관련감염병을 말함(감염병의 예방 및 관리에 관한 법률 제2조 제1호)

(2) "**인수공통감염병**"이란 동물과 사람 간에 서로 전파되는 병원체에 의하여 발생되는 감염병 중 질병관리청장이 고시하는 감염병을 말함(감염병의 예방 및 관리에 관한 법률 제2조 제11호 / 질병관리청장이 지정하는 감염병의 종류 고시 제7호)

질병관리청장이 지정하는 감염병의 종류 고시

7. 「감염병의 예방 및 관리에 관한 법률」 제2조 제11호에 따른 인수공통감염병의 종류는 다음 각 목과 같다.
   가. 장출혈성대장균감염증
   나. 일본뇌염
   다. 브루셀라증
   라. 탄저
   마. 공수병
   바. 동물인플루엔자 인체감염증
   사. 중증급성호흡기증후군(SARS)
   아. 변종크로이츠펠트-야콥병(vCJD)
   자. 큐열
   차. 결핵
   카. 중증열성혈소판감소증후군(SFTS)
   타. 장관감염증
      1) 살모넬라균 감염증
      2) 캄필로박터균 감염증

---

2 인수공통감염병의 통보(감염병의 예방 및 관리에 관한 법률 제14조)

(1) 「가축전염병예방법」제11조(죽거나 병든 가축의 신고) 제1항 제2호(가축의 전염성 질병에 걸렸거나 걸렸다고 믿을 만한 역학조사·정밀검사·간이진단키트검사 결과나 임상증상이 있는 가축)에 따라 신고를 받은 국립가축방역기관장, 신고대상 가축의 소재지를 관할하는 시장·군수·구청장 또는 시·도 가축방역기관의 장은 같은 법에 따른 가축전염병 중 다음의 어느 하나에 해당하는 감염병의 경우에는 즉시 질병관리청장에게 통보하여야 함
   ① 탄저
   ② 고병원성조류인플루엔자
   ③ 광견병
   ④ 그 밖에 대통령령으로 정하는 인수공통감염병(동물인플루엔자)

(2) (1)에 따른 통보를 받은 질병관리청장은 감염병의 예방 및 확산 방지를 위하여 이 법에 따른 적절한 조치를 취하여야 함

(3) (1)에 따른 신고 또는 통보를 받은 행정기관의 장은 신고자의 요청이 있는 때에는 신고자의 신원을 외부에 공개하여서는 안 됨

(4) (1)에 따른 통보의 방법 및 절차 등에 관하여 필요한 사항은 보건복지부령으로 정함

제2장 • 반려동물 예방접종

1 예방접종 등(동물보호법 제16조)

(1) 예방접종

시·도지사는 등록대상동물의 유실·유기 또는 공중위생상의 위해 방지를 위하여 필요할 때에는 시·도의 조례로 정하는 바에 따라 소유자등으로 하여금 등록대상동물에 대하여 예방접종을 하게 하거나 특정 지역 또는 장소에서의 사육 또는 출입을 제한하게 하는 등 필요한 조치를 할 수 있음(동물보호법 제16조 제3항)

(2) 구충

동물의 적정한 사육·관리를 위해 개는 분기마다 1회 이상 구충(驅蟲)을 하되, 구충제의 효능 지속기간이 있는 경우에는 구충제의 효능 지속기간이 끝나기 전에 주기적으로 구충을 해야 함(동물보호법 제9조 제5항 / 시행규칙 제5조 별표 1 제2호 라목)

2 예방접종 미실시 – 살처분 명령(가축전염병 예방법 제20조)

(1) 억류, 살처분 또는 그 밖에 필요한 조치

시장·군수·구청장은 광견병 예방주사를 맞지 아니한 개, 고양이 등이 건물 밖에서 배회하는 것을 발견하였을 때에는 농림축산식품부령으로 정하는 바에 따라 소유자의 부담으로 억류하거나 살처분 또는 그 밖에 필요한 조치를 할 수 있음(가축전염병 예방법 제20조 제3항 / 시행규칙 제23조 제5항, 제6항)

제3장 • 반려동물 검역

1 국가별 검역조건 및 검역증명서

(1) 국가별 검역조건 확인

① 반려동물을 데리고 입국하려는 국가가 동물 입국이 가능한 국가인지 확인해야 하는데, 이는 일부 국가는 동물 입국을 금지하고 있으며 견종에 따라 제한을 받을 수도 있기 때문
② 또한 국가마다 반려동물 검역 기준과 준비해야 하는 서류가 다르므로 반려동물을 데리고 입국하려는 국가의 대사관 또는 동물검역기관에 문의해 검역 조건을 확인해야 함

(2) 검역증명서 발급

입국하려는 국가가 동물검역을 요구하는 국가인 경우 출국 당일 다음 서류를 갖춘 후 공항 내에 있는 동식물 검역소를 방문해서 검역을 신청하면, 신청 당일에 서류검사와 임상검사를 거쳐 이상이 없을 경우 검역증명서를 발급받을 수 있음(가축전염병 예방법 제41조 제1항, 시행규칙 제37조 제1항 제1호, 지정검역물의 검역방법 및 기준(농림축산검역검본부 고시 제2023-1호, 2023. 01. 30. 일부개정, 2023. 01. 30. 시행) 제25조 제1항 및 제29조 제1호)
① 동물검역신청서
② 예방접종증명서 및 건강을 증명하는 서류
③ 수출 상대국 요구사항(요구사항이 있는 경우에 한함)

(3) 위반 시

위반해서 검역을 받지 않고 출국하면 300만 원 이하의 과태료를 부과(가축전염병 예방법 제60조 제2항 제9호, 시행령 제16조 및 별표 3 제2호 구목 / 1회 100만 원, 2회 200만 원, 3회 이상 300만 원)

CHAPTER
05 반려동물행동지도사의 직업윤리

> **TIP**
>
> **적용 기준**
> - 국가직무능력표준(https://www.ncs.go.kr/index.do) – 직업기초능력 – 직업윤리
> - 동물복지 및 윤리
> - 동물 관련 법률 및 개념

제1장 • 직업윤리

1 윤리

(1) 개요

인간은 사회적 동물이고, 이것은 인간이 혼자서는 살 수 없고 다른 사람들과 함께 어울려서 살아야 한다는 의미이기 때문에 함께 어울려서 살기 위해서는 인간과 인간 사이에 지켜져야 할 도리가 있음

(2) 윤리의 의미

① 윤리의 '윤(倫)'은 동료와 친구, 무리, 또래 등의 인간 집단을 뜻하기도 하고 길, 도리, 질서, 차례, 법(法) 등을 뜻하기도 하여, 즉 인간관계에 필요한 길이나 도리, 질서를 의미한다고 볼 수 있음

② 윤리의 '리(理)'는 다스린다(治), 바르다(正), 원리(原理), 이치(理致), 가리다(판단 – 判斷), 밝히다(해명 – 解明), 명백(明白)하다 등의 여러 가지 뜻을 가지고 있음

③ 결국 윤리(倫理)는 '인간과 인간 사이에서 지켜져야 할 도리를 바르게 하는 것' 또는 '인간사회에 필요한 올바른 질서'라고 해석할 수 있을 것이며, 다시 말해 살아가는 동안 해야 할 것과 하지 말아야 할 것, 삶의 목적과 방법, 책임과 의무 등과 관련됨

④ 동양적 사고에서 윤리는 전적으로 인륜(人倫)과 같은 의미이며, 엄격한 규율이나 규범의 의미가 배어 있는 느낌을 줌

⑤ 윤리와 도덕은 그 어원이 같은데, 윤리(ethic)는 희랍어의 'ythos(품성)'와 'ehos(풍습)'에서 비롯하였으며, 도덕은 라틴어의 'moris(품성 또는 풍습)'가 어원임

⑥ 윤리와 도덕이라는 말은 일상생활에서는 별 구별 없이 사용하지만, 도덕이란 도를 실천해야 할 주체적 태도를 의미함

(3) 윤리의 중요성

1) 모든 사람이 윤리적 가치보다 자기이익을 우선하여 행동한다면 사회질서가 붕괴됨

① 모두가 다른 사람에 대한 배려 없이 자신만을 위한다면, 끊임없이 서로를 두려워하고 적대시하면서 비협조적으로 살게 됨

② 인간은 결코 혼자서는 살아갈 수 없는 사회적 동물이며, 윤리적으로 살 때 개인의 행복을 포함해 모든 사람의 행복을 보장할 수 있기에 윤리적 가치를 지키며 살아야 함

2) 모든 사람이 윤리적으로 행동할 때 혼자 비윤리적 행동을 하면 큰 이익을 얻을 수 있는데도 윤리적 규범을 지켜야 하는 이유

① '어떻게 살 것인가' 하는 가치관의 문제와 관련이 있음

② 인간은 눈에 보이는 경제적 이득과 육신의 안락만을 추구하는 것이 아니고, 삶의 본질적 가치와 도덕적 신념을 존중하기 때문에 윤리적으로 행동해야 함

(4) 동물과 관련한 윤리

① 동물과 어떻게 관계를 맺어야 하는지에 대한 고민이 필요하며, 동물을 대할 때 윤리적인 진술을 함에 있어 보다 공정하고 논리적인 관점이 필요함

② 도덕적 고려의 범위에 따른 분류

동물중심주의	동물을 인간의 목적을 달성하는 수단으로 분류하는 것에 반대하며, 동물권 향상을 강조함
인간중심주의	도덕적 지위를 가진 인간만이 내재적 가치를 지닌 도적적 존재이며, 인간 이외의 대상은 인간의 목적을 달성하는 데 수단으로 분류함
생명중심주의	생명체는 그 자체만으로도 가치를 가지며, 인간, 동물을 포함한 모든 생명체도 도덕적 고려 대상이 되어야 함을 강조함
생태중심주의	생명체뿐만 아니라, 무생물을 포함한 생태계 전체를 도덕적 고려의 대상이 되어야 함을 강조함

2 직업 및 직업윤리

(1) 개요

① 인간은 행복을 추구하기 위해 삶

② 인간은 경제적인 안정이 있을 때, 다른 사람들로부터 인정받을 때, 건강할 때, 자아를 실현할 때 행복을 느낀다고 함

③ 경제적 안정, 다른 사람들로부터의 인정, 건강 및 자아실현은 '일'을 통해서 얻을 수 있음

④ 인간의 직업생활은 다른 사람들과의 끊임없는 상호작용으로 이루어지기 때문에 직업생활을 원만하게 하기 위해서는 직업인 사이의 도리를 지켜야 함

⑤ 직업활동은 수많은 사람들과 관계를 맺고 상호작용을 하는 것이기 때문에, 직업인들은 자신의 직업 활동을 수행함에 있어 사람과 사람 사이에 지켜야 할 윤리적 규범을 따라야 함

⑥ '윤리'는 사람과 사람의 관계에서 우리가 마땅히 지켜야 할 사회적 규범이기 때문이며, 이와 같은 직업윤리는 우리들의 공동체적인 삶에 있어서 매우 중요한 역할을 함

(2) 직업의 의미

① 직업(職業)에서 '직(職)'은 사회적 역할의 분배인 직분(職分)을, '업(業)'은 일 또는 행위, 더 나아가서는 불교에서 말하는 전생 및 현생의 인연을 말하는 것

② 이런 의미에서 직업은 사회적으로 맡은 역할과 하늘이 맡긴 소명, 전생의 허물을 벗기 위한 과제 등으로 볼 수 있음

③ 직업이 갖추어야 할 속성은 계속성, 경제성, 윤리성, 사회성, 자발성 등으로 설명할 수 있음

계속성	• 매일, 매주, 매월 등 주기적으로 일을 하거나, 계절 또는 명확한 주기가 없어도 계속 행해짐 • 현재 하고 있는 일을 계속할 의지와 가능성이 있어야 함
경제성	• 직업이 경제적 거래 관계가 성립되는 활동이어야 함을 의미하기 때문에 무급 자원봉사나 전업 학생은 직업으로 보지 않음 • 노력이 전제되지 않는 자연 발생적인 이득의 수취나 우연하게 발생하는 경제적 과실에 전적으로 의존하는 활동도 직업으로 보지 않음
윤리성	비윤리적인 영리 행위나 반사회적인 활동을 통한 경제적 이윤추구는 직업 활동으로 인정되지 않음
사회성	모든 직업 활동이 사회 공동체적 맥락에서 의미 있는 활동이어야 함
자발성	속박된 상태에서의 제반 활동은 경제성이나 계속성의 여부와 상관없이 직업으로 보지 않음

④ 따라서 취미활동이나 아르바이트, 강제노동 등은 체계적이고 전문화된 일의 영역으로 볼 수 있지만 이러한 속성을 갖추지 않은 경우 직업으로 포함하지 않음

(3) 직업윤리의 의미

① 직업윤리: 직업 활동을 하는 개인이 자신의 직무를 잘 수행하고, 자신의 직업과 관련된 직업과 사회에서 요구하는 규범에 부응하여 개인이 갖추고 발달시키는 직업에 대한 신념, 태도, 행위

② 일반적인 직업윤리 6가지

소명의식	자신이 맡은 일은 하늘에 의해 맡겨진 일이라고 생각하는 태도
천직의식	자신의 일이 자신의 능력과 적성에 꼭 맞는다 여기고, 그 일에 열성을 가지고 성실히 임하는 태도
직분의식	자신이 하고 있는 일이 사회나 기업을 위해 중요한 역할을 하고 있다고 믿고 자신의 활동을 수행하는 태도
책임의식	직업에 대한 사회적 역할과 책무를 충실히 수행하고 책임을 다하는 태도
전문가의식	자신의 일이 누구나 할 수 있는 것이 아니라 해당 분야의 지식과 교육을 밑바탕으로 성실히 수행해야만 가능한 것이라 믿고 수행하는 태도
봉사의식	• 직업 활동을 통해 다른 사람과 공동체에 대하여 봉사하는 정신을 갖추고 실천하는 태도 • 한국인들은 우리 사회에서 직업인이 갖추어야 할 중요한 직업윤리 덕목으로 책임감, 성실함, 정직함, 신뢰성, 창의성, 협조성, 청렴함순으로 강조하고 있음

(4) 반려동물행동지도사의 직업윤리

1) 반려동물행동지도사의 정의

반려동물행동지도사란 반려동물의 행동분석·평가 및 훈련 등에 전문지식과 기술을 가진 사람으로서 농림축산식품부장관이 시행하는 자격시험에 합격한 사람을 말함

2) 반려동물행동지도사의 업무

① 반려동물에 대한 행동분석 및 평가
② 반려동물에 대한 훈련
③ 반려동물 소유자등에 대한 교육
④ 그 밖에 반려동물행동지도에 필요한 사항으로 농림축산식품부령으로 정하는 업무

3) 반려동물행동지도사의 결격사유

① 피성년후견인
② 정신질환자 또는 마약류의 중독자. 다만, 정신건강의학과 전문의가 반려동물행동지도사 업무를 수행할 수 있다고 인정하는 사람은 그러하지 아니함

③ 법을 위반하여 벌금 이상의 실형을 선고받고 그 집행이 종료(집행이 종료된 것으로 보는 경우를 포함한다)되거나 집행이 면제된 날부터 3년이 지나지 아니한 경우

④ 법을 위반하여 벌금 이상의 형의 집행유예를 선고받고 그 유예기간 중에 있는 경우

제2장 • 동물복지 및 윤리

1 동물의 개념 정의

(1) 동물(동물보호법)

동물이란 고통을 느낄 수 있는 신경체계가 발달한 척추동물로서 포유류, 조류, 파충류·양서류·어류 중 농림축산식품부장관이 관계 중앙행정기관의 장과의 협의를 거쳐 대통령령으로 정하는 동물로서 식용(食用)을 목적으로 하는 것은 제외하는 것을 말함

(2) 야생생물(야생생물 보호 및 관리에 관한 법률)

야생생물이란 산·들 또는 강 등 자연상태에서 서식하거나 자생(自生)하는 동물, 식물, 균류·지의류(地衣類), 원생생물 및 원핵생물의 종(種)을 말함

(3) 반려동물(동물보호법)

1) 정의

반려(伴侶)의 목적으로 기르는 개, 고양이 토끼, 페럿, 기니피그 및 햄스터를 말함

2) 정의의 유래

① 반려동물(Companion animal)이란 단어는 1983년 10월 오스트리아 과학아카데미가 동물 행동학자로 노벨상 수상자인 K.로렌츠의 80세 탄생일을 기념하기 위하여 주최한 '사람과 애완동물의 관계(the human-pet relationship)'라는 국제 심포지엄에서 최초로 사용됨

② 사람이 동물로부터 다양한 도움을 받고 있음을 자각하고, 동물을 더불어 살아가는 반려 상대로 인식한 것임

3) 반려동물 정의의 변화

반려동물의 표현은 장난감이나 유희로 표현되었던 과거의 애완동물(Pet animal)에서 정서적 교감을 나누고 더불어 살아가는 의미로의 반려동물(Companion animal)로 표현이 변화되었음

> **TIP**
> - 애완동물(Pet)의 '완'자를 '완구류(장난감)' 할 때의 완(玩), 즉 반려동물을 '희롱하다, 가지고 놀다'의 뜻으로 해석할 수 있기 때문에 반려동물이라고 불러야 함
> - 또한 완월장취(玩月長醉)에 '달을 벗 삼아 오래도록 술을 마신다'는 뜻이 있듯이 이미 애완동물에 '벗, 친구'라는 뜻이 포함되어 반려동물로 불러야 함

2 동물복지와 동물권리

(1) 동물복지

1) 정의

동물복지란 적절한 주거, 관리, 영양, 질병 예방 및 치료, 책임 있는 보살핌, 인도적인 취급, 필요한 경우 인도적인 안락사를 포함하여 동물복지의 모든 측면을 포괄하는 인간의 책무를 말함

2) 특징

① 복지는 특정 시간과 상황에 처한 개별 동물의 상태로, 과학적 관찰과 평가를 기반으로 동물의 상태를 정확하게 판단해야 함
② 동물복지의 개념은 사회 문화적인 차이, 인간의 태도와 신념이 함께 포함된 매우 복잡한 주제임
③ 인간과 동물은 수직적인 관계임을 인정하고, 동물로부터 불필요한 고통을 배제하고, 사람이 동물을 이용하더라도 고통을 최소화하고 인도적으로 관리해야 함

(2) 동물권리

① 인간과 동물은 수평적인 관계임을 주장함
② 동물을 이용, 사육 등의 행동을 중지해야 한다는 입장

(3) 동물의 5대 자유

① 적절한 환경을 제공하여 개별 동물의 요구에 맞는 환경조건을 충족하도록 함
② 배고픔, 목마름을 해결하는 데 그치지 않고 각 개체의 영양요구량에 맞는 식단 제공
③ 동물마다 사회적인 그룹이 필요한 경우, 분리가 필요한 경우를 파악하여 관리
④ 정상적인 행동을 표현할 수 있는 환경을 조성
⑤ 통증, 고통, 상해, 질병이 발생하지 않도록 보호

(4) 동물의 적정한 사육·관리

① 소유자등은 동물에게 적합한 사료와 물을 공급하고, 운동·휴식 및 수면이 보장되도록
노력하여야 함
② 소유자등은 동물이 질병에 걸리거나 부상당한 경우에는 신속하게 치료하거나 그 밖에
필요한 조치를 하도록 노력하여야 함
③ 소유자등은 동물을 관리하거나 다른 장소로 옮긴 경우에는 그 동물이 새로운 환경에 적
응하는 데에 필요한 조치를 하도록 노력하여야 함
④ 소유자등은 재난 시 동물이 안전하게 대피할 수 있도록 노력하여야 함

3 인간과 동물의 관계

(1) 개요

① 인간과 동물의 관계는 인간의 역사만큼 오래된 관계
② 서로 무엇을 공유하여 왔으며, 사회의 구성원이 된 시점에서 어떻게 대해야 할지 파악해
야 함

(2) 특징

① 관계는 연속적인 성격을 띠고, 양방향이어야 함
② 서로에게 유익하고 상호 의존관계가 있음
③ 동물과 공식적인 계약은 없지만, 각자를 돌볼 수 있는 암묵적인 약속을 한 상태
④ 사람은 동물을 잔인하게 대하거나 삶에 불편함을 유발하는 행동을 해서는 안 됨

4 유실·유기동물

(1) 유실·유기동물의 정의

동물보호법 제2조 제3호에 따라 유실·유기동물이란 도로·공원 등의 공공장소에서 소유자 등이 없이 배회하거나 내버려진 동물을 말함

> **TIP**
>
> **동물의 유기(遺棄)**
>
> 동물의 유기(遺棄)는 동물을 '내다 버림', '종래의 보호를 거부하여 보호받지 못하는 상태에 두는 일' 등을 말함

(2) 동물의 유기 금지

① 동물보호법 제10조 제4항 제1호에 따라 동물을 유기하는 행위를 해서는 안 됨
② 동물의 유기를 막기 위해서는 무엇보다도 반려동물이 죽음을 맞이할 때까지 평생 동안 적절히 보살피는 등 소유자가 보호자로서의 책임을 다하는 자세가 필요함
③ 유기된 동물은 길거리를 돌아다니다가 굶주림·질병·사고 등으로 몸이 약해져 죽음에 이를 수 있고, 구조되어 동물보호시설에 보호조치 되더라도 일정 기간이 지나면 관할 지방자치단체가 동물의 소유권을 취득하여 기증 및 분양하거나, 경우에 따라서는 수의 사에 의한 인도적 방법에 따른 처리가 될 수 있음
④ 동물을 유기한 소유자등은 300만 원 이하의 벌금에 처함(법 제97조 제5항 제1호)
⑤ 맹견을 유기한 소유자등은 2년 이하의 징역 또는 2천만 원 이하의 벌금에 처함(법 제97조 제2항 제2호)

(3) 동물의 구조·보호

도로·공원 등의 공공장소에서 소유자 없이 배회하거나 사람으로부터 내버려진 동물은 구조 되어 관할 지방자치단체에서 설치·운영 또는 위탁한 동물보호센터로 옮겨짐(「동물보호법」 제34조 제1항 참조)

(4) 유실·유기동물 전략

중성화 수술	동물의 신체 건강 및 불필요한 개체수 증가 예방
동물등록	유실 시 보호자를 찾기 쉬우며, 보호자의 책임의식 강화
양육포기 예방·중재	양육포기 예방법 제시 및 양육 포기 시 방법 제시

PART
04 직업윤리 및 법률 예상문제

01 동물보호법상 정의되는 '반려동물'에 해당하지 <u>않는</u> 것은?

① 개　　　　　　　　　　　　　② 닭
③ 고양이　　　　　　　　　　　④ 토끼

(해설) 동물보호법상 반려동물은 반려(伴侶)의 목적으로 기르는 개, 고양이 토끼, 페럿, 기니피그 및 햄스터를 말한다(법 제2조 제7호 / 시행규칙 제3조).

02 등록대상동물의 소유자등은 소유자등이 없이 등록대상동물을 기르는 곳에서 벗어나지 아니하도록 관리하여야 한다. 다음 중 동반 외출 시 부착하여야 하는 인식표에 들어갈 내용이 <u>아닌</u> 것은?

① 등록대상동물의 이름　　　　　② 소유자의 이름
③ 소유자의 연락처　　　　　　　④ 동물등록번호

(해설) 등록대상동물의 이름, 소유자의 연락처, 그 밖에 농림축산식품부령으로 정하는 사항(동물등록번호)을 표시한 인식표를 등록대상동물에게 부착할 것(법 제16조 제2항 제2호 / 시행규칙 제12조)

03 다음 〈보기〉 빈칸에 들어갈 내용으로 옳은 것은?

───────────〈 보기 〉───────────

소비자분쟁해결기준의 품목 및 보상기준에서 애완동물판매업은 구입 후 (   ) 이내 폐사나 질병 발생 시 동종의 애완동물로 교환 또는 구입가 환급이나 판매업소(사업자)가 제반비용을 부담하여 회복시켜 소비자에게 인도하게 되어 있다.

① 구입 후 15일 이내   ② 구입 후 20일 이내
③ 구입 후 30일 이내   ④ 구입 후 60일 이내

해설 **구입 후 15일 이내 폐사 시, 질병 발생 시**

애완동물판매업(개, 고양이에 한함)		
분쟁 유형	해결 기준	비고
1) 구입 후 15일 이내 폐사 시	• 동종의 애완동물로 교환 또는 구입가 환급(단, 소비자의 중대한 과실로 인하여 피해가 발생한 경우에는 배상을 요구할 수 없음)	
2) 구입 후 15일 이내 질병 발생	• 판매업소(사업자)가 제반비용을 부담하여 회복시켜 소비자에게 인도. 다만, 업소 책임 하의 회복기간이 30일을 경과하거나, 판매업소 관리 중 폐사 시에는 동종의 애완동물로 교환 또는 구입가 환급	

04 동물의 사체(死體)는 현재 폐기물로 분류된다. 동물병원 등에서 배출되는 폐기물이 해당하는 분류는?

① 생활폐기물   ② 의료폐기물
③ 사업장폐기물   ④ 지정폐기물

해설 **폐기물관리법**
제2조(정의) 이 법에서 사용하는 용어의 뜻은 다음과 같다.
5. "의료폐기물"이란 보건·의료기관, 동물병원, 시험·검사기관 등에서 배출되는 폐기물 중 인체에 감염 등 위해를 줄 우려가 있는 폐기물과 인체 조직 등 적출물(摘出物), 실험 동물의 사체 등 보건·환경보호상 특별한 관리가 필요하다고 인정되는 폐기물로서 대통령령으로 정하는 폐기물을 말한다.

05 반려동물행동지도사의 업무에 해당하는 것으로 보기 <u>어려운</u> 것은?

① 반려동물에 대한 행동분석 및 평가

② 반려동물에 대한 훈련

③ 반려동물 소유자등에 대한 교육

④ 반려동물에 대한 사육·관리

(해설) **반려동물행동지도사의 업무**
　① 반려동물에 대한 행동분석 및 평가
　② 반려동물에 대한 훈련
　③ 반려동물 소유자등에 대한 교육
　④ 그 밖에 반려동물행동지도에 필요한 사항으로 농림축산식품부령으로 정하는 업무

memo

PART 05

보호자 교육 및 상담

CHAPTER
01 보호자 교육

1 반려견 보호자의 개념과 역할

(1) 개요

① 매년 반려동물 양육 가구가 증가하면서 동물 복지 및 반려동물 문화에 대한 인식도 높아짐에 따라 보호자의 역할도 변화하고 있음

② 기존에는 사육·관리하는 소유의 의미였다면, 현재는 반려의 의미를 가진 가족 구성원으로 인식이 변화하고 있음

③ 인식의 변화에 따라 보호자들은 반려동물과 함께하는 안전하고 건강한 생활을 위해 항상 노력해야 함

(2) 동물보호법에서의 보호자 정의 및 역할

「동물보호법」에 의하면 반려견은 반려의 목적으로 기르는 반려동물이며, 보호자는 법에 명시된 적절한 방법으로 반려견을 안전하게 관리할 책임이 있음

1) 동물보호법 제2조(정의)

> 제2조(정의) 2. "소유자등"이란 동물의 소유자와 일시적 또는 영구적으로 동물을 사육·관리 또는 보호하는 사람을 말한다.
> 　7. "반려동물"이란 반려(伴侶)의 목적으로 기르는 개, 고양이 등 농림축산식품부령으로 정하는 동물을 말한다.

2) 동물보호법 제3조(동물보호의 기본원칙)

> 제3조(동물보호의 기본원칙) 누구든지 동물을 사육·관리 또는 보호할 때에는 다음 각 호의 원칙을 준수하여야 한다.
> 　1. 동물이 본래의 습성과 몸의 원형을 유지하면서 정상적으로 살 수 있도록 할 것
> 　2. 동물이 갈증 및 굶주림을 겪거나 영양이 결핍되지 아니하도록 할 것
> 　3. 동물이 정상적인 행동을 표현할 수 있고 불편함을 겪지 아니하도록 할 것
> 　4. 동물이 고통·상해 및 질병으로부터 자유롭도록 할 것
> 　5. 동물이 공포와 스트레스를 받지 아니하도록 할 것

3) 동물보호법 제9조(적정한 사육·관리)

제9조(적정한 사육·관리) ① 소유자등은 동물에게 적합한 사료와 물을 공급하고, 운동·휴식 및 수면이 보장되도록 노력하여야 한다.

② 소유자등은 동물이 질병에 걸리거나 부상당한 경우에는 신속하게 치료하거나 그 밖에 필요한 조치를 하도록 노력하여야 한다.

③ 소유자등은 동물을 관리하거나 다른 장소로 옮긴 경우에는 그 동물이 새로운 환경에 적응하는 데에 필요한 조치를 하도록 노력하여야 한다.

④ 소유자등은 재난 시 동물이 안전하게 대피할 수 있도록 노력하여야 한다.

⑤ 제1항부터 제3항까지에서 규정한 사항 외에 동물의 적절한 사육·관리 방법 등에 관한 사항은 농림축산식품부령으로 정한다.

(3) 올바른 보호자의 역할

① 생활환경이나 개체마다 사정이 모두 다르기 때문에 보호자의 역할에 대한 완벽한 정의는 없지만, 동물보호법에 따른 기본적인 보호자의 역할은 항상 숙지하고 반려동물에 대한 기본 지식 습득과 체계적인 돌봄 및 교육 등을 위해 항상 노력해야 함

② 분류별 내용

기본 지식	보호자는 반려동물의 생활환경 설정부터 건강관리, 교육 등에 관한 기초적인 지식에 꾸준히 관심을 갖고 습득하기 위해 노력해야 함
체계적인 돌봄	보호자는 기본 지식을 바탕으로 반려견의 안전하고 건강한 생활을 위해 체계적인 돌봄을 제공할 의무를 갖고 있음
교육	보호자는 반려견이 사람과 함께 살기 위한 사회적 규칙을 배우는 것을 목표로 예절 교육, 사회화 교육과 같은 다양한 교육 프로그램에 관심을 갖고 적극 참여하여 반려견과 함께 하는 삶의 질을 높일 수 있도록 노력해야 함

2 교육 개요

(1) 목적

① 반려견을 입양해서 함께 산다는 것은 특별하고 행복한 삶이지만 그만큼 책임도 따름

② 따라서 적절한 영양 및 건강관리와 사회화 교육, 환경 관리, 보호자 교육 등 반려견을 잘 돌보기 위해 필수적으로 알아야 할 것들이 있음

(2) 영양물 섭취

① 반려견의 나이, 크기, 활동량에 적합한 균형 잡힌 식단 계획이 필요함

② 영양기준에 맞는 고품질의 사료를 선택하고 반려견에게 해로울 수 있는 것들은 먹이지 말아야 함

③ 항상 신선하고 깨끗한 물을 제공하고, 반려견의 체중과 몸 상태를 확인하여 건강한 체격을 유지하도록 함

(3) 보건 의료

① 반려견의 건강을 확인하고 의학적 문제를 해결하기 위해 정기적인 수의사 검진이 필요함
② 예방접종, 기생충 예방, 정기적인 검사에 대한 최신 정보를 항상 확인해야 함
③ 질병이나 부상이 있는지 살피고, 필요한 경우 즉시 수의사의 진료를 받아야 함

(4) 안전 및 환경

① 잠재적인 위험을 제거하고 공간을 확보하여 반려견에게 안전한 환경을 조성해야 함
② 반려견이 길을 잃었을 때를 대비하여 내·외장칩을 사용하여 동물 등록을 해야 함
③ 비상용 키트와 대피 계획을 마련해 비상 상황에 대비해야 함

(5) 긴급상황 대비

① 예기치 않게 발생할 수 있는 응급상황은 반려견의 건강과 안전을 보호하기 위해 필수적으로 대비해야 함
② 자연 재해부터 의료 응급상황까지 반려견의 긴급상황에 대해 필수적으로 알아야 할 사항을 숙지해야 함

(6) 그루밍

① 반려견의 털을 깨끗하고 건강하게 유지하기 위해 정기적으로 관리해야 함
② 반려견의 털을 정기적으로 빗질하여 죽은 털을 제거하고 엉키는 것을 방지해야 함
③ 반려견의 발톱 손질, 귀 청소, 양치 등 위생 관리를 통해 관련 질병을 예방해야 함

(7) 교육 및 사회화

① 기본 규칙과 매너를 가르치는 교육 수업에 적극적으로 참여해야 함
② 다양한 환경과 상황에 반려견이 편안하고 자신감을 가질 수 있도록 어릴 때부터 사회성을 키워주어야 함
③ 보호자가 원하는 행동을 장려하고, 원하지 않는 행동을 제한하기 위해 긍정적인 교육을 지향함

(8) 운동 및 정신 건강

① 반려견이 육체적으로나 정신적으로 건강할 수 있도록 주기적으로 운동하고 다양한 경험을 할 수 있는 환경을 제공해야 함
② 주기적인 산책과 교육을 통해 반려견과 유대감을 형성하고 정서적 안정감을 제공해야 함

(9) 행동 문제

① 행동 문제가 발생했을 경우 전문가의 조언을 구하여 문제를 즉시 해결해야 함
② 반려견의 신체 언어를 이해하고, 효과적으로 의사소통하여 신뢰와 상호 존중을 바탕으로 강한 유대감을 형성해야 함

3 영양 정보

(1) 목적

① 적절한 영양 섭취는 반려견의 건강과 활력의 초석이 됨
② 균형 잡힌 식단을 통해 필요한 영양분을 섭취할 수 있도록 해야 함

(2) 사료 선택

① 인증된 기관에서 정한 영양 기준을 충족하고 반려견의 생애주기(예 영유아기, 청소년기, 노년기 등)와 크기(예 소형, 중형, 대형)에 적합한 고품질 사료를 선택해야 함
② 생애주기 및 크기 기준별 급여량은 사료 회사마다 차이가 있으므로 사료 뒷면에 표시된 권장 급여량을 참고해야 함
③ 권장 급여량 예시

FEEDING GUIDELINES

1일 권장 급여량　　　　　　　　　　　　　　　　　　* 사료 회사마다 차이가 있음

	체중	급여량
성견	~4.5kg	20g~115g
	4.5kg~9.0kg	115g~170g
	9.0kg~13kg	170g~290g
	13kg~18kg	290g~345g
	18kg~27kg	345g~460g
	27kg~36kg	460g~550g
	36kg~45kg	550g~660g

* 일반 종이컵=6.5oz(80g)

- 위 권장 급여량은 평균 수치로 반려견의 나이, 활동량, 생활환경, 견종 등에 따라 달라질 수 있습니다.
- 성견은 1일 권장 급여량을 하루 1~2회로 나누어 급여해주시길 바랍니다.
- 사료 교체 시 5~7일 동안 기존 사료와 변경할 사료를 섞어 급여하되, 변경할 사료의 비율을 점차 늘려가며 교체해주시길 바랍니다.
- 사료는 항상 깨끗한 물과 함께 급여해주시길 바랍니다.

(3) 주요 영양소

① 반려견을 위한 균형 잡힌 식단에는 단백질, 탄수화물, 지방, 비타민, 미네랄과 같은 필수 영양소가 포함되어야 함

② 영양소별 특징

단백질	근육 발달과 회복에 특히 중요함
탄수화물	에너지를 제공함
지방	농축된 에너지원으로, 건강한 피부와 털을 형성하는 데 도움이 됨

(4) 단백질 공급원

① 닭고기, 쇠고기, 양고기, 생선, 계란과 같은 고품질 단백질 공급원이 함유된 반려견 사료를 선택해야 함

② 과도한 양의 간식이나 부산물이 함유된 식품은 적절한 영양을 제공하지 못할 수 있으므로 피해야 함

(5) 탄수화물

① 반려견 사료의 탄수화물은 쌀, 귀리, 보리 등의 곡물 또는 고구마, 완두콩, 당근 등의 야채에서 나옴

② 쉽게 소화가 가능한 영양소와 섬유질이 함유된 탄수화물을 선택해야 함

(6) 지방과 기름

① 생선 기름, 아마씨 기름, 닭 지방과 같은 건강한 지방과 기름은 반려견의 피부, 털 상태 및 전반적인 영양과 건강에 영향을 줌

② 따라서 오메가-3, 오메가-6 등이 함유된 사료를 선택해야 함

(7) 유해 성분 피하기

① 인공 방부제, 색소 또는 향료가 포함된 반려견 사료를 피해야 함
② 일부 반려견에게 알레르기를 유발할 수 있는 옥수수, 콩, 밀과 같은 성분을 주의해야 함
③ 만약 반려견이 음식에 민감하거나 알레르기가 있는 것으로 의심되면 수의사와 상담이 필요함

(8) 제한 급여

① 반려견 사료의 뒷면에 표시된 권장급여량을 참고하여 반려견의 나이, 크기, 활동 수준 및 신진대사에 따라 섭취량을 조정해야 함
② 반려견의 신체 상태를 확인하고 필요에 따라 섭취량을 조정하여 건강한 체중을 유지해야 함

(9) 급여 횟수

① 어린 반려견은 성장에 필요한 에너지를 충족하기 위해 하루에 여러 끼의 식사가 필요할 수 있지만, 성견은 사료 뒷면에 표시된 권장급여량을 참고하여 일반적으로 하루에 한두 끼의 식사가 좋음
② 비만 예방을 위해 급식 시간을 일정하게 유지하고 자율 급식을 피하는 것이 좋음

(10) 수분 공급

수분 공급은 소화, 영양분 흡수, 온도 조절 및 전반적인 건강에 필수적이므로 항상 신선하고 깨끗한 물을 제공해야 함

(11) 수의사 상담

수의사는 반려견의 특정 요구에 맞는 맞춤형 영양 조언을 제공하는 전문가이므로 반려견의 나이, 품종, 건강 상태, 기저질환 등의 요인을 바탕으로 가장 적합한 식단을 추천할 수 있음

4 의료 및 건강

(1) 개요

① 반려견이 행복하고 편안한 삶을 누리기 위해서는 질병 예방 및 건강관리가 필수적
② 보호자는 항상 반려견의 상태를 체크하고, 정기적인 수의사 검진 등의 조치를 취해야 함

(2) 정기적인 수의사 검진

① 보호자는 반려견의 건강관리 및 질병 예방을 위해 정기적인 검진 일정을 잡음
② 수의사는 신체검사, 예방접종 등 반려견의 건강 상태를 체크하여 반려견의 전반적인 건강을 확인하고 잠재적인 문제를 조기에 발견하여 조치해야 함

(3) 예방접종

① 홍역, 파보바이러스, 전염성간염, 파라인플루엔서, 코로나 장염, 전염성 기관지염, 광견병과 같은 일반적인 전염병으로부터 반려견을 보호하기 위해 반려견의 건강 체크를 최신 상태로 유지해야 함
② 반려견의 나이, 생활방식, 위험 요인에 따라 수의사가 권장하는 예방접종 일정을 따라야 함
③ 예방접종의 종류

종합백신(DHPPI)	홍역, 파보바이러스, 전염성간염, 파라인플루엔서 예방
코로나 백신	• 장염 예방 • 어린 강아지에게 잘 걸림
켄넬코프	• 전염성 기관지염 예방 • 강아지가 많은 곳에서 전염성이 강함

④ 백신 프로토콜(2주 간격)

순서	접종 항목	추가접종(매년 1회)
1차	종합백신 1차	종합백신
2차	종합백신 2차+코로나 백신 1차	
3차	종합백신 3차+코로나 백신 2차	+코로나 백신
4차	종합백신 4차+켄넬코프 1차	
5차	종합백신 5차+켄넬코프 2차	+켄넬코프
6차	신종플루 1차+항체가검사	+신종플루
7차	신종플루 2차+광견병	+광견병

(4) 구충제 급여

① 내·외부 기생충으로부터 반려견을 보호하기 위해 수의사가 권장하는 기생충 예방약을 연중 내내 복용하고, 기생충 관리 프로그램을 따라야 함
② 기생충의 종류

기생충	종류
내부 기생충	회충, 편충, 구충, 조충, 심장사상충
외부 기생충	진드기, 벼룩, 귀 진드기, 옴 진드기, 모낭충, 파리유충증 등

(5) 구강 관리

① 위생적인 치아 상태를 유지하는 것은 반려견의 전반적인 건강에 매우 중요함
② 치석 및 치주 질환을 예방하려면 전용 칫솔과 치약을 사용하여 치아를 정기적으로 닦아야 함
③ 그 외 구강 관리 방법에는 껌, 장난감, 영양제 등이 있음

(6) 영양 및 체중 관리

① 반려견의 전반적인 건강과 견종별 적정 체중을 유지할 수 있도록 반려견의 나이, 크기, 품종 및 활동 수준에 적합한 균형 잡힌 식단이 필요함
② 과식을 피하고 반려견의 신체 상태를 정기적으로 확인하여 비만 및 관련 건강 문제를 예방해야 함

(7) 질병의 징후 관찰

① 반려견에게 열이 있다고 의심된다면 항문 체온 측정이 가장 정확하지만, 가정에서 실행하기 어렵다면 코와 발 패드의 온도를 측정하는 방법이 있음
② 또한 반려견의 행동, 식욕, 활동량, 외형 변화 등의 관찰을 통해 근본적인 건강 문제의 징후를 찾아낼 수 있음
③ **질병의 일반적인 징후**: 기침, 구토, 설사, 절뚝거림, 배뇨 또는 배변 습관의 변화 등

(8) 응급 처치

① 응급상황을 대비해 집에 반려동물용 구급상자를 구비해두어야 함
② 상처 관리, 붕대 감기, 심폐소생술(CPR) 등의 기본적인 응급처치 방법을 미리 숙지해야 함
③ 응급상황 및 사고를 대비하여 집과 가까운 24시간 병원의 위치와 연락처를 미리 확인해야 함

심폐소생술(CPR) 순서 및 방법

시작 전

기도 확보	호흡	순환

CPR 시행 방법

1 오른쪽으로 눕히기

2 심장 위에 손을 올리기

5kg 이하 소형견	중형견	그레이하운드, 그레이트데인 같은 가슴이 깊은 개	불독 같은 가슴이 납작한 개

3 30회 압박하기

4 2회 호흡 불어넣기

5 반복하기

6

♥ 심장이 뛴다면 ➡ 즉시 수의사에게 당신이 간다고 전화로 알립니다.

🩶 심장이 뛰지 않는다면 ➡ 심폐소생술을 계속하면서, 즉시 수의사에게 당신이 간다고 전화로 알립니다.

(9) 중성화 수술

① 반려견의 생식기 및 호르몬 질병과 의도치 않은 번식, 행동 문제 예방을 위해 중성화하는 것을 고려해야 함
② 중성화 수술의 적합한 시기는 수의사와 상담을 통해 결정해야 함
③ 성별에 따른 질병 및 행동 문제

	암컷	수컷
생식기 관련 질병	방광염, 자궁 질환, 난소 질환, 유선종양 등	방광염, 전립선 질환, 고환 질환, 포피염
행동 문제	헛짖음, 불안, 과수면증, 예민	마운팅, 마킹, 공격성, 불안, 가출

(10) 반려동물 보험

① 질병, 부상, 응급 치료 등 예상치 못한 비용을 충당하기 위해 반려동물 보험에 가입하는 것을 고려해야 함
② 다양한 보험들을 조사하여 반려견에 필요한 내용을 포괄적으로 보장해주는 보험을 선택해야 함

5 반려견 운동

(1) 개요

① 운동은 반려견의 행복하고 건강한 삶을 위해 매우 중요함
② 규칙적인 신체 활동은 건강한 체중을 유지하는 데 도움이 될 뿐만 아니라 정서적 안정감을 주며 보호자와 반려견 사이의 유대감을 강화할 수 있음

(2) 맞춤형 운동 계획

① 모든 반려견은 연령, 품종, 크기 및 각 개체별 맞춤형 운동을 계획하는 것이 중요함
② 일부 반려견은 고강도 활동이 필요할 수 있지만, 어떤 반려견은 보다 낮은 강도의 운동을 선호할 수 있음

(3) 기본 운동

1) 산책

① 산책은 반려견의 에너지 소모와 오감 활동을 통해 몸과 마음을 건강하게 할 수 있는 신체적 활동

② 생활환경, 날씨, 보호자의 컨디션 등을 확인하고 반려견의 연령 및 건강 상태에 따라 산책 횟수, 시간, 코스, 강도 등을 계획하는 것이 좋음

③ 산책 전·후에 마사지와 스트레칭을 해서 부상을 방지해야 함

집
산책 전, 후
마사지
&
스트레칭

교육 산책
• 기본교육, 건강체크
• 다양한 자극에 익숙해지기

운동 산책
• 체력&지구력 향상
• 휴식

기분전환 산책
• 소풍 같은 산책
• 힐링 시간 갖기

④ 산책 전 준비물을 잘 챙겨야 하며 반려견의 안전을 위해 하네스, 목밴드, 리드줄의 상태를 잘 확인해야 함

⑤ 진드기, 모기와 같은 외부 기생충 예방을 위해 안전한 해충 퇴치 제품을 사용해야 함

⑥ 산책 준비물

준비물	특징
물	• 음수용, 배변 세척용의 총 2통이 필요 • 깨끗한 환경을 위해 반려견이 배변한 장소에 물을 뿌릴 때 필요
간식	칭찬할 때 보상용으로 필요
배변봉투	배변 시 치워야 할 때 필요
배변 패드	배변 교육의 확인용으로 필요
방석 또는 담요	산책 중간 휴식할 때 반려견이 쉴 수 있는 공간 필요
케어 도구 (브러쉬, 물티슈)	산책을 마무리 할 때 먼지(이물질), 벌레 등의 제거를 위해 필요

⑦ 산책할 때는 유해한 환경에 노출되는 상황을 주의해야 하며, 반려견과 보호자가 지칠 때까지 하는 것은 지양해야 함

2) 실내 놀이

① 일상생활 속 반려견의 신체적·정신적 건강을 위한 터그놀이, 숨바꼭질, 노즈워크 장난감 등의 다양한 실내 놀이들이 있음

② 실내 놀이를 통해 반려견의 행동 풍부화를 할 수 있으며 보호자와 유대감을 쌓을 수 있음

3) 두뇌 발달

① 신체적 운동 외에도 두뇌 발달은 행동 문제를 예방하고, 반려견의 정서를 안정적으로 유지하는 데 중요한 역할을 함

② 반려견의 두뇌 발달을 장려하기 위해 퍼즐 장난감, 기본 교육, 냄새 맡기 또는 어질리티 연습과 같은 규칙 활동에 적극 참여해야 함

(4) 특수 운동

1) 수영

관절 관련 질병이 있거나 비만인 반려견에게 무리가 되지 않는 운동이기 때문에, 여기에 해당되거나 물을 좋아하는 반려견들은 수영과 같은 운동을 통해 관절에 스트레스를 주지 않고 전신 운동을 제공하는 것을 고려해야 함

▲ 수영

2) 독스포츠(Dog Sports)

① 독스포츠는 반려견과 보호자가 함께 즐길 수 있는 스포츠로, 서로 교감하며 유대감을 형성하는 데 중요한 역할을 함
② 보호자와 반려견의 신체와 두뇌 발달에 긍정적 자극을 제공하여 건강한 생활에 도움을 줌
③ 종목별 특징

종목	특징
어질리티 (Agility)	여러 개의 장애물을 통과하여 목적지까지 달리는 스포츠
플라이볼 (Flyball)	반려견이 허들을 통과한 후 공을 물고 다시 돌아오는 릴레이 스포츠
프리스비 (Frisbee)	보호자가 날린 원반을 회수해오는 스포츠

독 댄스 (Dog Dance)	음악에 맞춰 보호자와 반려견이 함께 춤을 추는 스포츠
독 풀러 (Dog Puller)	• '풀러'라는 도넛 모양의 링을 던지면 반려견이 잡는 스포츠 • 점핑과 러닝 2가지 종목이 있음
캐니크로스 (Canicross)	반려견의 리드줄을 보호자의 허리에 연결하고 함께 달리는 스포츠
그 외	다이빙독, 이디타로드(개썰매 경주), 도그 스쿠터링, 바이크저링 등

▲ 어질리티(Agility)

▲ 플라이볼(Flyball)

▲ 프리스비(Frisbee)

▲ 독 댄스(Dog Dance)

▲ 독 풀러(Dog Puller)

▲ 캐니크로스(Canicross)

3) 독피트니스(Dog fitness)

　① 독피트니스는 반려견의 건강 증진, 올바른 자세, 부상 예방, 근력 강화, 재활 등을 목적
　　으로 함
　② 다양한 도구를 활용한 균형 감각, 지구력, 근력, 유연성 운동 방법이 있음

▲ 독피트니스(Dog fitness)

4) 독요가(Dog Yoga)

　① 독요가는 사람의 요가를 응용하여 만든 요가
　② 보호자와 반려견이 함께할 수 있어 유대감 형성에 도움을 줌

▲ 독요가(Dog Yoga)

(5) 일관성과 다양성

반려견의 운동은 일관성이 중요하며, 다양한 환경을 긍정적으로 경험할 수 있게 하여 신체적 발달과 두뇌 발달의 균형을 맞추는 것을 목표로 함

(6) 생애주기별 운동

① 반려견의 생애주기에 맞는 활동량을 고려하여 운동의 강도를 계획해야 함
② 생애주기별 추천 운동

청소년기 이전	• 청소년기 이전의 지구력, 근력 운동은 신체적 성장 장애를 유발할 수 있음 • 균형감, 유연성 강화를 위한 스트레칭을 추천함 • 두뇌발달과 운동능력 향상을 위해 '앉아', '엎드려', '이리와' 같은 기초 교육을 추천함
청소년기	산행이나 다양한 운동기구를 이용한 근력 운동을 시작하는 것이 좋음
노년기	가벼운 산책, 수영, 스트레칭과 같은 무리가 되지 않는 활동을 추천함

(7) 안전을 위한 관찰 및 감독

① 운동할 때 보호자와 반려견 모두가 즐거워야 한다는 것이 중요함
② 반려견의 안전을 위해 반려견의 상태를 수시로 관찰 및 확인하고 더 많은 활동을 할 준비가 되었는지, 휴식이 필요한지 여부를 확인해야 함
③ 또한 반려견의 안전을 위해 보호자가 잘 통솔하여 날씨, 유해물질, 야생동물, 교통사고 등과 같은 잠재적 위험요소로부터 보호해야 함

6 교육 및 사회화

(1) 개요

교육과 사회화는 반려견의 행동 양식을 형성하고 보호자와 강한 유대감을 형성하며, 안전하고 자신감 있게 세상을 탐색할 수 있도록 하는 데 필수적임

(2) 기본 교육

① 보호자는 반려견에게 앉아, 엎드려, 이리와, 함께 걷기, 기다려, 하우스와 같은 기본 교육을 가르쳐야 함
② 기본 교육은 보호자의 신호를 정확하고 안전하게 전달하기 위해 목밴드, 하네스, 리드줄, 클리커와 같은 도구를 활용하는 것이 좋음
③ 보호자는 교육의 명확한 목표를 설정하고, 안전한 규칙과 계획을 세워서 인내심을 갖고 일관성 있게 교육을 해야 보호자와 반려견 간의 긍정적인 관계를 유지할 수 있음

(3) 규칙(기본 매너)

① 반려견이 사람과 함께 살기 위해 사람 사회의 규칙을 배워야 함
② 규칙을 지키면서 다양한 상황과 환경에 알맞은 행동을 하는 것이 기본 매너
③ 기본 매너 교육을 통해 반려견 사고 및 문제행동을 예방할 수 있으므로 입양했을 때부터 꾸준한 교육이 필요함
④ 상황별 기본 매너 예시

상황	기본 매너 예시
초인종이 울릴 때	반려견 자리에서 기다리기
길에서 배변을 했을 때	즉시 깨끗하게 치우기
다른 사람·개를 만났을 때	보호자 옆에 앉아서 기다리기
출입문 앞에 섰을 때	보호자 옆에 앉아서 기다리기
횡단보도 건널 때	보호자 옆에서 함께 걷기
반려견 놀이터를 이용할 때	방문 전 예방접종 및 동물 등록하기
산책할 때	목밴드·하네스·리드줄·인식표 착용하기

(4) 사회화

① 사회화란 반려견이 어린 시기부터 다양한 사람, 동물, 환경에 대한 긍정적인 경험을 하는 것
② 두려움, 불안, 공격성을 예방하는 데 도움이 되며 자신감과 적응성을 촉진시킴
③ 사회화 교육은 전문가의 지도에 따라 안전한 환경에서 계획적으로 진행하는 것을 추천함

(5) 다양한 환경 경험

① 반려견에게 다양한 환경을 경험시켜 편안하고 자신감을 갖도록 도와주고, 반려견이 안정적인 상태에서 점차적으로 더 다양한 환경을 경험할 수 있게 해줌
② 만약 반려견이 특정 자극에 대해 두려움이나 불안을 보인다면 하던 교육을 멈추고 전문가의 조언을 구해야 함
③ 다양한 환경의 예시

장소	공원, 산, 강, 바다, 길거리, 카페, 상점 등
계절	봄, 여름, 가을, 겨울
날씨	비, 눈, 구름, 바람, 천둥, 번개, 더위, 추위 등
상황	크레이트, 교통수단(예 자동차, 철도, 비행기 등), 유모차 등

(6) 지속적인 학습

① 교육은 반려견의 일생 동안 계속해야 하기에 다양한 교육 프로그램에 참여해서 지속적으로 학습해야 함
② 보호자의 전문 지식을 넘어서는 행동 문제나 어려움에 직면한 경우 전문가의 도움을 받아 각 반려견 맞춤형 교육 방법을 배워야 함

7 그루밍

(1) 목적

① 그루밍은 단순히 미용 목적으로만 하는 것이 아니라 반려견의 전반적인 건강한 생활을 위해 필수적으로 해야 하는 것
② 규칙적인 그루밍을 통해 피부 문제 예방 및 건강한 모질 유지가 가능하며, 보호자와 반려견의 유대를 강화하는 데 도움이 됨

(2) 브러싱

1) 목적

① 반려견의 털에서 죽은 털, 먼지(이물질), 엉킨 부분 등을 제거하기 위해 주기적인 브러싱이 중요함
② 브러싱 빈도는 반려견의 품종, 코트(털) 유형 및 길이에 따라 다르며 장모 품종은 매일, 단모 품종은 매주 브러싱 관리가 필요할 수 있음
③ 단, 반려견의 위생 상태에 따라 브러싱의 빈도의 차이가 있을 수 있음

2) 브러쉬 잡는 방법

3) 브러쉬 각도

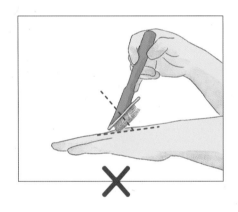 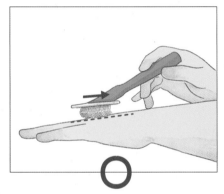

4) 정방향 브러싱

5) 콤(일자 빗) 사용 방법

(3) 목욕

1) 목적

① 필요에 따라 반려견을 목욕시켜 털과 몸을 깨끗하게 유지하고 먼지, 냄새 및 잔여물이
없도록 해야 함

② 자극을 피하기 위해 피부에 순하고 pH 균형이 맞는 반려견 전용 샴푸의 사용을 권장함

③ 과도한 목욕은 피부의 천연 오일을 벗겨내고, 건조함이나 피부자극을 유발할 수 있으므
로 지나치게 자주 목욕하지 않도록 주의해야 함

2) 물 적시기

① 반려견의 뒤쪽 부분인 꼬리부터 머리 순서로 물 적시기를 진행함
② 물 적시기를 할 때 얼굴을 위쪽으로 향하게 하여 코와 귀에 물이 들어가지 않도록 주의
해야 함
③ 순서: 꼬리 → 엉덩이 → 등 → 다리 → 머리

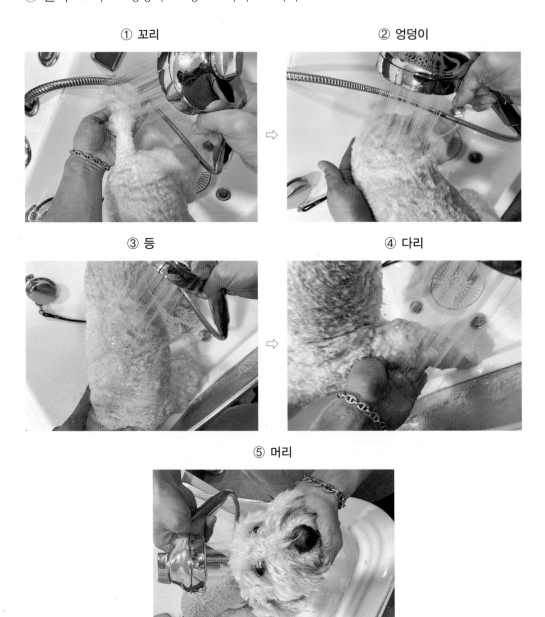

① 꼬리 ② 엉덩이

③ 등 ④ 다리

⑤ 머리

3) 샴푸 및 린스(보습용)

① 반려견의 뒤쪽 부분부터 머리 순서로 샴푸를 진행하며, 눈과 귀에 샴푸가 들어가지 않게 주의해야 함

② 순서: 꼬리 → 엉덩이 → 등 → 다리 → 머리

① 꼬리   ② 엉덩이

③ 등   ④ 다리

⑤ 머리

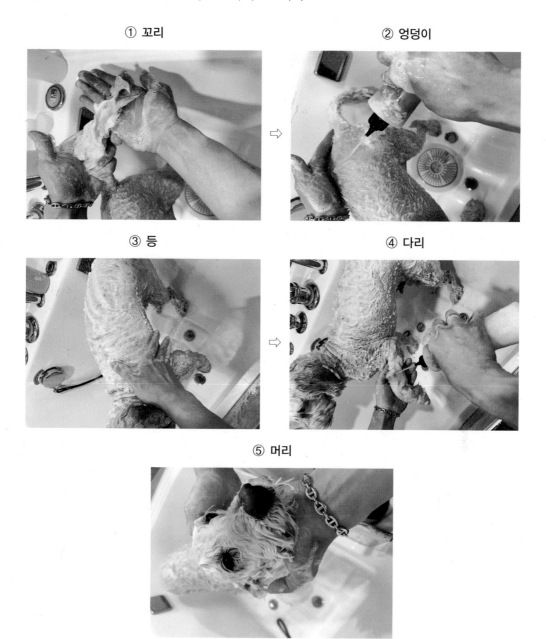

4) 헹구기

① 반려견의 머리부터 꼬리 순서로 물을 적시며 샴푸(린스)를 여러 번 깨끗하게 제거해야 하고, 코와 귀 안쪽에 물이 들어가지 않게 주의해야 함

② 순서: 머리 → 등 → 엉덩이 → 꼬리 → 다리

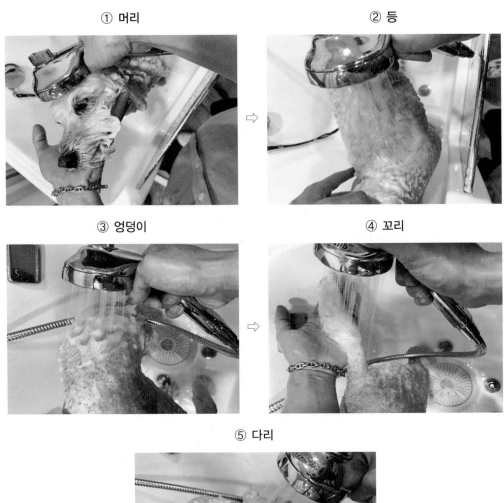

① 머리   ② 등

③ 엉덩이   ④ 꼬리

⑤ 다리

5) 타올링 및 드라잉

① 타올링: 여러 장의 타올을 사용하여 최대 80% 이상의 물기를 제거해야 함
② 드라잉: 드라이기를 몸에서 30cm 이상 거리를 두고, 몸 전체에 물기가 없어질 때까지 해야 함
③ 슬리커브러쉬로 털을 풀면서 드라잉과 함께 사용하는 것이 효율적임
④ 순서: 머리 → 등 → 엉덩이 → 꼬리 → 다리

(4) 발톱 관리

1) 목적

① 발톱의 과도한 성장과 부상을 예방하려면 정기적인 발톱 관리가 필수적이며, 필요에 따라 반려견의 발톱을 다듬어 줌
② 관리 시 발톱 내부의 민감한 혈관이 절단되지 않도록 주의해야 함
③ 반려견의 발톱 관리가 어렵다면 수의사나 전문 미용사에게 조언을 구해야 함

2) 발톱 자르기·갈아주기

① 반려견이 안정된 자세가 될 수 있게 자세를 고정하고 발끝을 잡아 아래 그림과 같이 둥글게 각을 만들며 정리해야 함
② 관리할 때 혈관의 위치를 확인하고 혈관이 다치지 않게 손질해야 함
③ 과도하게 힘을 주어 반려견을 고정하지 않도록 주의해야 하며, 발과 다리의 각도가 과도하게 꺾이지 않게 해야 함
④ 순서: 옆면 → 윗면 → 옆면 → 밑면 → 정면

⑤ **유의사항**: 적절한 각도에 따라 자르되, 아래의 ④처럼 혈관이 보일 만큼 자르지 않도록 유의할 것

손톱 단면

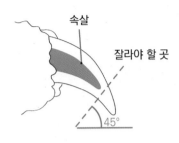

속살

잘라야 할 곳

45°

▲ 발톱 단면

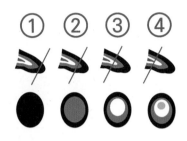

① ② ③ ④

▲ 발톱 자르기 단계

▲ 발톱 자르기

▲ 발톱 갈아주기

(5) 귀 관리

① 반려견의 귀에 이물질 및 발적 또는 냄새가 나는지 정기적으로 확인하고, 수의사가 권장하는 귀 관리 용액과 면봉 또는 패드를 사용하여 반려견의 귀를 관리해야 함
② 귀 안쪽 벽을 긁거나 귀 안에 이물질이 들어가지 않도록 주의하고 감염이나 불편함의 징후가 발견되면 수의사와 상담해야 함

▲ 귀 약 넣기 　　　　　　　　　　　　　▲ 귀 닦아주기

(6) 치아 관리

1) 목적

① 치아 위생을 유지하는 것은 반려견의 전반적인 건강에 매우 중요함
② 치석 제거 및 치주 질환을 예방하려면 반려견 전용 칫솔과 치약을 사용하여 반려견 치아를 정기적으로 관리해야 함
③ 치아 건강을 증진하기 위해 고안된 영양제 또는 이빨에 직접적인 영향을 줄 수 있는 치아 관리용 간식이나 장난감을 제공함

2) 손으로 양치하는 방법

① 손가락에 거즈를 감싸고 입에 넣기

② 양쪽 치아 양치하기　　　　　　③ 앞쪽 치아 양치하기

3) 칫솔로 양치하는 방법

① 적당량의 치약을 칫솔에 짠 후 입에 넣기

② 앞쪽 치아 양치하기　　　　　　③ 양쪽 치아 양치하기

4) 장난감으로 양치하는 방법

① 준비한 양치용 장난감을 씹을 수 있게 유도하기

 ⇨

② 양쪽 치아 모두 사용하여 씹을 수 있게 유도하기

(7) 눈 관리

1) 목적

① 반려견의 눈이 충혈이 되었는지, 털이나 먼지 등의 이물질이 들어가 있는지, 혹은 염증이 있는지 항상 확인하고 청결하게 관리함

② 눈물을 많이 흘리거나 분비물을 방치했을 경우 시큼한 냄새가 나며 각막염, 결막염 등 안구질환의 원인이 됨

③ 반려견이 눈이 불편하여 앞발로 긁거나 다른 물건에 비벼 상처가 생겼다면 수의사와 상담해야 함

2) 눈물 관리

① 반려견의 눈 밑이 붉은 색을 띠거나 냄새가 나는 경우 수의사가 추천한 눈물 전용패드 또는 식염수와 거즈를 이용해서 관리해야 함

② 눈 부분을 쓸어서 닦아내는 것이 아니라 눈 앞쪽 눈물샘 부분을 꾹 눌러 눈물을 흡수시켜야 함

① 눈 이물질 체크

② 눈 앞쪽 눈물샘 부분 관리

(8) 그루밍 도구 관리

1) 목적

① 반려견의 털 유형과 관리 요구사항에 적합한 브러쉬, 일자빗, 손톱깎이(갈이), 가위 등 반려견 전용 도구에 투자해야 함
② 안전하고 효과적인 손질을 보장하기 위해서는 반려견을 위해 설계된 도구를 선택하고, 도구 사용법을 학습해야 함

2) 반려견 도구 소개

▲ 슬리커

▲ 콤(일자 빗)

▲ 발톱깍이

▲ 발톱갈이

▲ 클리퍼

▲ 가위

▲ 눈/귀 세정제

(9) 전문 미용

① 털 관리 및 정리는 반려견 표준 스타일링과 반려견의 건강·위생을 위한 서비스를 위해 전문 미용사와 정기적으로 약속을 잡는 것을 고려해야 함

② 전문 미용사로부터 항문낭·발바닥·발톱·귀·눈 관리 및 몸의 이물질(예 벼룩, 진드기) 제거와 같은 추가 서비스를 제공 받을 수 있음

▲ 전문미용 스타일 소개

(10) 그루밍 태도

① 인내심, 온화함, 긍정적 교육을 통해 그루밍 세션에 접근하고 간식, 칭찬, 보상 등을 제공하어 반려견에게 긍정적인 경험을 선사해야 함

② 필요에 따라 휴식을 취하고, 반려견이 스트레스나 불편함의 징후를 보이면 중단해야 함

(11) 수의사 검진

① 정기 수의사 검진 중에 수의사에게 반려견의 그루밍 필요 여부를 문의하고 향후 병원 내방 전까지 털, 피부, 귀, 눈, 치아 건강을 유지하는 방법에 대한 지침을 제공하도록 요청함

② 수의사는 반려견의 필요에 맞는 제품과 사용방법을 추천할 수도 있음

8 안전한 환경 설정

(1) 목적

① 반려견을 위한 안전하고 풍요로운 환경을 보장하는 것은 반려견의 신체적 건강, 정신적 안정 및 전반적인 행복을 위해 필수적

② 집에서 반려견을 보호하는 것부터 사고를 예방하고, 두뇌 발달을 위한 환경을 제공하고 반려견의 안전과 환경 설정이 중요함

(2) 입양 전·후 집안 환경 설정

① 보호자는 반려견을 입양하기 전에 유해식물, 유해물질(예 가정용 화학물질, 가성물질)과 같은 반려견에게 유독할 수 있는 위험요소들을 제거해야 하며 씹거나 삼킬만한 전기 코드, 작은 물건, 가구, 가전들에 보호 조치를 해야 함

② 유해식물
- 약 427종의 유해식물이 있고, 그중 약 80종은 죽음까지 이를 수 있다고 알려져 있음
- 독성식물 종류

철쭉과 식물	철쭉, 진달래
백합과 식물	백합, 은방울꽃, 튤립 등
수선화과 식물	수선화, 아마릴리스, 군자란 등
공기정화 식물	유칼립투스, 몬스테라, 산세베리아, 월계수, 금전수 등
그 외	국화 모든 종류, 알로에베라, 카네이션, 수국, 아이비 등

③ 가정용 유해물질: 부동액, 배터리, 표백제, 의약품, 비료, 접착제, 제초제, 가정용 세제, 매니큐어, 리무버, 페인트, 니스, 살충제 등

(3) 안전사고 예방

① 반려견이 위험한 상황에 빠지는 것을 방지하기 위해 평소에 출입문과 창문을 단단히 닫는 습관을 들임

② 반려견 울타리를 사용하여 위험 구역(예 출입구, 현관, 발코니 등)에의 접근을 금지시켜 사고와 부상을 예방해야 함

③ 울타리의 파손된 부분을 정기적으로 확인하고, 손상된 부분이 있으면 즉시 수리해야 함

(4) 외부 환경 주의사항

① 반려견과 함께 강·하천 주변, 혼잡한 도로 근처 또는 익숙하지 않은 환경과 같이 위험할 수 있는 곳으로 갈 경우 반려견을 잘 관찰해야 함

② 다른 동물, 독성식물 또는 극한 기상 조건과 같은 위험에 노출될 수 있으므로 그런 환경에 반려견을 노출하는 것을 주의해야 함

(5) 안전한 장난감

① 반려견의 안전을 위해 질식 위험과 유해물질의 섭취를 예방할 수 있는 내구성이 뛰어난 장난감을 제공해야 함
② 반려견의 지루함을 예방하기 위해 정기적으로 장난감을 교체하고 교감형 장난감, 퍼즐 장난감, 교육 세션 및 강화 활동을 통해 반려견에게 정서적 안정을 제공해야 함

(6) 기온 변화에 따른 환경 설정

① 더운 날에는 시원한 물과 휴식공간을 제공해주고, 추운 날씨에는 따뜻한 휴식공간을 제공해줘야 함
② 더운 날에는 밀폐된 자동차의 실내 온도가 급격하게 상승하므로 반려견을 절대 혼자 두지 말아야 함

9 행동 문제

(1) 목적

① 행동 문제는 반려견들에게 흔히 발생하며 가벼운 불쾌감부터 더 심각한 문제까지 다양함
② 이러한 행동의 근본 원인을 이해하고, 개선을 위해 효과적인 전략을 구현하는 것은 반려견과 신뢰관계를 형성하는 데 중요함

(2) 행동 문제 원인 분석

① 요구성 짖음, 경계성 짖음, 물건 파괴, 점프, 공격성, 두려움, 분리불안 및 배변 실수와 같은 반려견의 일반적인 행동 문제를 인식함
② 이러한 행동과 관련된 유발 요인과 패턴을 식별하여 근본적인 원인을 더 잘 이해해야 함

(3) 반려견의 성향과 성격에 맞는 교육

① 반려견의 성향과 성격을 고려하여 반려견 맞춤 교육을 계획해야 하며 반려견이 원하는 행동과 원하지 않는 행동을 분석해야 함
② 교육 규칙에 맞는 적절한 행동에는 간식과 칭찬, 관심으로 보상해주며 원하지 않는 행동을 했을 땐 처벌하지 않고 교육의 방향을 바꾸거나 계획을 다시 정리해서 진행해야 함

(4) 일관성과 인내심

① 반려견의 행동문제를 해결하기 위해서 규칙적인 교육 계획을 세워 일관성 있게 교육을 진행하는 것이 중요함
② 가장 효과적인 방법을 찾기 위해서는 지속적인 관찰이 필요하고, 시행착오를 겪으며 계획을 수정하다보면 시간이 필요하므로 인내심을 갖고 진행해야 함

(5) 두뇌 발달

지루함을 예방하고 행동 문제의 가능성을 줄이기 위해 노즈워크 방석, 퍼즐 장난감, 탐지 놀이와 같은 실내 교감형 놀이와 다른 반려견과의 교류, 안전한 장소 탐색 놀이와 같은 실외 교감형 놀이를 충분히 제공하여 반려견의 두뇌 발달에 도움을 줘야 함

(6) 신체 활동 및 운동

① 반려견에게 긍정적인 방향으로 에너지를 전달하고 스트레스를 예방할 수 있도록 적절한 신체 활동 및 운동을 해줘야 함
② 규칙적인 산책, 교감형 놀이는 신체적 활동과 두뇌 발달을 위한 기회를 제공해줌

(7) 교육 계획 및 반복 연습

① 두려움, 불안 또는 공포증이 있는 반려견에게는 맞춤형 교육을 계획하고 반복되는 연습을 통해 두려움을 점차적으로 극복할 수 있게 도와줘야 함
② 과거의 불안했던 자극에 대해 긍정적 보상과 안심을 제공하면서 반복적으로 연습하는 것이 중요함

(8) 환경 관리

① 행동문제를 유발하는 유혹적인 물건이나 상황에 접근하지 못하도록 반려견의 환경에 변화를 줌
② 울타리, 크레이트와 같이 반려견이 편안하게 지낼 수 있는 공간을 만들어 반려견의 스케줄을 관리하는 것이 중요함

(9) 전문가의 도움

① 행동 문제를 스스로 해결할 수 없거나 문제의 심각도가 높아지는 경우 수의행동학자, 행동 전문가의 지도를 요청해야 함
② 이 전문가들은 반려견의 행동을 평가하고 맞춤형 행동 수정 계획을 세워 지속적인 지원과 지도를 제공함

(10) 근본적인 의료 문제 해결

통증, 질병 또는 호르몬 불균형과 같은 행동 문제에 영향을 미칠 수 있는 근본적인 의학적 문제일 경우 신체검사 및 진단 테스트를 위해 수의사와 상담이 필요함

(11) 가족 구성원으로서의 인정

① 반려견이 가족 구성원의 일원이 될 수 있게 인내심을 갖고 사람 사회의 규칙을 이해할 수 있도록 교육해야 함
② 교육의 일관성, 사랑, 지원, 이해를 통한 명확한 지침과 계획을 세우고 반려견과 신뢰 관계를 구축하는 것은 중요함

10 긴급상황 대비

(1) 목적

① 화재, 태풍, 지진, 수해, 코로나19 등의 예측 불가능한 재난재해·긴급상황에 대비해 반려견을 위한 비상 키트를 준비해두고 대피 계획을 세워야 함
② 대피를 위한 다양한 정보에 대해 주기적으로 확인하고, 평소 대피 훈련을 연습해서 긴급 상황에서도 침착한 태도를 유지할 수 있도록 해야 함

(2) 반려견 비상 키트

① 최소 3일 동안 사용할 수 있는 필수 용품이 포함된 포괄적인 비상 키트를 준비해야 함
② **종류**
  • 음식과 물(휴대용 그릇 포함)
  • 보호 장비 예 목줄·하네스, 리드줄, 입마개
  • 배변봉투, 배변패드와 일회용 쓰레기통
  • 약물 및 의료기록
  • 응급처치 용품 예 붕대, 방부제, 핀셋
  • 담요 또는 수건
  • 신원 확인용 인식표와 반려견의 최근 사진

▲ 대피 용품

(3) 대피 계획

① 재난재해·긴급상황으로 인해 신속하게 집을 떠나야 할 경우를 대비해 상세한 대피 계획을 세움
② 집 근처 반려견 동반 가능 대피소, 동물병원 등의 정보를 주기적으로 확인해야 하며 대피 경로 및 이동 방법을 미리 계획하는 것이 중요함

(4) 크레이트 또는 캐리어 준비

① 대피나 비상상황 시 반려견을 안전하게 운반할 수 있도록 반려견 전용 캐리어를 준비해야 함
② 크레이트는 반려견이 편안하게 서고, 돌아서고, 누울 수 있을 만큼 충분히 크고, 편안함을 위한 침구나 담요가 포함되어 있는지 확인해야 함

▲ 크레이트

▲ 캐리어

(5) 최신 지역 정보 확인

① 지역 소식, 날씨 정보와 비상 관리 기관을 통해 해당 지역의 잠재적인 비상사태 및 재난 재해·긴급상황 정보를 얻어야 함

② 최신 정보 및 지침을 받으려면 휴대폰 알림 메시지를 활성화하거나 정보 제공 어플을 설치해서 제공 받은 재난 유형별 행동요령에 맞춰 행동해야 함

▲ 정부대표 재난안전 포털앱 '안전디딤돌'

(6) 대피 훈련 연습

① 반려견과 함께 정기적으로 대피 훈련을 연습하여 반려견이 과정에 익숙해지고 실제 비상상황에서 스트레스를 줄일 수 있도록 해야 함

② 간식, 칭찬 등 여러 보상을 사용하여 경험을 긍정적으로 만들고 원하는 행동을 강화하는 것이 중요함

(7) 침착과 안심

① 보호자는 긴급상황에서 반려견을 침착한 태도로 대하여 반려견을 안심시켜 줘야 함

② 보호자의 차분한 태도는 반려견의 불안과 두려움을 완화하는 데 도움이 되며, 응급상황이 마무리될 때까지 책임과 의무를 다해 반려견을 안전하게 보호해야 함

CHAPTER 02 보호자 상담

1 상담

(1) 목적

① 상담은 반려동물행동지도사로서 보호자와 긍정적인 관계를 구축하는 데 중요한 단계
② 상담은 중요한 정보를 수집하고 보호자의 요구사항과 목표를 이해하며, 성공적인 교육 계획 및 성공을 위한 기반을 마련할 수 있는 기회
③ 철저하고 개별화된 상담을 수행함으로써 반려동물행동지도사는 보호자가 교육 목표를 달성하도록 돕는 전문성 및 헌신을 입증할 수 있음

(2) 편리한 시간 예약

① 보호자가 예약할 수 있는 유연한 일정을 제공해야 함
② 상담 및 교육 시간이 반려동물행동지도사와 보호자 모두에게 적합한지 확인해야 함

(3) 기대사항 전달

상담 및 교육 서비스의 내용, 기간, 보호자에게 필요한 정보 등을 명확하게 전달함

(4) 따뜻함과 전문성으로 인사

따뜻한 미소와 친절한 태도로 보호자를 맞이하고 전문가로서 자신을 소개한 후 상담 및 교육을 시작함

(5) 친분 형성

보호자와 친밀감을 높이기 위한 시간을 충분히 갖고 반려견에 대한 관심사, 생활 방식, 교육 목표에 대한 개방형 질문을 통해 보호자의 관심사와 경험에 진정한 관심을 보이는 것이 중요함

(6) 적극적 경청

① 보호자가 말하는 내용에만 주의를 기울이는 것이 아니라 보호자의 말하는 방식, 감정적 톤, 몸짓, 표정 등을 주의 깊게 관찰하고 이해해야 함

② 또한 보호자가 직접적으로 말하지 않는 것도 중요하므로, 말의 뒤에 숨겨진 의미나 감정을 파악하고 이해하려고 노력해야 함

(7) 명확한 질문

① 반려견의 행동, 일과, 환경 및 이전 교육 경험에 대한 정보를 수집하기 위해 구체적인 질문을 함

② 질문을 통해 행동 문제의 근본 원인을 이해하고, 정보에 따라 교육 접근 방식을 조정하는 데 도움이 됨

③ 명확하지 않은 내용이 있거나 추가 정보가 필요한 경우 명확한 질문을 해야 함

(8) 반려견 관찰

① 가능하다면 상담 중에 반려견의 행동을 관찰해서 반려견이 주어진 환경에 어떻게 상호작용하고 보호자의 지시나 신호에 반응하는지 주의 깊게 살펴봄

② 반려견의 행동, 기질, 그리고 반려견이 직면할 수 있는 특정 문제나 어려움에 대한 철저한 분석과 평가를 체크하는 것부터 반려견의 나이, 품종, 환경, 건강 상태, 이전 교육 이력에 대한 정보를 수집함

(9) 호환성 평가

① 교육 방법과 보호자의 기대가 잘 맞는지 평가함

② 현실적으로 달성할 수 있는 것과 제한사항에 대해 솔직하게 설명함

(10) 교육 방법 논의

수집된 정보를 바탕으로 보호자와 잠재적인 교육 방법에 대해 논의하고 반려동물행동지도사의 교육 철학, 방법 및 교육 프로그램의 예상 결과를 설명함

(11) 현실적인 목표 설정

보호자와 협력하여 보호자의 기대와 반려견의 능력에 부합하는 현실적이고 달성 가능한 교육 목표를 설정함

(12) 교육 계획 개요

교육 기간 동안에 보호자가 해야 할 숙제 또는 후속 연습을 포함하여 교육 계획의 개요를
제공함

(13) 우려사항 및 질문 해결

① 보호자가 교육 과정에 대해 가질 수 있는 질문이나 우려사항을 표현하도록 권장하고,
공감과 투명성으로 질문 및 우려사항에 대한 문제를 해결함
② 보호자의 우려사항에 대해 전적으로 동의하지 않더라도 보호자의 감정과 우려를 이해하
고 존중하는 것이 중요함

(14) 관리 세부사항 검토

① 보호자에게 비용, 가격 구조 및 발생할 수 있는 추가 비용에 대한 투명한 정보를 제공함
② 교육비, 결제 방법, 일정 등의 관리 세부사항을 논의함
③ 보호자가 검토하고 서명하는 데 필요한 서류를 제공함

(15) 위탁서비스

① 위탁서비스는 보호자로부터 반려동물 위탁을 받아 교육 또는 돌봄을 제공하는 서비스
② 종류: 반려견 유치원, 호텔, 펫시터, 도그워커, 훈련소 등
③ 서비스를 선택할 때에는 전문성, 안전성, 편의성을 고려해야 함

(16) 후속 조치

① 교육 후 보호자에게 후속 조치를 통해 감사를 표하고, 회의 중에 논의된 핵심사항을 반
복 설명함
② 해당하는 경우 다음 단계와 일정을 확인함

2 편리한 시간 예약

(1) 목적

① 보호자가 예약할 수 있는 유연한 일정을 제공해야 함
② 상담 및 교육 시간이 반려동물행동지도사와 보호자 모두에게 적합한지 확인해야 함

(2) 유연한 일정 옵션 제공

① 보호자가 편리하게 일정을 예약할 수 있도록 다양한 옵션을 제공함
② 주말이나 저녁 시간대와 같이 보호자들이 가장 바쁜 시간대가 포함될 수 있으므로 온라인 예약 시스템을 통해 보호자가 언제든지 편리하게 예약할 수 있도록 하는 것이 바람직함

(3) 상담 및 교육 시간 조정

① 상담 및 교육 시간이 반려동물행동지도사와 보호자 모두에게 적합한지 확인해야 함
② 보호자의 일정과 반려동물행동지도사의 일정을 고려하여 상담 및 교육 시간을 조정할 필요가 있을 수 있으며, 상호 양해와 이해가 있어야 함

(4) 의사소통

① 예약 및 상담 시에는 보호자의 요구사항과 반려견의 상황을 명확히 이해하고 확인해야 함
② 보호자의 우려사항이나 반려견의 특별한 요구사항이 있다면 상담 시간에 이를 고려하여 준비함

신속한 응답	• 보호자의 문의나 요청에 가능한 빨리 응답해야 함 • 이메일이나 SNS, 전화 통화에 대한 신속한 답변은 보호자가 서비스에 대한 신뢰를 갖게 함
명확한 설명	• 교육 방법, 교육 기술 및 예상되는 결과에 대해 명확하게 설명함 • 기술 용어나 전문 용어를 사용하지 않고 가능한 쉽게 이해할 수 있는 용어로 설명함
기대사항 설정	• 보호자에게 교육 과정에서 예상할 수 있는 것들을 명확하게 전달함 • 교육에 걸리는 시간, 성공률, 발생할 수 있는 어려움 등에 대해 솔직하게 이야기함
잠재적 위험 설명	• 교육 과정이나 사용되는 교육 기술이 가질 수 있는 잠재적인 위험에 대해 명확하게 설명함 • 보호자가 교육 과정에서 어떤 리스크를 감수해야 하는지를 이해할 수 있도록 도움
투명성 유지	• 보호자와의 의사소통에서 투명성을 유지해야 함 • 정보를 숨기지 않고 보호자에게 필요한 모든 정보를 제공하여 보호자가 의사결정을 내릴 수 있도록 도움

(5) 교육 서비스

① 상담 및 교육 시에는 항상 친절하고 전문가답게 서비스를 제공함
② 보호자가 상담 및 교육 과정을 편안하게 느끼고 자신의 반려견에 대한 정확한 정보를 제공할 수 있도록 도와줌

(6) 효율성과 정확성

① 교육 시간을 효율적으로 활용하고 필요한 정보를 정확하게 전달함
② 보호자가 시간을 효율적으로 활용하고 반려견에 대한 올바른 지침을 받을 수 있도록 함

시간 관리	• 예약된 약속 및 교육 시간에 정확하게 도착해야 하고, 약속된 시간에 종료할 수 있도록 교육에 필요한 시간을 충분히 고려해서 계획하여 효율적인 일정 관리 및 보호자의 시간을 존중하기 위한 노력을 해야 함 • 예상치 못한 문제로 인해 약속 및 교육 시간이 지연될 경우에는 보호자에게 빠른 연락으로 대응할 수 있는 방안을 찾아야 함
신속한 피드백	• 보호자의 문의나 우려사항에 신속하게 대응하여 지연이나 오류를 최소화함 • 피드백을 즉시 제공하여 보호자가 교육 과정에 대한 신뢰를 유지할 수 있도록 해야 함
일정 관리	• 보호자와의 교육 일정을 사전에 조정하고 협의하여 불편을 최소화하고 신뢰를 유지함 • 일정 변경이 필요한 경우 사전에 알려주고 보호자와 의논해서 조정함
효율적인 소통	• 교육 일정이나 세부 정보에 대한 명확하고 정확한 소통을 함 • 보호자가 교육에 대해 정확히 이해하고 필요한 경우 일정을 조정할 수 있도록 함

3 기대사항 전달

(1) 목적

상담 및 교육 서비스의 내용, 기간, 보호자에게 필요한 정보 등을 명확하게 전달함

(2) 상담 및 교육 내용 설명

① 보호자에게 상담 및 교육에서 무엇을 기대할 수 있는지에 대해 명확하게 설명함
② 상담은 반려견의 행동 문제에 대한 이해와 그에 따른 해결책을 탐색하는 과정임

보호자의 우선순위 파악	보호자와의 상담을 통해 보호자가 가장 중요하게 여기는 교육 목표를 파악하고, 이것을 통해 교육 계획의 우선순위를 설정함
반려견의 필요사항 고려	반려견의 특성, 기질, 건강 상태 등을 고려하여 교육 목표를 설정함 예 활발한 반려견: 에너지를 소모하는 교육 필요, 소심한 반려견: 자신감을 향상시키는 교육 필요
구체적이고 계획 가능한 목표 설정	교육 목표는 구체적이고 계획이 가능해야 하며, 이를 통해 교육의 진행 상황을 추적하고 성과를 평가함
문제 우선순위 설정	• 가장 시급한 문제나 어려움에 대한 우선순위를 설정함 • 보호자와 반려동물행동지도사는 주요 문제에 집중하여 교육을 진행함
장기 목표 고려	• 단기적인 목표뿐만 아니라 장기적인 목표도 고려함 • 반려견의 행동을 수정하고 지속 가능한 교육 결과를 얻을 수 있음

(3) 상담 및 교육 기간

① 상담이 소요되는 예상 기간을 보호자에게 전달함
② 어떤 문제는 신속하게 해결되지 않을 수 있으므로, 이해하기 쉽도록 현실적인 시간을 제시함
③ **개체별·목적별 기간:** 반려견의 개별성과 보호자의 목적에 따라 교육 기간이 상이할 수 있음을 설명하고 협의함

(4) 필요한 정보 제공

보호자에게 상담 및 교육을 위해 반려견의 나이, 종류, 건강 상태, 행동 문제의 세부정보 등과 같은 필요한 정보를 명확히 전달함

일지 작성	• 보호자와의 상호 작용 중에 중요한 정보를 노트 등에 기록하여 나중에 참고할 수 있도록 함 • 보호자가 제공한 세부사항을 신속하게 찾을 수 있도록 함
집중적인 경청	• 보호자가 중요한 정보를 제공할 때 집중적으로 경청하고, 그 정보를 기억하려고 노력해야 함 • 상호작용 중에 보호자의 필요와 우려에 진정한 관심을 보여주는 데 도움이 됨
개별화된 상담	• 상담 중에 보호자와의 대화 내용을 개별화하고 보호자가 제공한 세부사항을 참조하여 상황에 맞는 솔루션을 제공함 • 보호자가 자신의 상황에 맞는 도움을 받을 수 있다는 느낌을 줄 수 있음
정기적인 재확인	• 상담 중에 보호자가 제공한 세부사항을 정기적으로 재확인하고, 이것을 토대로 지속적으로 상담이나 교육을 진행함 • 보호자가 자신의 상황에 맞는 지원을 받고 있다는 인식을 줌

(5) 비용 및 결제 사항

① 상담 및 교육에 소요되는 비용과 결제 방법에 대해 보호자에게 명확하게 안내함
② 보호자의 후속 조치에 대한 예산을 계획하는 데 도움이 됨

(6) 상담 절차 설명

① 상담 및 교육의 전체적인 절차를 보호자에게 설명하여 어떤 단계를 거치게 될지에 대한 이해를 높여줌
② 보호자가 상담 과정을 예측하고 이해하는 데 도움이 됨

4 따뜻함과 전문성으로 인사

(1) 목적

따뜻한 미소와 친절한 태도로 보호자를 맞이하고 전문가로서 자신을 소개한 후 상담 및 교육을 시작함

(2) 따뜻한 미소와 친절한 태도

① 보호자를 맞이할 때는 항상 따뜻한 미소와 친절한 태도로 인사함으로써 보호자에게 환영받는 느낌을 주고, 긍정적인 시작을 만들어 냄
② 눈 마주치기
- 보호자와 대화할 때 눈을 마주치도록 노력함
- 눈을 마주치는 것은 보호자에게 신뢰감을 줄 뿐만 아니라 상호 간의 유대감 강화에 도움이 됨

(3) 인사와 자기소개

① 보호자를 만나면 정중하게 인사하고 자신을 전문가로서 소개함
② 이름과 직함을 밝히고 자신의 경력이나 전문성을 소개하여 신뢰를 줄 수 있음

자격과 경험 소개	• 반려동물행동지도사의 자격과 경험에 대해 정확하게 소개함 • 자격증, 수료 교육, 전문 분야 그리고 이전 경험에 대해 투명하게 설명함
능력 범위 인정	• 자신의 능력 범위를 인정하고 자신이 해결할 수 있는 문제와 해결할 수 없는 문제를 분명히 함 • 보호자에게 현실적인 기대를 설정하는 데 도움이 됨
정보 제공의 정확성	• 보호자에게 제공하는 모든 정보는 정확하고 신뢰할 수 있어야 함 • 과장된 주장이나 잘못된 정보는 피해야 함

(4) 보호자의 호칭 사용

① 보호자의 호칭을 기억하고 사용하는 것은 상호 존중과 친밀감을 나타내는 좋은 방법이므로 상담 중에도 보호자의 호칭을 사용하여 상호간의 연결을 유지함
② 보호자의 호칭을 부르면 그들이 개별적으로 중요하다는 느낌을 받을 수 있음

(5) 전문성 유지

따뜻한 태도와 함께 항상 전문가로서의 태도를 유지해야 하며 보호자의 문제에 대해 진지하게 응대하고, 신속·정확하게 정보를 제공하여 보호자에게 신뢰를 줄 수 있어야 함

적절한 경계 설정	• 보호자와의 상담에서 적절한 경계를 설정함 • 친절하고 접근하기 쉬운 태도를 유지하면서도 전문성을 유지할 수 있어야 함 • 보호자와의 관계를 비공식적으로 유지하지 않도록 주의해야 함
적절한 언어 사용	• 전문적인 언어와 용어를 사용하여 보호자와의 대화를 진행함 • 특히 기술적인 문제나 중요한 결정을 내릴 때는 명확하고 전문적인 언어를 사용하는 것이 중요함
비판적이지 않은 태도 유지	• 보호자와의 상호 작용에서 비판적이지 않은 태도를 유지해야 함 • 보호자의 의견을 존중하고 보호자 요구를 이해하려 노력해야 함
전문적인 외모와 태도	• 외모와 태도를 통해 전문성을 나타냄 • 단정하고 전문적인 복장을 착용하고 보호자와의 대화에서 진중하고 친절한 태도를 유지해야 함
상담 및 교육 상황 관리	• 보호자와의 상담 및 교육 중에는 필요한 경우 상황을 관리하고 안내하는 것이 중요함 • 보호자가 허용되지 않는 행동을 할 경우 적절한 시기에 상황에 맞는 방법으로 필요한 지침을 제공함
지속적인 전문성 개발	• 반려동물행동지도사는 기술과 경험을 개발하고 향상시키는 데 투자해야 함 • 교육을 받고 새로운 기술을 배우며 최신 동향을 따라가는 것이 중요함

(6) 연락 및 소통 방법 제공

① 연락처를 제공하여 보호자가 필요로 하는 경우 언제든지 질문이나 우려사항을 나눌 수 있음을 알려줌

② 이는 보호자가 필요할 때 지원을 받을 수 있다고 생각하는 것에 도움이 됨

다양한 방법 제공	• 보호자들이 선호하는 소통 방법이 다를 수 있음 • SNS(소셜 네트워크 서비스), 전화, 이메일, 문자 메시지, 홈페이지 등과 같은 다양한 소통 방법을 제공함
응답 시간 명시	각 방법에 대한 응답 시간을 명확하게 전달함으로써 보호자들이 메시지를 보낸 후 언제 답변을 받을 수 있는지를 알 수 있음
주·부 소통 방법 전달	비상사항이나 긴급한 문의는 전화로 소통하고, 긴급하지 않은 사항은 이메일, SNS를 통해 처리된다는 것을 명시함
의사소통 가이드 제공	의사소통 가이드를 제공하여 어떤 방법을 언제 사용해야 하는지에 대한 명확한 지침을 제공함으로써 혼란을 방지할 수 있음
연락 정보 공지	• 연락 정보가 변경되는 경우 보호자들에게 즉시 공지해야 함 • 새로운 연락 정보를 공지하여 보호자들이 쉽게 접근할 수 있도록 해야 함
문자 알림	• 긴급한 상황이나 중요한 공지가 있는 경우 보호자들에게 문자 메시지, 소통 채널로 알림을 보내어 신속하게 알릴 수 있음 • 알림을 통해 보호자들은 문제가 발생했을 때 더 빠르게 대응할 수 있음

SNS 알림	• 소셜 미디어 플랫폼을 활용하여 보호자들에게 중요한 정보나 업데이트를 전달할 수 있음 • SNS 계정을 통해 소식을 공유하고 댓글이나 다이렉트 메시지(DM)를 통해 보호자들의 질문에 답변할 수 있음
보호자 관리 소프트웨어	• 보호자 관리 소프트웨어를 사용하여 보호자들의 연락처 및 통신 기록을 효과적으로 관리할 수 있음 • 이것을 통해 보호자들과의 대화를 추적하고 관리하여 향후 상호 작용에 대비할 수 있음

5 친분 형성

(1) 목적

보호자와 친밀감을 높이기 위한 시간을 충분히 갖고 반려견에 대한 관심사, 생활 방식, 교육 목표에 대한 개방형 질문을 통해 보호자의 관심사와 경험에 진정한 관심을 보이는 것이 중요함

(2) 보호자 알아가기

① 상담 시간을 활용하여 보호자를 알아가는 데 시간을 투자함
② 보호자의 반려견에 대한 관심사, 생활 방식, 교육 목표 등에 대한 개방형 질문을 통해 알아가며 유대감을 형성하는 것이 중요함
③ 개방형 질문으로 보호자가 자신의 반려견에 대해 어떻게 생각하고 있는지에 대한 정보를 얻을 수 있음

하루일과 관련 대화	반려견과 산책은 언제 하는지, 밥은 언제 먹는지와 같은 보호자의 하루일과에 대해 관심을 표현하며 대화를 시작하는 것을 추천함
일상적인 주제 관련 대화	날씨, 최근에 본 영화나 TV 프로그램, 읽은 책 등과 같은 일상적인 주제에 대해 이야기를 나누며 대화를 이어나가는 것이 좋음
관심사 관련 대화	보호자가 특별히 관심 있는 주제에 대한 대화를 통해 보호자의 알아가는 것이 좋음
반려견에 대한 최신 정보 요청	반려견 최신 정보에 대한 대화를 통해 반려견이 최근에 배운 행동이나 새롭게 나타난 행동에 대해 이야기를 나누며 유대 관계를 형성함

(3) 개방형 질문 사용

① 보호자가 자유롭게 이야기할 수 있도록 개방형 질문을 사용함
② 단답형 답변에 비해 보호자의 경험과 의견을 나눌 수 있도록 도와줄 수 있음

질문 장려	보호자가 궁금한 사항에 대해 자유롭게 질문을 하고 이야기할 수 있도록 장려함 예 "어떤 질문이든 자유롭게 물어봐주세요."
우려 표현을 장려	보호자가 가질 수 있는 우려나 걱정에 대해 표현할 수 있도록 장려함 예 "어떤 점이 걱정되거나 궁금한 점이 있으신가요? 제가 도와드릴 수 있는 모든 것에 대해 이야기해 주세요."
편안한 환경 조성	• 보호자가 자유롭게 질문하고 우려를 표현할 수 있는 편안하고 단정적이지 않은 환경을 조성함 • 상담하는 동안 편안한 분위기를 유지하고 보호자의 의견을 존중하며 비판적이 지 않은 태도를 유지하는 것이 중요함
열린 의사소통 강조	보호자와의 열린 의사소통을 강조하고, 언제든지 질문하고 의견을 나눌 수 있는 환경을 조성함 예 "제가 무언가 설명하지 않은 부분이 있거나 궁금한 점이 있으시면 언제든지 말씀해주세요."

(4) 진정한 관심 표현

① 보호자의 이야기에 진정한 관심을 표현함
② 보호자가 이야기할 때 주의 깊게 듣고, 공감하고, 공감의 표시를 함으로써 보호자가 자신을 이해하고 도움을 받을 수 있음을 느끼게 해줌

보호자 이해	• 보호자의 입장에서 생각하고, 보호자의 경험을 이해하려고 노력하는 것은 보호 자가 자신이 이해받고 지지받는다는 느낌을 주는 데 도움이 됨 • 보호자가 자신의 반려견에 대한 고민이나 우려를 자유롭게 표현할 수 있도록 돕고 보호자와의 신뢰 관계를 강화할 수 있음
감정 및 내용 공감	• 공감은 상호 작용의 핵심 요소 중 하나이며 보호자와의 관계를 더욱 강화하고 긍정적인 상호 작용을 유도해냄 • 보호자의 감정에 공감하고 보호자의 경험을 이해하는 것은 보호자가 반려동물 행동지도사를 신뢰하고 반려견에 대한 문제를 효과적으로 해결할 수 있도록 도 와줌
이전 대화/ 경험 참고	이전 대화나 경험을 참고하여 이전에 논의한 주제나 보호자가 공유한 정보를 확 인하여 보호자의 관심사와 우려를 기억하고 고려함

(5) 관심사와 경험에 대한 이해

① 보호자의 관심사와 경험에 대해 깊이 이해함
② 이 방법은 보호자와의 유대감을 강화하고 상호 간의 신뢰를 증진시킬 수 있는 좋은 방법

보호자 감정 공감	보호자가 어려움과 좌절을 표현할 때 보호자 감정을 공감해야 함 예 "이것은 정말 어려운 상황이겠네요. 저도 이해합니다."
보호자 관점 이해	보호자의 입장에서 상황을 이해하려 노력하고, 보호자 입장에서 어떤 어려움이나 문제가 발생했는지 이해하는 것이 중요함
전문적 도움 안내	보호자에게 지도사로서 자신의 전문 지식과 경험을 통해 도움을 줄 수 있다는 것을 알려 줌 예 "우리는 이 문제를 해결하는 데 함께 노력할 거예요. 제가 도와드릴게요."
긍정적인 관점 유지	어려운 상황에서도 긍정적인 관점을 유지함 예 "우리가 함께 노력하면 문제를 해결할 수 있을 거예요. 좋은 결과를 얻을 수 있을 거예요."

6 적극적 경청

(1) 목적

① 적극적인 경청은 반려동물행동지도사로서 뛰어난 보호자 서비스를 제공하는 기본이며, 여기에는 말하는 내용에 완전히 집중·이해·반응·기억하는 것이 포함됨

② 적극적인 경청을 실천함으로써 보호자와의 관계를 더욱 강화하고, 보호자의 요구사항에 대한 더 깊은 통찰력을 얻어 반려동물행동지도사로서 보다 효과적이고 개별화된 솔루션을 제공할 수 있음

③ 보호자가 말하는 내용에만 주의를 기울이는 것이 아니라 보호자의 말하는 방식, 감정적 톤, 몸짓, 표정 등을 주의 깊게 관찰하고 이해해야 함

④ 또한 보호자가 직접적으로 말하지 않는 것도 중요하므로, 말의 뒤에 숨겨진 의미나 감정을 파악하고 이해하려고 노력해야 함

(2) 주의 깊게 경청하기

① 보호자의 이야기에 집중할 수 있는 장소로 이동하여 보호자의 이야기를 주의 깊게 경청함

② 이 과정을 통해 보호자로부터 나오는 모든 정보를 수용하고 이해하려는 의지를 보여줄 수 있음

방해 요소 최소화	• 보호자와 상담 중에는 가능한 모든 방해 요소를 최소화해야 함 • 전화를 무음으로 하거나 소음이 없는 환경에서 이야기할 수 있도록 조치함
보호자의 대화에 집중	보호자가 이야기할 때 보호자의 말에 주의를 기울이고, 활발한 대화를 통해 보호자가 자신을 편안하게 느낄 수 있고 보호자의 의견을 존중한다는 것을 보여줌
대화 내용에 대한 이해	보호자가 말하는 내용을 이해하고 보호자의 우려나 관심사를 공감하려 노력한다면 보호자에게 자신이 이해받고 지지받는다는 느낌을 줄 수 있음
활발한 대화 유도	• 보호자와의 대화를 유도하여 상호 작용을 활발하게 유지함 • 질문을 하고 공감의 말을 전하며 보호자가 자유롭게 자신의 의견을 표현할 수 있도록 도와줌

(3) 시선과 몸짓 사용하기

보호자와의 대화 중에 시선을 유지하고 몸을 앞으로 기울이며 고개를 가볍게 끄덕여서 보호자가 말하고 있는 것을 이해하고 있다는 것을 보여줌

개방적 자세 유지	• 팔짱을 끼거나 다리를 꼬는 등의 방어적인 자세는 보호자에게 거부감을 줄 수 있으므로 피해야 함 • 팔은 편안하게 내리거나 탁자에 올리고, 가슴은 펴서 상대방을 향해 앞으로 기울여 개방적인 자세를 취하는 것이 좋음
자연스러운 표정과 동작 사용	• 자연스러운 표정과 동작을 사용하여 보호자에게 친근하고 친절한 느낌을 줄 수 있도록 함 • 손을 가볍게 움직이거나 자연스럽게 웃음을 짓는 것이 도움이 될 수 있음

(4) 대화 내용 확인 및 요약

① 지도사는 보호자와의 대화 내용을 잘 이해하고 있는지 확인하는 것이 필요함
② 보호자의 말을 잘 이해하고 있는지 보여주는 것뿐만 아니라 혼란을 방지하고 정확한 의사소통에 도움이 됨

대화 내용 확인	보호자가 말한 내용을 다른 말로 바꾸어 다시 말해봄으로써 보호자의 의견이나 감정을 이해하고 있다는 것을 보여줄 수 있음 예 "보호자님이 말씀하신 이 문제가 심각한 건가요?"
대화 내용 요약	• 보호자가 이야기한 여러 가지 내용을 한데 모아 간결하게 요약해봄 • 대화의 주제나 핵심 내용을 파악하고 있다는 것을 나타내며 보호자의 말을 이해하고 있음을 보여줄 수 있음 예 "보호자님. 이 문제에 대해 걱정하고 있는 이유는 이것인가요?"

(5) 비언어적 신호 관찰하기

① 말과 더불어 보호자의 비언어적인 신호를 주의 깊게 관찰함
② 이것은 보호자가 말하지 않는 감정이나 생각을 이해하는 데 도움이 될 수 있음

7 명확한 질문

(1) 목적

① 반려견의 행동, 일과, 환경 및 이전 교육 경험에 대한 정보를 수집하기 위해 구체적인 질문을 함
② 질문을 통해 행동 문제의 근본 원인을 이해하고, 정보에 따라 교육 접근 방식을 조정하는 데 도움이 됨
③ 명확하지 않은 내용이 있거나 추가 정보가 필요한 경우 명확한 질문을 해야 하며, 이것은 반려동물행동지도사가 보호자의 우려사항이나 요구사항을 이해하는 데 진심으로 관심이 있음을 보여줌

(2) 질문 예시

분류	예시
반려견의 행동에 관한 질문	• 반려견이 어떤 특정 행동(예 공격적 행동, 짖음, 불안, 이상 행동 등)을 보이나요? • 이 특정 행동이 나타나는 시기나 상황(예 외출 시, 방문자가 있을 시 등)이 있나요? • 반려견이 어떤 자극(예 다른 개, 소음, 이동 물체 등)에 반응하는 것으로 보이나요?
반려견의 일과에 관한 질문	• 반려견의 하루 일과(예 산책 시간, 식사 시간, 활동 시간 등)는 어떻게 구성되어 있나요? • 반려견이 주로 어떤 활동(예 놀이, 산책, 독 스포츠, 매너교육 등)을 즐기나요?
반려견의 환경에 관한 질문	• 반려견이 주로 어떤 환경(예 아파트, 단독 주택, 도심, 시골 등)에서 생활하나요? • 반려견 생활환경 주변(예 다른 반려견, 사람들, 소음 등이 많은 환경 등)은 어떤가요?
이전 교육 경험에 관한 질문	• 반려견에게 이전에 어떤 종류의 교육(예 기본 명령어, 사회화 교육 등)을 진행했었나요? • 이전의 교육 방식(예 긍정 강화, 부정 강화, 행동 문제 교정 등)은 무엇인가요?

8 반려견 관찰

(1) 목적

① 가능하다면 상담 중에 반려견의 행동을 관찰해서 반려견이 주어진 환경에 어떻게 상호 작용하고 보호자의 지시나 신호에 반응하는지 주의 깊게 살펴봄
② 반려견의 행동, 기질, 그리고 반려견이 직면할 수 있는 특정 문제나 어려움에 대한 철저한 분석과 평가를 체크하는 것부터 반려견의 나이, 품종, 환경, 건강 상태, 이전 교육 이력에 대한 정보를 수집함

(2) 반려견의 환경과 상호 작용 관찰

① 반려견이 주변 환경과 어떻게 상호작용하는지 주의 깊게 살펴봄
② 타 반려견, 사람, 물체 등에 대한 반응을 관찰하고 확인함
③ 이것은 반려견의 사회성과 특성을 이해하는 데 도움이 됨

(3) 보호자의 지시·신호 반응 관찰

① 보호자가 반려견에게 전달하는 지시나 신호에 반려견이 어떻게 반응하는지 관찰함
② 이것은 반려견의 교육 수준과 보호자와의 상호 작용을 이해하는 데 도움이 됨

(4) 반려견의 신체 언어 관찰

① 반려견의 신체 언어를 주의 깊게 살펴봄
② 꼬리의 움직임, 얼굴 표정, 몸의 자세 등은 반려견의 감정을 나타내는 중요한 신호이며 이러한 신호를 관찰하여 반려견의 감정 상태를 파악함

(5) 행동 문제 관찰

① 행동 문제가 발생하는 경우 그 행동 문제를 관찰하고 체크함
② 반려견의 행동이 어떤 상황에서 발생하는지, 어떤 자극에 반응하는지 등을 관찰하여 행동 문제의 원인을 파악함

행동 문제 분석	• 먼저 반려견이 나타내는 행동 문제를 정확하게 분석 및 기록함 • 언제, 어디서, 누구와 함께 그 행동이 나타나는지를 파악하여 행동의 원인을 이해하고 체크함
교육 및 수정 계획 수립	• 행동 문제에 대한 명확한 교육 및 수정 계획을 수립해야 함 • 특정 교육 기술을 사용하거나 다른 분야 전문가의 조언을 구할 수도 있음
긍정적인 교육	• 원하는 행동을 늘리고 원치 않는 행동을 줄이는 것이 중요함 • 긍정적인 교육을 통해 반려견에게 원하는 결과를 얻을 때마다 보상을 제공하여 바람직한 행동을 늘려가야 함
일관성과 인내	• 행동 문제를 교육하는 데에는 일관성과 인내가 필요함 • 계획한 교육 과정을 일관성 있게 진행하고, 반려견이 새로운 행동을 배우는 데 필요한 시간을 충분히 제공하여 반려견 스스로가 문제를 해결할 수 있게 도와줌
전문가의 도움	• 심각한 행동 문제의 경우 반려견 행동 전문가나 수의사의 도움을 받는 것을 권유함 • 전문가는 문제의 원인을 분석하고 적절한 해결책을 제시할 수 있음
환경 조절	행동 문제가 발생하는 환경을 조절하여 문제를 예방하거나 최소화할 수 있음 예 분리불안을 겪는 반려견의 경우, 반려견이 편안하게 휴식할 수 있는 공간을 조성하는 것만으로도 불안도가 낮아질 수 있음
지속적인 평가와 조정	• 행동 문제 해결을 위한 교육 후에도 전략을 수립한 후에도 반려견의 상태를 지속적으로 평가하고 필요에 따라 계획을 수정해야 함 • 행동 문제가 개선되는지, 그리고 새로운 행동 문제가 나타나지는 않는지 주기적으로 확인해야 함

9 호환성 평가

(1) 목적

① 교육 방법과 보호자의 기대가 잘 맞는지 평가함
② 현실적으로 달성할 수 있는 것과 제한사항에 대해 솔직하게 설명함

(2) 교육 방법과 기대 일치 확인

① 보호자가 원하는 교육 방법과 기대가 현실적으로 맞는지 확인함
② 보호자가 긍정 강화 방법을 선호하지만 행동 문제를 고치기 위해 부정 강화 방법을 원하는 경우, 이는 호환되지 않을 수 있음

(3) 현실적인 목표 설정

① 보호자와 함께 현실적이고 달성 가능한 목표를 설정함
② 반려견의 특성과 상황을 고려하여 목표를 설정하고, 이를 통해 어떤 결과를 기대할 수 있는지 보호자에게 설명함

(4) 제한사항에 대한 솔직한 설명

① 반려견의 나이, 건강 상태, 특성 등은 교육 과정에 영향을 미칠 수 있는 요소이기 때문에 교육 과정에서 발생할 수 있는 제한사항에 대해 보호자에게 솔직하게 설명함
② 제한사항을 사전에 보호자와 함께 공유하여 불필요한 오해나 실망을 방지해야 함

(5) 대안 제시

① 호환되지 않는 교육 방법이나 목표가 있는 경우 이에 대한 대안을 제시함
② 보호자와 함께 현재 상황에 맞는 최선의 해결책을 찾아내고, 이를 통해 보호자의 요구에 부합하는 교육 계획을 수립함

10 교육 방법 논의

(1) 목적

수집된 정보를 바탕으로 보호자와 잠재적인 교육 방법에 대해 논의하고 반려동물행동지도사의 교육 철학, 방법 및 교육 프로그램의 예상 결과를 설명함

(2) 수집된 정보 검토

① 먼저 수집된 정보를 정확하게 검토하고 반려견의 특성, 행동 문제, 보호자의 우려 등을 이해함
② 이 정보를 토대로 교육 방법을 제시하고 논의할 수 있음

반려견의 성격 파악	• 각 반려견은 고유한 성격을 가지고 있음 • 어떤 반려견은 활발하고 사교적이며, 다른 반려견은 조용하고 내성적일 수 있음 • 성격 특성을 고려하여 교육 방법을 계획해야 함
에너지 수준 고려	• 반려견의 에너지 수준은 교육에 영향을 미침 • 활발한 반려견은 더 많은 신체적 활동이 필요할 수 있으며 내성적인 반려견은 정서적 안정이 필요한 활동이 필요할 수 있음 • 반려견의 에너지 수준을 고려하여 적절한 교육 계획을 수립해야 함
동기 부여 요인 고려	• 반려견을 교육하는 데 있어서 동기 부여는 매우 중요함 • 반려견은 개체의 특성과 성향에 따라 다른 동기를 가지고 있으므로 이를 파악하여 교육에 적절한 보상을 제공해야 함
근본적인 행동 문제 고려	• 반려견이 가지고 있는 특정 행동 문제는 반려견마다 다를 수 있음 • 행동 문제의 근본 원인을 파악하고 이를 해결하기 위한 맞춤형 교육 방법을 제시함

(3) 보호자와의 교육 상담

① 보호자와 직접 상담을 통해 다양한 교육 방법에 대한 의견을 나누며 보호자의 요구사항, 우려사항, 교육에 대한 기대 등을 이해해야 함

② 교육 상담은 보호자가 교육 과정에 적극적으로 참여하고 협력할 수 있도록 도와줌

교육 방법 설명과 이해	진행할 수 있는 교육 방법이나 기술과 교육 방법의 이점과 위험에 대해서 보호자에게 명확하게 설명하고, 보호자가 충분히 이해하고 있는지 확인해야 함
토론 및 질문	• 보호자에게 교육 방법에 관한 질문을 하고 보호자의 우려사항에 대한 의견을 경청함 • 교육 방법에 대한 이해를 돕기 위해 실제 사례나 예시를 제공함
동의 얻기	• 교육 방법이나 교육계획에 대해 자세히 설명하고 보호자로부터 명시적인 동의를 얻어야 함 • 이 과정은 교육을 시작하기 전에 반드시 해야 함
서면 동의서 작성	• 교육 방법에 대한 동의를 얻었다면 이것을 서면으로 기록하는 것이 바람직함 • 서면 동의서에는 법적 고지내용과 교육 방법 및 규칙에 대한 내용 그리고 보호자의 서명이 포함되어야 함

(4) 교육 철학과 방법 설명

반려동물행동지도사의 교육 철학과 사용할 방법에 대해 보호자에게 설명하고, 보호자가 교육 방법을 이해하고 동의하는 것은 교육 과정의 성공에 중요한 요소임

교육 방법 설명	• 사용하는 교육 방법과 계획을 자세히 설명함 • 예를 들어 긍정 강화, 부정 강화, 적절한 벌칙과 같은 교육 방법에 대해 설명을 할 수 있어야 함
근거 제시	• 사용하는 교육 방법의 근거를 제시함 • 해당 방법이 어떤 행동 학습 원리에 기반하여, 왜 효과적인지에 대해 보호자에게 설명함
예상 결과 설명	• 교육 방법을 통해 어떤 결과를 기대할 수 있는지 설명함 • 이것은 보호자가 교육의 목표와 기대치를 명확하게 이해할 수 있도록 도와줌
잠재적인 위험 및 제한사항	• 사용하는 교육 방법과 관련된 잠재적인 위험이나 제한사항에 대해 솔직하게 설명함 • 어떤 교육 방법은 특정 개체에게 적합하지 않을 수 있으며, 그러한 경우에 대비하는 교육 방법을 제안해야 함

(5) 교육 프로그램의 예상 결과 설명

① 교육 프로그램의 예상 결과를 보호자에게 설명함

② 특정 교육 내용이 행동 문제를 어떻게 개선할 수 있는지, 얼마나 시간이 소요될 것인지 등을 설명하여 보호자의 기대를 현실적으로 설정할 수 있음

(6) 다양한 교육 방법 제시

보호자와 함께 개별 교육, 그룹 교육, 온라인 교육 등의 다양한 교육 방법을 고려하고 제시하여 보호자가 선택할 수 있도록 도와줌

11 현실적인 목표 설정

(1) 목적

보호자와 협력하여 보호자의 기대와 반려견의 능력에 부합하는 현실적이고 달성 가능한 교육 목표를 설정함

(2) 보호자의 기대 및 우려 파악

보호자와의 상담을 통해 보호자의 기대와 우려를 이해하고 어떤 행동이나 결과를 원하는지, 어떤 문제가 해결되길 희망하는지 등을 파악

개방적이고 정직한 대화	• 보호자와의 대화를 통해 개방적이고 정직한 분위기를 조성함 • 대화는 보호자가 자신의 우려사항이나 기대치를 편안하게 공유할 수 있도록 돕는 역할을 함
보호자의 목표 및 기대치 이해	• 보호자가 교육에서 달성하고자 하는 목표와 기대치를 이해하는 것이 중요함 • 이 과정을 통해 반려동물행동지도사는 보호자가 원하는 결과를 달성하는 데 필요한 교육 방법을 결정할 수 있음
보호자의 생활 방식 및 가족 관계 고려	• 보호자의 생활 방식과 가족 관계는 반려견 교육에 영향을 미칠 수 있는 중요한 요소임 • 보호자의 일정, 가족 구성원의 역할, 반려견과의 상호작용 등을 고려해야 함
반려견에 대한 경험 파악	• 보호자의 반려견에 대한 경험 정도를 이해하는 것은 교육 계획을 수립하는 데 도움이 됨 • 처음 반려견을 키우는 보호자와 경험이 많은 보호자 간의 접근 방식은 다를 수 있음

(3) 반려견의 현재 상태 평가

반려견의 현재 상태를 정확하게 평가하고 체크하여 반려견의 행동 문제, 사회화 수준, 특징 등을 고려하여 목표 설정에 반영함

이전 교육 이력 검토	• 반려견의 이전 교육 이력을 검토하여 어떤 방식으로 교육되었는지, 어떤 성과가 있었는지를 이해해야 함 • 이 과정을 통해 반려견의 교육에 적용할 수 있는 최상의 방법을 결정할 수 있음
건강 상태 평가	• 반려견의 건강 상태를 확인하여 행동에 영향을 줄 수 있는 물리적인 문제를 식별함 • 건강 상태 평가를 위해 정기적인 건강검진 결과를 확인하고, 필요한 경우 수의사와 상의할 수 있도록 함
기질 평가	반려견의 성격과 기질을 이해하기 위해 평가를 수행함으로써 반려견의 개별적인 특성을 파악하고 교육 방법을 조정할 수 있음
환경 평가	• 반려견이 살고 있는 환경을 평가하여 교육에 어떤 영향을 미칠 수 있는지 이해함 • 주거 공간, 주변 소음, 다른 동물과의 상호작용 등을 고려하여 평가함
행동 평가	• 반려견의 행동을 평가하여 원치 않는 행동과 원하는 행동을 구분함 • 행동을 파악하기 위해 관찰이나 행동 평가 도구를 사용할 수 있음

(4) 현실적이고 달성 가능한 목표 설정

① 보호자와 함께 현실적이고 달성 가능한 목표를 설정함
② 목표는 반려견의 특성과 능력에 따라 보호자가 현실적으로 이룰 수 있는 수준이어야 함

보호자와의 소통	• 보호자와의 열린 소통을 통해 교육 과정에서 기대되는 결과와 그에 필요한 시간 및 노력에 대해 논의해야 함 • 보호자의 요구와 기대치를 이해하고 교육에 대한 공동 목표를 설정함
교육 과정 설명	• 교육 과정에서 어떤 단계를 거치고, 그에 따른 성과를 언제 볼 수 있는지에 대해 설명함 • 보호자가 교육의 진행 상황을 이해하고 어떤 결과를 기대할 수 있는지를 알게 됨
어려움 인식	• 교육 과정에서 직면할 수 있는 어려움과 도전에 대해 투명하게 설명함 • 예를 들어 특정 행동 문제의 교육은 예상보다 더 오랜 시간이 걸릴 수 있거나, 일부 교육 단계에서는 반려견의 교육이 빠르게 진전되지 않을 수 있음을 알림
협력적인 태도 유지	• 보호자와의 협력적인 태도를 유지하고 교육 과정에서의 성과를 축하하며 격려함 • 어려움에 부딪혔을 때도 서로를 지원하고 협력하여 문제를 해결하는 데 초점을 맞춤

(5) 단계적 목표 설정

① 최종 목표를 달성하기 위해 단계적인 목표를 설정함
② 목표 설정을 통해 보호자와 반려견이 단계별 성공을 경험하며 동기 부여가 유지될 수 있음
③ 적절한 교육 연습을 위해 명확한 지침과 교육 시범을 제공함

단계별 계획	• 교육 과정을 단계별로 나누고 각 단계마다 필요한 행동을 정의함 • 보호자와 반려견이 무엇을 기대해야 하는지를 명확하게 이해할 수 있도록 도와줌
명확한 지침 제공	• 각 교육 단계에 대한 명확하고 구체적인 지침을 제공함 • 보호자가 교육을 이해하고 실행하는 데 도움이 되도록 각 단계의 목표와 방법을 자세히 설명함
교육 시범 제공	• 교육 단계를 설명할 때는 가능하면 교육 시범을 제공하여 실제로 어떻게 실행되는지를 보여줌 • 교육 시범은 보호자가 올바른 기술을 사용하고, 반려견이 올바르게 반응하는지 확인하는 데 도움이 됨
반복과 연습 강조	• 각 교육 단계를 반복하고 연습하는 것이 중요함 • 보호자에게 이를 강조하여 교육이 지속적이고 일관되게 이루어져야 한다는 것을 알려줌
개선점 파악	• 각 교육 단계에서의 개선점을 파악하고 기록함 • 이것은 보호자와 반려견이 어떤 부분에서 어려움을 겪고 있는지 파악하고, 필요한 경우 계획을 조정할 수 있도록 도와줌

(6) 기간 계획 설정

① 목표를 달성하기 위한 기간을 설정함
② 얼마나 오랜 시간이 필요한지를 보호자와 함께 논의하고 현실적인 일정을 설정함

(7) 목표 설명 및 합의

① 설정된 목표를 보호자에게 설명하고 합의해야 함
② 보호자가 목표에 동의하고, 이를 이루기 위해 협력할 것인지를 확인함

12 교육 계획 개요

(1) 목적

교육 기간 동안에 보호자가 해야 할 숙제 또는 후속 연습을 포함하여 교육 계획의 개요를 제공함

(2) 교육 기간 설정

① 반려견의 행동 문제의 심각성과 교육에 필요한 시간 등을 고려하여 교육의 총 기간을 제안함
② 교육 기간은 보호자와 함께 협의하여 결정함

(3) 교육 회차

① 교육 회차를 얼마나 자주 진행할 것인지 결정함
② 일반적으로 주당 1~3회의 교육 회차를 추천하며, 보호자의 일정과 반려견의 수용력을 고려하여 회차를 조정할 수 있음

(4) 회차별 교육 내용

① 각 교육 회차에서 어떤 내용을 다룰 것인지를 계획함
② 기본 교육, 사회화 교육, 행동 문제 교정 등을 포함할 수 있음
③ 반려견의 진행 상황을 면밀히 관찰 및 체크하고 교육에 대한 반응과 발생하는 예상치 못한 문제에 따라 교육 계획을 조정할 수 있음

기본 교육	• 가장 기본적인 교육에 대해 설명함 • 기본 교육에는 이리와, 함께 걷기, 앉아, 엎드려, 기다려, 하우스 그리고 응용 교육이 있음
행동 수정 교육	• 원치 않는 행동을 수정하는 교육에 대한 정보를 제공함 • 긍정 강화, 부정 강화, 무시, 처벌 등과 같은 반려견 특성에 맞는 다양한 교육 방법이 있음
문제 해결	배변 실수, 짖음, 요구성 짖음, 공격성, 물건 파괴 등과 같이 흔히 발생하는 행동 문제에 대한 해결 방법을 제공함
교육 일정 및 계획	• 효과적인 교육 일정 및 계획하는 방법에 대한 지침을 제공함 • 일정을 설정하고 목표를 달성하는 데 도움이 될 수 있는 방법을 안내함
보상 및 강화	보상과 강화의 중요성을 강조하고 효과적인 보상 방법과 음식, 칭찬, 장난감 등의 보상을 사용하는 방법에 대해 설명함
안전 및 보호	반려견의 안전과 보호에 대한 중요성을 강조하고, 안전한 교육 환경을 유지하는 방법에 대해 설명함
지속적인 교육 및 연습	교육이 성공할 수 있도록 지속적인 교육 및 연습의 중요성을 강조하고, 회차별 교육 간의 일관성과 꾸준한 연습의 중요함을 설명함
추가 리소스 및 참고자료	• 추가적인 리소스 및 참고자료에 대한 정보를 제공하여 보호자가 필요한 경우 추가 정보를 얻을 수 있도록 도움 • 책, 온라인 자료, 교육 동영상 등을 포함할 수 있음
건강 및 영양	올바른 영양과 운동이 반려견의 건강과 행복에 미치는 영향에 대해 설명함
안전 및 응급처치	반려견의 안전에 대한 중요성과 응급상황에서의 대처 방법을 설명함
관찰 및 기록	• 교육 과정 중에 반려견의 행동을 주의 깊게 관찰하고 어떤 교육 방법이 효과적인지 또는 어떤 문제가 발생했는지를 기록함 • 이러한 관찰은 세부적으로 기록되어야 하며 반려견의 반응과 행동에 대한 이해를 돕는 데 중요함

결과표 작성	• 달성한 결과표와 개선이 필요한 영역을 명확하게 구분하여 작성함 • 결과표 작성을 통해 교육 목표를 달성하는 데 필요한 단계를 파악할 수 있으며, 보호자에게 교육의 진행 상황을 시각적으로 보여줄 수 있음
보호자와 공유	• 기록된 진행 상황을 정기적으로 보호자와 공유하여 교육 과정에 대한 투명성을 유지함 • 이것을 통해 보호자가 교육에 대한 자신감을 가질 수 있도록 지원할 수 있음
업데이트 및 조정	• 교육 과정 중에 진행 상황을 업데이트하고 필요에 따라 교육 계획을 조정함 • 이것은 반려견의 발전을 지속적으로 추적하고 교육 방법을 개선하기 위해 중요함
피드백 수집	보호자로부터의 피드백과 반려견의 행동을 평가하여 교육 과정에 대한 추가 정보를 수집함
교육 계획 검토	수집된 정보를 바탕으로 현재의 교육 계획을 검토하고, 어떤 부분이 효과적이고 어떤 부분이 개선이 필요한지를 식별함
조정 및 수정	필요한 경우 교육 계획을 조정하고 수정하여 반려견의 개별적인 요구와 상황에 더 적합하도록 만듦
지속적인 모니터링	• 계획을 조정한 후에도 반려견의 반응을 계속 모니터링하고 필요한 경우 추가 조치를 취할 수 있도록 함 • 교육 과정을 지속적으로 평가하여 필요한 시기에 계획을 재조정하는 것이 중요함

(5) 보호자의 역할 및 숙제

① 보호자가 교육 과정에 어떻게 참여해야 할지를 명확히 설명함
② 보호자에게는 교육 회차 내용 외에도 반려견과의 일상적인 상호 작용에서 어떤 점을 주의해야 하는지, 어떤 교육 내용을 반려견과 함께 연습해야 하는지 등을 설명해야 함

질문에 답하기	보호자가 궁금해 하는 질문이나 의문에 성심성의껏 답변함으로써 보호자가 불분명한 부분을 명확히 이해하고, 교육 과정에 대한 신뢰를 갖게 하는 데 도움을 줌
추가 지침 제공	보호자에게 추가 지침이나 자료가 필요한 경우, 필요한 정보를 제공하여 보호자가 교육을 진행하는 데 도움이 되도록 함
격려와 응원	보호자가 교육 과정에서 어려움을 겪을 때에도 격려와 응원의 말을 건네 보호자가 교육을 계속할 동기부여를 받을 수 있도록 도와줌
정기적인 연락	교육 기간 동안 정기적으로 보호자와 연락을 주고받아 진행 상황을 확인하고, 추가적인 지원이 필요한지를 파악함

(6) 후속 연습 및 지원

① 교육 이후 보호자가 해야 할 후속 연습이나 지원에 대하여 설명함
② 보호자가 교육에서 배운 내용을 일상생활에 적용하고 지속적으로 반려견을 지원할 수 있도록 도와줌

진행 상황 평가	• 교육 과정 중에는 주기적으로 진행 상황을 평가하고 보호자와 함께 교육 계획을 조정해야 함 • 반려견의 발전 상황을 살피고 문제가 발생할 경우 적절히 대응함
개별적인 평가	• 각 보호자와 반려견의 상황과 교육 목표를 고려하여 개별적인 평가를 수행함 • 이것은 각각의 보호자에게 맞춤형 피드백을 제공하는 데 도움이 됨
진행 상황 강조	• 보호자가 현재 어느 단계에 있는지, 어떤 성과를 이루었는지를 강조함 • 보호자에게 자신감을 주고 교육에 대한 긍정적인 동기부여를 제공할 수 있음
추가 개선이 필요한 부분 확인	• 반려견 행동의 특정 영역에서 추가 개선이 필요한 경우 이것을 정확하게 확인하여 피드백을 제공함 • 이 과정을 통해 보호자가 어떤 부분에 더 집중해야 하는지를 이해하고 교육 계획을 수정하거나 추가 교육을 진행할 수 있음
맞춤형 지침 제공	• 보호자와 반려견에게 맞춤형 피드백 및 지침을 제공하여 구체적인 개선 방법을 제시함 • 보호자가 교육을 진행하고 발전시키는 데 도움이 됨
교육 평가	정기적인 평가를 실시하여 교육 계획의 효율성을 평가하고 조정이 필요한지 여부를 결정함
정기적인 평가	• 일정한 간격으로 반려견의 행동과 교육 진행 상황을 평가함 • 평가를 통해 교육의 효과를 정량화하고 어떤 부분이 성공적이었는지, 어떤 부분이 개선이 필요한지를 확인할 수 있음
성과 및 결과표 확인	• 달성된 성과와 결과표를 검토하여 교육 목표에 대한 진전을 확인함 • 어떤 행동이 개선되었고 어떤 행동이 여전히 문제가 되는지를 분석함
피드백 수렴	• 보호자와의 소통을 통해 교육 결과를 평가하고 추가적인 피드백을 수렴함 • 보호자의 관찰과 피드백은 교육 계획을 조정하는 데 중요한 정보를 제공할 수 있음
조정 및 개선	평가 결과를 기반으로 교육 계획을 조정하고 개선점을 확인하여 더 나은 결과를 달성하기 위해 교육 방법을 조정하거나 새로운 교육 방법을 적용할 수 있음
성공과 축하	• 달성된 성과와 개선된 행동에 대해 보호자와 함께 축하함 • 이것을 통해 보호자에게 교육의 긍정적인 결과를 강조하고 동기부여를 제공할 수 있음

13 우려사항 및 질문 해결

(1) 목적

① 보호자의 교육 과정에 대해 가질 수 있는 질문이나 우려사항을 표현하도록 권장하고, 공감과 투명성으로 질문 및 우려사항에 대한 문제를 해결함

② 보호자의 우려사항에 대해 전적으로 동의하지 않더라도 보호자의 감정과 우려를 이해하고 존중하는 것이 중요함

③ 우려사항이 타당한지 확인하고 보호자의 감정이 중요하다는 것을 인정함으로써 보호자와의 신뢰 관계를 유지하고 강화할 수 있음

④ 반려동물행동지도사는 보호자의 요구사항을 최대한 수용하고 해결하기 위해 최선을 다해야 함

⑤ 보호자의 우려가 이해되었다면 보호자의 요구사항을 신중하게 고려하고 있다는 것을 알려주어야 하며, 이것은 보호자가 반려동물행동지도사에게 신뢰를 가지고 자신의 반려견 문제를 상담하고 해결할 수 있도록 돕는 역할을 함

(2) 열린 의사소통

① 보호자에게 교육 과정에서 언제든지 질문하거나 우려사항을 제기할 수 있다는 것을 분명히 알려줌

② 열린 의사소통은 보호자가 편안하게 교육 과정을 진행할 수 있도록 도움

보호자의 감정을 공감	보호자가 어려움과 좌절을 표현할 때 보호자의 감정을 공감해줌 예 "이것은 정말 어려운 상황이겠네요. 저도 이해합니다."
보호자의 관점을 이해	• 보호자의 입장에서 상황을 이해하려 노력함 • 보호자 입장에서 어떤 어려움이나 문제가 발생했는지 이해하는 것이 중요함
감정 반영	• 보호자의 감정을 다시 말함으로써 보호자의 감정을 확인하고 공감을 표현하는 것으로, 이것을 통해 보호자가 자신의 감정이 이해되고 받아들여진다는 느낌을 받을 수 있음 • 예를 들어 "반려견이 짖는 것에 대해 절망감을 느끼는 것 같군요. 맞나요?"라는 문장은 보호자의 감정을 이해하고, 보호자가 말한 내용이 잘 받아들여졌다는 것을 보여줌
도움 요청 적극 권장	보호자에게 반려동물행동지도사로서 자신의 전문 지식과 경험을 통해 도움을 줄 수 있다는 것을 알려줌 예 "우리는 이 문제를 해결하는 데 함께 노력할 거예요. 제가 도와드릴게요."
긍정적인 관점 유지	어려운 상황에서도 긍정적인 관점을 유지함 예 "우리가 함께 노력하면 문제를 해결할 수 있을 거예요. 좋은 결과를 얻을 수 있을 거예요."

(3) 적극적인 듣기

① 보호자의 우려사항이나 질문을 경청하고 존중함

② 이 과정을 통해 보호자를 이해하고 있다는 느낌을 받을 수 있음

(4) 신중한 응답

① 응답 전에 답변을 정리해야 함
② 신중하고 사려 깊게 응답하여 보호자의 우려사항을 해결하고, 관련된 정보나 솔루션을 제공함

이해와 분석	• 우선적으로 보호자의 우려사항을 이해하고 그 배경을 분석함 • 이 과정을 통해 보호자가 어떤 문제를 겪고 있는지 이해할 수 있음
정리와 준비	답변을 준비하기 위해 잠시 시간을 내어 보호자의 우려사항을 정리하고, 이를 통해 신중하고 정확한 응답을 제공할 수 있음
사려 깊은 응답	• 보호자의 우려사항에 대한 응답을 신중하고 사려 깊게 제공함 • 보호자가 제기한 문제에 진지하게 대응하고, 보호자가 원하는 정보나 솔루션을 제공함으로써 보호자의 신뢰를 얻는 데 도움이 됨
적절한 정보와 솔루션 제공	• 보호자의 우려사항에 관련된 정보나 적절한 솔루션을 제공함 • 이것은 보호자가 문제를 해결하고 만족할 수 있는 결과를 얻을 수 있도록 돕는 데 중요함

(5) 솔직함과 투명성

① 보호자의 우려사항이나 질문에 대해 가능한 솔직하고 투명하게 응답함
② 교육 과정의 제약사항이나 가능한 결과에 대해 명확하게 설명함

솔직함	• 피드백을 제공할 때에는 솔직하고 건설적으로 접근해야 함 • 어떤 부분이 잘되고 있는지, 어떤 부분이 개선이 필요한지에 대해 명확하게 설명함
강조되는 영역과 개선이 필요한 영역	• 교육 과정에서 성공적으로 진행된 부분과 더 개선이 필요한 부분을 구분하여 보호자에게 전달함 • 강조되는 영역을 칭찬하고, 개선이 필요한 영역에 대해서는 추가 연습이 필요할 수 있다는 점을 설명함
과장 피하기	• 피드백을 제공할 때에는 과장이나 현혹적인 언어를 사용하지 않도록 주의해야 함 • 구체적이고 현실적인 관찰 결과를 제공하여 보호자에게 신뢰할 수 있는 정보를 제공함
향후 계획 설명	• 피드백을 제공한 후에는 향후 조치 및 계획에 대해 설명함 • 보호자와 함께 추가 연습이나 교육 방법을 검토하여 진행 상황을 개선하는 방법에 대해 논의함
해결책 제시	• 보호자의 우려사항이나 질문에 대해 해결책을 제시함 • 문제를 해결하는 데 필요한 조치를 취하고 보호자가 만족할 수 있는 결과를 달성할 수 있도록 도와줌

14 관리 세부사항 검토

(1) 목적

① 보호자에게 비용, 가격 구조 및 발생할 수 있는 추가 비용에 대한 투명한 정보를 제공함
② 교육비, 결제 방법, 일정 등의 관리 세부사항을 논의함
③ 보호자가 검토하고 서명하는 데 필요한 서류를 제공함

(2) 문서 제공 및 세부사항 설명

① 교육비, 결제 방법, 일정 등과 관련된 관리 세부사항을 담은 문서를 보호자에게 제공하며, 이러한 문서는 교육 과정에 대한 모든 정보를 포함하고 있어야 함
② 보호자에게 제공된 문서를 신중히 검토하도록 요청한 후 교육비나 결제 방법, 교육 일정 등과 같은 각 세부사항을 설명함
③ 어떻게 요금이 책정되었는지, 결제는 어떻게 이루어지는지, 교육 일정은 어떤 방식으로 조정될 수 있는지 등을 설명함

세부사항 기록	• 각 교육 세션과 보호자의 대화에 대한 세부사항을 정확하게 기록함 • 교육의 진행 상황을 추적하고 보호자와의 의사소통을 기록하는 데 도움이 됨
계약 및 동의서 작성	• 교육 계획이나 서비스 범위에 대한 모든 내용을 명확히 기술한 계약서나 동의서를 작성함 • 보호자가 서비스 내용에 동의했는지 확인하기 위해 서명을 받음
보호자와의 의사소통 기록	• 이메일, 문자 메시지, SNS, 전화 통화 및 대면 회의 등을 통해 보호자와의 모든 의사소통들을 기록함 • 이러한 기록은 나중에 필요한 경우 의사소통 내용을 확인하는 데 도움이 됨
기록의 투명성과 접근 권한	• 보호자에게 이러한 기록에 대한 접근 권한을 제공함 • 투명성을 유지하고, 보호자가 항상 자신들의 교육 과정에 대한 정보를 확인할 수 있도록 함
정보 보안 유지	• 보호자의 개인정보와 기타 민감한 정보를 보호하기 위해 적절한 보안 절차를 시행함 • 정보 보안은 고객의 신뢰를 유지하는 데 매우 중요함
업데이트 및 추적	• 교육 과정의 진행 상황을 주기적으로 업데이트하고 보호자에게 제공함 • 보호자가 교육 과정에 대한 최신 정보를 받을 수 있도록 해야 함
투명한 요금 구조	• 서비스 제공에 대한 요금 구조를 명확하게 설명함 • 기본 서비스에 포함된 내용과 추가 서비스에 대한 요금을 구분하여 설명함
추가 비용 설명	• 추가적으로 발생할 수 있는 비용이나 교육에 대해 설명함 • 예를 들어 특정 교육 프로그램에 필요한 재료나 도구의 추가 비용이 발생할 수 있으므로, 이러한 부분을 명확히 알려줌

예상치 못한 비용에 대한 대비	• 예상치 못한 상황이 발생했을 때 추가 비용이 발생할 수 있는 가능성에 대해 보호자에게 사전에 알림 • 이 과정을 통해 보호자는 예기치 못한 상황에 대비할 수 있음
비용 조정에 대한 정책 설명	• 필요에 따라 비용이 조정될 수 있는 경우 그 이유와 조정 절차에 대해 설명함 • 이것에 대해서 보호자가 이해하고 동의할 수 있도록 해야 함
서비스에 대한 가치 강조	서비스 제공에 대한 가치와 이로 인해 얻을 수 있는 혜택을 강조하여 보호자 가 지불할 비용을 합리적으로 이해할 수 있도록 도움

(3) 질문 받기

① 보호자가 문서를 검토하고 질문이나 우려사항이 있으면 이를 받아들이고 성실하게 대답함
② 보호자가 모든 세부사항을 이해하고 편안해지도록 도움

(4) 합의 도달

① 보호자와 합의가 이루어지면 모든 관리 세부사항에 대한 동의를 확인하는 서명을 요청함
② 이 과정을 통해 통해 모든 조건이 명확하게 이해되었음을 확인할 수 있음

(5) 문서 보관

① 보호자가 문서를 확인하고 서명한 후, 모든 문서를 안전한 곳에 보관함
② 필요할 때 쉽게 열람할 수 있도록 보호자에게도 사본을 제공함

15 위탁서비스

(1) 목적

① 위탁서비스는 보호자로부터 반려동물 위탁을 받아 교육 또는 돌봄을 제공하는 서비스
② 종류: 반려견 유치원, 호텔, 펫시터, 도그워커, 훈련소 등
③ 서비스를 선택할 때에는 전문성, 안전성, 편의성을 고려해야 함

(2) 반려견 유치원

① 반려견 유치원은 사람 어린이집 또는 유치원과 동일한 개념으로, 반려견 돌봄 및 교육
서비스를 제공하는 전문 위탁 시설

② 유치원에서는 반려견 교육 전문가들이 반려견들이 사람과 함께 살기 위한 사회적 규칙을 배울 수 있도록 놀이, 사회화 교육, 기본예절 교육 등의 다양한 프로그램을 제공하고 있음

돌봄 시간별 서비스	• 데이 케어: 보호자가 원하는 일정 시간에 약 1~3시간 정도 위탁하는 반려견 돌봄 서비스
	• 유치원
	−매일 또는 정해진 요일에 등·하원하며 하루일과 계획표에 맞춰 다양한 프로그램을 제공함
	−돌봄 유치원, 교육 유치원, 놀이 유치원 등이 있음
프로그램별 서비스	• 돌봄 유치원: 하루 일과에 맞춰 위탁 운영되며 개별 교육이 없는 돌봄 위주의 서비스를 제공함
	• 교육 유치원: 반려견 개체별 교육 위주의 서비스를 제공함
	• 놀이 유치원: 마당, 수영장 등과 같은 특별한 외부 환경에서 놀이를 통한 에너지 소모 위주의 서비스를 제공함

(3) 반려견 호텔

① 반려견 호텔은 사람의 호텔과 동일한 개념
② 보호자는 반려견 성향별, 크기별 맞춤 공간을 선택할 수 있으며 식사, 교육, 산책, 개별 운동, 바디 케어, 병원 회진 등의 전문가가 관리하는 서비스가 가능함
③ 호텔 서비스 종류

단기 호텔	• 1박 이상의 호텔 서비스를 의미
	• 하루 일과 계획표에 따른 돌봄 및 교육 서비스를 제공함
장기 호텔	• 2주 이상의 호텔 서비스를 의미
	• 1개월 단위의 일과 계획표에 따른 돌봄 및 교육 서비스를 제공함

(4) 위탁 및 방문 펫시터

① 펫시터는 사람의 아이를 돌봐주는 베이비시터와 동일한 개념의 1인 사업자
② 소수의 반려견을 대상으로 실내 돌봄, 산책, 교육, 호텔 등의 개별 서비스를 위탁 또는 방문하여 제공함

위탁 펫시터 서비스	위탁 펫시터는 특정 공간에서 반려견을 위탁 받아 기본 돌봄, 호텔, 산책, 반려견 교육 등의 서비스를 제공함
방문 펫시터 (도그워커) 서비스	방문 펫시터(도그워커)는 보호자의 집으로 방문하여 돌봄, 산책, 보호자 교육 서비스를 제공함

(5) 훈련소

① 일반적인 훈련소에서는 반려견 돌봄, 교육, 호텔 등의 모든 위탁 서비스를 제공하지만, 반려견의 성향 및 보호자의 목적에 따른 특수목적견(예 탐지견, 구조견, 독스포츠, 대회) 양성 교육을 하거나 유치원을 못 다니는 대형견 교육, 공격성과 같이 일반적인 교육기관에서 해결하기 어려운 행동 문제 교육처럼 특화된 서비스를 제공하는 경우가 많음

② 서비스 종류

위탁 교육	평균 3개월 이상 특수 목적에 맞는 교육 서비스 제공
보호자 교육	반려견의 전반적인 교육을 보호자에게 제공하는 서비스
훈련사 양성 교육	전문가 양성을 위한 교육 프로그램을 제공하는 서비스

16 후속 조치

(1) 목적

① 교육 후 보호자에게 후속 조치를 통해 감사를 표하고, 회의 중에 논의된 핵심사항을 반복 설명함

② 해당하는 경우 다음 단계와 일정을 확인함

(2) 감사 표시

① 상담이 끝난 후에는 보호자에게 감사의 인사를 전함

② 보호자가 시간과 관심을 가져주셨다는 것을 감사히 여기고, 보호자가 교육 과정에 대해 관심을 가지고 있는 것에 대해 감사함을 표시함

③ 분류별 예시

시간과 노력에 대한 감사 표현	"보호자님, 반려견의 교육에 헌신적으로 시간을 투자해주셔서 정말 감사합니다. 보호자님의 노력 덕분에 반려견이 더 나은 생활을 할 수 있게 되었습니다."
신뢰에 대한 감사 표현	"보호자님, 보호자님의 신뢰를 받음으로써 저희가 보다 자신감을 가질 수 있었습니다. 보호자님의 신뢰에 감사드립니다. 함께 일할 기회를 주셔서 감사합니다."
서비스의 가치에 대한 인정	"보호자님, 보호자님의 헌신과 노력은 보호자님과 반려견 교육 모두에게 큰 가치가 있었습니다. 진심으로 감사합니다."

(3) 핵심사항 재확인 피드백

① 상담 및 교육 후에 논의된 주요 사항을 다시 한 번 요약하고 재확인함

② 보호자가 중요한 정보를 잊지 않도록 해주며, 교육 계획에 대한 이해도를 높일 수 있음

전반적인 만족도	교육 프로그램에 대한 전반적인 만족도를 평가할 수 있는 항목을 만들어 만족도를 숫자나 별점으로 평가하거나 간단한 문구로 나타낼 수 있음
교육 방법의 효율성	• 사용된 교육 방법에 대한 효율성을 평가할 수 있는 항목을 추가함 • 특정 기술이나 접근 방식이 반려견의 행동 개선에 어떤 영향을 미쳤는지에 대한 의견을 물어볼 수 있음
개선이 필요한 부분	• 교육 프로그램에서 개선이 필요한 부분이 있을 경우 해당 사항을 기록할 수 있는 공간을 마련함 • 예를 들어 특정 행동에 대한 더 많은 실전 교육이나 추가 지원이 필요하다고 생각되는 경우를 고려함
구체적인 피드백	• 보호자가 제공하고 싶은 구체적인 피드백에 대한 질문을 포함함 • 이것은 교육 세션 동안 발생한 특정 상황이나 문제에 대한 의견을 기록하고, 향후 개선을 위한 제안을 할 수 있는 기회를 제공함
기타 의견	• 보호자가 추가로 전달하고 싶은 의견이나 건의할 사항에 대한 공간을 마련함 • 이것을 통해 보호자가 자유롭게 의견을 표현할 수 있도록 함

(4) 다음 단계와 일정 확인

① 다음 단계로 진행할 때와 예상 일정을 보호자와 함께 확인함
② 다음 교육 일정을 조정하거나 추가 지원이 필요한 경우 보호자와 함께 일정을 조율함

진행 상황 확인	• 교육 세션 또는 상담 후에는 보호자에게 진행 상황을 확인함 • 보호자가 교육을 어떻게 받았는지, 어떤 진전이 있었는지 등을 물어보고, 필요한 경우 추가적인 지원을 제공함
지속적인 지원 제공	• 보호자에게 지속적인 지원을 제공하고 필요할 때마다 도움을 받을 수 있다는 것을 알려줌 • 이메일, 전화 또는 메시지를 통해 언제든지 연락할 수 있는 방법을 제공함
진단 및 조언 제공	• 보호자가 추가적인 질문이나 우려사항을 가지고 있다면, 보호자 질문에 성심성의껏 답변해줌 • 필요한 경우 추가적인 교육을 예약하거나 조언을 제공하여 도와줌

(5) 후속 지원 제공

① 보호자가 추가로 지원이 필요하다고 느낄 경우 추가자료를 제공함
② 관련된 동영상 자료, 교육 자료 또는 추천 도서 등을 제공하여 보호자가 교육 과정을 보다 효과적으로 이해하고 지원받을 수 있도록 도와줌
③ 교육 연습, 기술 및 문제 해결 전략을 보여주는 자료를 제작함
④ 보호자는 자료를 학습하여 적절한 교육 방법을 관찰하고, 반려견과 효과적인 소통 방법을 더 잘 이해할 수 있음

주제 선택	• 학습의 주제를 선택할 때 보호자들이 가장 필요로 하는 정보에 중점을 두어야 함 • 예를 들어, 기본적인 매너교육부터 고급 행동 수정 기술까지 다양한 주제를 다룰 수 있음
구체적인 지침	• 각 학습자료는 구체적인 지침과 함께 제작되어야 함 • 보호자들이 단계별로 따라할 수 있도록 각 단계를 명확하게 보여주는 것이 중요함
실제 시범	• 가능한 경우 실제 반려견과 함께 시범을 포함하는 것이 좋음 • 보호자들이 올바른 기술을 어떻게 적용해야 하는지 보다 명확하게 이해할 수 있음
명확한 음성 안내	• 영상에는 명확하고 자세한 음성 안내가 포함되어야 함 • 보호자들이 영상을 시청하면서 지시사항을 듣고 따라할 수 있어야 함
간결하고 집중된 내용	• 영상의 길이를 가능한 짧게 유지하고 주제를 집중적으로 다루는 것이 좋음 • 너무 긴 영상은 보호자들의 집중력을 떨어뜨릴 수 있음
전문적인 편집	• 영상의 편집은 전문적으로 수행되어야 함 • 음성과 화면을 조화롭게 편집하여 내용을 명확하게 전달하는 것이 중요함 • 중요한 교육 개념, 팁 및 연습을 설명하는 인쇄된 유인물을 디자인함 • 이러한 시각적 자료는 교육 중에 배포되거나 학습을 강화하기 위해 공용 공간에 게시될 수 있음
다양한 주제 다루기	여러 주제를 다루는 다양한 학습 자료를 제작하여 보호자들에게 풍부한 정보를 제공하는 것이 좋음
보호자 피드백 수집	학습 자료를 지원한 후 보호자들로부터 피드백을 수집하여 내용을 개선하고, 보다 유용한 자료를 제공할 수 있도록 함
블로그 또는 기사	• 견종별 교육 팁, 행동 관리 전략, 영양 조언, 건강관리 팁 등 반려견과 관련된 광범위한 주제를 다루는 블로그를 유지하거나 홈페이지에 기사를 작성함 • 유익한 내용으로 블로그를 정기적으로 업데이트하면 고객의 참여와 정보를 지속적으로 유지할 수 있음
유익하고 신뢰할 만한 정보 제공	• 보호자들이 신뢰할 수 있는 정보를 제공하는 것이 중요함 • 최신 연구 결과나 신뢰할 만한 전문가의 의견을 참고하여 내용을 작성함
읽기 쉬운 형식	• 글이 쉽게 읽히고 이해되도록 함 • 복잡한 용어나 개념은 가능한 쉽게 풀어쓰고, 각주나 참조를 통해 추가 정보를 제공함
정기적인 업데이트	• 블로그나 홈페이지를 정기적으로 업데이트하여 보호자들의 참여와 관심을 유지시킴 • 일정한 업데이트 주기를 유지하고 다양한 주제를 다루어 다양한 보호자들에게 맞춤형 콘텐츠를 제공함
시각적 자료 포함	텍스트뿐만 아니라 이미지, 도표, 그래픽 등 시각적 자료를 활용하여 내용을 보다 흥미롭고 이해하기 쉽게 만듦
보호자 참여 유도	독자들의 참여를 유도하기 위해 댓글이나 토론을 유도하는 질문을 포함하거나 투표나 설문조사를 실시함

소셜 미디어 공유	• 작성한 콘텐츠를 소셜 미디어 플랫폼에 공유하여 보다 많은 사람들이 접근할 수 있도록 함 • 이를 통해 블로그나 기사의 가시성을 높일 수 있음
소셜 미디어 콘텐츠	• 교육 팁, 성공 사례, 고객 평가, Q&A 세션 등 교육 콘텐츠를 소셜 미디어 플랫폼에서 공유함 • 소셜 미디어는 더 많은 청중에게 다가가고, 커뮤니티 참여를 촉진하는 강력한 도구가 될 수 있음
워크숍 또는 세미나	• 특정 교육 주제에 대한 워크숍이나 세미나를 주최하고 보호자를 초대하여 참여하고 실습 기술을 배우도록 함 • 이러한 소통형 이벤트는 보호자가 질문하고, 기술을 연습하고, 다른 보호자들과 소통할 수 있는 기회를 제공함
초대 및 홍보	• 이벤트를 홍보하여 보호자들이 참여할 수 있도록 함 • 소셜 미디어, 이메일, 지역 게시판 등을 활용하여 홍보를 진행함
실전 교육 및 실습	이론적인 내용뿐만 아니라 실습 기회를 제공하여 보호자들이 직접 기술을 배우고 연습할 수 있도록 함
질의응답 시간	• 세미나나 워크숍 중에 보호자들이 질문을 하고 의견을 나눌 수 있는 시간을 확보함 • 이 과정을 통해 보호자들이 자신의 관심사에 대한 답변을 받을 수 있고, 지식을 확장할 수 있는 기회를 제공함
참가자 피드백 수집	• 이벤트 후에 참가자들로부터 피드백을 수집하여 어떤 측면이 잘 되었고, 개선할 점이 있는지를 파악함 • 이것을 통해 향후 이벤트를 더욱 효과적으로 기획할 수 있음
지속적인 교육	• 워크숍이나 세미나를 통해 제공된 교육을 보호자들이 지속적으로 활용할 수 있도록 지원을 제공함 • 추가자료나 온라인 자원을 제공하거나, 추가 교육 이벤트를 계획하여 지속적인 학습을 지원함
추천 도서 목록	• 반려견 교육, 행동 및 심리학에 관한 추천 도서, 기사 및 자료 목록을 관리함 • 반려견의 행동과 교육 원리에 대한 이해를 심화하기 위해 보호자가 이러한 자료를 탐색하도록 권장함

(6) 연락처 제공 및 응대

① 보호자에게 우수한 서비스를 제공하려면 신속한 대응이 중요함
② 보호자와의 의사소통에서 신속한 대응을 우선시함으로써 요구사항을 효과적으로 충족시키려는 전문성, 신뢰성 및 헌신을 보여줄 수 있음
③ 보호자가 궁금한 사항이나 문제가 발생할 경우 언제든지 연락할 수 있도록 소통방법을 제공해야 함

명확한 의사소통 방법 구축	• 보호자에게 SNS, 전화, 이메일, 문자 메시지, 홈페이지 등 다양한 소통 방법을 제공함 • 선호하는 연락 방법과 응답 시간을 명확하게 전달함
소통 모니터링	• 실시간 소통을 정기적으로 모니터링하여 보호자의 새 메시지나 문의사항을 확인함 • 특히 긴급하거나 시간에 민감한 문제에 대해서는 즉시 대응하는 것을 최우선으로 삼음
알림 설정	이메일, 문자 메시지, SNS, 앱 푸시 알림을 사용하여 새로운 메시지나 문의사항이 도착했을 때 즉시 알림을 받을 수 있도록 설정함
정기적인 확인	• 일정한 간격으로 소통을 확인하여 새로운 메시지를 확인하고 응대함 • 이것을 위해 일일 또는 주간 계획을 설정하여 해당 시간에 소통을 확인하도록 함
팀 협업	• 팀 구성원들과 협력하여 소통을 모니터링하고 새로운 메시지에 신속하게 대응할 수 있도록 함 • 업무시간 외에도 대응이 필요한 경우를 대비하여 업무시간 외에도 팀원 중 누군가가 소통을 모니터링하도록 계획함
역할 및 책임 할당	• 팀 내에서 각자의 역할과 책임을 명확히 정의하고 할당함 • 각 구성원이 자신의 역할을 이해하고, 자신이 어떤 종류의 문의에 대응해야 하는지를 알고 있어야 함
소통 규칙 수립	• 팀원 간의 효율적인 소통을 위해 규칙이 수립되어야 함 • 규칙은 문의사항의 우선순위, 응답 시간 등을 명확히 하는 데 도움이 됨
정기적인 업데이트와 피드백	• 팀원이나 보조자가 잘 수행하고 있는지 확인하기 위해 정기적으로 업데이트를 제공하고 피드백을 제공함 • 이를 통해 문제가 발생하면 즉시 조치를 취할 수 있음
긴급 연락처 제공	• 휴가 또는 공휴일 동안 보호자와 직접 연락이 끊길 경우를 대비하여 긴급 연락처를 제공함 • 보호자가 긴급한 문제 또는 응급상황에 직접 연락할 수 있는 방법을 제공하는 것이 중요함
대체 연락처 지정	• 보호자가 직접 연락이 어려운 경우를 대비하여 대체 연락처를 지정함 • 이메일, 문자 메시지, 또는 보호자가 신뢰하는 가족 구성원 또는 친구와 같은 대체 연락처를 사용하여 보호자와 연락할 수 있는 방법을 제공해야 함
사전 공지	• 장기간 동안 연락이 불가능할 것으로 예상되는 경우 보호자에게 사전에 해당 정보를 공지함 • 휴가 기간이나 공휴일 전에 보호자에게 대체 연락처 및 응급 연락처를 알려주고, 어떤 상황에서 어떻게 연락할 수 있는지 설명함
정보 갱신 요청	• 보호자가 변경된 연락처나 정보가 있는 경우 정기적으로 보호자에게 정보를 갱신하도록 요청함 • 이를 통해 긴급한 상황이 발생했을 때 연락할 수 있는 보호자의 정보를 최신 상태로 유지해야 함

PART 05 보호자 교육 및 상담 예상문제

01 반려견 상담과 교육 시 보호자에게 제공되어야 하는 것이 아닌 것은?

① 교육비, 결제방법 일정 등과 관련된 세부 사항을 담은 문서
② 교육 계획이나 서비스 범위에 대한 모든 내용을 명확히 기록한 계약서 및 동의서
③ 예상치 못한 상황이 발생했을 때 추가 비용이 발생할 수도 있음을 사전에 고지하는 발언
④ 반려동물행동지도사가 선호하는 교육 방식

(해설) ④번의 선호하는 방식을 보호자에게 제공하는 것이 아니라, 사전 정보 취득 후 다양한 평가와 명확한 목표 및 정확한 교육 사용방법을 제공하여야 한다.

02 보호자가 상담 및 교육 이후 추가로 지원이 필요하다고 할 경우 취해야 할 행동으로 적절하지 <u>않은</u> 것은?

① 반려동물행동지도사가 직접 제작한 교육 연습, 기술 및 문제 해결 전략을 보여주는 자료를 제공하는 것
② 특정 교육 주제에 대한 워크숍이나 세미나를 주최하고 보호자를 초대하여 참여하고 실습 기술을 배우도록 하는 것
③ 여러 주제를 다루는 다양한 학습자료를 제작하여 보호자들에게 풍부한 정보를 제공하는 것
④ 특정 SNS에서 유행하는 조회수 높은 교육 영상을 추천하는 것

(해설) 특정 SNS(예 유튜브, 인스타그램 등)에서 게재되는 교육 영상의 경우, 조회수가 높다는 것만으로는 자료의 명확성과 출처를 담보하지 못한다. 따라서 지도사가 직접 학습근거 및 교육 이론을 기반으로 제작했거나, 검증이 완료된 자료에 한하여 추가지원으로 보호자에게 제공하도록 한다.

03 재난재해 · 긴급 상황에 대비한 반려견 비상 키트에 해당하지 <u>않는</u> 것은?

① 인식표와 반려견 최근 사진

② 담요 또는 수건

③ 목욕 용품

④ 보호 장비(목줄 · 하네스, 리드줄, 입마개)

(해설) 재난재해 · 긴급상황에 대비한 반려견을 위한 비상 키트는 최소 3일 동안 사용할 수 있는 필수 용품이 포함되어야 한다.
구성품은 다음과 같다.

• 음식과 물(휴대용 그릇 포함)

• 보호 장비(예 목줄 · 하네스, 리드줄, 입마개)

• 배변봉투 및 배변패드와 일회용 쓰레기통

• 약물 및 의료 기록

• 응급처치 용품(예 붕대, 방부제, 핀셋)

• 담요 또는 수건

• 신원 확인용 인식표와 반려견의 최근 사진

04 다음 중 반려견의 6가지 기본 교육이 <u>아닌</u> 것은?

① 앉아

② 가져와

③ 이리와

④ 함께 걷기

(해설) 반려견의 기본 교육은 앉아, 엎드려, 이리와, 함께 걷기, 기다려, 하우스 6가지 종류가 있다.

05 다음 중 반려견을 위한 비상 키트의 구성품으로 볼 수 <u>없는</u> 것은?

① 슬리커, 클리퍼 등의 전용 도구

② 보호 장비(목줄 · 하네스, 리드줄, 입마개)

③ 약물 및 의료기록

④ 응급처치 용품(붕대, 방부제, 핀셋)

(해설) 슬리커, 클리퍼는 안전하고 효과적인 반려견의 털 손질을 위해 필요한 전용 도구이지만, 비상 키트의 구성품으로는 볼
수 없다.

PART 06

실전 모의고사

CHAPTER

01 문제편

01 변화하는 주변 환경의 자극에 대해 동물이 생존하기 위한 반응으로, 가변적으로 이루어지는 행동을 나타내는 용어는?

① 본능행동
③ 적응행동

② 조정행동
④ 이상행동

02 다음 〈보기〉에서 설명하는 행동을 뜻하는 용어로 옳은 것은?

───〈 보기 〉───

반려견이 처음에는 공격하려다가, 나중에 도망을 가는 모호한 행동을 되풀이하는 경우와 같이 진화 과정에서 사회생활에 도움이 되도록 적응한 행동

① 각인
③ 행동의 유전성

② 행동의 다면성
④ 행동의 의식화

03 다음 중 강아지가 한 마리로 양육될 때보다 군으로 길러질 때 단기간에 섭취량이 증가하는 경향을 나타낸 용어로 옳은 것은?

① 사회적 촉진
③ 사회적 경쟁

② 사회적 자극
④ 사회적 반응

04 강아지가 혼자서 수면하기 시작하는 시기로 옳은 것은?

① 3주령   ② 5주령

③ 7주령   ④ 9주령

05 큰 개의 대략적인 수면 시간으로 가장 적절한 것은?

① 3~6시간   ② 6~9시간

③ 9~12시간   ④ 12~15시간

06 다음 중 특수목적견 가운데 시각장애우 도우미견으로 이용되는 품종이 <u>아닌</u> 것은?

① 리트리버   ② 로드와일러

③ 세인트 버나드   ④ 저먼 세퍼드

07 반려견의 행동발달 시기별 특징 중 사회화기에 보이는 행동이 <u>아닌</u> 것은?

① 호기심이 왕성해진다.

② 감각작용이 활발해진다.

③ 본격적인 배변 훈련이 개시된다.

④ 어미의 사료를 먹으려는 행위를 보인다.

08 사회화교육의 중요성에 관한 설명으로 옳지 <u>않은</u> 것은?

① 심리적인 행복감 저감   ② 새로운 것에 대한 부정적 감정 예방

③ 스트레스 관리능력 발달   ④ 인지력과 사고력의 향상

09 페로몬에 의한 개의 의사전달과 그 의미의 종류로 옳지 <u>않은</u> 것은?

① 상호간의 지위 인식　　　　② 지역방위

③ 발정억제　　　　　　　　　④ 배뇨제한

10 다음 중 반려견의 우호적인 행동 유형으로 볼 수 <u>없는</u> 것은?

① 배 보이기　　　　　　　　② 마주 앉기

③ 기지개 자세　　　　　　　④ 다리 들기

11 분리불안을 나타내는 대표적인 증상이 <u>아닌</u> 것은?

① 인지장애　　　　　　　　② 과도한 짖음

③ 침 흘림　　　　　　　　　④ 파괴 행동

12 조작적 조건에서 처벌을 사용할 경우 지켜야 할 요소로 올바르지 <u>않은</u> 것은?

① 적절한 타이밍　　　　　　② 감정 조절 및 절제

③ 적절한 도구　　　　　　　④ 적절한 강도

13 반려견이 지배하기 위한 공격행동이 나타나는 경우로 보기 <u>어려운</u> 것은?

① 먹이를 지키려 할 때　　　　② 휴식을 방해 받을 때

③ 싫어하는 부위가 만져질 때　④ 두려움을 느꼈을 때

14 반려동물의 행동교정의 종류로 올바르지 <u>않은</u> 것은?

① 강화　　　　　　　　　　② 조작적 조건화

③ 역조건화　　　　　　　　④ 격리

15 다음 중 반려견이 가장 싫어하는 맛은?

① 단맛   ② 쓴맛
③ 신맛   ④ 짠맛

16 다음 〈보기〉 중 일반적으로 반려견이 사람을 무는 이유로 볼 수 <u>없는</u> 것은?

─〈 보기 〉─

ㄱ. 다른 사람이 경계에 침입한 경우   ㄴ. 개의 먹이를 취하는 경우
ㄷ. 이름을 부르는 경우   ㄹ. 새끼를 동반한 개에 접근한 경우

① ㄱ   ② ㄴ
③ ㄷ   ④ ㄹ

17 고립장애에 대한 설명으로 가장 거리가 <u>먼</u> 것은?

① 보호자, 동료견 등 특정 대상과 분리되면 다른 누군가 곁에 있어도 증상이 나타난다.
② 분리불안과 잘 구분하여 치료해야 한다.
③ 보호자 외출 시 혼자 남은 반려견이 지루하지 않도록 해주는 것이 중요하다.
④ 치료 방법 중 하나로는 산책을 자주 시켜주는 방법이 있다.

18 반려견이 우위를 보이려 할 때 경직된 고자세를 드러내는 동작이나 표정으로 올바르지 <u>않은</u> 것은?

① 눈이 반짝반짝 빛난다.
② 꼬리를 올린다.
③ 털은 거꾸로 세운다.
④ 주위를 빙빙 돈다.

19 반려견 뇌의 구조와 발달에 대한 설명으로 옳지 <u>않은</u> 것은?

① 태아기에는 증식을 반복해 두개골이 세포로 가득하다.
② 5~7주령 강아지 뇌는 세포의 증식과 사멸이 동시에 이루어진다.
③ 12~16주령 반수의 세포와 전달기능이 파괴된다.
④ 강아지의 눈은 어둠 속에서도 시각에 관여하는 뇌세포가 감소하지 않는다.

20 강아지가 겪게 되는 4번의 대략적인 공포기간에 해당하지 <u>않는</u> 것은?

① 3~4주   ② 8~10주
③ 4~6개월   ④ 9개월

제2과목   **반려동물 관리학**

21 다음 중 동물복지의 정의에 부합하지 <u>않는</u> 것은?

① 동물이 환경과 조화를 이루면서 육체적·정신적으로 완전히 건강한 상태를 의미한다.
② 동물이 고통 없이 인간이 설정해 놓은 환경에 적응하는 상태를 말한다.
③ 동물복지의 개념은 사회·문화적인 차이, 인간의 태도와 신념은 제외된다.
④ 복지는 특정 시간과 상황에 처한 개별 동물의 상태이다.

22 영양소의 역할 및 정의에 대한 설명으로 옳지 <u>않은</u> 것은?

① 영양소는 건강을 유지하고 살아가기 위하여 외부로부터 섭취해야 하는 물질이다.
② 영양소란 무기질, 물, 비타민과 같이 반려동물이 살아가는 데 필요한 에너지를 생성하는 물질을 말한다.
③ 영양소는 근육수축, 호흡, 체온유지 역할을 담당한다.
④ 영양소는 신체 조절기능의 보조 인자로 작용한다.

23 다음 중 지용성 비타민이 <u>아닌</u> 것은?

① Vit A   ② Vit C
③ Vit E   ④ Vit D

24 다음 〈보기〉의 밑줄친 <u>이 영양소</u>로 옳은 것은?

〈 보기 〉

<u>이 영양소</u>는 노화조직의 대체나 새로운 근육 조직의 형성, 혈액 응고, 산소 수송, 면역작용을 한다.

① 단백질   ② 비타민
③ 탄수화물   ④ 지방

25 흡수에 내인성 인자를 필요로 하는 비타민으로 옳은 것은?

① Vit B_2(riboflavin)   ② Vit B_5(Pantothenic acid)
③ Vit C   ④ Vit B_{12}(cobalamine)

26 반려동물의 음식과 관련된 설명으로 옳지 <u>않은</u> 것은?

① 견종의 활력도, 나이는 영양학적 요구량에 영향을 미칠 수 있다.
② 스트레스, 환경은 영양학적 요구량에 영향을 미칠 수 있다.
③ 추운 환경에서 생활하는 개는 더 많은 에너지를 필요로 한다.
④ 노령견은 더 많은 에너지를 필요로 한다.

27 위에서 일어나는 소화과정에 대한 설명으로 올바르지 <u>않은</u> 것은?

① 위의 벽세포에서 펩시노겐(pepsinogen)이 분비된다.
② 단백질의 소화과정이 시작되는 소화기관이다.
③ 위의 분문부에서 위점액이 분비된다.
④ 점액세포를 통해 산으로부터 위 점막을 보호한다.

28 소장에서 분비되는 소화와 관련된 물질이 <u>아닌</u> 것은?

① 락타아제(lactase) ② 슈크라아제(sucrase)
③ 펩시노겐(pepsinogen) ④ 말타아제(maltase)

29 다음 중 간의 기능이 <u>아닌</u> 것은?

① 수분 흡수 ② 단백질 대사
③ 지방 대사 ④ 쓸개즙 생성

30 탄수화물, 단백질, 지방 소화효소를 분비하고 pH7.5~8.2의 액체를 분비하는 소화 관련 기관은?

① 췌장 ② 위
③ 대장 ④ 간

31 다음 〈보기〉에서 설명하는 필수 아미노산은?

〈 보기 〉

사람과 일부 품종의 개를 제외하고는 체내에서 합성이 가능하지만, 고양이는 체내 합성이 불가능하여 음식을 통해서 보충해야 하는 필수 아미노산

① 히스티딘 ② 타우린
③ 페닐알라닌 ④ 트레오닌

32 반려동물 사료의 기호성과 관련된 설명으로 옳지 <u>않은</u> 것은?

① 탄수화물 코팅을 통해서 기호성을 높인다.
② 기호성이 가장 높은 온도는 40℃ 내외이다.
③ 기호성에 가장 중요한 부분은 냄새이므로 선택에 중요한 영향을 미친다.
④ 입이나 코끝의 접촉을 통한 크기, 모양, 질감을 향상시키기 위해 건조, 요리 등을 고려한다.

33 다음 중 개의 건강상태를 확인할 수 있는 활력징후(TPR)에 대한 설명으로 옳은 것은?

① 개의 정상체온(Temperature, T)의 범위는 35.5~38℃이다.
② 소형견종의 체온은 대체적으로 낮은 경향이 있다.
③ 개의 정상맥박수(Pulse, Resting heart rate, P)는 분당 150회이다.
④ 개의 정상호흡수(Respiratory rate, R)는 분당 10~30회이다.

34 반려동물이 저체중인지, 고체중인지 혹은 적절한 체중을 유지하고 있는지 눈으로 보아서 알 수 있는 지수를 뜻하는 용어는?

① TPR
② CRT
③ BCS
④ HR

35 다음 〈보기〉에서 설명하는 비타민으로 옳은 것은?

〈 보기 〉

- 대부분의 동물에서 체내 합성이 되나 인간, 박쥐, 기니피그, 원숭이는 체내 합성되지 않는다.
- 세포 성장, 세포 사멸, 감염, 면역, 암, 노화, 천식, 당뇨, 심혈관계 질환 등의 예방 및 치료에 관여하는 비타민이다.

① Vit B₂(riboflavin)
② Vit B₅(Pantothenic acid)
③ Vit B₉(Folic acid)
④ Vitamin C(Ascorbic acid)

36 혈당을 조절하는 호르몬이 분비되는 장기와 기능에 관한 설명으로 옳지 <u>않은</u> 것은?

① 췌장에서 분비되는 인슐린은 혈당을 낮추는 작용을 한다.
② 부신에서 분비되는 코르티솔은 혈당을 올리는 작용을 한다.
③ 부신에서 분비되는 아드레날린은 혈당을 올리는 작용을 한다.
④ 간에서 분비되는 글루카곤은 혈당을 낮추는 작용을 한다.

37 무릎뼈가 빠지는 질병으로, 처음에는 무릎뼈만 빠지다가 심해지면 정강이뼈(경골)가 휘거나 골반에 이상이 올 수 있는 질병은?

① 슬개골 탈구
② 대퇴골두 괴사증
③ 고관절 이형성
④ 관절염

38 다음 중 구토, 심한 혈액성 설사, 탈수, 백혈구 감소 등의 임상증상을 나타내며 3~9주령의 자견에서는 심근염을 유발할 수 있는 질병은?

① 광견병
② 개 홍역
③ 개 파보바이러스 감염증
④ 개 전염성 간염

39 〈보기〉 중 황달, 혈색소뇨, 설사, 구토, 구내염, 발열, 치은의 출혈, 요독증 등의 임상증세를 일으키는 질병과 관련된 세균은?

〈 보기 〉

ㄱ. Brucella
ㄴ. Salmonella
ㄷ. Staphylococcus
ㄹ. Leptospira

① ㄱ
② ㄴ
③ ㄷ
④ ㄹ

40 개 심장사상충증(Canine Heartworm Disease, Dirofilariasis)에 대한 설명으로 옳지 않은 것은?

① 개의 우심실과 폐동맥에서 기생하는 사상충에 의해 발생한다.
② 생활사를 완료하기 위한 중간 단계로 모기가 반드시 필요하다.
③ 중증 전까지 무증상을 보이다 심한 감염 시 실신, 복수, 기침, 호흡곤란, 코피 등의 임상증세를 보인다.
④ 6개월에 1회씩 심장사상충약을 통해 구제하여야 한다.

41 다음 중 반려견 훈련에 대한 설명으로 옳지 <u>않은</u> 것은?

① 반려견 훈련은 지도사와 반려견의 신뢰를 증진시키고, 공생할 수 있는 관계를 형성하기 위하여 실시한다.
② 반려견 훈련은 예기치 않은 상황에서 행동지도사의 통제를 따르지 않는 것은 예외로 한다.
③ 반려견은 훈련을 통해 지도사의 요구를 이해하고 수행할 수 있는 행동을 습득한다.
④ 반려견의 내재된 능력을 발휘시키고 지도사와의 상호작용을 통해 성장할 수 있는 기회를 제공한다.

42 다음 중 행동지도사의 직업윤리로 옳지 <u>않은</u> 것은?

① 지속적인 연구 활동으로 훈련 능력을 발전시키며, 자신의 전문 분야에서 훈련과 행동 교정에 참여한다.
② 훈련 결과를 과장하지 않고 동료 및 다른 지도사를 존중하며, 공개적 의견을 진중하게 발언한다.
③ 훈련 도중 물리적 자극을 최소화하고 우호적인 방법을 사용하며 고객의 의사결정을 존중한다.
④ 반려견 관련 법률을 숙지하고 준수하며, 고객의 반려견에 대한 녹화, 제3자 관찰 등은 지도사가 주체적으로 결정한다.

43 반려견 훈련의 영향요인에 대한 설명으로 옳지 <u>않은</u> 것은?

① 개체별 특성에 따라 행동양식이 다르며, 훈련의 동기는 진행과 성취도에 영향을 준다.
② 훈련은 건강한 상태에서 실시해야 효과적이며, 새로운 문제나 상황에 대응하는 지능이 절대적인 요소이다.
③ 정서를 고려하여 안정된 상태에서 훈련해야 하며, 지도사와 반려견의 우호적인 상호작용은 원활한 훈련 진행의 전제조건이다.
④ 훈련을 위한 세밀하고 신중한 계획이 필요하며, 과학적인 훈련방법은 높은 성과를 달성할 수 있다.

44 다음 중 '개별화'에 대한 설명으로 옳지 <u>않은</u> 것은?

① 개별화는 반려견의 개별적인 차이를 고려하여 최적화된 훈련을 수행하는 방법이다.
② 반려견은 개별적으로 성격, 정서, 동기 등의 많은 부분에서 차이가 있으므로 이를 고려해야 한다.
③ 개별화를 적용하기 위해서는 훈련을 시작하기 전에 각 개체의 현재 상태를 파악하고, 그에 맞는 내용으로 계획을 세워야 한다.
④ 개별화는 훈련을 시작할 때 한 번만 적용하면 되며 훈련 중에는 더 이상 고려할 필요가 없다.

45 다음 중 유사성의 법칙에 관한 설명으로 가장 적절한 것은?

① 이전 경험과 새로운 훈련 간의 유사성이 부정적으로 작용하는 현상
② 비슷한 요소가 함께 연결될 때 여러 개의 형태나 색깔로 느껴짐
③ 이전의 경험과 새로운 훈련 사이의 환경이 유사할수록 유리함
④ 이전의 자극과 새로운 자극이 유사할수록 학습이 어려워짐

46 연습의 법칙과 연습 방법에 관한 설명으로 옳지 <u>않은</u> 것은?

① 분습법은 훈련과제 전체를 한 번에 연습하는 방법으로, 단순하거나 단위 과제들이 유사할 때 이용된다.
② 순수 분습법은 각 단위 과제들을 개별적으로 목표 수준까지 훈련한 후에 전체를 동시에 연습하는 방법이다.
③ 연습은 새로운 행동을 습득하여 기억하고 유지할 수 있도록 돕는 것으로, 실행하는 행동의 빈도, 정확도 증가 및 오류 감소, 속도의 증가로 평가한다.
④ 반복 분습법은 단위 과제별로 숙달한 후 동시에 연습하는 방법으로, 대부분의 훈련에 효과적이다.

47 다음 중 훈련의 절차에 대한 설명으로 옳지 <u>않은</u> 것은?

① 훈련계획은 훈련목적을 중심으로 작성하며 최종적인 목표, 훈련과제, 소요시간, 훈련방법 등을 파악하여 수립한다.
② 훈련평가는 목적행동 및 해당 과정에 도달해야 할 기준을 근거로 하여 상대평가를 실시한다.
③ 종합평가는 훈련이 종료되고 목표에 대한 성취도를 평가하는 것이다.
④ 형성평가는 훈련이 진행되는 동안 계획대로 진행되고 있는지를 평가하여 훈련 방법과 진도의 변경 여부 및 개체의 적응도를 파악한다.

48 고전적 조건화에 대한 설명으로 옳지 <u>않은</u> 것은?

① 파블로프는 반려견의 침 분비 반응을 조건화하는 과정을 연구하여 조건반사론을 제시했다.
② 파블로프의 조건반사론은 반려견을 훈련하는 데 중요한 기초를 제공했다.
③ 파블로프의 고전적 조건화는 조건자극과 조건반응을 결합하여 반응을 유발한다.
④ 파블로프의 조건화 방법은 조건자극을 먼저 제시하고, 그 후에 무조건자극을 제공하는 것이 일반적이다.

49 다음 중 조건화 효과가 가장 높은 것은?

① 지연조건화   ② 동시조건화

③ 역향조건화   ④ 흔적조건화

50 다음 중 강화와 관련된 설명으로 옳지 <u>않은</u> 것은?

① 정적 강화는 반려견의 특정한 행동을 강화하기 위해 무언가를 제공하는 방법으로, 우호적 강화물이 주로 사용된다.

② 정적 강화는 강화물의 제공 또는 회수에 따라 결정되며, 강화물의 성격과는 상관없이 특정 행동을 증강시키는 방법이다.

③ 부적 강화는 반려견이 표현한 행동의 결과에 대한 무언가 제거되는 방식으로 이루어지며, 이용되는 강화물은 반려견이 회피하거나 싫어하는 것이 주를 이룬다.

④ 부적 강화는 행동을 감약하는 것이 목적이므로 우호적인 강화물을 사용한다.

51 반응박탈론과 상대적 가치론에 대한 설명으로 옳지 <u>않은</u> 것은?

① 상대적 가치론은 행동들의 가치를 비교하여 행동 간 상대적인 우선순위를 결정하고, 이를 통해 행동을 강화하는 데 활용된다.

② 기저선은 특정 행동의 정상 이하 수준을 나타내며, 이보다 낮은 수준에서 행동이 제한되면 그만큼 강화력이 증가한다.

③ 상대적 가치론은 가치가 높은 행동을 이용하여 가치가 낮은 행동을 강화할 때 적용된다.

④ 반응박탈론은 행동의 제한이 욕구를 증가시키고, 이를 통해 행동을 강화하는 데에 적용된다.

52 다음 중 '혐오성 자극'에 대한 설명으로 옳지 <u>않은</u> 것은?

① 혐오성 자극은 반려견이 감정적으로 반발하거나 공격성을 나타낼 수 있다.

② 체벌이나 혐오성 자극은 올바른 행동을 알려주기 어렵다.

③ 혐오성 자극은 문제행동을 반영구적으로 억제한다.

④ 혐오성 자극은 반려견 훈련에 대한 부정적인 인상을 준다.

53 강화물의 강화력에 대한 설명으로 옳지 <u>않은</u> 것은?

① 강화력은 강화물이 반려견의 동기를 이끌어내고 유지하는 힘이다.
② 강화물은 클수록 동기를 유발하는 힘이 강하고, 유지력과 집중력도 비례한다.
③ 강화물의 효과는 결핍 수준이 높을수록 강화물의 효과가 더 커진다.
④ 훈련이 진행됨에 따라 강화물의 효과는 포화되거나 효과가 줄어들 수 있다.

54 다음 중 자극과 관련된 설명으로 <u>틀린</u> 것은?

① 자극은 행동을 유발시키는 사건이나 사상을 말한다.
② 1차 자극은 태어나면서부터 반응을 유발하는 것으로, 큰 소리나 밝은 빛과 같은 것들을 포함한다.
③ 반려견의 주의 집중력을 높이기 위해 자극의 강도를 높이는 것이 효과적이다.
④ 암시를 효과적으로 사용하면 반려견의 행동 완성도를 높일 수 있다.

55 다음 중 '조형'과 관련된 설명으로 옳지 <u>않은</u> 것은?

① 조형은 행동의 모습을 만드는 과정이다.
② 조형능력은 반려견에게 새로운 행동을 가르치는 데 중요한 역할을 한다.
③ 강제적 형성은 새로운 행동을 알려주는 초기에 좋은 방법이다.
④ 단계적 형성은 지도사가 의도하는 행동과 유사한 행동을 보상하여 점차적으로 목표에 가까워지도록 체계적으로 접근하는 방법이다.

56 다음 〈보기〉에서 설명하는 방법으로 옳은 것은?

〈 보기 〉

• 앞 행동과 뒤 행동을 연결하여 전체를 구성하는 훈련 방법
• 여러 행동들을 보이지 않는 줄로 묶어 하나의 행동처럼 표현하도록 하는 방법

① 순차적 행동   ② 연속적 훈련
③ 연쇄   ④ 동시적 행동

57 다음 중 어질리티 규정에 대한 설명으로 옳지 <u>않은</u> 것은?

① 어질리티 경기는 표준코스시간과 최대코스시간이 설정된다.

② 지도사는 경기 전에 코스를 파악할 수 있고, 경기 중에는 어떤 것도 소지할 수 없다.

③ 순위는 실점이 있는 경우 가장 빠른 팀이 우선이며, 실점이 없는 경우 전체 실점이 낮은 팀이 우선된다.

④ 어질리티 경기는 참가견의 체고에 따라 클래스로 분류된다.

58 〈보기〉 중 플라이 볼 경기에 참가할 수 있는 참가견의 최소 나이로 옳은 것은?

<table>
<tr><td colspan="2" align="center">보기</td></tr>
<tr><td>ㄱ. 12개월 1일</td><td>ㄴ. 15개월 1일</td></tr>
<tr><td>ㄷ. 18개월 1일</td><td>ㄹ. 24개월 1일</td></tr>
</table>

① ㄱ

② ㄴ

③ ㄷ

④ ㄹ

59 다음 중 행동의 개념에 대한 설명으로 옳지 <u>않은</u> 것은?

① 행동은 내부 및 외부 자극에 반응하여 표현하는 움직임을 의미한다.

② 유지행동은 개체적 행동과 사회적 행동으로 구분되며, 개체적 행동은 혼자서 표현하는 것을 포함한다.

③ 갈등행동은 목표동작이 방해받거나 모순된 동기가 있을 때 나타나며, 전위행동 등의 형태를 가진다.

④ 행동의 개념에는 실의행동은 포함되지 않는다.

60 문제행동 관찰에 대한 설명으로 옳지 <u>않은</u> 것은?

① 관찰자는 목표동작의 선동작과 후동작을 파악하여 적절한 행동 단위를 설정한다.

② 관찰 간 반려견의 행동에 영향을 미칠 수 있는 요인을 없애고 관찰환경을 최적화해야 한다.

③ 관찰 전에는 상담기록 및 질문지를 통해 목표동작을 명료화하고, 관찰 시 유의사항을 점검한다.

④ 문제행동을 관찰할 때에는 지식을 바탕으로 확고한 주관을 가지고 실시해야 한다.

61 동물보호법상 '동물'이란 고통을 느낄 수 있는 신경체계가 발달한 척추동물을 말한다. 다음 중 여기에 해당하지 <u>않는</u> 것은?

① 곤충류　　　　　　　　　　② 조류
③ 파충류　　　　　　　　　　④ 양서류

62 동물보호법상 맹견은 사람의 생명이나 신체 또는 동물에 위해를 가할 우려가 있는 개를 말한다. 다음 중 맹견에 해당하지 <u>않는</u> 것은?

① 도사견　　　　　　　　　　② 아메리칸 스탠퍼드셔 테리어
③ 진돗개　　　　　　　　　　④ 스탠퍼드셔 불 테리어

63 다음 중 동물을 사육·관리 또는 보호해야 하는 기본원칙에 해당하지 <u>않는</u> 것은?

① 동물이 본래의 습성과 몸의 원형을 유지하면서 정상적으로 살 수 있도록 할 것
② 동물이 갈증 및 굶주림을 겪거나 영양이 결핍되지 아니하도록 할 것
③ 동물이 정상적인 행동을 표현할 수 있고 불편함을 겪지 아니하도록 할 것
④ 동물이 스트레스에 있어 자연적으로 치유할 수 있도록 할 것

64 다음 중 동물의 적절한 사육·관리 방법이 <u>아닌</u> 것은?

① 적합한 사료와 물을 공급하고, 운동·휴식 및 수면이 보장되도록 노력하여야 한다.
② 질병에 걸리거나 부상당한 경우에는 신속하게 치료하거나 그 밖에 필요한 조치를 하도록 노력하여야 한다.
③ 동물을 관리하거나 다른 장소로 옮긴 경우에는 그 동물이 새로운 환경에 적응하는 데에 필요한 조치를 하도록 노력하여야 한다.
④ 재난 시 동물을 두고 안전하게 대피할 수 있도록 노력하여야 한다.

65 동물을 대상으로 적절한 조치를 게을리하거나 방치하는 동물학대 행위에 해당하지 <u>않는</u> 것은?

① 적절한 스트레스
② 고통
③ 굶주림
④ 질병

66 다음 중 동물학대 등의 금지행위에 해당하지 <u>않는</u> 것은?

① 동물의 질병 예방 및 동물실험 등 살아있는 상태에서 동물의 몸을 손상하거나 체액을 채취하거나 체액을 채취하기 위한 장치를 설치하는 행위
② 목을 매다는 등의 잔인한 방법으로 죽음에 이르게 하는 행위
③ 동물의 습성 또는 사육환경 등의 부득이한 사유가 없음에도 불구하고 동물을 혹서·혹한 등의 환경에 방치하여 고통을 주거나 상해를 입히는 행위
④ 도박·시합·복권·오락·유흥·광고 등의 상이나 경품으로 동물을 제공하는 행위

67 다음 〈보기〉 빈칸에 들어갈 내용으로 옳은 것은?

〈 보기 〉

'등록대상동물'이란 동물의 보호, 유실·유기(遺棄) 방지, 질병의 관리, 공중위생상의 위해 방지 등을 위하여 등록이 필요하다고 인정하는 동물로서 (   )를 말한다.

① 월령(月齡) 2개월 이상인 고양이
② 월령(月齡) 2개월 이상인 개
③ 월령(月齡) 3개월 이상인 고양이
④ 월령(月齡) 3개월 이상인 개

68 등록대상동물은 동물의 보호와 유실·유기 방지 및 공중위생상의 위해 방지 등을 위하여 등록하여야 한다. 다음 중 관련 내용으로 옳지 <u>않은</u> 것은?

① 등록동물을 잃어버린 경우: 등록동물을 잃어버린 날부터 10일 이내 등록
② 소유자가 변경된 경우: 변경사유 발생일부터 20일 이내 등록
③ 소유자의 주소가 변경된 경우: 변경사유 발생일부터 30일 이내 등록
④ 동물등록 제외지역으로 도서(육지와 연결된 도서는 제외)가 있음

69 등록대상동물의 소유자등은 소유자등이 없이 등록대상동물을 기르는 곳에서 벗어나지 아니하도록 관리하여야 한다. 동반 외출 시 사람 또는 동물에 대한 예방을 위한 안전조치에 해당하지 <u>않는</u> 것은?

① 2미터 이하의 목줄 또는 가슴줄   ② 매너워터 및 물통

③ 인식표   ④ 배설물 수거를 위한 배변봉투 등

70 반려동물과 관련한 영업을 하려는 자는 허가를 받아야 한다. 다음 중 해당하지 <u>않는</u> 업종은?

① 동물생산업   ② 동물수입업

③ 동물위탁관리업   ④ 동물장묘업

71 다음 〈보기〉 빈칸에 들어갈 업종에 해당하지 <u>않는</u> 것은?

> ─〈 보기 〉─
>
> 반려동물과 관련한 (   ) 등의 영업을 하려는 자는 등록을 하여야 한다.

① 동물전시업   ② 동물위탁관리업

③ 동물판매업   ④ 동물미용업

72 소비자가 가지는 기본적인 권리에 해당하지 <u>않는</u> 것은?

① 물품 또는 용역으로 인한 생명·신체 또는 재산에 대한 위해로부터 보호받을 권리

② 물품등을 선택함에 있어서 필요한 지식 및 정보를 제공받을 권리

③ 합리적인 소비생활을 위하여 필요한 교육을 받을 권리

④ 물품등을 사용함에 있어서 가격 및 거래조건 등을 자유로이 책정할 권리

73 반려동물의 사료는 용기나 포장에 성분등록을 한 사항, 그 밖의 사용상 주의사항 등 사료 관련 정보를 표시하도록 정하고 있다. 다음 중 표시사항에 해당하지 <u>않는</u> 것은?

① 사료의 성분등록번호   ② 원료의 원산지

③ 주의사항   ④ 사료의 용도

74 반려동물을 동반하여 정부 지정 자연공원에 갈 때는 반려동물의 출입이 허용되는지 미리 파악하여야 한다. 다음 중 반려동물 출입이 제한된 공원이 <u>아닌</u> 것은?

① 국립공원
② 도립공원
③ 아파트 공원
④ 지질공원

75 동물과 사람 간에 서로 전파되는 병원체에 의하여 발생되는 감염병 중 질병관리청장이 고시하는 감염병에 해당하는 것은?

① 기생충감염병
② 생물테러감염병
③ 인수공통감염병
④ 의료관련감염병

76 동물과의 관계에 대한 고민과 동물을 대할 때 고려하여야 할 도덕적 윤리 범위의 분류에 해당하지 <u>않는</u> 것은?

① 동물중심주의
② 윤리중심주의
③ 인간중심주의
④ 생명중심주의

77 다음 중 직업윤리가 가지는 속성에 해당하지 <u>않는</u> 것은?

① 소명의식
② 책임의식
③ 경제의식
④ 전문가의식

78 다음 〈보기〉 중 동물의 5대 자유에 포함되지 <u>않는</u> 것은?

─〈 보기 〉─

ㄱ. 재난 시 동물이 안전하게 대피할 수 있도록 하여야 한다.
ㄴ. 적절한 환경을 제공하여 개별 동물의 요구에 맞는 환경조건을 충족하도록 한다.
ㄷ. 배고픔, 목마름을 해결하는 데 그치지 않고 각 개체의 영양요구량에 맞는 식단을 제공한다.
ㄹ. 동물마다 사회적인 그룹이 필요한 경우, 분리가 필요한 경우를 파악하여 관리한다.

① ㄱ
② ㄴ
③ ㄷ
④ ㄹ

79 인간과 동물의 관계에 대한 설명으로 올바르지 <u>않은</u> 것은?

① 관계는 연속적인 성격을 띠고, 양방향이어야 한다.
② 동물은 인간의 통제에 잘 따라야 한다.
③ 서로에게 유익하고 상호 의존관계가 있다.
④ 동물과 공식적인 계약은 없지만, 각자를 돌볼 수 있는 암묵적인 약속을 한 상태이다.

80 다음 중 유실·유기동물의 정의를 설명한 것으로 가장 적절한 것은?

① 종래의 보호를 거부하여 보호받지 못하는 상태에 두는 동물
② 사람이나 국가를 위하여 봉사하고 있거나 봉사한 동물
③ 도로·공원 등의 공공장소에서 소유자등이 없이 배회하거나 내버려진 동물
④ 고통을 느낄 수 있는 신경체계가 발달한 척추동물

제5과목 **보호자 교육 및 상담**

81 다음 중 초기 상담 시 필요한 요소로 옳은 것은?

① 보호자가 예약할 수 있는 유연한 일정 옵션을 제공한다.
② 반려동물행동지도사의 홈페이지에 리뷰를 남기도록 권장한다.
③ 친근함과 유대감을 높이기 위해 개인 연락처를 알려준다.
④ 추가 교육 과정 시 할인이 있음을 강조한다.

82 보호자 상담을 시작할 때 필요한 요소가 <u>아닌</u> 것은?

① 따뜻한 미소와 친절한 태도를 보인다.
② 간단히 반려동물행동지도사로서의 경력이나 전문성을 소개하여 신뢰를 준다.
③ 보호자의 호칭을 기억하고 사용한다.
④ 보호자 반려견의 행동 문제를 즉시 파악하여 교정을 시작한다.

83 다음 중 보호자와의 친분을 형성하는 방법으로 올바르지 <u>않은</u> 것은?

① 개방형 질문을 사용하여 보호자가 자신의 경험과 의견을 나눌 수 있도록 한다.
② 보호자가 어려움과 좌절을 표현할 때 보호자의 감정을 공감해준다.
③ 안정적인 환경에서 편안하게 이야기하는 보호자의 의견이나 질문 중 올바르지 않은 것이 파악되면 즉시 지적하여 수정해준다.
④ 교육과 상관없는 이야기일지라도 유대감을 향상시킬 목적으로 나누어본다.

84 반려동물행동지도사로서 지녀야 할 적극적 경청에 해당하지 <u>않는</u> 행동은?

① 보호자의 이야기에 집중할 수 있는 장소로 이동하여 보호자의 이야기를 주의 깊게 경청한다.
② 경청 시 전화를 무음으로 하거나, 소음이 없는 환경에서 이야기할 수 있도록 조치해야 한다.
③ 보호자의 비언어적인 신호에도 주의를 기울이고, 몸짓이나 표정을 통해 보호자의 감정을 파악하며 그에 따라 상황을 조절해야 한다.
④ 집중해서 듣기 위하여 팔짱을 끼고 몸을 보호자에게 최대한 가까이 하도록 한다.

85 상담 혹은 교육 중의 반려견 관찰과 관련한 설명으로 옳지 <u>않은</u> 것은?

① 행동문제 교육에는 일관성이 필요하므로 새로운 행동을 배우는 데 충분한 시간을 주되, 반려견 스스로가 문제를 해결할 수 있게 두어서는 안 된다.
② 반려견의 주변 환경, 즉 타 반려견, 사람, 물체 등에 대한 반응을 관찰하고 체크한다.
③ 보호자가 반려견에게 내리는 지시나 신호에 반려견이 어떻게 반응하는지 관찰해야 한다.
④ 반려견의 신체 언어를 주의 깊게 관찰하여 감정 상태를 파악해야 한다.

86 상담 및 교육의 호환성 요소 중 옳지 <u>않은</u> 것은?

① 보호자가 선호하는 교육 방식과 원하는 교육 방식이 다를 경우 보호자가 원하는 방식으로 교육해야 한다.
② 보호자와 함께 현실적이고 달성 가능한 목표를 설정한다.
③ 교육 시 반려견의 나이, 건강 상태, 특성을 고려한 제한사항이 있을 수 있음을 알린다.
④ 호환되지 않는 교육 방법이나 목표가 있는 경우 대안을 제시한다.

87 다음 중 반려동물지도사의 교육 철학과 방법에 대한 설명으로 가장 거리가 먼 것은?

① 교육에 사용되는 방법과 계획을 자세하게 설명한다.
② 사용하는 교육 방법의 학습 원리를 설명하고 왜 효과적인지를 전달한다.
③ 보호자가 교육의 목표와 기대치를 명확하게 이해할 수 있도록 예상 결과를 설명한다.
④ 사용하는 교육 방법과 관련된 잠재적인 위험이나 제한사항은 보호자를 불안하게 할 수 있으므로 설명하지 않는다.

88 보호자와 교육 목표를 설정하는 단계에서 필수 요소가 아닌 것은?

① 보호자의 목표 및 기대치 이해하기
② 보호자의 생활 방식과 가족 관계 고려하기
③ 반려견의 대한 경험 수준 파악하기
④ 반려동물행동지도사의 전문적인 외모와 태도

89 다음 〈보기〉 중 반려견을 위한 균형 잡힌 식단에 포함되어야 할 필수 영양소로 볼 수 없는 것은?

┌─────────────────── 보기 ───────────────────┐
│ ㄱ. 단백질   ㄴ. 탄수화물   │
│ ㄷ. 색소 또는 향료   ㄹ. 비타민과 미네랄   │
└───┘

① ㄱ
② ㄴ
③ ㄷ
④ ㄹ

90 다음 중 내부 기생충의 종류에 해당하지 않는 것은?

① 편충
② 진드기
③ 구충
④ 심장사상충

91 다음 중 기본적인 응급처치 방법이 <u>아닌</u> 것은?

① 상처 관리   ② 붕대 감기
③ 심폐소생술(CPR)   ④ 신체검사

92 중성화 수술을 고려해야 하는 이유로 볼 수 <u>없는</u> 것은?

① 응급처치   ② 생식기 및 호르몬 질병
③ 행동 문제 예방   ④ 의도치 않은 번식

93 다음 중 산책 시 필요한 준비물이 <u>아닌</u> 것은?

① 물 2통   ② 배변 봉투 & 배변 패드
③ 방석 또는 담요   ④ 크레이트

94 다음 중 산책 전 확인해야 할 사항이 <u>아닌</u> 것은?

① 생활환경, 날씨, 보호자 컨디션 확인   ② 반려견 마사지 & 스트레칭
③ 반려견 맞춤 코스 계획   ④ 반려견 배변 시간

95 다음 〈보기〉가 설명하는 것은?

> ─〈 보기 〉─
>
> 반려견 운동 중 기본운동에 해당하며 반려견의 에너지 소모와 오감활동을 통해 몸과 마음을 건강하게 할 수 있는 신체적 활동을 말하며, 반려견의 안전을 위해 도구 상태를 확인하고 유해한 외부환경에 유의하며 지칠 때까지 하지 않아야 한다.

① 산책   ② 독요가
③ 수영   ④ 독스포츠

96 독스포츠 중에 여러 개의 장애물을 통과하여 목적지까지 달리는 스포츠는?

① 프리스비
② 독 풀러
③ 어질리티
④ 플라이볼

97 다음 〈보기〉의 ㉠, ㉡에 들어갈 용어가 올바르게 짝지어진 것은?

─〈 보기 〉─

반려견이 사람과 함께 살기 위해 사람 사회의 (㉠)을/를 배워서 다양한 상황과 환경에 알맞은 행동을 하는 것이 (㉡)이다. (㉡) 교육을 통해 반려견 사고 및 문제 행동을 예방할 수 있으므로 입양했을 때부터 꾸준한 교육이 필요하다.

① ㉠ 사회화, ㉡ 규칙
② ㉠ 규칙, ㉡ 기본 매너
③ ㉠ 환경 설정, ㉡ 사회화
④ ㉠ 관계, ㉡ 기본 매너

98 다음 〈보기〉에서 설명하는 용어는?

─〈 보기 〉─

반려견이 어린 시기부터 다양한 사람, 동물, 환경에 대한 긍정적인 경험을 하는 것으로 두려움, 불안, 공격성을 예방하는 데 도움이 되며 자신감과 적응성을 촉진시킨다.

① 그루밍
② 영양 및 체중 관리
③ 사회화 교육
④ 산책

99 반려견 털을 관리하기 위해 필요한 도구 중 다음 〈보기〉에 해당하는 것은?

〈 보기 〉

① 슬리커   ② 콤

③ 가위   ④ 클리퍼

100 반려견의 죽은 털, 먼지(이물질), 엉킨 부분 등을 제거하기 위해 주기적으로 해줘야 하는 것으로, 반려견의 품종, 코트(털) 유형 및 길이, 위생 상태에 따라 빈도의 차이가 있는 그루밍 방법은?

① 목욕   ② 타올링

③ 드라잉   ④ 브러싱

CHAPTER
02 정답해설편

빠른 정답표

01 ②	02 ④	03 ①	04 ②	05 ④	06 ②	07 ④	08 ①	09 ④	10 ④
11 ①	12 ③	13 ④	14 ④	15 ②	16 ③	17 ①	18 ④	19 ④	20 ①
21 ③	22 ②	23 ②	24 ①	25 ④	26 ④	27 ①	28 ③	29 ①	30 ①
31 ②	32 ③	33 ④	34 ③	35 ④	36 ④	37 ①	38 ③	39 ④	40 ④
41 ②	42 ④	43 ②	44 ④	45 ③	46 ①	47 ②	48 ③	49 ④	50 ④
51 ②	52 ③	53 ②	54 ③	55 ③	56 ③	57 ③	58 ②	59 ④	60 ④
61 ①	62 ③	63 ④	64 ④	65 ①	66 ①	67 ②	68 ③	69 ②	70 ④
71 ③	72 ④	73 ②	74 ③	75 ③	76 ②	77 ③	78 ①	79 ②	80 ①
81 ①	82 ④	83 ③	84 ④	85 ①	86 ①	87 ④	88 ④	89 ③	90 ②
91 ④	92 ①	93 ④	94 ④	95 ①	96 ③	97 ②	98 ③	99 ①	100 ④

제1과목 반려동물 행동학

01 정답 ② 조정행동

해설 시시각각으로 변화하는 환경의 자극에 생존을 위한 반응으로, 가변적으로 이루어지는 행동을 '조정행동'이라고 한다.

02 정답 ④ 행동의 의식화

해설 동물의 행동형이 진화 과정에서 수정되어 사회생활에 도움이 되게 적응한 것을 '행동의 의식화'라고 한다.

03 정답 ① 사회적 촉진

해설 군으로 길러질 때 한 마리 양육에 비해 섭취량이 40~50% 정도 증가하는 것을 '사회적 촉진'이라고 한다.

04 정답 ② 5주령

해설 강아지는 3주령에 작은 무리별로 몸의 한쪽을 대고 수면하며, 5주령에는 단독으로 자게 된다.

05 정답 ④ 12~15시간

해설 큰 개의 수면시간은 일반적으로 12시간에서 15시간으로 알려져있다.

06 정답 ② 로드와일러

해설 시각장애우 도우미견으로는 리트리버, 푸들, 저먼세퍼드, 복서, 세인트버나드 등이 이용된다. 로드와일러는 경비견으로 주로 이용된다.

07 정답 ④ 어미의 사료를 먹으려는 행위를 보인다.

해설 사회화기는 3~14주령으로, 어미 사료를 먹으려는 행위는 과도기인 3주령에 보인다.

08 정답 ① 심리적인 행복감 저감

해설 사회화교육을 통해 심리적인 행복을 증진시킬 수 있다.

09 정답 ④ 배뇨제한

해설 암캐의 페로몬은 다른 암캐의 발정을 억제하기도 하나, 배뇨제한은 나타나지 않는다.

10 정답 ④ 다리 들기

해설 반려견의 다리 들기는 긴장했을 때 보이는 행동이다.

11 정답 ① 인지장애

해설 인지장애는 정형행동 이상행동의 사례이다.

12 정답 ③ 적절한 도구

해설 조작적 조건에서 처벌을 사용할 경우 적절한 타이밍, 적절한 강도, 감정 조절 및 절제 등을 지켜야 한다.

13 정답 ④ 두려움을 느꼈을 때

해설 두려움을 느낄 때는 두려움으로 인해 나타나는 공격성에 포함된다.

14 정답 ④ 격리

해설 행동교정의 종류에는 고전적 조건화, 역조건화, 조작적 조건화, 강화, 처벌 등이 있다.

15 정답 ② 쓴맛

해설 반려견이 가장 싫어하는 맛은 쓴맛이다.

16 정답 ③ ㄷ(이름을 부르는 경우)

해설 일반적으로 이름을 부르는 경우는 개의 공격성을 유발하는 행위로 보기 어렵다.

17 정답 ① 보호자, 동료견 등 특정 대상과 분리되면 다른 누군가 곁에 있어도 증상이 나타난다.

해설 고립장애는 특정 대상이 아닌, 혼자 남겨져 있는 것을 불안해하는 것이다.

18 정답 ④ 주위를 빙빙 돈다.

해설 주위를 빙빙 도는 경우는 소극적인 행동이다.

19 정답 ④ 강아지의 눈은 어둠 속에서도 시각에 관여하는 뇌세포가 감소하지 않는다.

해설 어두운 곳에서는 시각에 관여하는 뇌세포의 발달이 정상적이지 않게 된다.

20 정답 ① 3~4주

해설 강아지가 겪게 되는 4번의 공포기간은 대략적으로 8~10주, 4~6개월, 9개월 및 14~18개월이다.

제2과목 **반려동물 관리학**

21 정답 ③ 동물복지의 개념은 사회·문화적인 차이, 인간의 태도와 신념은 제외된다.

해설 동물복지의 정의에는 아래 9가지가 포함되며 동물복지의 개념은 사회·문화적인 차이, 인간의 태도와 신념이 함께 포함된다.
① 동물이 환경과 조화를 이루면서 육체적·정신적으로 완전히 건강한 상태
② 동물이 고통 없이 인간이 설정해 놓은 환경에 적응하는 상태
③ 관리하거나 다루는 데 있어서 동물들이 스트레스나 그와 유사한 증상이나 피로를 느끼지 않는 상태
④ 고통이 없는 상태로, 고통이 없는 것을 절망이나 기진맥진할 상태와는 다른 것으로 정의해야 함
⑤ 육체적인 건강만을 뜻하는 것이 아니라 심리적인 안정을 모두 포함하는 상태
⑥ 적절한 주거, 관리, 영양, 질병 예방 및 치료, 책임 있는 보살핌, 인도적인 취급이 필요한 경우 인도적인 안락사를 포함하여 동물복지의 모든 측면을 포괄하는 인간의 책무
⑦ 복지는 특정 시간과 상황에 처한 개별 동물의 상태
⑧ 과학적 관찰과 평가를 기반으로 동물의 상태를 정확하게 판단해야 함
⑨ 동물복지의 개념은 사회·문화적인 차이, 인간의 태도와 신념이 함께 포함됨

22 정답 ② 영양소란 무기질, 물, 비타민과 같이 반려동물이 살아가는 데 필요한 에너지를 생성하는 물질을 말한다.

해설 반려동물이 살아가는 데 필요한 에너지를 생성하는 영양소는 탄수화물, 지방, 단백질이다.

23 정답 ② Vit C

해설
• 지방은 지용성 비타민의 중요한 운반체로, 지용성 비타민의 흡수에 필수적인 영양소이다. 지용성 비타민에는 Vit A, Vit D, Vit E, Vit K가 해당된다.
• 지용성 비타민의 기능

종류	기능
Vit A	시력 유지 도움, 항산화
Vit D	칼슘 흡수 도움
Vit E	근육 유지, 항산화
Vit K	혈액 응고

24 정답 ① 단백질

해설 **영양소 중 단백질의 기능**
• 생물체의 정상적인 성장, 유지 및 기능에 필수적인 질소화합물을 공급
• 세포의 구성성분: 노화조직의 대체나 새로운 근육 조직의 형성
• 혈액 응고, 산소 수송, 면역작용에 작용
• 뼈, 털, 근육, 손톱, 피부 등의 구성성분
• 근육, 골격, 결합조직 등 신체조직을 구성
• 유전 인자의 구성 성분
• 효소, 호르몬, hemoglobin의 주성분

25 정답 ④ Vit B_{12}(cobalamine)

해설 **비타민의 종류별 특징**

종류	특징
Vit B_2(riboflavin)	• 동물은 스스로 합성 불가능 • 부족 시 면역질환
Vit B_{12}(cobalamine)	흡수에 내인성 인자를 필요로 함
Vit B_5(Pantothenic acid)	근육 유지, 항에너지 생성에 도움
Vit B_9(Folic acid)	시금치로부터 분리, 핵산 합성·분해, 단백질 대사
Vit B_7(Biotin)	포도당신생합성, 지방산 합성
Vitamin C(Ascorbic acid)	• 대부분의 동물에서 체내 합성 • 인간, 박쥐, 기니피그, 원숭이는 체내 합성되지 않음 • 세포 성장, 세포 사멸, 감염, 면역, 암, 노화, 천식, 당뇨, 심혈관계 질환 등의 예방 및 치료에 관여

26 정답 ④ 노령견은 더 많은 에너지를 필요로 한다.

해설 노령견은 다른 연령대의 개들보다 더 적은 에너지를 필요로 한다.

27 정답 ① 위의 벽세포에서 펩시노겐(pepsinogen)이 분비된다.

해설 **위선**

점액세포	• 알칼리성의 점액을 분비 • 산으로부터 위 점막을 보호
주세포	펩시노겐(pepsinogen) 분비
벽세포	염산 분비

28 정답 ③ 펩시노겐(pepsinogen)

해설 **소장에서 분비되는 소화효소**
- 말타아제(maltase), 슈크라아제(sucrase), 락타아제(lactase), 엔테로키나아제(enterokinase), 리파아제(lipase)
- 십이지장에서는 췌장관과 담낭관이 연결되어 췌액과 담즙 분비
- 단백질 분해효소인 펩시노겐(pepsinogen)은 위의 주세포에서 분비

29 정답 ① 수분 흡수

해설 **간의 기능**
- 탄수화물 대사
- 단백질 대사
- 지방 대사
- 쓸개즙 생성
- 노화 적혈구 분해
- 태아의 새로운 적혈구 생성
- 철분 저장
- 독성물질의 해독

30 정답 ① 췌장

해설 **췌장의 기능**
- 탄수화물, 단백질, 지방 소화효소 분비
- 췌액은 pH7.5~8.2로, 췌장의 외분비선에서 분비
- 비교적 다량의 $NaHCO_3$, 무기물 분비
- 단백질 분해효소인 트립신(trypsinogen), 키모트립신(chymotrypsonogen) 분비
- 탄수화물 분해효소인 아밀라아제(α-amylase) 분비
- 지질 분해효소인 리파아제(lipase) 분비

31 [정답] ② 타우린

[해설] **타우린의 특징**
- 고양이는 타우린의 합성이 불가능하여 음식을 통해서 보충해야 함
- 야생 고양이의 경우 쥐나 새를 잡아먹으면서 보충 가능
- 사료 및 영양제를 통해 부족한 타우린을 보충해야 함
- 부족 시 심장, 신장, 신경 전달 체계에 이상
- 사람과 대부분의 개들은 체내에서 타우린 합성 가능(시스테인을 타우린으로 전환)
- 특정 품종의 개(예 골든 리트리버)는 타우린 결핍이 발생하기 쉬운 견종
- 타우린은 포유동물의 심장, 간, 뇌 등의 장기에 함유된 영양소

32 [정답] ① 탄수화물 코팅을 통해서 기호성을 높인다.

[해설] 식품의 선택을 위해서 아로마, 지방산 코팅을 통해서 기호성을 높인다.

33 [정답] ④ 개의 정상호흡수(Respiratory rate, R)는 분당 10~30회이다.

[해설] **개의 활력징후**
- 개의 정상체온(Temperature, T)의 범위는 38.5℃(37.5~39℃)이다.
- 소형견종의 체온은 대체적으로 높고, 노령견종의 체온은 대체적으로 낮다.
- 개의 정상맥박수(Pulse, Resting heart rate, P)는 분당 60~80회이다.
- 개의 정상호흡수(Respiratory rate, R)는 분당 10~30회이다.
- 소형견, 어린 개의 경우 맥박수가 빠르다.

34 [정답] ③ BCS

[해설] 수의사는 물론이고 보호자들도 반려동물이 저체중인지, 고체중인지 혹은 적절한 체중을 유지하고 있는지 눈으로 보아서 알 수 있는 차트를 '신체 충실지수(Body Condition Scoring, BCS)'라고 한다.

35 [정답] ④ Vitamin C(Ascorbic acid)

[해설]

종류	특징
Vit B₂(riboflavin)	• 동물은 스스로 합성 불가능 • 부족 시 면역질환
Vit B₁₂(cobalamine)	흡수에 내인성 인자를 필요로 함
Vit B₅(Pantothenic acid)	근육 유지, 항에너지 생성에 도움
Vit B₉(Folic acid)	시금치로부터 분리, 핵산 합성·분해, 단백질 대사
Vit B₇(Biotin)	포도당신생합성, 지방산 합성
Vitamin C(Ascorbic acid)	• 대부분의 동물에서 체내 합성 • 인간, 박쥐, 기니피그, 원숭이는 체내 합성되지 않음 • 세포 성장, 세포 사멸, 감염, 면역, 암, 노화, 천식, 당뇨, 심혈관계 질환 등의 예방 및 치료에 관여

36 정답 ④ 간에서 분비되는 글루카곤은 혈당을 낮추는 작용을 한다.

해설 췌장에서 분비되는 글루카곤은 혈당을 올리는 작용을 한다.

37 정답 ① 슬개골 탈구

해설 **슬개골 탈구**
- 무릎뼈가 빠지는 질병이다.
- 임상증상
  - 다리를 들고 다니거나 절게 되며, 오래 되면 관절 변형이 온다.
  - 침대나 높은 곳에서 뛰어내리면 갑자기 소리를 지르거나 갑자기 뒷다리를 절며 의심증상이 나타나지 않고 진행되는 경우도 있다.
- 진행 정도에 따라 4단계로 구분하며, 처음에는 무릎뼈만 빠지다가 심해지면 정강이뼈(경골)가 휘거나 골반에 이상이 올 수 있다.

38 정답 ③ 개 파보바이러스 감염증

해설 **개 파보바이러스 감염증(parvovirus infection)**

원인	parvovirus	
특징	• 심한 구토와 혈변을 나타냄 • 어린 강아지에게 심근 괴사 및 심장마비로 급사를 일으킴	
전파경로	변이나 경구감염 출혈성장염의 형태로 폐사율이 매우 높은 질병	
임상증상	장염형	• 8~12주령의 강아지에서 주로 발생 • 심한 구토와 혈변을 동반 • 악취 나는 회색 설사나 혈액성 설사를 하며 급속히 쇠약해짐 • 탈수로 인하여 발병 24~48시간만에 사망
	심장형	• 3~8주령 강아지에서 많이 나타나며 심근 괴사 및 심장마비로 급사 • 아주 건강하던 개가 별다른 증상 없이 갑자기 침울한 상태가 됨 • 급격히 폐사되는 것이 특징

39 정답 ④ ㄹ(Leptospira)

해설 **개 렙토스피라증(Canine Leptospirosis)**

원인	렙토스피라 인테로간스(Leptospira interrogans), 렙토스피라 비플렉사(Leptospira biflexa)
전파경로	• 감염된 쥐의 소변에 의해 전파 • 상처 부위를 통하여 감염이 일어나는 창상감염
임상증상	수막염, 발진, 용혈성 빈혈, 피부나 점막의 출혈, 간부전, 황달, 신부전, 심근염, 의식 저하

40 정답 ④ 6개월에 1회씩 심장사상충약을 통해 구제하여야 한다.

해설 예방법은 매월 1회씩 심장사상충 구제제를 투여하는 것이다.

41 정답 ② 반려견 훈련은 예기치 않은 상황에서 행동지도사의 통제를 따르지 않는 것은 예외로 한다.

해설 훈련된 반려견은 예기치 않은 상황에서도 지도사의 명령을 따른다.

42 정답 ④ 반려견 관련 법률을 숙지하고 준수하며, 고객의 반려견에 대한 녹화, 제3자 관찰 등은 지도사가 주체적으로 결정한다.

해설 고객의 반려견에 대한 녹화, 제3자 관찰 등은 고객의 동의를 받는다.

43 정답 ② 훈련은 건강한 상태에서 실시해야 효과적이며, 새로운 문제나 상황에 대응하는 지능이 절대적인 요소이다.

해설 지능은 훈련에 중요하지만 절대적인 영향요소는 아니다.

44 정답 ④ 개별화는 훈련을 시작할 때 한 번만 적용하면 되며 훈련 중에는 더 이상 고려할 필요가 없다.

해설 개별화는 훈련을 시작할 때뿐만 아니라 훈련 중에도 고려해야 한다.

45 정답 ③ 이전의 경험과 새로운 훈련 사이의 환경이 유사할수록 유리함

해설 이전의 경험과 새로운 훈련 사이의 환경이 유사할수록 더 유리하다는 것이 유사성의 법칙에 대한 설명이다.

46 정답 ① 분습법은 훈련과제 전체를 한 번에 연습하는 방법으로, 단순하거나 단위 과제들이 유사할 때 이용된다.

해설 전습법은 훈련과제 전체를 한 번에 연습하는 방법으로, 단순하거나 단위 과제들이 유사할 때 이용된다.

47 정답 ② 훈련평가는 목적행동 및 해당 과정에 도달해야 할 기준을 근거로 하여 상대평가를 실시한다.

해설 훈련평가는 목적행동 및 해당 과정에 도달해야 할 기준을 근거로 하며 평가기준표를 활용한다. 평가는 절대평가를 적용한다.

48 정답 ③ 파블로프의 고전적 조건화는 조건자극과 조건반응을 결합하여 반응을 유발한다.

해설 파블로프의 고전적 조건화는 조건자극과 무조건자극을 결합하여 반응을 유발한다.

49 정답 ④ 흔적조건화

해설 흔적조건화는 조건자극을 먼저 제시하고 일정 시간이 지난 후에 무조건자극을 주는 방법으로 가장 효과적이다.

50 정답 ④ 부적 강화는 행동을 감약하는 것이 목적이므로 우호적인 강화물을 사용한다.

해설 부적 강화는 행동을 증강하는 것이 목적이므로, 우호적인 강화물의 사용은 사실상 불가능하다.

51 정답 ② 기저선은 특정 행동의 정상 이하 수준을 나타내며, 이보다 낮은 수준에서 행동이 제한되면 그만큼 강화력이 증가한다.

해설 기저선은 특정 행동의 정상적인 수준을 나타내며, 이보다 낮은 수준에서 행동이 제한되면 그만큼 강화력이 증가한다.

52 정답 ③ 혐오성 자극은 문제행동을 반영구적으로 억제한다.

해설 혐오성 자극은 문제행동을 일시적으로 억제한다.

53 정답 ② 강화물은 클수록 동기를 유발하는 힘이 강하고, 유지력과 집중력도 비례한다.

해설 강화물의 크기가 클수록 동기를 유발하는 힘이 강하지만, 유지력과 집중력이 비례하지 않을 수 있다.

54 정답 ③ 반려견의 주의 집중력을 높이기 위해 자극의 강도를 높이는 것이 효과적이다.

해설 반려견의 주의 집중력을 높이기 위해 자극의 강도를 줄이는 것이 효과적이다.

55 정답 ③ 강제적 형성은 새로운 행동을 알려주는 초기에 좋은 방법이다.

해설 유도(luring, magnet)는 새로운 행동을 알려주는 초기에 효과적인 방법이다.

56 정답 ③ 연쇄

해설 **연쇄**
  • 앞 행동과 뒤 행동을 연결하여 전체를 구성하는 훈련 방법
  • 여러 행동들을 보이지 않는 줄로 묶어 하나의 행동처럼 표현하도록 하는 방법

57 정답 ③ 순위는 실점이 있는 경우 가장 빠른 팀이 우선이며, 실점이 없는 경우 전체 실점이 낮은 팀이 우선된다.

해설 순위는 실점이 없는 경우 가장 빠른 팀이 우선이며, 실점이 있는 경우 전체 실점이 낮은 팀이 우선된다.

58 정답 ② ㄴ(15개월 1일)

해설 플라이 볼 경기에서 참가견의 최소 나이는 15개월 1일이다.

59 정답 ④ 행동의 개념에는 실의행동은 포함되지 않는다.

해설 실의행동은 행동의 한 종류로, 갈등행동과 이상행동으로 이루어진다.

60 정답 ④ 문제행동을 관찰할 때에는 지식을 바탕으로 확고한 주관을 가지고 실시해야 한다.

해설 문제행동 관찰 시에는 주관적인 판단을 최대한 배제하여 객관성과 타당성을 확보해야 한다.

제4과목　직업윤리 및 법률

61 정답 ① 곤충류

해설 동물보호법상 동물은 포유류, 조류, 파충류·양서류·어류 중 농림축산식품부장관이 관계 중앙행정기관의 장과의 협의를 거쳐 대통령령으로 정하는 동물로서 식용(食用)을 목적으로 하는 것은 제외하는 것을 말한다(법 제2조 제1호/시행령 제2조).

62 정답 ③ 진돗개

해설 동물보호법상 맹견은 사람의 생명이나 신체 또는 동물에 위해를 가할 우려가 있는 개로서 농림축산식품부령으로 정하는 도사견과 그 잡종의 개, 핏불테리어(아메리칸 핏불테리어를 포함한다)와 그 잡종의 개, 아메리칸 스태퍼드셔 테리어와 그 잡종의 개, 스태퍼드셔 불 테리어와 그 잡종의 개, 로트와일러와 그 잡종의 개와 사람의 생명이나 신체 또는 동물에 위해를 가할 우려가 있어 시·도지사가 명령하거나 신청을 받은 기질평가를 거쳐 해당 개의 공격성이 높은 경우 맹견으로 지정한 개를 말한다(법 제2조 제5호/시행규칙 제2조/법 제24조).

63 정답 ④ 동물이 스트레스에 있어 자연적으로 치유할 수 있도록 할 것

해설 누구든지 동물을 사육·관리 또는 보호할 때에는 다음의 원칙을 준수하여야 한다(법 제3조).
1. 동물이 본래의 습성과 몸의 원형을 유지하면서 정상적으로 살 수 있도록 할 것
2. 동물이 갈증 및 굶주림을 겪거나 영양이 결핍되지 아니하도록 할 것
3. 동물이 정상적인 행동을 표현할 수 있고 불편함을 겪지 아니하도록 할 것
4. 동물이 고통·상해 및 질병으로부터 자유롭도록 할 것
5. 동물이 공포와 스트레스를 받지 아니하도록 할 것

64 정답 ④ 재난 시 동물을 두고 안전하게 대피할 수 있도록 노력하여야 한다.

해설 동물의 적절한 사육 · 관리방법은 다음과 같다(법 제9조/시행규칙 제5조 [별표 1]).
① 소유자등은 동물에게 적합한 사료와 물을 공급하고, 운동 · 휴식 및 수면이 보장되도록 노력하여야 한다.
② 소유자등은 동물이 질병에 걸리거나 부상당한 경우에는 신속하게 치료하거나 그 밖에 필요한 조치를 하도록 노력하여야 한다.
③ 소유자등은 동물을 관리하거나 다른 장소로 옮긴 경우에는 그 동물이 새로운 환경에 적응하는 데에 필요한 조치를 하도록 노력하여야 한다.
④ 소유자등은 재난 시 동물이 안전하게 대피할 수 있도록 노력하여야 한다.

65 정답 ① 적절한 스트레스

해설 **동물학대**
동물을 대상으로 정당한 사유 없이 불필요하거나 피할 수 있는 고통과 스트레스를 주는 행위 및 굶주림, 질병 등에 대하여 적절한 조치를 게을리하거나 방치하는 행위(법 제2조 제9호)

66 정답 ① 동물의 질병 예방 및 동물실험 등 살아있는 상태에서 동물의 몸을 손상하거나 체액을 채취하거나 체액을 채취하기 위한 장치를 설치하는 행위

해설 살아있는 상태에서 동물의 몸을 손상하거나 체액을 채취하거나 체액을 채취하기 위한 장치를 설치하는 행위는 동물학대 행위에 속하지만, 해당 동물의 질병 예방 및 동물실험 등 농림축산식품부령으로 정하는 경우는 제외한다(법 제10조 제2항 제2호/시행규칙 제6조 제3항).

67 정답 ② 월령(月齡) 2개월 이상인 개

해설 "등록대상동물"이란 동물의 보호, 유실 · 유기(遺棄) 방지, 질병의 관리, 공중위생상의 위해 방지 등을 위하여 등록이 필요하다고 인정하여 대통령령으로 정하는 동물로서 월령(月齡) 2개월 이상인 개를 말한다.

68 정답 ② 소유자가 변경된 경우: 변경사유 발생일부터 20일 이내 등록

해설 등록동물에 대하여 소유자가 변경된 경우: 변경사유 발생일부터 30일 이내(법 제15조/시행령 제11조)

69 정답 ② 매너워터 및 물통

해설 등록대상동물의 소유자등은 등록대상동물을 동반하고 외출할 때에는 다음의 사항을 준수하여야 한다(법 제16조/시행규칙 제11조, 제12조).
1. 농림축산식품부령으로 정하는 기준에 맞는 목줄 착용 등 사람 또는 동물에 대한 위해를 예방하기 위한 안전조치를 할 것
2. 등록대상동물의 이름, 소유자의 연락처, 그 밖에 농림축산식품부령으로 정하는 사항을 표시한 인식표를 등록대상동물에게 부착할 것
3. 배설물(소변의 경우에는 공동주택의 엘리베이터 · 계단 등 건물 내부의 공용공간 및 평상 · 의자 등 사람이 눕거나 앉을 수 있는 기구 위의 것으로 한정한다)이 생겼을 때에는 즉시 수거할 것

70 정답 ③ 동물위탁관리업

해설 반려동물(이하 이 장에서 "동물"이라 한다. 다만, 동물장묘업 및 제71조 제1항에 따른 공설동물장묘시설의 경우에는 제2조 제1호에 따른 동물로 한다)과 관련된 다음 각 호의 영업을 하려는 자는 농림축산식품부령으로 정하는 바에 따라 특별자치시장 · 특별자치도지사 · 시장 · 군수 · 구청장의 허가를 받아야 한다(법 제69조).
1. 동물생산업
2. 동물수입업
3. 동물판매업
4. 동물장묘업

71 정답 ③ 동물판매업

해설 동물과 관련된 다음 각 호의 영업을 하려는 자는 농림축산식품부령으로 정하는 바에 따라 특별자치시장 · 특별자치도지사 · 시장 · 군수 · 구청장에게 등록하여야 한다(법 제73조).
1. 동물전시업
2. 동물위탁관리업
3. 동물미용업
4. 동물운송업

72 정답 ④ 물품등을 사용함에 있어서 가격 및 거래조건 등을 자유로이 책정할 권리

해설 소비자는 다음 각 호의 기본적 권리를 가진다.
1. 물품 또는 용역(이하 "물품등"이라 한다)으로 인한 생명 · 신체 또는 재산에 대한 위해로부터 보호받을 권리
2. 물품등을 선택함에 있어서 필요한 지식 및 정보를 제공받을 권리
3. 물품등을 사용함에 있어서 거래상대방 · 구입장소 · 가격 및 거래조건 등을 자유로이 선택할 권리
4. 소비생활에 영향을 주는 국가 및 지방자치단체의 정책과 사업자의 사업활동 등에 대하여 의견을 반영시킬 권리
5. 물품등의 사용으로 인하여 입은 피해에 대하여 신속 · 공정한 절차에 따라 적절한 보상을 받을 권리
6. 합리적인 소비생활을 위하여 필요한 교육을 받을 권리
7. 소비자 스스로의 권익을 증진하기 위하여 단체를 조직하고 이를 통하여 활동할 수 있는 권리
8. 안전하고 쾌적한 소비생활 환경에서 소비할 권리

73 정답 ② 원료의 원산지

해설 **사료관리법, 시행규칙, 사료 등의 기준 및 규격(농림축산식품부 고시)**

가. 표시사항

1) 사료의 성분등록번호, 2) 사료의 명칭 및 형태, 3) 등록성분량, 4) 사용한 원료의 명칭, 5) 동물용의약품 첨가 내용, 6) 주의사항, 7) 사료의 용도, 8) 실제 중량(kg 또는 톤), 9) 제조(수입) 연월일 및 유통기간 또는 유통기한, 10) 제조(수입)업자의 상호(공장 명칭)·주소 및 전화번호, 11) 재포장 내용, 12) 사료공정에서 정하는 사항, 사료의 절감·품질관리 및 유통개선을 위하여 농림축산식품부장관이 정하는 사항

74 정답 ③ 아파트 공원

해설

> **자연공원법 제2조(정의)** 이 법에서 사용하는 용어의 뜻은 다음과 같다.
> 1. "자연공원"이란 국립공원·도립공원·군립공원(郡立公園) 및 지질공원을 말한다.
>
> **자연공원법 제29조(영업 등의 제한 등)** ① 공원관리청은 공원사업의 시행이나 자연공원의 보전·이용·보안 및 그 밖의 관리를 위하여 필요한 경우에는 대통령령으로 정하는 바에 따라 공원구역에서의 영업과 그 밖의 행위를 제한하거나 금지할 수 있다.
>
> **자연공원법 시행령 제26조(영업 등의 제한 등)** 법 제29조 제1항에 따라 공원관리청이 공원구역에서 제한하거나 금지할 수 있는 영업 또는 행위는 다음 각 호와 같다.
> 4. 공원생태계에 영향을 미칠 수 있는 개「장애인복지법」 제40조에 따른 장애인 보조견(補助犬)은 제외한다]·고양이 등 동물을 데리고 입장하는 행위

75 정답 ③ 인수공통감염병

해설

> **감염병의 예방 및 관리에 관한 법률 제2조(정의)** 이 법에서 사용하는 용어의 뜻은 다음과 같다.
> 11. "인수공통감염병"이란 동물과 사람 간에 서로 전파되는 병원체에 의하여 발생되는 감염병 중 질병관리청장이 고시하는 감염병을 말한다.

76 정답 ② 윤리중심주의

해설 **도덕적 고려의 범위에 따라 다음과 같이 분류한다.**

동물중심주의	동물을 인간의 목적을 달성하는 수단으로 분류하는 것에 반대하며, 동물권 향상을 강조함
인간중심주의	도덕적 지위를 가진 인간만이 내재적 가치를 지닌 도덕적 존재이며, 인간 이외의 대상은 인간의 목적을 달성하는 데 수단으로 분류함
생명중심주의	생명체는 그 자체만으로도 가치를 가지며, 인간, 동물을 포함한 모든 생명체도 도덕적 고려 대상이 되어야 함을 강조함
생태중심주의	생명체뿐만 아니라, 무생물을 포함한 생태계 전체를 도덕적 고려의 대상이 되어야 함을 강조함

77 정답 ③ 경제의식

해설 **일반적인 직업윤리 6가지**

소명의식	자신이 맡은 일은 하늘에 의해 맡겨진 일이라고 생각하는 태도
천직의식	자신의 일이 자신의 능력과 적성에 꼭 맞는다 여기고, 그 일에 열성을 가지고 성실히 임하는 태도
직분의식	자신이 하고 있는 일이 사회나 기업을 위해 중요한 역할을 하고 있다고 믿고 자신의 활동을 수행하는 태도
책임의식	직업에 대한 사회적 역할과 책무를 충실히 수행하고 책임을 다하는 태도
전문가의식	자신의 일이 누구나 할 수 있는 것이 아니라 해당 분야의 지식과 교육을 밑바탕으로 성실히 수행해야만 가능한 것이라 믿고 수행하는 태도
봉사의식	• 직업 활동을 통해 다른 사람과 공동체에 대하여 봉사하는 정신을 갖추고 실천하는 태도 • 한국인들은 우리 사회에서 직업인이 갖추어야 할 중요한 직업윤리 덕목으로 책임감, 성실함, 정직함, 신뢰성, 창의성, 협조성, 청렴함 순으로 강조하고 있음

78 정답 ① ㄱ(재난 시 동물이 안전하게 대피할 수 있도록 하여야 한다.)

해설 **동물의 5대 자유**
① 적절한 환경을 제공하여 개별 동물의 요구에 맞는 환경조건을 충족하도록 함
② 배고픔, 목마름을 해결하는 데 그치지 않고 각 개체의 영양요구량에 맞는 식단 제공
③ 동물마다 사회적인 그룹이 필요한 경우, 분리가 필요한 경우를 파악하여 관리
④ 정상적인 행동을 표현할 수 있는 환경을 조성
⑤ 통증, 고통, 상해, 질병이 발생하지 않도록 보호

79 정답 ② 동물은 인간의 통제에 잘 따라야 한다.

해설 **인간과 동물의 관계**
① 관계는 연속적인 성격을 띠고, 양방향이어야 한다.
② 서로에게 유익하고 상호 의존관계가 있다.
③ 동물과 공식적인 계약은 없지만, 각자를 돌볼 수 있는 암묵적인 약속을 한 상태이다.
④ 사람은 동물을 잔인하게 대하거나 삶에 불편함을 유발하는 행동을 해서는 안 된다.

80 정답 ③ 도로 · 공원 등의 공공장소에서 소유자등이 없이 배회하거나 내버려진 동물

해설 **「동물보호법」 제2조(정의)**
이 법에서 사용하는 용어의 뜻은 다음과 같다.
3. "유실 · 유기동물"이란 도로 · 공원 등의 공공장소에서 소유자등이 없이 배회하거나 내버려진 동물을 말한다.

81 정답　① 보호자가 예약할 수 있는 유연한 일정 옵션을 제공한다.

해설　**초기 상담 시 필요한 요소 5가지**
- 유연한 상담 일정 옵션 제공
- 상담 시간 조정
- 상담에 필요한 의사소통
- 친절한 서비스
- 효율성과 정확성

82 정답　④ 보호자 반려견의 행동 문제를 즉시 파악하여 교정을 시작한다.

해설　④번은 보호자 상담을 시작할 때의 요소가 아니라 "맞춤형 교육 계획"에 해당하는 요소이며, "즉시"가 아닌 여러 가지 반려견 평가 후 교정을 시작해야 한다.

83 정답　③ 안정적인 환경에서 편안하게 이야기하는 보호자의 의견이나 질문 중 올바르지 않은 것이 파악되면 즉시 지적하여 수정해준다.

해설　③번은 보호자와의 상담 및 교육 시 상황 관리의 요소 중 하나로, 비판적이지 않은 태도로 보호자의 의견을 존중하고 이해하려 노력해야 한다. 잘못된 질문이나 의견일지라도 "즉시" 수정하는 것은 바람직한 상황 관리가 아니다.

84 정답　④ 집중해서 듣기 위하여 팔짱을 끼고 몸을 보호자에게 최대한 가까이 하도록 한다.

해설　팔짱을 끼는 행동은 방어적인 자세에 해당하므로 적극적 경청과는 거리가 멀다. 또한 몸을 보호자에게 최대한 가까이 하는 것이 아니라, 몸을 앞으로 기울이며 고개를 가볍게 끄덕여야 한다.

85 정답　① 행동문제 교육에는 일관성이 필요하므로 새로운 행동을 배우는 데 충분한 시간을 주되, 반려견 스스로가 문제를 해결할 수 있게 두어서는 안 된다.

해설　①번은 반려견 관찰과 교육에 해당하는 요소이다. 반려견 스스로 문제를 해결하게 두어서는 안 되는 것이 아니라, 새로운 행동을 익히고 배우는 데 필요한 시간을 충분히 제공해야 하며 '스스로가 문제를 해결할 수 있도록' 도와주어야 한다.

86 정답　① 보호자가 선호하는 교육 방식과 원하는 교육 방식이 다를 경우 보호자가 원하는 방식으로 교육해야 한다.

해설　①번은 "보호자가 긍정 강화 방법을 선호하지만 행동 문제를 고치기 위해 부정 강화 방법을 원하는 경우에는 반려견에 대한 명확한 평가들과 교육 계획 후 적절한 교육 방법을 적용해야 한다."와 같이 올바르게 고칠 수 있다.

87 정답　④ 사용하는 교육 방법과 관련된 잠재적인 위험이나 제한사항은 보호자를 불안하게 할 수 있으므로 설명하지 않는다.

해설　④번은 상담부터 후속 조치까지 일관되게 적용되는 요소의 잘못된 예시이다. 지도사가 사용하는 교육 방법과 그와 관련된 잠재적인 위험이나 제한사항은 보호자에게 투명하고 솔직하게 제공 및 설명하여야 한다.

88 정답 ④ 반려동물행동지도사의 전문적인 외모와 태도

해설 반려동물행동지도사의 전문적인 외모와 태도는 교육 목표를 설정하는 단계에서의 필수 요소가 아니라, 상담 및 교육 전반에 걸친 외모와 태도여야 한다.

89 정답 ③ ㄷ(색소 또는 향료)

해설 필수 영양소는 단백질, 탄수화물, 지방, 비타민, 미네랄이다. 인공 방부제, 색소 또는 향료는 유해 성분으로 피해야 한다.

90 정답 ② 진드기

해설

기생충	종류
내부 기생충	회충, 편충, 구충, 조충, 심장사상충
외부 기생충	진드기, 벼룩, 귀 진드기, 옴 진드기, 모낭충, 파리유충증 등

91 정답 ④ 신체검사

해설 신체검사 및 예방접종은 반려견의 건강상태를 체크하여 반려견의 건강관리 및 질병 예방이 가능한 정기적인 검진 방법이다. 응급처치 방법과는 거리가 멀다.

92 정답 ① 응급처치

해설 응급처치는 상처 관리, 붕대 감기, 심폐소생술(CPR) 등이 있으며 예상치 못한 사고에 대비해 응급처치 방법을 미리 숙지해둬야 한다. 중성화 수술을 고려해야 하는 이유로는 볼 수 없다.

93 정답 ④ 크레이트

해설 크레이트는 반려견의 안전한 이동을 위해 필요한 도구이므로 산책 중에는 필요 없다.

준비물	특징
물	• 음수용, 배변 세척용의 총 2통이 필요 • 깨끗한 환경을 위해 반려견이 배변한 장소에 물을 뿌릴 때 필요
간식	칭찬할 때 보상용으로 필요
배변봉투	배변 시 치워야 할 때 필요
배변 패드	배변 교육의 확인용으로 필요
방석 또는 담요	산책 중간 휴식할 때 반려견이 쉴 수 있는 공간 필요
케어 도구 (브러쉬, 물티슈)	산책을 마무리 할 때 먼지, 벌레 등의 제거를 위해 필요

94 정답 ④ 반려견 배변 시간

해설 산책은 생활환경, 날씨, 보호자의 컨디션 등을 확인하고 반려견의 연령 및 건강 상태에 따라 산책 횟수, 시간, 코스, 강도 등을 계획하는 것이 좋다. 산책 전·후에 마사지와 스트레칭을 해서 부상을 방지해야 한다.

95 정답 ① 산책

해설 반려견 운동 중 기본 운동에는 산책, 실내놀이, 두뇌 발달 운동이 있으며 특수 운동에는 수영, 독스포츠, 독피트니스, 독 요가가 있다. 기본 운동 중 실내놀이는 터그놀이, 숨바꼭질, 노즈워크 장난감 등으로 행동 풍부화를 할 수 있는 운동이며 두뇌 발달은 반려견의 정서를 안정적으로 유지하기 위한 퍼즐장난감, 기본 교육, 냄새 맡기 등이 있다.

96 정답 ③ 어질리티

해설 **독스포츠 종류**

종목	특징
어질리티 (Agility)	여러 개의 장애물을 통과하여 목적지까지 달리는 스포츠
플라이볼 (Flyball)	반려견이 허들을 통과한 후 공을 물고 다시 돌아오는 릴레이 스포츠
프리스비 (Frisbee)	보호자가 날린 원반을 회수해오는 스포츠
독 풀러 (Dog Puller)	• '풀러'라는 도넛 모양의 링을 던지면 반려견이 잡는 스포츠 • 점핑과 러닝 2가지 종목이 있음

97 정답 ② ⑤ 규칙, ⑥ 기본 매너

해설 반려견이 사람과 함께 살기 위해 사람 사회의 규칙을 배워야 한다. 규칙을 지키면서 다양한 상황과 환경에 알맞은 행동을 하는 것이 기본 매너이고, 기본 매너 교육을 통해 반려견 사고 및 문제 행동을 예방할 수 있으므로 입양했을 때부터 꾸준한 교육이 필요하다.

상황	기본 매너 예시
초인종이 울릴 때	반려견 자리에서 기다리기
길에서 배변을 했을 때	즉시 깨끗하게 치우기
다른 사람·개를 만났을 때	보호자 옆에 앉아서 기다리기
출입문 앞에 섰을 때	보호자 옆에 앉아서 기다리기
횡단보도 건널 때	보호자 옆에서 함께 걷기
반려견 놀이터를 이용할 때	방문 전 예방접종 및 동물 등록하기
산책할 때	목밴드·하네스·리드줄·인식표 착용하기

98 정답 ③ 사회화 교육

해설 ① 그루밍: 반려견의 미용과 피부 문제 예방 및 건강한 모질 유지 등의 전반적인 건강한 생활을 위해 필수적 · 규칙적으로 해야 하는 것
② 영양 및 체중 관리: 반려견의 전반적인 건강과 견종별 적정 체중을 유지할 수 있도록 반려견의 나이, 크기, 품종 및 활동 수준에 적합한 균형 잡힌 식단이 필요함
④ 산책: 반려견의 에너지 소모와 오감 활동을 통해 몸과 마음을 건강하게 할 수 있는 신체적 활동

99 정답 ① 슬리커

해설

콤(일자 빗)	가위	클리퍼
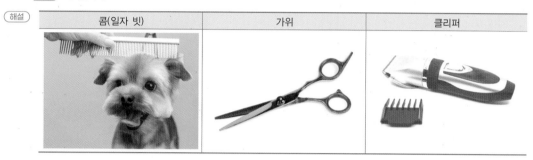		

100 정답 ④ 브러싱

해설 ① 목욕: 털과 몸을 깨끗하게 유지하고 먼지, 냄새 및 잔여물을 없애는 그루밍 방법
② 타올링: 목욕할 때 여러 장의 타올을 사용하여 물기를 제거하는 방법
③ 드라잉: 드라이기를 몸에서 30cm 이상 거리를 두고 몸 전체의 물기를 제거하는 방법

memo

memo

REFERENCE 참고문헌

[파트 1]
• 송영한(2022). 동물행동학. 박영스토리
• 반려견의 양육이 의사소통 및 정서적 경험에 미치는 영향. 한아람(2022), 송근호(2022). 인문사회 21, 13(5) 3543~3554. 충남대학교

[파트 2]
• 국제애견연맹(FCI) 국제 공인 견종 분류
• 세계동물보건기구

[파트 3]
• Messent(1996), 이효원(2000). 애완동물. 방송대출판부
• 김준경 등. 상담학 사전
• 김세곤. 인간심리의 이해. 공동체
• 김영채. 학습심리학. 박영사
• NCS 국가직무능력표준
• 국제애견연맹(FCI)
• Judith Janda Presnall. Rescue Dogs
• 소방방재청
• CCPDT Training Policies and Position Statements
• CCPDT-Candidate Handbook

[파트 4]
• 국가법령정보센터
• 이진홍. 견생법률. 박영사

[파트 5]
• 행정안전부
• 강아지마음연구소
• McConnell, P. B.(2002). The Other End of the Leash: Why We Do What We Do Around Dogs. Ballantine Books
• American Veterinary Society of Animal Behavior(AVSAB).(2021). Humane Dog Training Position Statement
• Donaldson, J.(1996). The Culture Clash. Dogwise Publishing
• Dunbar, Ian.(1987). Before and After Getting Your Puppy: The Positive Approach to Raising a Happy, Healthy & Well-Behaved Dog. New World Library
• Pryor, K.(2006). Getting Started: Clicker Training for Dogs. Sunshine Books, Inc
• Pryor, K.(1999). Don't Shoot the Dog!: The New Art of Teaching and Training. Bantam.
• 한국서비스경영학회(2015) "서비스 실무 매뉴얼"
• 한국경영컨설팅학회(2018) "고객 관리 전략"

반려동물행동지도사 필기 한권 완전정복

초판1쇄발행   2024년 7월 10일
초판2쇄발행   2024년 9월 5일

지은이   김병부·김현주·변성수·송영한·이진홍
펴낸이   노 현

편 집   김민경
기 획   김한유
표지디자인   권아린
제 작   고철민·김원표

펴낸곳   ㈜ 피와이메이트
         서울특별시 금천구 가산디지털2로 53 한라시그마밸리 210호(가산동)
         등록 2014. 2. 12. 제2018-000080호(倫)
전 화   02)733-6771
f a x   02)736-4818
e-mail   pys@pybook.co.kr
homepage www.pybook.co.kr
ISBN   979-11-6519-941-8 13520

정 가   25,000원

박영스토리는 박영사와 함께하는 브랜드입니다.